AF357310

HISTOIRE NATURELLE

DES

POISSONS DE LA FRANCE

I

2591-80. — CORBEIL. Typ. et Stér. CRÉTÉ.

HISTOIRE NATURELLE

DES

POISSONS DE LA FRANCE

PAR

LE Dr ÉMILE MOREAU

Avec 220 figures dessinées d'après nature

TOME PREMIER

PARIS

G. MASSON, ÉDITEUR

LIBRAIRE DE L'ACADÉMIE DE MÉDECINE

120, Boulevard Saint-Germain, en face de l'École de Médecine

M DCCC LXXXI

PRÉFACE.

L'Histoire naturelle des Poissons de la France n'a jamais été
traitée d'une façon complète. Cependant les zoologistes n'ont pas
manqué dans notre pays; depuis l'époque de la Renaissance,
jusqu'à nos jours, ils ont produit des ouvrages remarquables, ils
nous ont laissé de nombreux témoins de leurs recherches. Je suis
fâché de ne pouvoir passer leurs travaux en revue ; pour être utile
et intéressante, une étude semblable exigerait de trop longs développements ; je me borne à rappeler que deux naturalistes,
Lesueur et de Blainville, se sont occupés d'une Faune ichthyologique de la France.

Pendant le séjour qu'il fit à Nice, du mois de mars au mois
d'août 1809, Lesueur recueillit un grand nombre des Poissons
qui vivent dans les eaux du département des Alpes-Maritimes.
Artiste aussi habile à manier le pinceau que le crayon, tantôt il
s'est contenté de reproduire les formes de ces animaux, tantôt il
s'est appliqué à rendre la richesse et la variété de leurs brillantes
couleurs. Grâce aux figures tracées avec tant de perfection, il est
permis de reconnaître facilement certaines espèces indiquées
par Risso, espèces qui n'ont pas toujours été décrites avec une
précision suffisante. Lesueur a de plus observé les Poissons du

bassin de la Seine, et ceux de la Manche. Malheureusement les travaux que je viens d'indiquer, n'ont jamais été publiés ; c'est à l'obligeance de mon savant confrère, le docteur Hamy, que je dois d'avoir pu consulter le manuscrit et l'atlas du naturaliste du Havre, ouvrages qui probablement seront bientôt déposés dans la bibliothèque du Muséum de Paris.

Des auteurs qui ont travaillé à la *Faune française*, le plus éminent est de Blainville ; il était chargé d'écrire l'Histoire des Poissons ; comme il a le soin de le rappeler, il s'était « spécialement et depuis fort longtemps occupé de cette classe d'animaux vertébrés. » (Prodrome d'une nouvelle distribution du règne animal, dans *Bulletin des sciences par la Société philomatique de Paris ;* Paris, 1816, p. 112, 120). — L'œuvre de ce grand naturaliste est restée inachevée. Pour ma part, je le regrette vivement ; mes goûts, mes études antérieures me portaient à poursuivre des recherches d'Anatomie comparée plutôt qu'à faire un travail de Zoologie descriptive. Sans guide, sans moyen de déterminer sûrement les diverses espèces de Poissons, surtout les espèces qui vivent sur les côtes, ma tâche devenait souvent difficile, et même parfois impossible ; j'ai dû momentanément renoncer à mes projets, et consacrer mon temps à étudier l'Ichthyologie.

En raison de sa position géographique, la France est, sans contredit, la contrée de l'Europe qui compte le plus grand nombre d'espèces de Poissons. Ces animaux vivent les uns constamment dans les eaux douces ou dans les eaux saumâtres, les autres alternativement dans les fleuves et dans les mers ; enfin, il en est quelques-uns qui peuvent passer les différentes phases de leur existence aussi bien dans les eaux douces que dans les eaux salées. — Quelles que soient les eaux qu'ils fréquentent, les Poissons se trouvent inégalement répartis. Parmi les Poissons d'eau douce, il en est qui ne se rencontrent que dans le bassin du Rhône, ou dans les fleuves, les rivières qui se jettent dans la Méditerranée, comme l'Apron, le Chevaine soufie, le Barbeau méridional. — La présence de l'Omble-chevalier n'a pas encore été constatée dans les cours d'eau qui se rendent dans la Manche ou dans l'Océan atlantique. — Le Chondrostome nase a fait son apparition dans l'Yonne en 1860. — Les Poissons des eaux douces sont plus ou moins captifs ; leur habitat est limité d'un côté par les sources des rivières, de l'autre par l'embouchure des fleuves.

Quant aux Poissons de mer, ils semblent, au premier abord, jouir d'une entière liberté au sein des flots. En effet, plusieurs espèces de Squales, de Raies, de Syngnathes, etc., sont répandues sur les différents points de la France qui sont baignés soit par la Méditerranée, soit par l'Océan ou par la Manche ; mais d'autres espèces sont confinées dans la Méditerranée, ou ne montent pas à l'ouest plus haut que l'embouchure de l'Adour, que celle de la Gironde ; il en est qui restent dans la mer du Nord, le Pas-de-Calais, la Manche, sans jamais descendre sur nos côtes de l'Atlantique, ou qui du moins n'y ont pas encore été pêchées jusqu'à présent. — S'il est des Poissons qui parcourent de grands espaces, il en est d'autres que leur conformation, leur instinct, leurs besoins retiennent cantonnés dans des parages plus ou moins limités. Pour faire connaître l'habitat de ces derniers, il devient nécessaire d'indiquer sur notre littoral un certain nombre de régions particulières.

Nous pouvons établir sur les côtes de France cinq régions différentes, cinq zones distinctes. Ces régions sont évidemment plutôt des distributions ichthyologiques que des divisions géographiques, et même que de véritables distributions zoologiques, ces distributions convenant aux Poissons et nullement, sans doute, aux autres animaux qui vivent dans nos mers. — La première région, en allant du nord au sud, est la *région de la Manche*, elle comprend une petite partie de la mer du Nord, le Pas-de-Calais, la Manche ; elle s'étend de Dunkerque à l'embouchure de l'Aber-Benoît, ou mieux à la baie de Morlaix ; cette dernière limite est réellement la plus naturelle. — La seconde région, ou *côte de Bretagne*, va jusqu'à l'embouchure de la Loire. — La troisième région est située entre l'embouchure de la Loire et celle de la Gironde ; elle peut être désignée sous le nom de *côte du Poitou* ; elle est formée de l'ancienne province du Poitou, de l'Aunis et d'une petite partie de la Saintonge ; elle répond aux départements de la Vendée et de la Charente-Inférieure. — La quatrième région est celle du *golfe de Gascogne*, golfe de Gascogne compris, comme l'indique Duhamel, entre l'embouchure de la Gironde et la côte d'Espagne, ayant par conséquent une étendue moindre que celle que lui donnent les marins. Cette région, surtout dans la partie qui se trouve entre l'embouchure de l'A-dour et celle de la Bidassoa, compte un grand nombre d'espèces identiques à celles qui habitent la Méditerranée. — La cinquième région, ou *région méditerranéenne*, commence à Port-Vendres, ou plutôt au cap Cerbère, et se termine à Menton ; c'est la région la plus riche en espèces ; les vastes étangs qui avoisinent les côtes sont excessivement poissonneux.

L'étude de l'Ichthyologie offre un grand intérêt, mais il ne faut pas se le dissimuler, elle présente beaucoup de difficultés. Certains poissons, surtout parmi ceux qui vivent dans les eaux douces, semblent être des métis, des hybrides et non de véritables espèces, comme la Brème de Buggenhagen, la Brême-rosse. Des expériences de fécondation artificielle sont nécessaires pour juger la question.

Comparé à celui des Poissons d'eau douce, le nombre des Poissons de mer est considérable. Pour étudier ces animaux, il est indispensable de faire de fréquents voyages sur les côtes, de parcourir les rivages, de séjourner assez longtemps sur divers points du littoral ; il est aussi fort nécessaire de se mettre en rapport avec les pêcheurs, qui généralement se montrent disposés à vous rendre service. — Certains Squales, en raison de leur taille, ne peuvent être examinés qu'au moment où ils viennent d'être pris, ou encore dans les Musées; mais dans les Musées, bien que montés avec le plus grand soin, avec la plus rare habileté, ils subissent nécessairement, dans leurs proportions, des changements plus ou moins sensibles, ils perdent en partie leur aspect naturel, leur physionomie, s'il est permis de le dire. — Quant aux animaux de petite dimension, le plus souvent ils ne sont pas recherchés sur nos plages de l'Ouest; aussi pour se procurer des Syngnathes, des Blennies, des Cottes, des Gobies, des Lépadogastères, faut-il aller soi-même les prendre à marée basse, dans des flaques d'eau, dans des trous de rochers, sous les varechs. — Quelques espèces qui se tiennent plus ou moins loin des côtes, les Môles, qui ne sont d'aucune utilité pour l'alimentation, sont ordinairement abandonnées au sortir des filets; cependant lorsqu'elles sont de grande taille, elles sont parfois amenées à terre, puis après avoir été exposées, pendant plusieurs jours, comme objets de curiosité, elles sont rejetées à la mer.

Dès que les Poissons sont tirés de l'eau, apportés sur le rivage, il faut se hâter d'examiner leur système de coloration ; en général, les teintes brillantes disparaissent rapidement: je suis parvenu à les conserver assez bien en plongeant les animaux dans une solution de sulfate de zinc ; mais cette solution a le grave inconvénient d'altérer la structure des écailles ; aussi ne faut-il l'employer qu'avec précaution, et seulement quand il s'agit de Poissons communs. — Parfois, il est bon de le faire remarquer, la livrée, le système de coloration présente de notables différences chez le mâle et chez la femelle, (Labre mêlé, Labre à trois taches), chez le jeune et chez l'adulte, (Raie bordée, Raie blanche), de sorte que le mâle et la femelle, le jeune et l'adulte ont été pendant longtemps, et sont même encore assez souvent aujourd'hui considérés comme étant des espèces distinctes.

Il est nécessaire, surtout pour ne pas confondre des espèces voisines, de relever les proportions des diverses parties du corps. Il faut comparer la hauteur du tronc, la longueur de la tête à la longueur totale; il faut calculer combien de fois le diamètre de l'œil est contenu dans la longueur de la tête, etc. Dans cette méthode des proportions, il n'y a rien d'absolu; ainsi chez les jeunes sujets, le diamètre de l'œil, comparé à la longueur de la tête, est relativement plus grand que chez les vieux individus, surtout chez ceux qui parviennent à une taille développée. Dans une même espèce, chez le Callionyme lyre, par exemple, les proportions de la tête, de la première dorsale, varient non seulement suivant l'âge, suivant la taille, mais encore suivant le sexe des animaux.

L'ouvrage que je publie contient le résultat de longues études; il est le résumé de nombreuses observations. Les descriptions qu'il renferme paraîtront sans doute bien uniformes; c'est à dessein qu'elles sont ainsi faites, pour épargner au travailleur une perte de temps à chercher dans le texte le passage qu'il a besoin de consulter; en effet, dans l'exposition des caractères spécifiques, tout est rangé suivant un même ordre. Je n'ai jamais eu la prétention d'écrire une œuvre littéraire; j'ai eu simplement pour but de fournir au lecteur une suite de tableaux lui permettant de reconnaître facilement, de déterminer sans peine l'animal qu'il a sous les yeux.

Quant aux figures, elles sont toutes originales; elles sont toutes dessinées d'après nature.

J'ai recueilli moi-même une très grande quantité de Poissons. Des personnes complaisantes ont eu l'amabilité de m'en donner un certain nombre; je les remercie de l'empressement qu'elles ont mis à me prêter leur concours. Un correspondant zélé, dont je suis heureux de louer l'extrême obligeance, m'a envoyé de rares espèces, même des espèces qui n'avaient pas encore été trouvées sur nos côtes. Malgré beaucoup de persévérance, malgré beaucoup d'efforts de ma part, mon travail serait resté incomplet, si je n'avais eu le précieux avantage de pouvoir étudier, dans la riche collection du Muséum de Paris, les spécimens que je n'avais pas réussi à me procurer. Je ne saurais oublier que de savants amis ont facilité mes recherches ; je prie Messieurs le docteur L. Vaillant, professeur au Muséum, et le docteur E. Sauvage, son aide-naturaliste, de vouloir bien recevoir mes témoignages de gratitude.

E. MOREAU.

Paris, 17 *Novembre* 1880.

HISTOIRE NATURELLE

DES POISSONS

NOTIONS GÉNÉRALES

Les Poissons présentent tant de variétés dans l'ensemble de leurs formes extérieures, tant de différences dans la structure anatomique de leurs organes, qu'il est tout à la fois difficile de les définir d'une manière rigoureuse et de les classer suivant un ordre méthodique. Cependant que d'efforts ont été faits, que de recherches ont été poursuivies avec ardeur pour atteindre un but qui paraît encore bien éloigné !

Les Poissons constituent la dernière classe de l'embranchement des animaux vertébrés : comme tous les vertébrés ils ont un système nerveux central renflé à l'extrémité céphalique ; ils ont un cerveau et une moelle épinière protégés par un squelette parfois d'une faible consistance, mais toujours distinct des parties voisines.

Ce sont des animaux à sang froid, respirant par des branchies l'air dissous dans l'eau, à nageoires impaires soutenues par un squelette plus ou moins développé, à membres pairs, quand ils existent, transformés en nageoires et terminés par des pièces plus ou moins nombreuses. Suivant la remarque d'Aristote, ils n'ont pas de cou ; « ils ont, » excepté les Raies, « une sorte de queue qui est comme le prolongement de leur corps. » (Arist., liv. II, c. xiii, p. 83, trad. Cam.)

Ce n'est pas suffisamment connaître un animal que de savoir le distinguer d'un autre ; se contenter de pouvoir indiquer le nom de chaque espèce, serait tout simplement vouloir dresser une sorte de catalogue, et non faire une étude qui présente le plus grand intérêt. Aussi, avant d'entreprendre l'histoire particulière des Poissons, il nous semble nécessaire de donner quelques notions générales sur la structure et les fonctions de leurs organes.

Comparés entre eux, les Poissons montrent dans leur organisme de nombreuses modifications que nous allons successivement décrire en commençant par le squelette.

SQUELETTE

Le squelette proprement dit ou endosquelette est très-variable dans sa structure et dans sa composition ; cependant il peut être rapporté à trois types principaux : osseux, cartilagineux, fibreux. Il y a toujours ou presque toujours union, mélange dans les types : ainsi, chez certains Poissons osseux des pièces du crâne restent cartilagineuses ; dans les Sélaciens le tissu cartilagineux est plus ou moins encroûté de sels calcaires. Le sphénoïde de l'Esturgeon montre des corpuscules osseux qui manquent dans le squelette de beaucoup de Téléostéens. Prendre l'état du squelette pour établir une base de classification serait vouloir s'exposer à de grandes erreurs ; il ne faudrait plus aujourd'hui réunir dans le groupe ou dans la sous-classe des *Cartilagineux* les Plagiostomes et les Cyclostomes, c'est-à-dire les deux extrêmes de la série dans la classe des Poissons.

Divers anatomistes ont publié des travaux importants sur l'histologie du squelette des Poissons ; parmi eux nous citerons Kölliker, Leydig, G. Pouchet, P. Gervais.

Le professeur Kölliker reconnaît dans la structure de l'endosquelette des Poissons trois types qu'il détermine de la manière suivante :

1° TYPE DES SÉLACIENS : squelette formé soit de cartilage, soit de cartilage ossifié ou plutôt pénétré de sels calcaires. A ce type se rapportent les Poissons les plus éloignés les uns des autres considérés dans l'ensemble de leur organisation, les Plagiostomes et les Marsipobranches, et même les Pharyngobranches ;

2° TYPE DES ACANTHOPTÉRYGIENS : squelette sans corpuscules osseux, excepté chez les Thons, composé d'une substance homogène, ou bien ostéoïde, tubuleuse, souvent de vraie dentine. Dans ce type seraient rangés tous les Acanthoptérygiens, moins les Thons, les Anacanthiniens ou les Malacoptérygiens jugulaires, et parmi les Malacoptérygiens abdominaux les Scombrésocidés, les Ésocidés, les Scopélidés, les Chauliodontidés, enfin les Plectognathes et les Lophobranches ;

3° TYPE DES GANOÏDES : squelette ayant des corpuscules osseux, formé d'une substance osseuse analogue à celle qui se voit chez les vertébrés supérieurs. Cette structure se rencontre dans l'Esturgeon, les Siluridés, les Cyprinidés, les Salmonidés, les Clupéidés et les Thons (*Tunnies*, Yarrell). (V. YARRELL, *British Fishes*, t. I, p. XXXVII ; P. GERVAIS, *Hyperostose chez l'homme et chez les animaux*. Journ. Zool., 1875, t. IV, p. 446.)

Dans certains Acanthoptérygiens, les os ont des cellules non ramifiées, à contours plus ou moins anguleux. Parfois, ainsi que le fait remarquer Leydig, les corpuscules osseux n'ont pas de ramifications, dans les bandelettes de « la suface intérieure des os pariétaux et frontaux du *Leuciscus* ». (LEYD., *Tr. Histolog.*, trad. franç., p. 175.)

Les os ont généralement une teinte blanchâtre, parfois transparente, parfois tirant un peu sur le jaune ; chez l'Orphie ils présentent une coloration verdâtre.

Le squelette est une charpente plus ou moins développée, composée de la colonne vertébrale, de la tête et des nageoires.

COLONNE VERTÉBRALE,

ÉPINE DORSALE, RACHIS, GRANDE ARÊTE DES POISSONS OSSEUX.

C'est une longue tige allant de la tête à l'extrémité du tronc, soutenant le corps, protégeant la moelle épinière. Elle est toujours, même chez l'Amphioxus, parfaitement distincte de la tête.

La colonne vertébrale se compose de diverses parties que nous allons étudier très-rapidement.

CORDE DORSALE, NOTOCORDE.

La corde dorsale est persistante chez les Poissons et se présente sous trois formes différentes : elle est continue et régulière, arrondie ou plutôt très-légèrement fusiforme, effilée à ses deux extrémités : Amphioxus, Lamproie, Esturgeon, Chimère; elle est continue, mais plus ou moins rétrécie au niveau d'une cloison, ou bien au centre d'une vertèbre, de sorte qu'elle aurait, si elle était dégagée, l'aspect d'un chapelet ou d'un cylindre marqué de sillons transversaux : Poissons osseux, Notidaniens; enfin elle est interrompue au niveau du centre de chaque vertèbre : Sélaciens, Notidaniens exceptés.

Cette différence dans la conformation de la corde dorsale provient soit du manque de segmentation dans l'axe rachidien, soit du développement plus ou moins complet du corps de la vertèbre.

La corde dorsale s'avance sous la base du crâne qu'elle peut même dépasser, comme chez l'Amphioxus; chez les autres Poissons, elle s'arrête au-dessous de la vésicule cérébrale moyenne ou centrale. Par suite du développement de la région crânienne, elle disparaît complétement chez les Plagiostomes et chez les Poissons osseux, mais elle persiste dans les Cyclostomes et l'Esturgeon. Chez l'Esturgeon elle est protégée par une plaque osseuse très-grande, qui est ouverte en arrière comme une espèce de V ; cette plaque se prolonge plus loin que la ceinture scapulaire ; elle porte les premières côtes. Elle a été désignée sous le nom de pièce *buccale* par Agassiz qui la regarde comme le représentant du sphénoïde principal des Poissons osseux. (V. AGASS., *Poiss. foss.*, t. II, pl. E.)

La corde dorsale présente en arrière deux modes de terminaison : 1° elle reste à l'état gélatineux et se montre sous forme d'un prolongement plus ou moins cylindrique dépassant l'axe rachidien et appelé par Agassiz *bâton cordal*. (AGASS. et VOGT, *Anat. Salm.*, p. 40, pl. E, fig. 17, d.) Ce mode de terminaison se rencontre chez quelques Malacoptérygiens abdominaux : Alose, Brochet, Saumon, Cyprins. 2° Elle se termine dans la dernière vertèbre qui lui forme une espèce d'étui, *urostyle* de Huxley.

Il nous reste maintenant à étudier la structure anatomique de la corde dorsale ; nous examinerons la substance non solidifiée ou la substance interne, et l'enveloppe qui présente beaucoup de variétés dans son développement.

La substance interne de la corde est composée généralement d'un produit gélatineux maintenu par une trame de tissu cellulaire plus ou moins abondant. Très-souvent des fibres de tissu conjonctif se détachent de la paroi interne de l'enveloppe de la corde dorsale et viennent en convergeant se rendre au milieu du canal, où ils forment une espèce de cordon, de ligament central. Cette disposition se voit facilement chez l'Esturgeon.

Chez les jeunes embryons et chez quelques poissons adultes, Esturgeon, etc., la substance gélatiniforme de la corde est composée de cellules plus ou moins développées (*fig.* 1). Les cellules sont ovoïdes ou arrondies ; elles sont pâles, le plus souvent avec un noyau brillant, rond ; quelques-unes de ces cellules ont deux noyaux, comme je l'ai remarqué chez l'Ammocète. Elles sont chez ce poisson de dimension

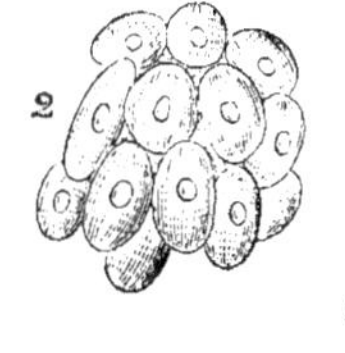

Fig. 1. — *Cellules de la corde dorsale d'un jeune fœtus d'Aiguillat commun* (Acanthias vulgaris).

1, cellule isolée, grossie 200 fois. — 2, cellules réunies.

variable : les unes ont de $0^{mm},040$ à $0^{mm},050$, d'autres de $0^{mm},015$ à $0^{mm},016$; elles sont toutes d'une grande transparence. Sur un jeune fœtus d'Aiguillat les cellules sont rondes et mesurent $0^{mm},045$ à $0^{mm},050$, ou ovoïdes, et ont : longueur, $0^{mm},045$; largeur, $0^{mm},025$ à $0^{mm},030$; le noyau est très-clair. L'acide acétique fragmente le noyau et le détruit. Les cellules disparaissent promptement chez l'Aiguillat, je n'en ai pas trouvé chez un fœtus qui était sur le point de naître, il n'y avait plus que des noyaux. Ces noyaux mêmes n'étaient pas très-nombreux, ils avaient perdu leur transparence et étaient devenus plus ou moins granuleux. Chez les Poissons adultes, surtout chez ceux dont l'axe vertébral est plus ou moins ossifié, il n'y a généralement plus trace de noyaux, il n'y a qu'une substance gélatiniforme au milieu d'un réseau de tissu conjonctif. Dans l'Amphioxus il n'y a pas de cellules et le tissu conjonctif se présente sous une forme que nous décrirons plus tard.

L'enveloppe de la corde dorsale est composée primitivement de tissu connectif qui devient plus épais, subit certaines modifications, peut même disparaître plus ou moins complétement, être remplacé par un tissu plus dense, osseux ou cartilagineux. Il m'a semblé voir dans l'Hexanche, à l'intérieur de l'enveloppe principale, une membrane plus mince qui formait les cloisons. L'enveloppe de la corde subit en général une segmentation, et chaque segment devient corps de vertèbre.

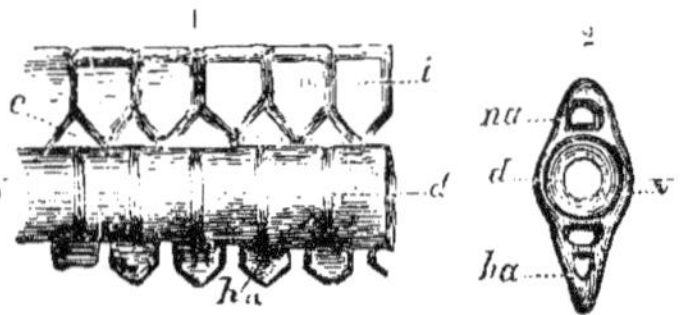

Fig. 2. — Colonne vertébrale de l'Hexange ou Griset (Heanchus griseus).

1. portion de la colonne vertébrale avec les diaphragmes vus par transparence. — 2, coupe de la colonne vertébrale, vue de face.

V, paroi de la colonne vertébrale ; d, diaphragme ; na, neurapophyse ; ha, hémapophyse ; c, cartilage crural ; i, cartilage intercrural.

Que l'axe rachidien soit ou ne soit pas segmenté, il porte toujours en dessus et en dessous des pièces appelées *lames vertébrales*, que nous étudierons lorsque nous décrirons la vertèbre prise isolément. Mais, avant de passer outre, nous dirons quelques mots

de la colonne vertébrale des Notidaniens. Chez l'Hexanche,
par exemple, l'axe central n'est pas formé de pièces séparées ;
toutefois, quand il est desséché, il laisse voir par transparence
des cloisons ou des diaphragmes percés dans leur milieu. Le
nombre de ces diaphragmes faciles à compter pourrait indiquer
le nombre des vertèbres ; les cloisons sont disposées d'une façon
régulière, et sur le frais elles sont plus épaisses à leur grande
circonférence qu'à leur circonférence interne. La corde dorsale
mise à nu présenterait donc une forme assez analogue à celle
qu'elle montre dans les Poissons osseux. La cloison ou plutôt
l'ouverture de la cloison indique le centre d'un corps de vertèbre
non-segmenté.

L'axe rachidien segmenté se compose de pièces appelées *vertèbres*, dont nous allons étudier la constitution.

VERTÈBRES.

Chaque vertèbre comprend cinq pièces : 1° un corps ; 2° une paire de lames formant l'arc supérieur ; 3° une paire de lames formant l'arc inférieur.

1° Corps de la vertèbre (*Cycléal*, GEOFFROY SAINT-HILAIRE ; *Centrum*, R. OWEN). — Il est

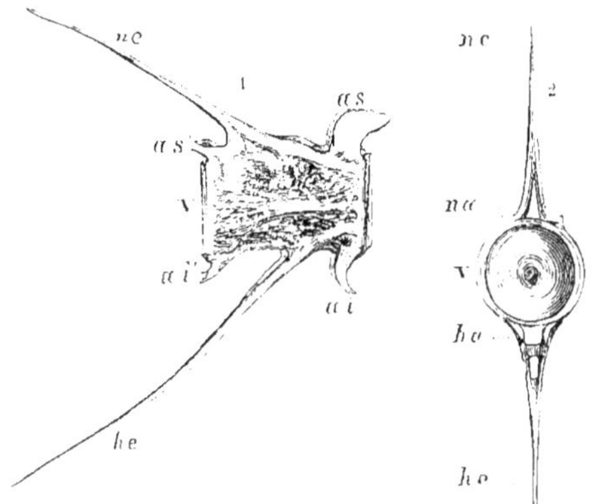

Fig. 3. — *Vertèbre de Maigre* (Sciæna aquila), vue :
1, *de profil* ; 2, *de face*.

V, corps de la vertèbre ; *na*, lame vertébrale supérieure
ou neurapophyse ; *ne*, apophyse épineuse supérieure ou
neurépine ; *ha*, lame vertébrale inférieure ou hémapophyse ; *he*, apophyse épineuse inférieure ou hémépine ;
as, apophyse articulaire supérieure et antérieure ; *as'*,
apophyse articulaire supérieure et postérieure ; *ai*, apophyse articulaire inférieure et antérieure ; *ai'*, apophyse
articulaire inférieure et postérieure.

biconcave dans tous nos Poissons ; il est inutile de le rappeler,
le Lépidostée, que nous n'avons pas à étudier, fait exception à

cette règle, ainsi que de Blainville l'a démontré le premier en 1836 : « Dans ce genre les vertèbres sont convexes à leur extrémité antérieure. » (Note sur la forme des extrémités articulaires du corps des vertèbres, BLAINV., *Ann. Anat. physiol.*, t. I, p. 139.)

Le corps de la vertèbre est formé de diverses couches très-nettement distinctes chez la plupart des fœtus (*fig.* 4); il se développe surtout dans sa partie centrale, il circonscrit deux cavités coniques qui sont complétement closes chez les Sélaciens, excepté les Notidaniens, mais restent généralement en communication l'une avec l'autre dans les Poissons osseux, de façon que la partie interne de la vertèbre représente une espèce de sablier et que la corde dorsale se continue comme une sorte de chapelet. Les vertèbres ne sont pas toujours, comme on le dit, percées à leur centre chez les Téléostéens, il y a certaines exceptions. Le caractère différentiel qu'on a voulu établir sous ce rapport entre les vertèbres des Poissons osseux et celles des Plagiostomes n'a pas grande valeur. Le cycléal est parfois, à sa région tergale et à sa région ventrale, creusé de quatre cavités plus ou moins profondes et plus ou moins coniques; une coupe pratiquée sur le milieu de la vertèbre donne une figure à

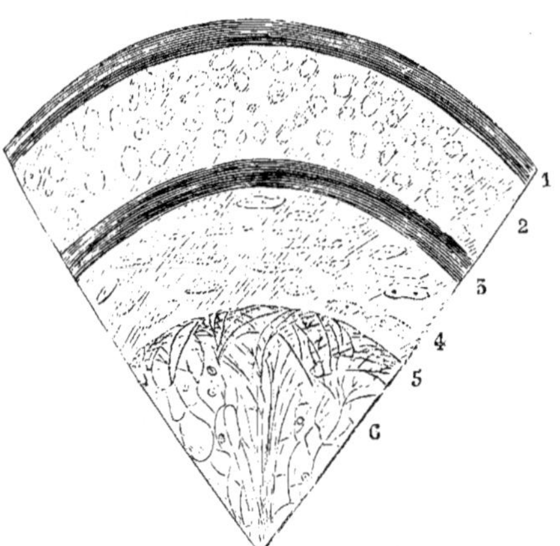

Fig. 4. — *Segment d'un corps de vertèbre ; grand fœtus d'Aiguillat commun (Acanthias vulgaris). Coupe verticale ; grossissement modéré.*

1, tissu fibreux enveloppant le corps de la vertèbre; 2, tissu cartilagineux à cellules plus ou moins arrondies ; 3, tissu fibro-cartilagineux ; 4, couche interne de tissu cartilagineux à cellules allongées ; 5, fibres de tissu lamineux ou conjonctif formant les mailles de la corde dorsale ; 6, corde dorsale avec quelques noyaux.

peu près semblable à une croix de Malte dont les branches transversales seraient toutefois beaucoup plus larges que les branches
verticales.

Cette disposition est facile à voir dans certains Plagiostomes,
le Milandre, etc.; les cavités sont remplies par un processus qui
s'unit à chacune des lames vertébrales correspondantes, ou plutôt qui en est l'extrémité interne. Chez quelques Poissons osseux
on trouve à peu près le même arrangement. Il est aisé de
se convaincre que le processus est indépendant du cycléal : ainsi
chez le Saumon, par exemple, à la région caudale les lames
vertébrales et leurs processus sont en partie soudés au corps de
la vertèbre, mais dans la région abdominale les lames vertébrales inférieures ou les hémapophyses sont simplement enfoncées dans les cavités et ne sont pas unies au corps de la vertèbre
par une substance osseuse; les lames vertébrales de l'extrémité
postérieure du rachis sont maintenues en contact avec les cycléaux par du tissu fibro-cartilagineux qu'on peut détacher
au moyen de l'ébullition ou de la macération.

2° **Lames vertébrales** (*Pièces périphériques* de la vertèbre,
Agass.). — Ces lames, ces pièces, même dans la Lamproie et
l'Amphioxus, se développent toujours primitivement en dehors
du corps de la vertèbre; ce n'est que par la suite de leur évolution qu'elles peuvent s'unir avec le cycléal d'une façon plus
ou moins intime. Dans l'Amphioxus, le canal neural n'est en
aucune manière formé par l'écartement des deux feuillets de
la corde dorsale.

a) *Lames vertébrales supérieures*, ou simplement *lames vertébrales* (*Périal*, Geoff. Saint-Hilaire; *Neurapophyses*, R. Owen;
Apophyses supérieures, Agass. *Anat. Salm.*). — Ces pièces partent
obliquement de la partie externe et supérieure du corps des
vertèbres et constituent à la moelle épinière un canal plus ou
moins complet, appelé *canal neural*, ou plus ordinairement
canal vertébral, rachidien. Parfois les lames vertébrales,
après avoir formé le canal rachidien, s'écartent, puis se rap-

prochent de nouveau et font ainsi un second canal qui est souvent traversé par un ligament fibreux (Esturgeon, Salmones), ou qui est seulement rempli de substance adipeuse, comme dans les Poissons inférieurs (Amphioxus, Lamproie). Quelquefois encore les lames vertébrales de la première vertèbre s'écartent l'une de l'autre après avoir constitué la voûte du canal neural et restent séparées par une fente verticale dans laquelle s'enfonce l'extrémité de l'occipital supérieur, dans les Muges.

Dans le Congre commun les lames vertébrales se dirigent obliquement de bas en haut et envoient chacune une lame osseuse qui forme la voûte du canal rachidien et le plancher du canal supérieur. La voûte du canal rachidien dépasse en avant les lames vertébrales et s'enfonce sous la lame de la vertèbre précédente.

Les lames vertébrales sont simples chez les Poissons osseux; leurs bases sont tantôt larges et rapprochées les unes des autres, de sorte qu'elles forment par leur juxtaposition un canal rachidien complétement fermé, tantôt elles sont plus ou moins étroites, éloignées les unes des autres et laissent entre elles des espaces qui sont clos seulement par du tissu fibreux.

Dans la Baudroie la lame vertébrale est percée d'un trou pour la sortie d'une des racines de paire nerveuse, un second orifice pour l'émergence de l'autre racine se voit comme un trou de conjugaison entre deux lames voisines.

Chez l'Esturgeon les lames vertébrales constituent à elles seules les parois du canal rachidien.

Dans la plupart des Plagiostomes les lames vertébrales sont remplacées ou complétées par des pièces qui ont été étudiées et déterminées avec beaucoup de soin par J. Müller. Ces pièces sont les unes paires, les autres impaires.

Pièces paires ou latérales (*Cartilages cruraux* et *intercruraux*, Müller). — Les pièces qui représentent les lames vertébrales chez les Poissons osseux, ont été appelées par Müller, *cartilages cruraux;*

elles forment en quelque sorte les piliers de la voûte ou de l'arc
vertébral ; elles sont placées sur le corps des vertèbres auquel
elles sont généralement soudées. Les autres pièces ne sont pas
adhérentes au corps des vertèbres, elles sont posées dans les intervalles laissés entre les cartilages cruraux, et pour cette raison ont été désignées sous

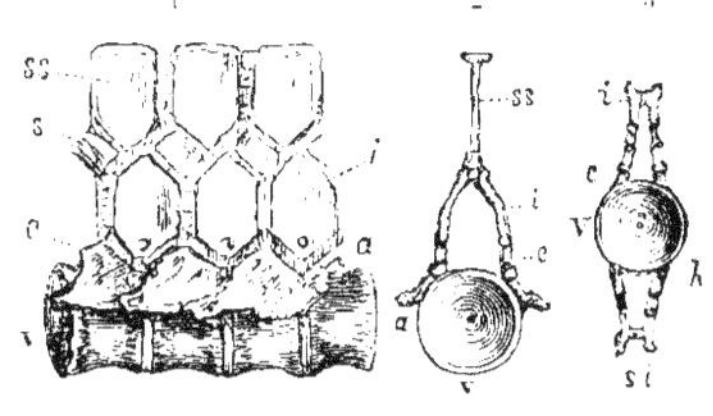

Fig. 5. — Colonne vertébrale de Raie bouclée (Raia clavata).

1. portion de colonne vertébrale vue de profil.

2. vertèbre abdominale vue de face.

3. vertèbre caudale vue de face.

V, corps de la vertèbre ; *a*, apophyse transverse, *c*, cartilage crural ; *i*, cartilage intercrural ; *s*, cartilage surcrural ; *ss*, cartilage supérieur supplémentaire ; *h*, hémapophyse ; *si*, cartilage inférieur supplémentaire.

le nom de *cartilages intercruraux ;* elles montrent parfois sur
le même animal, suivant la région, des différences très-grandes dans leur forme, dans leur dimension, différences qu'il suffit de signaler et qu'il est d'ailleurs impossible d'indiquer d'une
manière précise.

Les pièces latérales sont bien souvent dissemblables chez des
espèces très-voisines. Ainsi dans l'Acanthias commun les cartilages cruraux sont trapézoïdes, ils s'élèvent aussi haut que les
intercruraux, et forment avec eux la voûte du canal neural,
tandis que dans l'Acanthias de de Blainville, ils sont triangulaires et moins hauts que les intercruraux, qui seuls se joignent
sur la ligne médiane avec ceux du côté opposé pour constituer
la paroi supérieure du canal rachidien. (V. Agass., *Pois. foss.*,
t. III, p. 367, pl. XL, b, fig. 2-3.)

Les cartilages cruraux et intercruraux sont généralement
percés d'un trou ou parfois entamés d'une échancrure pour
donner passage à l'une des racines ou plutôt à l'un des nerfs
d'une même paire rachidienne. Ces cartilages tantôt se rejoignent sur la ligne médiane pour fermer le canal, tantôt restent séparés, et la voûte est complétée par une série de cartilages
appelés *surcruraux.*

Pièces impaires (Cartilages surcruraux et Cartilages supérieurs supplémentaires). — Les cartilages surcruraux ou intercalaires, (*Cartilagines intercalares*, Müller), se trouvent chez beaucoup de Plagiostomes; ils sont placés sur la ligne médiane, à l'extrémité des cartilages pairs ou latéraux; ils ne représentent nullement des apophyses épineuses. Dans le Myliobate ils forment, par leur soudure plus ou moins complète, une longue plaque sur laquelle vient s'attacher l'aiguillon.

Les cartilages supérieurs supplémentaires (A. Duméril: *Processus spinosi superiores*, R. Molin) sont des pièces assez longues, qui sont isolées chez l'Ange et sont placées en avant de la première dorsale et dans l'intervalle qui sépare les deux nageoires. Des cartilages semblables se trouvent chez les Raies : dans la Raie bouclée, par exemple, ils constituent une série continue; ils ont leur extrémité libre ou supérieure élargie, creusée en fossette oblongue. Ces fossettes par leur juxtaposition forment une espèce de canal longitudinal.

b) *Lames vertébrales inférieures* (*Paraal*, Geoffroy Saint-Hilaire; *Parapophyses, Hémapophyses*, Owen; *Apophyses transverses, Apophyses inférieures*). — Agassiz (*Anat. Salmones*, p. 37) écrit « qu'il faut bien » les « distinguer des apophyses épineuses inférieures des animaux supérieurs, ainsi que des apophyses transverses. » Il est évident qu'il ne faut pas les confondre avec les apophyses épineuses inférieures des animaux supérieurs, mais la plupart des auteurs considèrent ces lames inférieures comme des apophyses transverses. Selon Agassiz (*Poiss. foss.*, t. I, p. 104), il n'y aurait chez les Poissons d'apophyses transverses que dans les Pleuronectes. Il est très-difficile d'admettre cette manière de voir; en effet, ces prétendues apophyses transverses sont des tubercules très-variables dans leur forme et leur dimension. Ces tubercules se rencontrent principalement sur le cycléal des vertèbres caudales. Ils manquent souvent dans la région abdominale, où ils paraissent remplacés par des arêtes insérées sur le côté externe des *parapophyses* ou apophyses transverses. Ils servent uniquement à des insertions musculaires et sont très-développés.

Chez la Cardine (*Pleuronectes megastomus*), ils se présentent comme une série de lames aplaties, terminées en pointe; chez le Turbot ils sont beaucoup moins grands. Dans ces poissons ils présentent des différences de longueur et de force : ils sont plus développés sur le côté où se trouvent les yeux ; c'est aussi le côté où les masses musculaires acquièrent le plus grand volume. Ces tubercules donnent insertion aux muscles, ce sont évidemment des *apophyses musculaires*.

Chez la Sole, il y a bien en avant quelques apophyses partant des côtes et pouvant être prises pour des apophyses transverses. Mais il se produit dans cette circonstance un fait qui est très-manifeste chez le Congre. En effet, dans le Congre commun les apophyses transverses sont doubles en avant, ou plutôt elles sont séparées en deux séries placées l'une au-dessus de l'autre. Les lames sont de forme différente; la lame supérieure est mince. étroite. pointue, la lame inférieure est beaucoup plus large ; c'est une espèce de trapèze dont le bord externe serait le plus long.

Pourquoi ce dédoublement de l'apophyse? Il n'y a pas de côtes chez le Congre, c'est donc pour augmenter les points d'insertion musculaire. Dans l'Ophisure-serpent les tubercules ou apophyses musculaires sont d'une grande force à la région caudale.

Dans la région abdominale les apophyses transverses sont généralement assez peu développées, parfois elles ne consistent qu'en tubercules plus ou moins enfoncés dans les cavités du corps vertébral (cycléal). comme dans les Salmones ; elles portent souvent une et quelquefois deux tiges osseuses ou. si l'on veut, une côte et une arête insérées même assez loin l'une de l'autre, comme dans les Mulles ; parfois deux apophyses transverses sont réunies par une lame interosseuse qui forme ainsi la paroi inférieure d'une espèce de canal très-court.

A mesure que les apophyses transverses se portent vers la région caudale elles s'allongent et se rapprochent surtout par leur extrémité libre ; chacune des apophyses s'incline vers la ligne médiane et se soude avec la partie correspondante de l'apophyse du côté opposé. Ces apophyses soudées au-dessous du corps de la vertèbre constituent un canal appelé *canal, conduit hémal* ou *sanguin*, qui contient la terminaison de l'aorte et la veine caudale ; parfois le canal est très-large en avant, il forme chez le Tacaud (*Gadus luscus*) l'arrière-cavité de l'abdomen. Les apophyses changent de nom, et, en raison de leurs rapports avec les vaisseaux sanguins, elles sont communément désignées sous la dénomination d'*hémapophyses*. Cette différence dans la forme et le développement des apophyses transverses ou inférieures permettra toujours de distinguer facilement les vertèbres qui appartiennent à la région abdominale de celles qui occupent la région caudale.

Dans les Plagiostomes, les apophyses transverses présentent de très-grandes variations, que nous ne pouvons pas indiquer d'une manière générale. Chez beaucoup de Squales, elles sont larges et donnent attache aux cartilages costaux, qui parfois sont enclavés entre deux apophyses. Dans les Raies, ou plutôt dans la Raie bouclée, les apophyses transverses à la région abdominale sont des lamelles assez minces dirigées d'avant en arrière et un peu obliquement de bas en haut ; comme elles sont plus longues que le corps des vertèbres, elles s'imbriquent les unes sur les autres ; la pointe antérieure d'une apophyse s'enfonce sous l'extrémité postérieure de la parapophyse de la vertèbre précédente et la pointe postérieure recouvre l'extrémité antérieure de la parapophyse de la vertèbre suivante. Ces apophyses jouent en quelque sorte le rôle d'apophyses articulaires latérales.

Dans la région caudale les apophyses transverses se redressent, leur extrémité inférieure se rapprochant de la ligne médiane : elles forment ainsi les parois latérales du canal hémal, qui est complétement fermé par des cartilages allongés, espèces de cartilages supplémentaires. Ces derniers cartilages ont, comme ceux de la région neurale, leur extrémité large, creusée en sillon. D'après Gegenbaur, qui reproduit l'opinion de Carus, le canal hémal chez les Plagiostomes serait formé par des côtes : cette manière de voir est inexacte. Il est difficile d'admettre une aussi grande dissemblance dans la formation du canal hémal chez les Sélaciens et chez les Poissons osseux. Au reste, chez les Raies les apophyses transverses n'ont en aucune façon l'apparence de côtes.

Les neurapophyses et les hémapophyses se soudent généralement d'assez bonne heure au corps de la vertèbre et font comme une seule pièce ; cependant elles restent toujours plus ou moins distinctes chez quelques Poissons osseux, le Brochet, les Salmones, les Clupes. Dans certains Poissons, Cyprins, Loches, Ophidies, Silures, les pièces des vertèbres antérieures restent séparées ; elles sont en rapport avec la vessie natatoire ; Weber les a considérées, chez les Cyprins, comme représentant les osselets de l'oreille. Ces pièces mêmes ont été désignées sous le nom d'osselets de Weber. Plusieurs anatomistes, Huschke en 1822, Étienne Geoffroy Saint-Hilaire en 1824, ont démontré que ces osselets étaient une dépendance, faisaient partie du système vertébral. La description de Geoffroy Saint-Hilaire ne laisse aucun doute sur la signification anatomique de ces pièces. (Sur une nouvelle détermination de quelques pièces mobiles chez la Carpe, ayant été considérées comme les parties analogues des osselets de l'oreille, et sur la nécessité de conserver le nom de ces osselets aux pièces de l'opercule, *Mémoires du Muséum*, 1824, t. X, p. 143.) Geoffroy Saint-Hilaire, sans avoir rien su du travail de Huschke, est arrivé à la même solution que le professeur d'Iéna ; il a reconnu sans conteste au docteur Huschke les droits à la priorité « de ces idées ». (*Loc. cit.*, p. 260.) Baudelot a confirmé les opinions des anatomistes que nous venons de citer ; il a repris ce travail et fait voir de nouveau que les osselets de Weber « sont des démembrements de l'arceau inférieur de deux vertèbres confondues entre elles. » (V. Milne-Edwards. *Physiol. Anat. comp.*, t. X, p. 422, note 2.)

Apophyses épineuses (Processus spinosi). — Très-rarement les

lames vertébrales portent, comme chez les vertébrés supérieurs,
une tige appelée apophyse épineuse. Chez l'Esturgeon l'apophyse
épineuse est indépendante des lames vertébrales; c'est assurément
une pièce du squelette parfaitement distincte. Cependant chez
les Téléostéens on donne le nom d'apophyses épineuses aux extrémités des neurapophyses et des hémapophyses, bien qu'elles
soient souvent séparables dans toute leur longueur, et même on
les appelle, suivant l'arc vertébral auquel elles appartiennent,
Neurépines, Hémépines, Épial, Cataal (Et. Geoff. Saint-Hilaire).
Chez le Germon, les apophyses épineuses formant la carène de la
queue sont très-larges, aplaties, appuyées sur le corps de la vertèbre suivante qu'elles retiennent sur les pièces sèches comme
dans une espèce d'étau, sans aucun ligament. Quelques auteurs ont
encore voulu faire entrer dans la composition de la vertèbre les
os interépineux, etc.; mais ces os appartiennent à l'endosquelette
normal, ils sont évidemment une dépendance du lophioderme.

Apophyses articulaires. — Elles manquent chez beaucoup de
Poissons; elles sont, quand la vertèbre est symétrique, au nombre de quatre paires, deux paires supérieures, deux paires inférieures. Les apophyses articulaires inférieures manquent assez
souvent dans la région abdominale, Turbot. Les apophyses ou
tubercules articulaires sont très-variables dans leur forme, leur
dimension et leur direction; les tubercules d'une même paire
sont plus ou moins séparés; parfois dans la région abdominale,
chez la Carpe par exemple, les tubercules antérieurs sont soudés
à leur sommet, tandis que les tubercules postérieurs sont complétement séparés l'un de l'autre. Les apophyses articulaires
viennent soit du corps de la vertèbre, soit des lames vertébrales.
Les apophyses antérieures sont généralement plus développées
que les postérieures; parfois les apophyses paraissent toutes symétriques, dans la Sole, et se correspondent réciproquement.

Articulation des vertèbres. — Elle se fait principalement et quelquefois uniquement par le corps des vertèbres dont les bords circulaires, amincis, sont maintenus en contact avec les bords cor-

respondants des vertèbres voisines par une substance fibro-cartilagineuse plus ou moins élastique : elle se fait encore au moyen
des apophyses articulaires. Ce mode d'articulation montre des
rapports très-variables souvent dans le même poisson ; chez le
Turbot, par exemple, le côté interne de l'apophyse antérieure
des vertèbres abdominales s'attache sur le côté externe de l'apophyse postérieure de la vertèbre précédente, ce qui n'a pas lieu
dans la partie postérieure de la région caudale ; les apophyses
articulaires antérieures de la région abdominale sont portées
plus en dehors que les apophyses postérieures, vers la nageoire
caudale les apophyses sont placées sur le même plan. Dans la
Morue, les apophyses articulaires antérieures s'appliquent par
leur facette inférieure sur la facette supérieure de l'apophyse articulaire postérieure de la vertèbre précédente (région abdominale).

Chez les Plagiostomes les vertèbres sont articulées aussi avec les
pièces qui forment soit le canal neural, soit le canal hémal.
Dans les Lophobranches les vertèbres sont attachées par des
apophyses aux parois du dermosquelette ; parfois les apophyses
épineuses sont serrées les unes contre ou dans les autres. Dans
certains Poissons les vertèbres antérieures sont plus ou moins
soudées les unes aux autres ; chez les Raies elles sont enveloppées par une substance cartilagineuse ; mais on peut toujours,
en comptant les trous qui donnent passage aux nerfs, connaître
exactement le nombre des vertèbres.

Dans les Chimères, la partie antérieure de la colonne vertébrale est entourée par une pièce lisse qui ne laisse voir aucune
trace de division, aucune strie annulaire. Au-dessus de cette
pièce s'en montre une autre d'une apparence très-singulière ;
elle est assez haute, elle a sa partie supérieure creusée dans le
milieu et relevée en avant et en arrière ; elle est évidemment
formée par la réunion des lames vertébrales ; elle est unie au
crâne par deux surfaces articulaires semblables à celles que présente la première vertèbre de certains Poissons osseux, Maigre,
Muge, etc. ; à sa base elle est percée de trous pour le passage des
nerfs rachidiens. Son apophyse postérieure, qui est plus déve-

loppée que l'autre, donne attache à l'aiguillon et à la partie antérieure de la première dorsale.

3° **Forme, dimension, structure.** — Les vertèbres présentent dans leur forme, dans leur dimension, dans leur structure de très-grandes différences, qu'il est impossible de faire connaître, à moins d'entrer dans le domaine de l'anatomie comparée.

Le cycléal peut être plus ou moins circulaire, comprimé, ou aplati et très-large ; il peut être lisse ou rugueux, creusé de cavités ; il est souvent moins développé, plus étroit dans les premières vertèbres ; il montre une structure très-variable souvent dans les poissons d'un même ordre. Ainsi chez quelques poissons osseux, chez la Baudroie, il est composé d'un tissu qui prend une apparence fibreuse, chez le Lompe il est comme papyracé, il ne contient par conséquent que très-peu de sels calcaires.

Les vertèbres offrent encore des différences considérables dans leur nombre : elles sont peu nombreuses chez les Plectognathes en général, dans la Môle commune il y en a dix-sept en tout ; dans l'Anguille on en compte cent quinze environ et trois cent soixante-quinze dans le Renard (*Alopias Vulpes*). Les vertèbres, suivant la région qu'elles occupent, sont distinguées en *abdominales* et en *caudales*.

Pour indiquer le nombre des vertèbres de chaque région, il est d'usage d'employer le signe $+$ comme indice de séparation ; ainsi dans la Môle commune qui a dix-sept vertèbres, nous venons de le dire, on écrira $9 + 8$, et on lira neuf vertèbres abdominales, huit vertèbres caudales. Il est parfois nécessaire, pour distinguer des espèces voisines ou pour éviter de faire des espèces nouvelles, de connaître d'une manière très-exacte le nombre de vertèbres de chaque région.

TÊTE.

La colonne vertébrale se termine en avant par le crâne, espèce de boîte plus ou moins large qui loge la partie renflée du système nerveux central. Le crâne et le cerveau se trouvent chez tous les vertébrés sans exception, chez l'Amphioxus même ;

ils se montrent toujours distincts de la colonne vertébrale et de la moelle épinière; il n'y a pas d'Acrânien dans la classe des Poissons, nous l'avons déjà démontré (V. *Compt. rend. Acad. Scienc.*, 1870, t. LXX, p. 1006). Nous reviendrons encore sur cette question lorsque nous étudierons l'Amphioxus.

La structure et la composition du crâne présentent de très-grandes différences chez les Poissons: le crâne peut être plus ou moins fibreux, cartilagineux et formé de pièces complétement soudées ensemble comme dans les Plagiostomes; il peut être osseux et formé de pièces distinctes, en général très-nombreuses, comme dans les Téléostéens. Nous décrirons le squelette de la tête, ses modes d'articulation avec la colonne vertébrale quand nous ferons l'histoire des ordres divers qui constituent notre Faune ichthyologique.

CÔTES. PLEURAPOPHYSES, R. OWEN.

Les côtes sont généralement portées sur les apophyses transverses, elles sont très-rarement attachées directement sur le corps de la vertèbre. Les cartilages costaux sont ordinairement peu développés chez les Plagiostomes, surtout dans les Raies, les Torpilles; ils sont relativement assez grands chez les Roussettes. Ils manquent complétement dans les Chimères.

Les Sturioniens (Ganoïdes) sont pourvus de côtes assez grosses, assez longues. Chez les Téléostéens, les côtes manquent dans nos Lophobranches, dans certains genres de Plectognathes, Lagocéphale, Môle. Les Chorignathes sont presque toujours munis de côtes bien développées, toutefois les Baudroies en sont dépourvues. Les vrais Apodes, le Myre excepté, n'ont pas de côtes.

Les Marsipobranches et les Leptocardiens manquent de côtes.

NAGEOIRES.

Les nageoires soutenues par des pièces squelettiques sont ou les homologues des membres des vertébrés supérieurs ou des organes complétement nouveaux qui ne se rencontrent que dans la classe des Poissons. Elles sont paires ou impaires.

Nageoires paires. — Ces nageoires manquent complétement dans l'Amphioxus et dans les Cyclostomes, elles manquent encore chez quelques Apodes, Murènes, et dans la sous-famille des Nérophiniens parmi les Lophobranches. Elles ont été appelées *pectorales* ou *ventrales* suivant qu'elles représentent l'extrémité des membres antérieurs ou postérieurs des autres vertébrés, mais la structure en est complétement différente. En effet, ces nageoires sont formées de pièces juxtaposées, qui le plus souvent se divisent et se subdivisent en pièces secondaires et ne rappellent en aucune façon l'organisation d'une main ou d'un pied.

Pectorales (*Pleuropes*, C. DUMÉRIL). — Elles sont soutenues par une série de pièces formant une espèce d'arc ou de ceinture qui en raison de ses rapports est appelée *ceinture scapulaire*. L'extrémité supérieure de cet appareil est libre dans les Squales ; elle est attachée à la colonne vertébrale chez les Raies, et au crâne chez la plupart des Poissons osseux.

Les pectorales sont généralement plus développées que les ventrales ; elles acquièrent parfois de très-grandes dimensions, elles semblent transformées en espèces d'ailes qui servent puissamment à la natation dans les Raies, ou même au vol chez les Dactyloptères, les Exocets. Elles présentent quelquefois des divisions plus ou moins profondes dans les Triglidés.

Le mode d'insertion des pectorales indique le sens des mouvements qui peuvent être exécutés ; dans la plupart des Poissons osseux ces nageoires ont leur articulation perpendiculaire à l'axe du corps, elles devront se mouvoir dans un plan horizontal, d'avant en arrière ; dans les Sélaciens et surtout dans les Raies, elles ont leur articulation parallèle à l'axe du corps, elles devront se mouvoir dans un plan vertical ou de haut en bas.

Ventrales (*Catopes*, C. DUMÉRIL). — Elles sont articulées sur les os du bassin, os généralement assez peu développés et ne formant une ceinture pelvienne que chez les Plagiostomes. La position des ventrales est relativement fixe chez les Plagiostomes, elle ne change que par rapport à la première dorsale, mais elle est toujours en arrière de l'insertion des pectorales.

Dans les Poissons osseux, au contraire, leur position est assez variable; les ventrales peuvent être insérées en avant, au-dessous ou bien en arrière des pectorales. Ces nageoires présentent des différences parfois très-grandes dans leur forme, dans leur développement, elles peuvent être réduites à une écaille, une épine, Lépidope, etc.; elles peuvent être excessivement longues, Anthias (*Anthias sacer*; elles peuvent être soudées l'une à l'autre, dans les Gobioïdés, et constituer même avec les pectorales un large disque, Lépadogasters. Elles sont moins constantes que les pectorales, elles n'existent pas naturellement dans les vrais *Apodes* et dans certains poissons osseux, Espadon, Ophididés, etc., qui ne sont que de faux Apodes; elles manquent dans tous nos Lophobranches. La position variable des ventrales, leur absence, comme nous le verrons plus tard, ont fourni à Linné la base de sa classification des Poissons ou plutôt des Poissons osseux.

Nageoires impaires ou *verticales*. — Outre les nageoires paires qui rentrent dans le plan général des vertébrés, il y en a d'autres qui sont pour ainsi dire hors cadre. Les nageoires verticales ont été regardées par de Blainville comme un repli de la peau que cet anatomiste a désigné sous le nom de *Lophioderme*. (Blainv., *Anat. comp.*, p. 159.) Cette expansion cutanée, supportée par un squelette plus ou moins développé, est assurément le signe caractéristique de l'organisme des Poissons; elle se rencontre parfois, mais toujours dépourvue de soutien squelettique chez quelques Batraciens.

Le Lophioderme peut rester continu comme dans les Congres, les Anguilles; alors les nageoires impaires sont dites unies, ou bien il est interrompu comme dans la plupart des Poissons, et les nageoires verticales sont séparées par des intervalles plus ou moins grands.

Les nageoires impaires sont désignées, suivant la région qu'elles occupent, sous les noms de *dorsale*, *anale*, *caudale* ou *épiptère*, *hypoptère*, *uroptère*, C. Duméril. Elles peuvent toutes manquer, comme dans notre Pastenague commune, ce qui est un cas excessivement rare. A part la caudale qui est toujours unique, les autres nageoires peuvent varier en nombre, elles sont simples ou multiples, il y a une, deux ou trois dorsales, une ou deux anales. Chacune des nageoires est alors appelée suivant son rang d'ordre : 1re, 2e et 3e dorsale, 1re, 2e anale.

Les nageoires impaires sont toujours soutenues par des pièces solides, pièces soit ajoutées au squelette normal dépendantes par conséquent du dermosquelette, soit fournies par des processus de l'endosquelette.

Ces pièces ont généralement le caractère du squelette lui-même : elles sont cartilagineuses ou osseuses, suivant le type de l'ordre auquel appartient le poisson. Dans les Poissons il n'y a pas, nous l'avons dit plus haut, de nageoires impaires sans soutien, excepté peut-être chez les Salmonidés que C. Duméril avait appelés *Dermoptères*, à cause de leur petite nageoire adipeuse. La sous-classe des Dermoptères admise par quelques auteurs et renfermant l'Amphioxus et les Cyclostomes n'existe pas en réalité ; dans les Lamproies les rayons des nageoires sont assez forts, ils se bifurquent deux fois, ils sont par conséquent ramifiés, mais non articulés ; ils sont toujours cachés sous la peau. Quoi qu'on fasse, il est impossible de démontrer que ces nageoires ne sont pas soutenues par des rayons. Que ces rayons ne soient pas fournis par le dermosquelette contrairement à la théorie, peu importe.

Dorsale (*Épiptère*, C. Duméril). — Elle est simple ou multiple, elle existe presque toujours : parfois elle subit de singulières modifications. Ainsi dans l'Échénéis, la première dorsale est transformée en un disque servant à fixer l'animal ; elle a ses rayons complétement cachés sous la peau dans le Cycloptère Lompe ; elle les a séparés les uns des autres dans l'Épinoche ; ou bien encore, ses premiers rayons sont complétement éloignés des autres : ils sont, chez la Baudroie, portés sur le crâne fort en avant, ils s'allongent en filaments mobiles, en véritables tentacules. La dorsale est, nous l'avons déjà indiqué, toujours soutenue par un squelette plus ou moins solide : les pièces de ce squelette présentent de très-grandes différences suivant qu'on les examine dans tel ou tel ordre. Chez les Poissons osseux, elles sont mobiles et articulées sur les *interépineux* que nous étudierons plus tard.

Chez les Plagiostomes les véritables interépineux manquent à toutes les nageoires impaires, qui sont en général peu ou pas mobiles. Chez les Squales la dorsale est un organe servant à maintenir l'équilibre du corps, elle est, ainsi que l'anale, le plus souvent portée sur trois séries de cartilages placés bout à bout. Certains Squales, les Spinacidés, ont un aiguillon à chaque dorsale.

Anale (*Hypoptère*. C. DUMÉRIL). — Elle ne subit pas des modifications aussi nombreuses que la dorsale, elle présente à peu près la même composition, elle est simple ou multiple. Elle est quelquefois précédée d'une petite nageoire épineuse, Caranx, etc. Elle manque dans plusieurs familles de Squales, Spinacidés, etc., dans les Raies, dans les Xérophiniens parmi les Lophobranches, dans quelques Chorignathes.

Caudale (*Uroptère*. C. DUMÉRIL). — La caudale manque rarement chez les Plagiostomes, excepté dans nos Céphaloptériens ; elle est quelquefois réduite à un repli de la peau et semble plutôt, chez les Raies, un prolongement de la deuxième dorsale qu'une vraie caudale ; elle manque parmi les Poissons osseux, chez plusieurs Lophobranches, Hippocampiniens, Xérophiniens, chez le Trichiure, l'Ophisure-Serpent, etc. Elle montre des formes très-variées, elle peut dans la même espèce être arrondie chez les jeunes, fourchue dans l'adulte, Baliste. Les différences de forme tiennent à plusieurs causes. Ainsi l'extrémité de l'épine n'éprouve aucune déviation, elle reste dans l'axe horizontal, et quand elle se trouve ainsi placée au milieu de la nageoire le poisson est *diphycerque*; quand, au contraire, elle se relève et qu'elle est placée au-dessus du centre de la nageoire, le poisson est *hétérocerque*. Mais parfois, bien que l'axe de la colonne vertébrale soit relevé à son extrémité, la nageoire reste symétrique, parce que les supports inférieurs se développent plus que les autres, le poisson est *homocerque*. Il vaudrait beaucoup mieux dire : caudale symétrique ou non symétrique. Du reste, il ne faut pas accorder au mode d'insertion de la caudale autant d'importance qu'on l'avait supposé.

D'après Van Beneden : « Les embryons des Plagiostomes sont d'abord parfaitement homocerques. » (V. VAN BENED. *Dévelop. queue Plag.* Ann. Sc. Nat., 1861, t. XV, p. 125.)

La caudale présente de très-grandes différences dans son mode d'insertion, dans ses rapports avec la colonne vertébrale ; elle ne peut guère être comparée chez les Plagiostomes et chez les Poissons osseux. Dans les Plagiostomes, elle s'étend parfois sur une très-longue partie du corps : chez le Renard, par exemple, elle est à peu près égale à la moitié de la longueur totale : dans la Chimère, elle cesse avant d'atteindre l'extrémité du rachis, et chacun de ses lobes, suivant la position qu'il occupe, pourrait être considéré comme une dorsale ou bien comme une anale ; le filament caudal est en réalité la terminaison de l'axe vertébral. Chez les Poissons osseux, au contraire, la caudale est terminale, elle s'insère uniquement sur l'extrémité du rachis, elle n'a de rapports qu'avec un très-petit nombre de vertèbres et parfois avec la dernière seulement, chez la Baudroie ; ses rayons médians sont parallèles à l'axe du corps, bien entendu quand il n'y a pas de déviation accidentelle comme dans les Trachyptères.

SYSTÈME MUSCULAIRE

Coloration des muscles. — Structure des fibres musculaires.

Les muscles sont en général plus ou moins pâles chez les Poissons ; cependant ils peuvent présenter, même chez des espèces très-voisines les unes des autres, une différence de coloration très-sensible : ainsi chez le Thon la chair est rouge, tandis qu'elle est blanchâtre dans le Germon ; et dans les Basses-Pyrénées chacun de ces animaux est désigné sous le nom de Thon rouge ou de Thon blanc suivant la teinte de sa chair. — Chez le Saumon la chair est d'une coloration particulière qui a gardé le nom de cette espèce si recherchée. — Les muscles des nageoires sont presque toujours plus rouges que les grands muscles latéraux : le fait paraît à peu près général chez les poissons osseux.

Chez les Téléostéens souvent encore entre le faisceau supérieur et le faisceau inférieur formant le muscle latéral, se trouve un muscle d'une couleur beaucoup plus rouge, beaucoup plus foncée. — Ce muscle a été regardé par C. Vogt comme un muscle cutané ; il a la forme de deux pyramides triangulaires longues et étroites, unies par leur base ; il est beaucoup plus mince à chacune de ses extrémités, et souvent disparaît avant d'atteindre la tête et la caudale. Ses fibres, ainsi que le fait très-justement remarquer C. Vogt, sont différentes de celles que présente le muscle latéral. (V. AGASS. et VOGT., *Anat. Salm.*, p. 60.)

Des muscles rouges se voient aussi dans les Plagiostomes. Le D*r* Ranvier a reconnu que chez les Raies, les muscles rouges « ont des faisceaux beaucoup plus minces que les blancs. » (RANV., *Histol. Compt. rend. Acad. Scienc.*, 1873, t. LXVII, p. 1030.)

Les Poissons, comme les autres vertébrés, ont leur système musculaire composé de fibres striées et de fibres lisses ou fusiformes ; mais chez eux il est facile de voir les fibres lisses se modifier et se transformer en fibres striées. — Le noyau disparaît peu à peu et les stries se montrent en nombre d'abord très-petit : les fibres, intermédiaires en quelque sorte, n'ont parfois qu'une, deux, trois ou quatre stries. — J'ai constaté la présence de ces fibres dans le muscle de l'œil du Germon. Dans le *Leptocéphale* ou larve du Congre commun on trouve des fibres musculaires fusiformes avec une strie unique placée au milieu de la partie renflée, faisant l'image d'un cercle reliant la base des cônes.

Contractilité. — La contractilité musculaire persiste beaucoup plus longtemps chez les Poissons que chez les autres vertébrés : le fait est très-facile à constater sur l'Anguille par exemple ; des tronçons du corps complétement séparés et même dépouillés se contractent après un certain temps, soit qu'on irrite directement les muscles, soit qu'on excite la moelle. Le cœur isolé, sorti du péricarde, peut battre plusieurs jours à la condition d'être maintenu à une température assez basse. Si la température est élevée, les contractions cessent bien plus vite ; j'en ai fait assez souvent l'expérience.

Muscles du tronc, muscles latéraux. — Deux muscles très-développés couvrent à peu près entièrement les côtés du corps, ils ont été appelés, par Gouan, *muscles latéraux*, et *grands muscles latéraux du tronc*, par Cuvier. Ces muscles s'étendent depuis la tête et la ceinture scapulaire jusqu'à la caudale ; ils montrent suivant les animaux certaines différences de formes qu'il est impossible d'indiquer. Nous les décrirons comme ils se présentent chez beaucoup de Poissons à corps arrondi et allongé.

D'après la plupart des auteurs, il n'y a de chaque côté qu'un seul muscle latéral ; il nous semble préférable de voir à droite et à gauche un muscle double qu'on peut désigner, suivant la position qu'il occupe, sous le nom de muscle latéral supérieur ou dorsal et inférieur ou abdominal. En effet, chez les Syngnathes par exemple, de chaque côté le muscle est séparé en deux par un prolongement des apophyses latérales des vertèbres, ce qui est très-nettement marqué dans la région caudale. Dans les autres Poissons, il y a entre les deux muscles d'un même côté une série de tendons et une aponévrose plus ou moins développée.

Chacun de ces muscles est séparé dans la région dorsale et dans la région abdominale de celui du côté opposé par les muscles des nageoires, par les muscles grêles de Cuvier, par la colonne vertébrale et ses apophyses, par les interépineux ou le support interne des nageoires, et en outre dans la région abdominale proprement dite par les côtes quand elles existent et par la cavité abdominale. Les muscles latéraux sont symétriques, ce qui est manifeste surtout dans la région caudale, ils sont constitués pour ainsi dire par une série de muscles transversaux qui sont en nombre égal à celui des vertèbres et sont réunis par des aponévroses et du tissu conjonctif. Ces muscles transversaux ou segments musculaires ont été désignés par divers anatomistes sous les noms de *Myocommes* (Myocommas) ou de *Myotomes*; R. Owen fait remarquer avec raison que l'expression de Myocomma est préférable à celle de Myotome. Les muscles, ou plutôt les faisceaux musculaires transversaux, soit dans la région dorsale, soit dans la région ventrale, sont disposés d'une façon très-régulière; ils forment un angle ouvert en avant et paraissent ainsi emboîtés les uns dans les autres. La partie du faisceau transverse qui s'insère sur la colonne vertébrale ou la partie interne est ordinairement plus épaisse que la partie externe; elle est convexe dans sa région antérieure, concave dans sa région postérieure; c'est justement le contraire pour la partie externe qui est concave en avant, convexe en arrière; elle est moins épaisse que la partie interne. Les muscles latéraux d'un même côté sont à peu près symétriques dans la région caudale; mais dans la région abdominale le muscle latéral inférieur est plus développé que le muscle supérieur.

Les muscles latéraux sont parfois plus développés d'un côté que de l'autre : ainsi chez les Pleuronectes les muscles du côté coloré sont ordinairement plus épais que ceux du côté pâle ; il est facile de vérifier le fait sur les Soles, les Turbots. Cette différence dans le développement des muscles tient évidemment au mode de natation.

Il est inutile d'insister longuement sur l'usage des muscles latéraux ; leur disposition, leur insertion sur la colonne vertébrale indiquent qu'ils agissent tantôt comme fléchisseurs, tantôt comme extenseurs, et impriment au corps ces mouvements alternatifs d'un côté et d'un autre, mouvements qui servent à la progression de l'animal.

Le système musculaire chez les Raies présente dans sa disposition certaines différences que nous allons indiquer rapidement, différences qui ne sont pas aussi grandes que l'avaient pensé la plupart des anatomistes. Nous dirons même que le plan musculaire n'a éprouvé que des modifications assez légères, résultant de

la forme de l'animal, et que les parois de l'abdomen présentent
la même constitution que chez la plupart des Poissons à corps
arrondi. En effet, il y a de chaque côté deux muscles latéraux
qui s'insèrent en avant à la tête et à la ceinture scapulaire. Le
muscle latéral supérieur est formé par l'*épineux du dos* et le *long
dorsal*; le muscle latéral inférieur se compose du *sacro-lombaire*
et du *muscle abdominal*: voilà donc les quatre faisceaux musculaires qui se rencontrent dans le tronc des Téléostéens. Mais il ne
faut pas oublier que le mode de conformation chez la Raie
diffère de celui des Poissons osseux; la queue est excessivement
grêle, elle cache un appareil électrique, elle est nettement séparée du tronc par la ceinture pelvienne; les muscles latéraux ne
devront pas naturellement s'y trouver dans les mêmes conditions
que chez les Poissons à corps arrondi, régulier, manquant de
ceinture pelvienne. Le faisceau supérieur (épineux du dos) du
muscle latéral supérieur ou dorsal se continue, comme chez les
Téléostéens, de la tête à l'extrémité de la queue, mais le faisceau
inférieur (long dorsal) n'arrive que sur le tiers antérieur de la
queue.

Quant au muscle latéral inférieur ou ventral, il a son faisceau
supérieur (sacro-lombaire) qui s'étend, comme l'écrit Ch. Robin,
de l'occiput au premier tiers de la queue. Cuvier, n'ayant pas
reconnu la nature de l'appareil électrique qui semble continuer
le faisceau musculaire, avait pensé que « le sacro-lombaire règne
tout le long de l'épine, » « qu'il forme le muscle latéral de la
queue. » (V. Crv., *Anat. comp.*, t. 1, p. 308.)

Le faisceau inférieur (muscle abdominal) du muscle ventral
va s'unir sur la ligne médiane à celui du côté opposé, et vient
ensuite se fixer sur la ceinture pelvienne. Il est donc séparé des
muscles de la queue par une barre perpendiculaire à l'axe du
corps; c'est là que va commencer la principale différence qui
existe entre les muscles latéraux des Téléostéens et ceux des
Raies. A la ceinture pelvienne, sur le côté externe, s'insère un
muscle, *muscle latéral de la queue*, Robin, qui se termine un
peu en avant du sacro-lombaire. Sur le pubis s'insère, en dedans

du muscle précédent, le muscle *pubio-caudal*, Robin, *ischio-coccygien*, Cuvier : il est assez développé et plus ou moins confondu avec le *muscle fléchisseur de la queue*, Cuvier, *muscle épineux caudal inférieur*, Robin. Ce dernier muscle naît de la face antérieure de la colonne vertébrale, il passe au-dessus ou plutôt en arrière de la ceinture pelvienne et vient se terminer à l'extrémité de la queue. Il est formé en avant de deux faisceaux musculaires, l'un venant de la ceinture pelvienne, le *pubio-caudal*, Robin, et l'autre de la colonne vertébrale : il représente donc la partie postérieure du faisceau latéral inférieur des Poissons osseux, tandis que le muscle abdominal en représente la partie antérieure.

En résumé, chez les Raies, la queue à partir de son tiers antérieur ne renferme plus de chaque côté que deux faisceaux musculaires : le supérieur et l'inférieur ; les deux faisceaux moyens ne se continuent pas comme chez les Téléostéens. Dans les Poissons qui ont une ceinture pelvienne, les fibres antérieures du faisceau musculaire inférieur et postérieur viennent en grande partie de la face antérieure de la colonne vertébrale.

Outre les muscles latéraux, on trouve encore chez beaucoup de Poissons les muscles suivants :

Muscles grêles supérieurs et inférieurs du tronc, Cuv. *Muscle de la carène du dos et de la queue*, Gouan. — Ils sont symétriques et placés dans l'intervalle que laissent entre eux les muscles latéraux aussi bien dans la région dorsale que dans la région ventrale ; les muscles grêles sont interrompus au niveau des nageoires, ils sont variables dans leur nombre suivant la disposition des nageoires, il y en a une, deux ou trois paires ; mais si les nageoires sont très-rapprochées, ou même si les nageoires impaires sont longues et réunies, ces muscles sont très-réduits et paraissent même complétement manquer. En tout cas, ils ne sont jamais bien développés.

Muscle rouge ou cutané de C. Vogt. — Il est inutile de revenir sur la disposition et l'anatomie de ce muscle.

LOCOMOTION

La locomotion s'opère de différentes manières, suivant la forme du poisson, suivant aussi la disposition de certains organes.

Il n'entre pas dans notre plan de discuter les différentes théories qui ont été émises sur la natation. Chez la plupart des Poissons à corps fusiforme, à dos et à ventre plus ou moins tranchants, la natation se fait au moyen de la queue, rame puissante qui, pourvue de muscles développés, exécute des mouvements alternatifs à droite et à gauche. Quand la queue est portée d'un côté de l'axe du corps, la tête suivant Borelli serait portée du côté opposé. Ce n'est pas l'opinion de Bell Pettigrew (*Locomotion chez les animaux*, trad. franç., p. 92-93). D'après le physiologiste anglais, il a raison dans la plupart des cas, la queue et la tête sont toujours portées du même côté, le corps entier forme un arc de cercle plus ou moins prononcé, et la locomotion se fait suivant la concavité de l'arc : c'est, en effet, ce qui a lieu quand l'animal exécute de grands mouvements; mais, quand il fait des mouvements peu énergiques et assez lents, la queue seule est portée à droite, à gauche, et la partie antérieure du tronc reste, ainsi que la tête, dans l'axe du corps. Certains Poissons, les Coffres, sont enfermés dans une carapace plus ou moins complète et n'ont de libre, excepté les nageoires, que l'extrémité postérieure du corps; ils se servent de leur queue comme d'une godille. Les poissons très-allongés et très-flexibles, les Congres, les Anguilles, la plupart des Squales, forment avec leur corps plusieurs courbes, deux au moins figurant une S, que Pettigrew appelle « courbes céphalique et caudale à cause de leurs positions respectives. » (PETTIGREW, *loc. cit.*, p. 96; fig. 32, p. 95.)

Chez les Poissons plats, les Pleuronectes, qui, par suite d'une torsion singulière, ont le dos et le ventre dans un même plan horizontal, la natation se fait au moyen de mouvements ondulatoires ; la queue ne frappe jamais l'eau de droite à gauche, mais de bas en haut, ou de haut en bas, les courbes ne sont plus latérales, elles sont verticales.

Le rôle des pectorales est très-variable ; ces nageoires, qui servent pour le recul principalement, ne sont pas souvent employées
pour la progression par les Poissons qui jouissent d'une grande
vitesse ; ainsi les Muges nagent, quand ils sont poursuivis, en
appliquant leurs pectorales contre le corps. Quelques poissons de nos eaux douces, les Épinoches, se servent quelquefois
uniquement de leurs pectorales qui exécutent des mouvements
de torsion très-faciles à suivre.

Chez les Poissons qui ont le corps relativement court et très-
large, la queue à peu près nulle ou excessivement grêle, comme
les Raies, les Céphaloptériens, ce sont les pectorales qui exécutent les mouvements de locomotion, mais alors il n'y a plus
une véritable natation, c'est plutôt une espèce de vol dans un
milieu plus dense que l'air. Il est curieux d'examiner surtout les
évolutions des Pastenagues, des Myliobates, comme on peut le
faire par exemple dans les grands bassins de l'aquarium d'Arcachon.

L'Ange paraît avoir un mode de locomotion mixte, il a des
pectorales développées et une queue grosse et vigoureuse.

Le vol peut encore s'exécuter hors de l'eau, grâce à l'énorme
étendue des pectorales qui se remarque chez les Dactyloptères,
les Exocets, et a fait donner à ces poissons le nom de *Poissons
volants*. Comment agissent les pectorales de ces animaux ? Sont-
elles de simples parachutes, des appareils de soutien immobiles,
ou bien exercent-elles des mouvements plus ou moins renouvelés comme les ailes de l'oiseau ? D'après Pettigrew, « le vol du
poisson volant » est un vol glissant, « le poisson transportant
dans l'air la vitesse acquise par de vigoureux coups de queue
dans l'eau, disposition qui le dispense en grande partie de battre
les ailes, agissant ainsi par une action combinée de parachute et
de coin. » (PETTIGREW, *loc. cit.*, p. 137.) La plupart des auteurs,
Pettigrew, etc., croient que les nageoires pectorales ne sont pas
des organes passifs, qu'elles agissent « comme de véritables ailes ».

M. de Tessan a constaté le battement des ailes dans ces animaux.
V. M. Edwards, *loc. cit.*, t. XI. p. 90 note ; DE TESSAN, *Voyage autour du monde sur la frégate* la Vénus, *Physique*, t. V, p. 149-256).
Swainson « rapporte ce fait important que le poisson volant peut changer son parcours après avoir abandonné l'eau, ce qui prouve d'une manière satisfaisante que les nageoires ne sont pas simplement des organes passifs. » (PETTIGROW, *loc. cit.*, p. 138.)

Les Lophobranches emprisonnés dans une cuirasse peu mobile latéralement, ayant une queue très-grêle souvent dépourvue de caudale, ne peuvent se mouvoir qu'au moyen des nageoires ou même d'une nageoire, la dorsale qui reste seule aux Nérophiniens. La dorsale a des rayons nombreux et indépendants, elle exécute des mouvements ondulatoires en général très-rapides, assez difficiles à suivre, elle peut suffire seule à la locomotion ; quelquefois les Hippocampes, les Syngnathes se servent des pectorales pour modifier, changer leur direction, pour tourner par exemple en montant. Pendant la locomotion, la queue est enroulée chez les Hippocampes, droite dans les autres espèces, mais toujours immobile. La locomotion se fait dans le sens vertical, ce qui a toujours ou presque toujours lieu chez les Hippocampes, dans un sens oblique ou vertical chez les autres espèces. La natation ne peut guère s'exécuter dans un plan horizontal, surtout chez les Hippocampiniens et les Nérophiniens.

Les Trigles peuvent non-seulement nager comme les Poissons les plus agiles, mais ils peuvent encore marcher au moyen des rayons détachés des pectorales. Ces rayons sont munis d'un appareil musculaire particulier qui permet à l'animal d'exécuter en toute liberté divers mouvements, de se porter en avant, en arrière, en dehors, en dedans ; ils sont arrondis à leur extrémité et servent tout à la fois aux Trigles d'appareil de locomotion et d'organe de tact.

Certains poissons arrêtés dans leur parcours par des barrières plus ou moins hautes sont obligés, pour les franchir, de faire parfois des sauts relativement considérables. Les Saumons, par exemple, s'élancent par-dessus les barrages qui se trouvent dans les rivières. — L'été, il n'est pas rare de voir les Poissons de nos eaux douces sauter à la surface de l'eau.

Quelques espèces ont le moyen de se faire transporter en se fixant à des corps flottants, les Gobies, les Échénéis, les Lophobranches à queue prenante. Enfin, pour être complet, nous ajouterons que, parmi les Gymnodontes, les Lagocéphales peuvent remplir d'air une poche communiquant avec l'œsophage et flotter comme un ballon.

La vessie natatoire joue-t-elle, dans la locomotion, un rôle aussi important que l'ont pensé la plupart des auteurs? Non, d'après le docteur Armand Moreau. Nous exposerons les diverses opinions lorsque nous ferons l'étude de cet organe.

SYSTÈME NERVEUX

Chez les vertébrés le système nerveux se compose de deux systèmes : 1° le système cérébro-spinal, *Myéloncéphale*, Rich. Owen, comprenant le cerveau, la moelle épinière et leurs nerfs : il existe chez tous les Poissons; 2° le système du grand sympathique, appelé encore système ganglionnaire : il manque ou paraît manquer chez les Marsipobranches et chez les Pharyngobranches.

Le système cérébro-spinal se divise en système nerveux central, *névraxe*, C. Robin, et en système nerveux périphérique, ou nerfs cérébro-spinaux.

Système nerveux central. — Le système nerveux central chez les Poissons se compose, comme chez les autres vertébrés, d'un cerveau et d'une moelle épinière logés dans la boîte céphalo-rachidienne; mais il est marqué d'un arrêt de développement qui affecte surtout l'encéphale. Aussi, vouloir trouver dans cet organe les parties constituantes du cerveau des Mammifères, c'est assurément s'exposer à fausser les principes de l'anatomie comparée, à faire des erreurs plus ou moins nombreuses.

L'anatomie du cerveau est difficile à décrire chez les Poissons; il règne une assez grande incertitude sur les rapports et l'homologie de certaines parties. Des naturalistes d'un mérite incontestable ont, dans le cours de leurs études, souvent modifié et parfois abandonné les opinions qu'ils avaient précédemment émises sur la détermination des différents lobes de l'encéphale. Disons-le, malgré les nombreuses recherches poursuivies par les histologistes, malgré les nombreuses expériences tentées par les physiologistes, il reste encore beaucoup à faire pour élucider une des questions les plus importantes de l'anatomie comparée.

En effet, le cerveau chez les Poissons présente des différences très-grandes non-seulement dans les ordres, dans les familles assez rapprochées, mais parfois encore dans les genres composant une même famille, à plus forte raison dans les animaux qui sont placés aux extrémités de l'échelle ichthyologique. Aussi croyons-nous absolument nécessaire de renvoyer à plus loin la description du système nerveux chez les Marsipobranches et chez les Pharyngobranches. Nous démontrerons, en nous appuyant sur des considérations anatomiques, que notre division des Poissons en trois sous-classes est parfaitement justifiée.

CERVEAU.

Le cerveau est enveloppé dans des membranes de structure différente, la *dure-mère* et la *pie-mère;* quant à l'*arachnoïde*, sa présence est assez difficile à constater, elle semble même faire défaut, à moins qu'on ne veuille donner ce nom à une trame de tissu conjonctif très-lâche, au milieu duquel est épanché un liquide plus ou moins dense, parfois d'aspect gélatineux. Ce liquide, suivant plusieurs auteurs, n'aurait nullement la composition du liquide encéphalo-rachidien qui, d'après M. Claude Bernard. manque dans les Poissons chez lesquels il est remplacé par une substance graisseuse. Cependant chez beaucoup de Plagiostomes, il se trouve une humeur très-abondante d'apparence séreuse.

Quoi qu'il en soit, la substance qui est dans le crâne des Poissons est destinée à protéger le système nerveux, à combler plus ou moins l'espace qui le sépare des parois de la boîte céphalique.

Chez l'Esturgeon, au lieu d'un liquide, il y a une matière épaisse qui paraît formée de graisse et de substance lymphatique. Les membranes de l'encéphale présentent quelquefois une teinte particulière, la dure-mère peut être noirâtre, et la pie-mère jaunâtre ou noirâtre. Le cerveau est petit, souvent il n'occupe qu'une partie de la cavité crânienne ; mais dans les jeunes Plagiostomes, dans les fœtus de Téléostéens, il est relativement beaucoup plus développé et remplit ordinairement d'une manière complète l'intérieur du crâne.

Le cerveau est placé, comme la moelle épinière, sur une ligne horizontale, il se compose d'une série de renflements et présente des modifications plus ou moins tranchées, suivant qu'on l'examine dans tel ou tel ordre, dans les Plagiostomes, les Ganoïdes ou les Téléostéens. D'après certains anatomistes, Stannius, Gegenbaur, les principales divisions de l'encéphale seraient au nombre de cinq, mais elles sont déterminées d'une façon très-différente. Suivant Stannius, l'encéphale est ainsi composé : 1° cerveau antérieur ou rudiment des hémisphères ; 2° cerveau intermédiaire ou « alentours du troisième ventricule » ; 3° cerveau moyen, « corps quadrijumeaux » ; 4° cerveau postérieur, cervelet ; 5° arrière-cerveau ou moelle allongée. Mais dans les Poissons osseux le cerveau intermédiaire est très-réduit, et cela est si vrai que Stannius écrit : « Les lobes optiques représentent à la fois le cerveau intermédiaire et le moyen. » (V.STAN., *Anat. comp.*, trad. fr., p. 62.) On pourrait sans doute considérer le cerveau intermédiaire comme une partie complémentaire assez étendue chez les Plagiostomes, l'Esturgeon, peu développée chez les Poissons osseux.

Gegenbaur a déterminé d'une tout autre manière les parties du cerveau. Suivant lui le cerveau antérieur est bien le cerveau formé dans la première vésicule, mais le cerveau intermédiaire répond au cerveau intermédiaire des auteurs et aux lobes optiques ; le cerveau moyen est le cervelet ; le cerveau postérieur est composé d'un repli ; chez les Plagiostomes la lame transversale est le cervelet pour Gegenbaur ; enfin le cerveau terminal est le restant de la moelle allongée.

On voit qu'il n'est pas toujours facile de comprendre ces changements. Le cerveau moyen, d'après Gegenbaur, ne répondrait plus du tout au cerveau moyen indiqué par la plupart des auteurs, il serait placé après l'émergence de la quatrième paire. (V. GEGENB., *Man. Anat. comp.*, p. 682.) Pour établir une division en quelque sorte normale dans les différentes parties qui constituent le cerveau, il y a des points de repère tout à fait naturels et invariables dans leurs rapports. Ces points de repère qui ont été signalés dans des ouvrages très-remarquables sur l'anatomie du système nerveux, sont en avant la *glande pinéale* ou le trou de communication qui laisse pénétrer dans l'intérieur du cerveau un prolongement de son enveloppe, en arrière le nerf de la quatrième paire ou *pathétique*. La partie située entre ces deux points, ces deux limites, est le cerveau moyen ; les deux autres par conséquent sont, l'une le cerveau antérieur, l'autre le cerveau postérieur. Si l'on veut désigner les trois cerveaux par une expression plus courte, on peut les appeler *Prosencéphale*, *Mésencéphale*, *Épencéphale*.

Pour que l'étude soit plus facile, nous examinerons successivement le cerveau dans les différents ordres de la sous-classe des Hyobranches en commençant par les Sélaciens.

SÉLACIENS.

Prosencéphale. — Il est constitué par les lobes cérébraux qui sont relativement très-développés. Ces lobes sont complétement unis entre eux, ils font une masse nerveuse épaisse, de forme assez variable, généralement quadrilatérale, arrondie en avant et un peu sur les côtés. La face supérieure du prosencéphale est ordinairement convexe ; elle est parfois lisse, parfois elle est marquée de plis ou de reliefs plus ou moins sensibles qui présentent l'aspect de circonvolutions, Milandre, etc. La face inférieure est en général plus aplatie, elle montre souvent un sillon longitudinal. Le cerveau antérieur n'est pas une masse compacte, il paraît le plus souvent creusé d'une cavité ventriculaire. Ce ventricule présente de grandes variétés dans ses formes, ses dimensions, variétés qu'il nous est impossible d'indiquer. Nous dirons seulement que le ventricule est parfois simple et très-réduit dans le Myliobate (*Myliobates aquila*), qu'il est beaucoup plus grand dans la Raie bouclée, l'Ange, etc., qu'il constitue deux cavités latérales qui ne se continuent pas dans le pédoncule olfactif; dans les Roussettes, le Milandre, l'Émissole, il se partage antérieurement en quatre cavités, les deux cavités latérales ou externes se prolongent plus ou moins dans le pédoncule olfactif. Ce ventricule, qui est généralement fourni d'un plexus choroïde plus ou moins développé, représente évidemment les ventricules latéraux des vertébrés supérieurs: il communique en arrière avec le troisième ventricule. Chez le Milandre, les plexus choroïdes forment, dans les ventricules latéraux, des espèces de replis assez gros, des cordons tortillés.

Pédoncules ou *processus olfactifs*. — Les pédoncules naissent ordinairement du côté externe du cerveau antérieur, rarement ils partent de l'angle antérieur et externe; ils sont plus ou moins allongés, comme dans la Raie, l'Ange; ils sont parfois très-courts, épais, chez le Milandre, la Roussette; ils sont pleins ou creusés en partie d'une cavité qui fait suite au ventricule latéral. — Le processus se termine par un renflement plus ou moins gros, appelé lobule olfactif. Le pédoncule et le lobule olfactif sont le rhinencéphale de R. Owen.

Glande pinéale, *corps pinéal*, *épiphyse*, quelquefois *conarium*. Entre le prosencéphale et le mésencéphale se trouve généralement une petite production grisâtre qui est plus ou moins enveloppée dans une toile membraneuse et qui est regardée avec raison comme une *glande pinéale;* quand on débarrasse le cerveau de ses membranes, on enlève cet organe et à la place se voit une ouverture arrondie qui donne dans le troisième ventricule. Le corps pinéal, nous l'avons dit, est peu volumineux, il affecte des formes assez variées : il est plus ou moins conique ou globuleux chez les Sélaciens, il est maintenu par des brides vasculaires et par des pédoncules excessivement délicats qui descendent s'insérer sur la voûte du troisième ventricule. La position de la glande pinéale a chez les Poissons quelque chose de

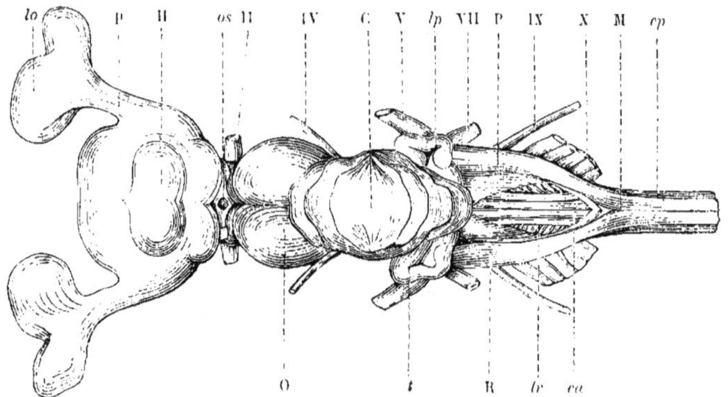

Fig. 6. — *Cerveau du Milandre* (Galeus canis), *vu par la face supérieure.*

lo, lobule olfactif : *p*, pédoncule olfactif ; II. lobes cérébraux ; *os*, cerveau intermédiaire et orifice sus-ventriculaire ; II. nerf optique ; IV, nerf pathétique ; C, cervelet ; V, nerf trijumeau ; *lp*, lame postérieure ; VII, nerf facial : P, pyramide postérieure ; IX, nerf glosso-pharyngien ; X, nerf pneumogastrique ; M, moelle épinière ; *cp*, cordon postérieur ; *ca*, cordon antérieur ; *lr*, lame festonnée ou rayonnée ; R, corps restiforme ; *t*, lame postérieure allant former la lame transversale ; O, lobes optiques.

singulier ; elle est portée très en avant, toujours bien au delà de l'entrée de l'entonnoir (*aditus ad infundibulum*).

Mésencéphale. — Il comprend le cerveau intermédiaire, les lobes optiques, les lobes inférieurs, l'appareil pituitaire.

Cerveau intermédiaire. — Il est constitué par les pédoncules cérébraux, il est généralement rétréci et fait comme une espèce de col en arrière du cerveau antérieur ; il forme en grande partie les parois du troisième ventricule.

Lobes optiques (tubercules quadrijumeaux, SERRES). — Les lobes optiques sont plus ou moins volumineux et arrondis ou ovoïdes ; ils sont réunis sur la ligne médiane, mais il y a généralement entre eux une dépression plus ou moins profonde, ils forment une voûte relativement assez épaisse au ventricule optique de Milne-Edwards, ou si l'on veut à l'aqueduc de Sylvius.

Le plancher de ce ventricule est en partie constitué par les cordons antérieurs de la moelle, ou pédoncules cérébraux ; en avant les pédoncules s'écartent et souvent laissent voir entre eux une petite fossette dans le cerveau intermédiaire ou plutôt sur le plancher du troisième ventricule. A la région postérieure du troisième ventricule se trouve une petite ouverture, qui est l'entrée de l'entonnoir. Dans le ventricule optique il n'existe aucune espèce d'éminence. Les lobes optiques sont généralement plus ou moins découverts à leur région supérieure, mais parfois ils sont en grande partie cachés par le cervelet ; en avant, à leur point de jonction avec les pédoncules cérébraux, ils sont bordés par une bandelette blanchâtre, qui est, d'après MM. Philippeaux et Vulpian, la racine supérieure du nerf optique. Cette bandelette est plus ou moins distincte ; elle est très-visible chez l'Ange et le Milandre.

Lobes inférieurs (*tubercules optiques et tuber cinereum*, SERRES ; *hypoaria*, R. OWEN). — En arrière du chiasma des nerfs optiques se voient des lobes plus ou moins volumineux appelés lobes inférieurs par la plupart des anatomistes. Ces lobes sont généralement arrondis ou ovoïdes ; ils sont ordinairement bien séparés l'un de l'autre, creusés d'une cavité plus ou moins spacieuse ; ils communiquent avec l'infundibulum par une ouverture plus ou moins large. Quel est le rôle physiologique, quelles sont les relations anatomiques de ces organes ? Il faut le reconnaître, la solution du problème est très-délicate, et voici comment s'exprime à cet égard un de nos premiers physiologistes : « L'on ne sait pas encore s'ils (les lobes inférieurs) correspondent à des parties existant chez les autres vertébrés. » (VULPIAN, *Leç. physiol., g. r., Syst. nerv.*, p. 818.) Comme la question offre le plus grand intérêt, nous croyons nécessaire d'exposer en peu de mots les opinions des auteurs qui ont fait des recherches sur un sujet aussi difficile. Plusieurs anatomistes ont considéré ces lobes comme étant les homologues des tubercules mamillaires qui existent dans le cerveau de l'homme ; mais assurément rien ne peut justifier

une semblable assimilation. D'après Baudelot, les lobes inférieurs seraient en quelque sorte une dépendance de l'infundibulum. Hollard les regarde comme des corps striés et réfute ainsi la
manière de voir de Cuvier, etc. : « Cuvier et M. Natalis Guillot
ont pensé que les lobes inférieurs pourraient être des couches optiques, opinion dont il est difficile de connaître les motifs, car les
lobes en question ne fournissent aucune racine du nerf optique,
comme je m'en suis assuré.» (HOLL., *Journ. anat.*, ROBIN, 1866, extr.
p. 41.) Hollard est beaucoup trop affirmatif; s'il avait examiné un
cerveau de Pastenague, il aurait pu se convaincre que les lobes
inférieurs fournissent des fibres d'origine aux nerfs optiques. Serres avait autrefois ainsi formulé son opinion : « Ce corps (les lobes
inférieurs) est une dépendance du nerf optique, il en suit les
diverses modifications; il a son analogue chez l'homme, non dans
les tubercules mamillaires qui ne se trouvent que chez lui,
mais bien dans la matière grise placée derrière la jonction des
nerfs de la vision. » (SERRES, *Anat. comp.*, *Cerv.*, t. I, p. 247,
Atlas, fig. 150-173, n° 4.) Dans la discussion très-vive qui eut
lieu à l'Académie des sciences à propos du nouveau Mémoire de
MM. Philippeaux et Vulpian sur la structure de l'encéphale,
séance du 27 février 1867, Serres, répondant à Duvernoy, s'exprime ainsi : « Comme satellite du nerf optique, le *tuber cinereum* est porté, chez les Poissons, de même que ce nerf, à son
maximum de développement. Or ce sont ses connexions avec ce
nerf qui *servent à caractériser ce corps.* » L'opinion de Serres
est évidemment la plus juste et la plus nette, elle nous paraît
basée sur une observation anatomique d'une grande exactitude ;
nous en avons fait plusieurs fois l'expérience, il est assez facile
chez la Roussette, chez le Maigre, de suivre une des racines des
nerfs optiques venant des lobes inférieurs.

Appareil pituitaire. — Entre les lobes inférieurs se trouve la
tige pituitaire, entonnoir (infundibulum). Cette tige est creusée
d'un canal qui met en communication le troisième ventricule
avec les lobes inférieurs et la glande pituitaire ; elle s'insère

au *trigone fendu* (*trigonum fissum*) et fait une espèce de pédoncule à la glande pituitaire.

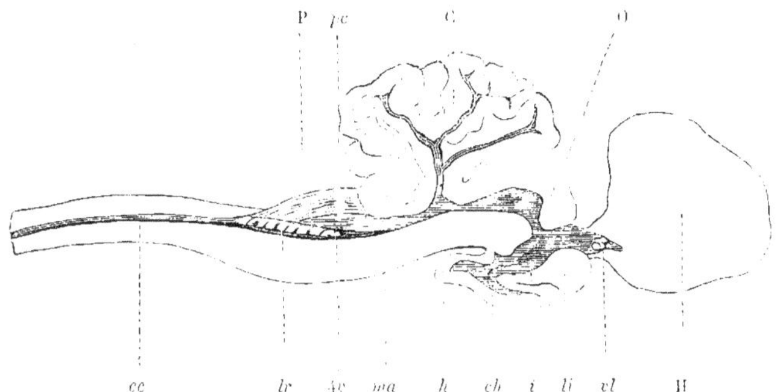

Fig. 7. — *Cerveau du Milandre; coupe longitudinale et verticale : moitié gauche du cerveau.*

H, lobe cérébral : *vl*, ouverture des ventricules latéraux : *li*, lobe inférieur : *i*, infundibulum : *ch*, cavité du corps pituitaire : *h*, corps pituitaire : *ma*, moelle allongée ; *4v*, quatrième ventricule ; *lr*, lame rayonnée : *cc*, canal central de la moelle épinière ; P, pyramide postérieure : *pc*, pédoncule du cervelet : *c*, cervelet : O, lobe optique et sa cavité, l'aqueduc de Sylvius.

Glande pituitaire, corps pituitaire, hypophyse. — L'hypophyse est généralement bien développée, elle est plus ou moins large, à fond souvent aplati, sa cavité est ordinairement assez étroite. La tige et la glande pituitaire sont d'une teinte grisâtre.

Sac vasculaire. — De chaque côté de la glande ou plutôt de la tige pituitaire, il y a ordinairement un organe d'une teinte rougeâtre auquel a été donné le nom de sac vasculaire, il est pair ou impair ; dans la Raie il est double, il est en rapport en avant avec le nerf moteur oculaire commun et avec chacun des lobes inférieurs. Chez l'Ange, au lieu de deux sacs vasculaires il n'y en a plus qu'un seul entourant la glande pituitaire ; mais chez ce Squale les lobes inférieurs sont peu développés. Quel est l'usage de cet organe ? C'est probablement un organe de protection, il semble remplacer la selle turcique et le petit appareil fibro-vasculaire qui retient l'hypophyse.

Chez la Pastenague, on trouve à la face inférieure du mésencéphale des éminences ou des renflements unis en quelque sorte par leur base ; ces renflements sont placés en arrière des nerfs moteurs oculaires communs et en avant des pyramides antérieures. Ils ont une teinte blanchâtre, ils sont au nombre de trois, un médian ovale, un peu plus développé que les renflements latéraux ; le renflement médian est légèrement caché en avant par l'extrémité postérieure de l'hypophyse. En raison de leur position, ces éminences, formant une espèce de bourrelet inégal, pourraient être considérées comme un rudiment de protubérance annulaire. Dans la Pastenague, la face inférieure du cerveau moyen est plus compliquée que chez beaucoup d'autres Sélaciens ; en effet, elle montre, en allant d'avant en arrière, deux lobes inférieurs, la tige et le corps pituitaires, de chaque côté un petit sac vasculaire et plus en arrière les trois renflements.

Épencéphale, cerveau postérieur. — Il est composé de deux parties, le cervelet et la moelle allongée.

Cervelet. — Les auteurs ne sont pas d'accord sur la délimitation exacte du cervelet ; d'après Agassiz, « chez les Cyclostomes et chez les Plagiostomes, le cervelet est réduit à une simple commissure des corps restiformes, ou manque même complétement chez les Myxinoïdes et chez les Pétromyzontes. » (AGAS. et C. VOGT, *Anat. Salm.*, p. 157.) Suivant Agassiz, le lobe impair qui suit les lobes optiques serait bien le cervelet chez les Poissons osseux, mais pas chez les Plagiostomes. Pourquoi cette interprétation ? Le cervelet a été considéré par divers auteurs comme une dépendance des lobes optiques. Quelle que soit la signification physiologique de l'organe, nous laisserons le nom de cervelet au lobe impair qui chez les Plagiostomes et chez les Poissons osseux est creusé d'une cavité communiquant avec le quatrième ventricule.

Le cervelet présente de grandes variétés dans sa forme, dans son développement ; il est ordinairement symétrique ; mais dans le Marteau, le Myliobate, la Pastenague, il paraît au premier abord complétement irrégulier ; il est composé de deux ou trois lobes plus ou moins déjetés sur les côtés. Il est plus ou moins volumineux : dans le Myliobate il recouvre entièrement la partie supérieure médiane des lobes optiques et s'avance jusque sur le cerveau antérieur. Le cervelet est rarement tout à fait lisse, le plus souvent il montre à la surface des rides ou des sillons et parfois des scissures profondes. Il est formé suivant sa longueur de deux moitiés qu'on peut facilement séparer l'une de l'autre, au moins dans la plupart des cas, Roussette, Émissole, Milandre, etc. Il est creusé d'un ventricule généralement divisé en ventricules secondaires ; c'est le ventricule cérébelleux ou l'arrière-cavité du quatrième ventricule. Chez le Milandre et l'Émissole commune ce ventricule se partage en trois ventricules secondaires répondant à trois lobes du cervelet. Dans la Torpille marbrée le cervelet est divisé en deux par une fente longitudinale profonde, et chacun des lobes, marqué d'un sillon transversal, porte vers sa partie inférieure un double lobule ou bien une espèce de circonvolution. Le cervelet de l'Émissole commune contient dans son ventricule plusieurs petits corps pisiformes ; il y en a quatre dans l'arrière-cavité du lobe moyen et un sur chacun des cordons blancs qui forment la partie interne du plancher du ventricule. La structure de ces petites éminences a quelque chose de tout à fait anormal ; nous n'avons pas le loisir de nous étendre en longs détails sur cette disposition singulière. Le cervelet recouvre une partie du quatrième ventricule.

Moelle allongée. — Elle est limitée en arrière à la fin du *calamus scriptorius*, au niveau du commencement du canal central de la moelle épinière ; elle présente certaines différences dans sa forme, elle est plus ou moins longue, plus ou moins renflée sur les côtés ; elle est composée de plusieurs parties que nous allons examiner très-rapidement.

A. *Plancher du quatrième ventricule.* — Il est formé en dedans par : 1° le prolongement des cordons antérieurs de la moelle ; ces cordons ordinairement sont lisses à leur surface, mais parfois marqués de stries transversales plus ou moins nettes ; ils sont d'un aspect blanchâtre qui permet de les distinguer facilement des parties voisines ; 2° une lame festonnée ou rayonnée : cette lame est une dépendance des cordons de la moelle, c'est une espèce de léger épanouissement qui se voit parfaitement bien quand on écarte les cordons postérieurs.

B. *Lobes de la moelle allongée, lobes du trijumeau et du pneumogastrique* (*Renflements postéro-latéraux* de la moelle allongée, Vulpian). — Ces lobes forment les côtés de la moelle allongée, et sont plus ou moins développés ; ils sont épais dans le Milandre, etc., très-réduits chez la Centrine, la Pastenague. En les étudiant à la partie supérieure et de dehors en dedans, nous trouvons : 1° les *Cordons postérieurs* de la moelle dont une partie va former en avant ou en dessus le *corps restiforme*, qui est l'origine du pédoncule inférieur du cervelet ; 2° la *Pyramide postérieure* qui est en dedans du cordon postérieur. Cette pyramide est triangulaire dans le Milandre ; elle est ordinairement unie sur la ligne médiane à celle du côté opposé, généralement elle forme en dehors une espèce de lame appelée lame postérieure, qui se recourbe en dedans pour constituer, avec celle de l'autre côté, la *lame transversale*, espèce de pont couvrant une partie du quatrième ventricule. Cette lame transversale est regardée par Agassiz et divers auteurs comme étant le véritable cervelet.

Les divers bourrelets ou replis qui bordent latéralement le quatrième ventricule sont plus ou moins considérables, ils sont en grande partie le centre nerveux du *trijumeau* et du *pneumogastrique* ; ils sont formés par les corps restiformes et les pyramides postérieures. Quant à la lame transversale, elle n'est pas toujours une dépendance des corps restiformes, comme le veut Hollard, mais plutôt des pyramides postérieures ; parfois elle est constituée par les corps restiformes et les pyramides postérieures.

Lobes électriques. — Outre ces différentes parties, il y a encore, chez les Torpilles, un renflement considérable, qui est composé par les deux lobes électriques. Ce renflement est ovalaire avec un sillon longitudinal qui marque extérieurement le bord interne de chacun des lobes. Le quatrième ventricule est couvert

dans toute sa partie postérieure par cette masse nerveuse qui
fournit le tronc volumineux du pneumogastrique destiné aux
organes électriques.

La face inférieure de la moelle allongée est plus ou moins
lisse, elle est formée en partie par les pyramides antérieures.

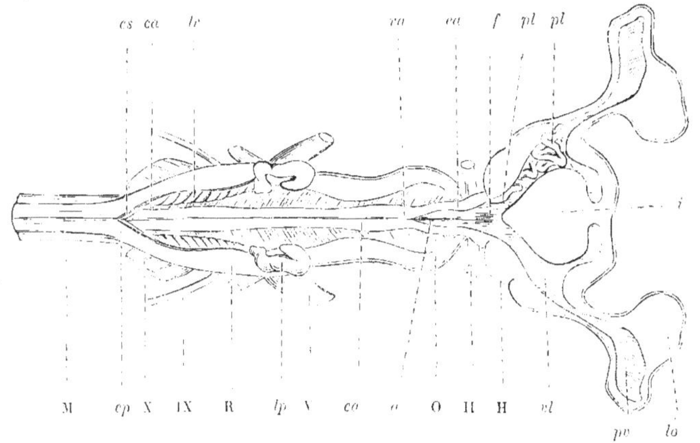

Fig. 8. — *Cerveau du Milandre ; coupe longitudinale et horizontale ; ventricules
du cerveau.*

i, intervalle ventriculaire ou séparant les ventricules latéraux ; *lo*, lobule olfactif ;
pv, prolongement du ventricule latéral ; *vl*, ventricule latéral ; II, lobe cérébral ;
II, nerf optique ; O, lobe optique ; *a*, aditus ad infundibulum ; *ca*, cordon antérieur
de la moelle ; V, nerf trijumeau ; *lp*, lame postérieure ; R, corps restiforme ; IX, nerf
glosso-pharyngien ; X, nerf pneumogastrique ; *cp*, cordon postérieur de la moelle ;
M, moelle épinière ; *cs*, calamus scriptorius ; *ca*, cordon antérieur de la moelle ;
lr, lame festonnée ou rayonnée ; *ra*, renflement des cordons antérieurs ; *ca*, écartement des cordons antérieurs ; *f*, fossette dans le plancher du troisième ventricule ;
pl, p′, plexus choroïde. Au niveau de *ca*, communication de l'aqueduc de Sylvius avec
le quatrième ventricule.

Ventricules. — Pour terminer, nous allons dire un mot des
ventricules du cerveau. Les ventricules sont des cavités qui
communiquent entre elles et s'étendent depuis la pointe du
calamus scriptorius jusque dans les lobes cérébraux ou antérieurs, parfois même elles se prolongent dans les pédoncules
olfactifs. Ces ventricules sont les uns pairs, les autres impairs.
Les ventricules pairs ou *latéraux* se trouvent dans les lobes cérébraux ; ils se divisent parfois en avant en deux cavités secon-

daires ; ils paraissent manquer chez les Myliobates, et c'est le troisième ventricule qui s'avance dans le prosencéphale où il se termine par une cavité rétrécie en angle aigu. Les autres ventricules sont impairs. Le troisième ventricule ou ventricule moyen présente deux orifices, un orifice supérieur qui est plus ou moins fermé par la glande pinéale ou les membranes du cerveau ; l'orifice inférieur est l'*aditus ad infundibulum*. Le troisième ventricule est en communication avec le quatrième au moyen d'une cavité appelée aqueduc de Sylvius ou ventricule optique de Milne-Edwards. Cette cavité est généralement assez large, parfois elle est très-étroite, Myliobate ; elle paraît toujours se rétrécir en approchant du quatrième ventricule. Le quatrième ventricule a reçu les noms les plus divers : ventricule du cervelet, ventricule ou sinus rhomboïdal, calamus scriptorius ; ce dernier nom ne devrait être appliqué qu'à la partie postérieure du ventricule.

CHIMÈRES.

Le cerveau de la Chimère monstrueuse (*Chimæra monstrosa*), est fait sur un type qui est un peu différent de celui des autres Plagiostomes. Le prosencéphale est formé de deux lobes creux, allongés, à peu près cylindriques, soudés par leur côté interne dans une grande partie de leur étendue ; en avant ces lobes sont séparés l'un de l'autre et se terminent par un lobule olfactif court, mais gros. Le cerveau antérieur est réuni au cerveau moyen, proprement dit, par un cerveau intermédiaire excessivement allongé, qui est une espèce de pédoncule faisant un demi-canal incomplet et recouvert en dessus par les méninges ; le troisième ventricule a donc une très-grande longueur.

Le cerveau moyen, proprement dit, est globuleux, ovoïde, légèrement resserré dans sa partie inférieure, il ne paraît faire avec le lobe inférieur qu'un seul tout ; en effet, il y a seulement un minime étranglement vers la réunion des lobes optiques aux lobes inférieurs, qui semblent donner en grande partie naissance aux nerfs optiques.

C'est le cervelet que Valentin regarde comme le lobe du troisième ventricule, qui « ressemble à un très-gros marteau dont le corps représente un lobe oblong, dépasse les lobes des hémisphères en devant et un peu le cervelet en arrière. » (N. VALENT., *Encycl. anat. névrol.*, trad. franç., JOURDAN, Paris, 1843, p. 119.)

Le cervelet est assez volumineux, il recouvre en grande partie les lobes optiques. Sur la face supérieure il est facile de distinguer le sillon qui sépare chacun des lobes dont il est formé.

La moelle allongée est renflée, elle porte sur les côtés des lobules très-développés.

ESTURGEON.

Le cerveau de l'Esturgeon est formé d'après un type spécial, qui diffère autant du type des Plagiostomes que de celui des Téléostéens ; il présente une organisation moins parfaite que le cerveau des Plagiostomes, mais assurément plus achevée que celui des Poissons osseux : il montre en quelque sorte les caractères d'un type de transition. Nous allons indiquer en peu de mots les différences et les ressemblances qui éloignent ou rapprochent l'encéphale de notre Ganoïde de celui qui est propre aux Poissons des autres ordres.

Prosencéphale. — Le cerveau antérieur est peu développé, il est court ; il porte à son extrémité antérieure deux tubercules ou lobules olfactifs très-rapprochés l'un de l'autre.

Les lobes du cerveau antérieur sont nettement séparés à la surface supérieure par un sillon très-profond : chacun des lobes est en forme de quadilatère, à bord postérieur moins long que le bord antérieur, leur région supérieure et antérieure est traversée par un pli ou sillon très-marqué faisant deux lobes secondaires. Le prosencéphale est plein, il ne présente aucune trace de ventricule latéral.

Mésencéphale. — Le cerveau intermédiaire est excessivement étroit, il est bien nettement distinct des autres parties nerveuses.

Il paraît une sorte de pédoncule assez court, destiné à relier le cerveau antérieur au cerveau moyen proprement dit. Quand les méninges sont enlevées, on voit à sa région supérieure le trou de communication du troisième ventricule, trou qui était en partie bouché par la glande pinéale.

Le cerveau moyen est au moins aussi et même plus développé que le cerveau antérieur ; les lobes optiques forment en avant une voûte arrondie, et leur cavité n'est plus vide comme chez les Plagiostomes. Dans ce ventricule s'enfonce une proéminence du cervelet qui ne contracte pas beaucoup d'adhérences avec le plancher de la cavité ; elle a deux processus qui viennent des pédoncules cérébraux vers l'extrémité postérieure de l'aqueduc de Sylvius ; elle a été désignée par MM. Philippeaux et Vulpian sous le nom de *Cotylédon du cervelet*. Ce cotylédon est évidemment très-semblable aux éminences qui se trouvent sur le plancher des lobes optiques chez les Poissons osseux. Les lobes creux sont confondus entre eux, ils communiquent l'un avec l'autre et avec la tige pituitaire. La tige pituitaire est très-courte ; la glande pituitaire est excessivement développée et paraît en quelque sorte appliquée sur les lobes inférieurs et le trigone fendu.

Épencéphale. — Le cervelet est très-réduit chez l'Esturgeon, ainsi probablement que chez beaucoup d'autres Ganoïdes ; il a l'aspect d'une lame transverse qui paraît répondre à la lame transversale formée par les pyramides postérieures chez les Sélaciens.

La moelle allongée est relativement très-développée, ses bords supérieurs sont renflés en épais bourrelets à replis festonnés ; les bourrelets sont très-allongés, ils limitent la plus grande partie du quatrième ventricule qui est, pour ainsi dire, complétement à découvert. La face inférieure de la moelle allongée représente une espèce de triangle à base tournée en avant ; dans cet espace triangulaire on voit de chaque côté deux faisceaux nerveux, que l'on pourrait sans doute comparer, les internes aux pyramides antérieures, les externes aux corps olivaires.

POISSONS OSSEUX.

Il nous reste maintenant à examiner le cerveau de Poissons osseux : l'étude en est plus simple, moins compliquée que chez les Sélaciens, elle demande moins de développements. Nous avons traité avec assez d'étendue de l'anatomie du système nerveux céphalique chez les Sélaciens, pour qu'il nous soit permis de mettre plus de concision dans le travail qui nous reste à faire. Nous suivrons naturellement dans notre description la même méthode, nous adopterons la même division que précédemment et nous verrons les diverses modifications qui se sont produites successivement dans la série des animaux dont nous avons entrepris l'histoire.

Prosencéphale. — Il est beaucoup moins développé que dans les Sélaciens : il est généralement moins volumineux que le mésencéphale ; il présente des formes excessivement variées, non-seulement dans les différentes tribus, mais dans une même famille et encore dans un même genre. Il est composé de deux lobes plus ou moins profondément divisés. Ces lobes sont en grande partie formés de substance grise, ils sont réunis par une commissure de substance blanche, la *commissure interhémisphérique* ou *interlobulaire*. Ils sont lisses, ovoïdes chez la Lune (*Orthagoriscus mola*) ; dans le Blennie Pholis, ils sont serrés l'un contre l'autre et, au premier abord, ils semblent ne faire qu'un seul lobe à peu près sphérique ; dans la Vive commune (*Trachinus draco*), ils sont développés et présentent des circonvolutions bien nettes ; dans le Callionyme Lyre ils sont très-petits, ainsi que dans le Cotte aux longues épines (*Cottus bubalis*).

Dans le Maigre (*Sciæna aquila*), ils sont au moins aussi développés et même plus développés que les lobes optiques ; ils ont une forme pentagonale, le grand côté est le côté interne ou d'union d'un lobe à l'autre ; chacun de ces lobes est marqué de sillons plus profonds sur les parties latérales, où se voient des espèces de circonvolutions. Dans la Vieille commune (*Labrus ve-*

4

tula), les lobes sont bien développés et chacun d'eux se compose pour ainsi dire de trois lobes secondaires. Dans le Castagneau (*Heliases chromis*), chaque lobe est pourvu d'un petit lobe externe.

Les lobes cérébraux sont presque toujours pleins, ils ne sont pas creusés, comme dans les Plagiostomes, de ventricules latéraux.

À la partie inférieure et antérieure des lobes sont insérés, soit les lobules, soit les pédoncules ou processus olfactifs. En effet, tantôt les lobules sont sessiles, ils ne sont séparés des hémisphères que par un sillon, comme dans beaucoup d'Apodes, Congre commun, Murène Hélène, Anguille, certains Malacoptérygiens, Brochet, etc., certains Acanthoptérygiens, Lépidope, Maigre, Labre vieille ou Vieille commune. Parfois au contraire ils sont plus ou moins éloignés des lobes antérieurs, ils sont à l'extrémité d'un processus plus ou moins allongé ; cette disposition se montre chez la plupart des Cyprinidés, chez beaucoup de Gadidés. Quand le lobule olfactif est sessile, il est quelquefois précédé d'un autre lobule plus petit qu'on pourrait appeler lobulin, ce qui se voit chez certains Apodes, Murène Hélène, Anguille, etc. Les lobules sont généralement placés l'un à côté de l'autre, mais parfois ils sont l'un au-dessus de l'autre, même dans les Poissons symétriques ; ainsi, chez le Congre commun, le lobule gauche recouvre en partie le lobule droit ; chez la Murène Hélène au contraire les deux lobules sont dans un plan horizontal.

Glande pinéale. — Elle se rencontre chez beaucoup de Poissons osseux ; elle est même assez développée dans certaines espèces, Congre, Maigre, etc. ; elle est placée dans une petite fossette, entre les lobes cérébraux et les lobes optiques ; chez le Congre, elle est pourvue de pédoncules relativement assez gros, dont il est facile de suivre le trajet ; ces pédoncules s'insèrent à la région supérieure des pédoncules cérébraux.

Mésencéphale, Lobes optiques, Lobes creux. — Ils sont généralement plus développés que les autres parties constituantes du cerveau ; il est assez difficile d'en indiquer les formes, tant il y a de variétés, de différences. Ces lobes sont le plus souvent ovoïdes ou arrondis, ils sont réunis sur la ligne médiane en quelque sorte directement par des fibres nerveuses transversales très-courtes et ne semblent ainsi former qu'une même voûte déprimée sur la ligne longitudinale. Mais chez certains poissons, surtout parmi les Cyprinidés, Tanche, Barbeau, Carpe, les lobes à leur région supérieure sont écartés l'un de l'autre, et l'intervalle qui les sépare est rempli par de longues fibres nerveuses faisant une portion de la voûte. Il est évident que la partie complémentaire de la voûte présente d'espèce à espèce des différences dans la forme et la grandeur, différences qu'il est inutile de longuement décrire, elles dépendent nécessairement de l'étendue de l'écartement. La voûte est composée de deux couches assez faciles à séparer en général : la couche externe est de la substance grise ayant ordinairement assez peu d'épaisseur : la couche interne est de la substance blanche le plus souvent d'un aspect très-brillant. Que les deux lobes soient rapprochés, qu'ils soient plus ou moins écartés dans leur région supérieure, ils sont toujours maintenus en rapport par des fibres commissurales qui ont été regardées comme un *Corps calleux*. Les côtés de ce prétendu corps calleux sont renforcés en dedans et en dessous par un double faisceau de fibres blanchâtres qui ont été considérées comme des piliers de la voûte (*fornix*, GOTTSCHE), et ont été appelées *voûte à trois piliers*. La direction de ces piliers dépend de la largeur du corps calleux ; ils sont parfois réunis sur la ligne médiane ou du moins juxtaposés, parfois ils s'écartent en faisant un angle plus ou moins ouvert en arrière, Barbeau, Tanche, etc., parfois encore, comme dans le Maigre, ils laissent seulement entre eux un interstice ovalaire au sommet de la voûte. Ces piliers descendent en avant sur le plancher des lobes optiques et souvent forment en partie une commissure transversale dont nous aurons à parler bientôt ; en arrière ils se confondent ordinairement avec la paroi postérieure de la voûte ou de la cavité optique ; ils ont été appelés suivant leur position piliers antérieurs ou postérieurs. Il est évident que toutes ces déterminations de corps calleux, voûte à trois piliers, etc., sont absolument fausses et, comme Serres le disait autrefois avec tant de sagacité en parlant des Poissons : « on n'a pas voulu les dépouiller d'une seule partie de l'encéphale des mammifères, on leur a trouvé une voûte à trois piliers, un corps calleux, des éminences mamillaires qui avaient disparu chez les reptiles et les oiseaux. Il est vrai que, pour en venir là, on a choqué toutes les vraisemblances, interverti tous les rapports anatomiques. On a fait, j'ose le dire, un véritable monstre de l'encéphale des Poissons. » (SERRES, *Anat. comp.*, Cerveau, t. 1, p. 185.)

Nous avons maintenant à étudier le plancher des lobes optiques, qui paraît au premier abord d'une structure assez compliquée. Ce plancher nous montre, quand nous l'examinons de dehors en dedans, la *couronne radiée*, le *torus thalami*, l'*éminence quadrigéminée*, enfin, en avant, la *commissure antérieure*, l'*aditus ad infundibulum* et l'*aditus ad aqueductum Sylvii*.

Couronne radiée. — Elle est plus ou moins dessinée ; elle est formée de plis allant des parois du lobe au côté externe du torus ; il est impossible d'en indiquer les limites d'une manière précise. Les plis manquent ordinairement à la partie antérieure.

Torus thalami. — Il est de teinte grisâtre, entouré le plus souvent d'une substance blanchâtre ; il est pair, réniforme ou demi-circulaire, à côté externe convexe, il est plus ou moins épais. Les deux *tori semi-circulares* bordent plus ou moins l'espace au milieu duquel s'élève l'éminence quadrigéminée ; ils ont été considérés, mais à tort, par certains anatomistes, comme des corps striés.

Éminence quadrigéminée. — Elle n'est en aucune façon l'homologue des tubercules quadrijumeaux des mammifères, et le nom qu'elle porte est très-mal choisi ; elle est parfois peu développée, mais ordinairement elle est prononcée et se compose de plusieurs lobules ; il y a souvent un lobule impair en avant. Le nombre des lobules est variable : il y en a trois dans le Maigre, il y en jusqu'à six dans la Truite. Ce renflement quadrigéminé est absolument, comme chez l'Esturgeon, une proéminence du cervelet dans la cavité des lobes optiques ; il est également uni aux pédoncules cérébraux par un faisceau nerveux plus ou moins large ; il recouvre une partie de l'aqueduc de Sylvius. Il est facile de faire passer, sous cette espèce de pont, une soie qui va de l'aqueduc de Sylvius dans le quatrième ventricule.

Commissure antérieure. — Elle n'est nullement comparable à celle des vertébrés supérieurs. Outre ces différentes parties, on trouve encore chez certains Poissons une éminence plus ou moins prononcée à la région antérieure de la cavité des lobes optiques ; cette éminence est formée de deux tubercules semi-circulaires qui reçoivent l'extrémité antérieure des piliers, ou si l'on veut, l'extrémité inférieure des piliers antérieurs, ils entourent l'*aditus ad infundibulum* qui est aussi en même temps l'*aditus ad aqueductum Sylvii* chez les Salmones, comme le fait remarquer Agassiz. Dans le Maigre la commissure antérieure est au-dessus des aditus.

Lobes inférieurs. — Ils sont plus ou moins développés, ils sont ovoïdes, allongés, en général convexes sur le côté externe, concaves sur leur côté interne : ils sont très-rapprochés ou réunis en arrière, un peu écartés en avant : en raison de la disposition que nous venons d'indiquer, il est facile de voir qu'ils limitent, avec les nerfs optiques en avant, un espace à peu près triangulaire auquel on a donné le nom de *trigone fendu (trigonum fissum)*. Ce trigone composé principalement de substance grise a été comparé au *tuber cinereum*, il est perforé par l'orifice inférieur de l'*aditus ad infundibulum*, c'est sur le bord ou plutôt sur les lèvres plus ou moins épaisses de l'orifice que vient s'attacher la tige pituitaire. Les lobes inférieurs sont creux comme chez les Sélaciens et communiquent avec l'infundibulum. Nous n'avons pas à rappeler l'opinion exprimée par Hollard, qui regardait ces lobes comme des corps striés ; cette manière de voir est inexacte ; il est facile, chez le Maigre, de s'assurer que chacun des lobes donne une racine au nerf optique.

La *tige pituitaire* est variable dans sa dimension ; chez la Baudroie elle est excessivement longue.

L'*hypophyse* présente dans son volume, dans sa forme, des différences qu'il est impossible d'indiquer.

Le *sac vasculaire* est assez rare chez les Poissons osseux ; il est assez peu développé ; il se trouve chez les Salmonidés en général, chez l'Acérine ou Grémille commune (*Acerina cernua*), chez la Lote ou Lotte commune (*Lota vulgaris*).

Pour compléter cette description, nous dirons qu'à la face inférieure du mésencéphale se voient deux commissures transversales : l'une d'elles est placée en avant de l'insertion de la tige pituitaire, elle est appelée *commissure transverse* ou de Haller ; l'autre, qui est en arrière de l'infundibulum, est la *commissure ansulée*. Cette dernière commissure est souvent composée de plusieurs faisceaux de substance blanche dirigés en travers, et de quelques autres faisceaux dirigés en arrière, dans le sillon médian qui sépare les pyramides antérieures. Les deux commissures sont reliées sur les côtés par un faisceau de substance blanche nommé *bande latérale* (*fascia lateralis*, Gottsche).

Épencéphale, cervelet. — Le cervelet est symétrique le plus généralement ; il est plus ou moins développé ; il est ordinairement lisse à sa face supérieure, rarement sillonné comme dans le Maquereau commun ; il présente un sillon longitudinal plus ou moins profond ; il est creusé d'une cavité ventriculaire de même que dans les Sélaciens ; il n'avance presque jamais sur les lobes optiques, il est au contraire porté en arrière et couvre une partie plus ou moins grande du quatrième ventricule.

Moelle allongée. — Les parois du sinus rhomboïdal sont constituées comme chez les Sélaciens ; les cordons postérieurs de la moelle et les pyramides postérieures s'épaississent en replis ou en renflements plus ou moins considérables. Les renflements sont très-souvent lisses, ovoïdes, et sont alors appelés *lobes postérieurs* de la moelle allongée, ou *lobes supérieurs*, Vulpian. Ces lobes sont bien souvent au nombre de trois : deux latéraux ou *lobes postérieurs* proprement dits, un autre impair, plus petit généralement, c'est le *tubercule impair* des lobes postérieurs. Dans le Lépidope, il y a quatre lobes : deux latéraux sur les côtés du cervelet, et deux terminaux qui s'unissent sur la ligne médiane. Les lobes postérieurs proprement dits sont parfois aussi développés que les lobes optiques, dans le Carassin *Cyprinopsis Carassius*).

Les lobes postérieurs affectent les formes les plus variées; ils se réunissent ordinairement sur la ligne médiane, au-dessus du sinus rhomboïdal, soit directement, soit au moyen d'une lame ou, comme dans beaucoup de Cyprins, au moyen d'un lobe ou d'un tubercule impair qui semble l'homologue de la lame transversale que nous avons trouvée chez les Sélaciens. La moelle allongée des Poissons osseux, comparée à celle des Plagiostomes, présente évidemment plus de différence dans la disposition des parties que dans leur structure anatomique. A la face inférieure de l'épencéphale, qui est limitée en avant par la commissure ansulée, se montrent les *pyramides antérieures*, qui sont plus ou moins développées.

MOELLE ÉPINIÈRE.

Elle est, comparativement à l'encéphale, très-développée chez les Poissons, elle conserve à peu près les mêmes proportions que chez les autres vertébrés; la dégradation du système nerveux chez les Poissons porte donc principalement sur le cerveau. La moelle épinière est creusée d'un canal qui continue la pointe du calamus scriptorius, et qui est, ainsi que le ventricule, tapissé par une membrane très-mince appelée *épendyme*. Cette membrane est couverte d'un épithélium cylindrique, facile à voir chez les Poissons. Le canal central s'étend vers l'extrémité de la moelle, il se rencontre chez tous les Poissons, sans aucune exception, quel que soit l'aplatissement de la moelle. Le système nerveux rachidien est pourvu des mêmes membranes d'enveloppe que le cerveau; il est inutile de les décrire de nouveau.

La moelle est généralement arrondie, légèrement conique, parfois elle est assez aplatie comme chez la Chimère, surtout dans sa partie postérieure; chez la Chimère encore elle est élastique, elle peut s'allonger jusqu'à une certaine limite. Chez les Trigles, elle porte sur les cordons postérieurs des renflements disposés par séries régulières, en nombre variable suivant les espèces; de ces renflements viennent en partie les nerfs destinés aux pectorales. La moelle occupe ordinairement toute la longueur du canal rachidien, mais parfois elle est ou paraît excessivement courte, et semble se terminer très en avant par une espèce de queue de cheval; chez la Môle, par exemple, elle finit dans le crâne.

Chez la Baudroie, ainsi que le faisait observer Cuvier, la moelle « règne presque tout le long de l'épine, » mais dans son tiers antérieur seulement, elle fournit une queue de cheval abondante; elle est, comme chez les autres Poissons, pourvue du filet nerveux impair, le *filum terminale* qui est plus gros que les filets nerveux latéraux, au milieu desquels il est perdu, pour ainsi dire. Chez la Baudroie, comme chez les autres Téléostéens, la moelle se termine par un renflement ovale, auquel on a donné le nom de ganglion abdominal ou plutôt caudal, d'après Vulpian. Stannius, il faut le faire remarquer, ne donne le nom de filament impair qu'au filet sortant du renflement ganglionnaire. Le renflement ganglionnaire chez la Baudroie fournit des filets nerveux qui se distribuent dans la nageoire caudale.

Dans la Môle, la longueur de la moelle est moindre que celle du cerveau, et le canal vertébral ne contient que la queue de cheval. D'après Vulpian, la moelle de ce poisson aurait aussi un filum terminale qui manquerait seulement de ganglion caudal. Malgré l'autorité du savant physiologiste, je ne suis nullement convaincu de ce mode de terminaison. Je n'ai malheureusement eu qu'une seule fois l'occasion d'étudier le système nerveux de la Môle; sur un animal très-frais, il m'a semblé que tous les rameaux nerveux formant la queue de cheval étaient pairs, qu'il n'y en avait aucun d'impair. La moelle paraissait finir dans le crâne par un renflemement assez volumineux.

Quelle qu'en soit la longueur, la moelle présente toujours deux

sillons bien marqués, qui la partagent en deux moitiés égales :
l'un des sillons est sur la face inférieure, c'est le sillon *antérieur* ou plutôt *central*, Milne-Edwards; l'autre est à la face supérieure, c'est le sillon *postérieur* ou *tergal*, Milne-Edwards.

Les deux sillons sont tapissés par un repli de la pie-mère,
qui est en rapport avec le tissu conjonctif de la substance grise.
Owsjannikow a parfaitement figuré cette disposition dans le Salmo
Salar; je l'ai vue très-nettement chez le Milandre. Le sillon
postérieur est, ou du moins m'a paru toujours beaucoup plus large
que le sillon antérieur; le tissu conjonctif du sillon antérieur
ou ventral n'est qu'une espèce de tractus excessivement délicat.

La moelle est composée de deux substances : la substance
grise et la substance blanche.

Substance grise (myélaxe, Milne-Edwards). — La substance grise
ou plutôt grisâtre entoure le canal central, elle est enveloppée
par la substance blanche; elle s'étend sur toute la longueur de la
moelle. Quelle est la nature de cette substance grisâtre? D'après
Bidder, Owsjannikow, Leydig. cette substance serait uniquement
formée de tissu conjonctif (Leydig, *Histol.*, trad. franç., p., 195),
elle fournirait en quelque sorte la trame au milieu de laquelle
seraient rangées les cellules nerveuses. D'après Gratiolet, Robin,
Milne Edwards, cette substance serait en partie de nature nerveuse. (V. Milne-Edwards, *L. Phys. anat. comp.*, t. XI, p. 296).
Cette dernière manière de voir nous semble la plus probable;
c'est la conclusion que nous avons tirée de nos recherches d'histologie.

Cellules nerveuses ou *ganglionnaires*. — Chez les Hyobranches,
les cellules nerveuses sont le plus souvent triangulaires, quelquefois elles sont fusiformes, elles ont un noyau et un nucléole. Chacune d'elles envoie trois prolongements : un dans la racine antérieure, un autre dans la racine postérieure, le troisième, qui est
un prolongement commissural, passe en avant du canal central
pour se rendre dans une cellule correspondante de l'autre moitié
de la moelle (V. Leydig, *Histol.*, trad. franç., p. 196, coupe
transversale de la moelle du Salmo Salar, d'après Owsjannikow).

Substance blanche. — Elle est composée de fibres nerveuses qui augmentent de nombre à mesure qu'elles approchent de la moelle allongée. Les fibres nerveuses sont très-voisines les unes des autres ; elles sont séparées par des lamelles de tissu conjonctif excessivement déliées ; elles sont formées d'un cylindre-axe, d'une enveloppe médullaire et d'une gaîne très-délicate de tissu conjonctif.

SYSTÈME NERVEUX PÉRIPHÉRIQUE ; NERFS CÉRÉBRO-SPINAUX.

Les nerfs sont formés par la réunion de fibres plus ou moins nombreuses. Ces fibres ou tubes nerveux sont généralement, chez les Hyobranches, comme chez les vertébrés supérieurs, composées de trois éléments : une partie centrale ou cylindre-axe, une substance blanchâtre qui entoure le cylindre-axe, c'est la matière médullaire ou myéline, enfin une enveloppe spéciale de tissu conjonctif, appelée membrane ou gaîne de Schawn. Dans les Cyclostomes, la substance médullaire, suivant quelques anatomistes, manque complétement, de sorte que le cylindre-axe est directement en rapport avec la gaîne de Schawn. Mais, comme le fait remarquer M. Milne Edwards (t. XI, p. 160), Stilling prétend que la substance médullaire se trouve aussi dans les nerfs des Cyclostomes, qu'il n'y a pas chez eux exception à la règle générale.

Les nerfs cérébro-spinaux ont été appelés, suivant leur origine, nerfs crâniens ou nerfs spinaux. Nous allons donner une courte description de ces différents nerfs en commençant par l'étude des nerfs cérébraux.

Nerfs crâniens, cérébraux, encéphaliques. — Ces nerfs sont ou de nerfs purement sensitifs, de sensibilité spéciale, ou des nerfs moteurs, ou des nerfs mixtes.

Nerf olfactif ou première paire. — Il fait suite au processus olfactif, et se compose, comme chez les autres vertébrés, de fibres pâles sans myéline. Le nerf olfactif est plus ou moins développé ; il est souvent entouré d'un névrilemme plus ou moins pigmenté.

Nerf optique ou deuxième paire. — Les nerfs optiques forment chez les Plagiostomes. l'Esturgeon, un chiasma véritable, ils sont unis par des fibres commissurales ; chez les Poissons osseux ils se croisent en passant l'un au-dessus de l'autre sans échanger de fibres nerveuses ; cependant une fois j'ai vu, chez le Maigre (*Sciæna aquila*). une commissure réunir les deux nerfs optiques ; il serait intéressant de vérifier si le cas se présente assez souvent, ou si je n'ai eu qu'une simple anomalie sous les yeux. Il arrive parfois que l'un des nerfs passe au milieu des faisceaux écartés de l'autre nerf, comme dans le Hareng ; cependant, ainsi que le fait remarquer Stannius, il y a des exceptions particulières. Le nerf optique forme ordinairement une espèce de membrane plissée qu'on peut étendre avec assez de facilité.

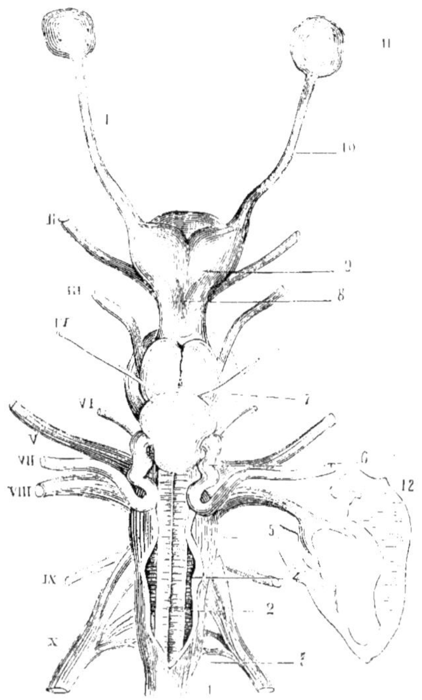

Fig. 9. — *Nerfs crâniens de l'Ange* (*Squatina angelus*).

I, processus olfactif. II, nerf optique. III. X. moteur oculaire commun. IV, X. pathétique. V, X. trijumeau. VI. X. moteur oculaire externe. VII. X. facial. VIII. X. acoustique. IX, X. glosso-pharyngien. X. X. pneumogastrique.

1. moelle épinière. 2. cordon antérieur de la moelle. 3. pointe du calamus scriptorius. 4, cordon postérieur de la moelle. 5, faisceau externe de la pyramide postérieure. 6. lame postérieure s'engageant sous le cervelet. 7, sac vasculaire et au-dessus les lobes optiques. 8. cerveau intermédiaire. 9, lobes cérébraux. 10. processus olfactif du côté droit. 11. lobule olfactif avec une partie de la capsule olfactive. 12. cartilage. cavité logeant une partie de l'oreille.

Nerf moteur oculaire commun ou nerf de la troisième paire. —

Il naît à la partie inférieure du cerveau, un peu en arrière des lobes inférieurs ; il donne des branches à tous les muscles de l'œil, excepté au grand oblique et au droit externe ; il fournit un rameau au ganglion ophthalmique chez certains Poissons, Pagel centrodonte, etc. ; il envoie souvent des rameaux qui pénètrent dans le globe de l'œil.

Nerf pathétique ou nerf de la quatrième paire. — Il naît toujours entre les lobes optiques et le cervelet ; il se distribue dans le muscle oblique supérieur ou grand oblique de l'œil.

Nerf trijumeau ou nerf de la cinquième paire. — Il prend son origine sur les côtés, dans les renflements de la moelle allongée, il se distribue à de nombreux organes. Chez les Plagiostomes, il envoie des branches à la muqueuse de la bouche, aux muscles des mâchoires, à la peau, aux vésicules de Lorenzini ; il forme le nerf ophthalmique. Sa distribution est à peu près la même chez les Poissons osseux, moins naturellement ce qui a rapport aux vésicules de Lorenzini. Chez beaucoup de Téléostéens, le trijumeau forme un nerf ou *tronc latéral* qui s'étend parfois jusqu'à l'extrémité du corps ; ce nerf latéral suit la ligne du dos, et fournit des rameaux à la dorsale simple ou multiple et à ses muscles ; dans certains Poissons le nerf latéral vient du trijumeau et du pneumogastrique ; chez beaucoup de Cyprinidés le nerf latéral du trijumeau manque, il est remplacé par un rameau du pneumogastrique (V. F. FÉE. *Rech. Syst. lat. pneumogast.* Strasbourg, 1869).

Nerf moteur oculaire externe ou nerf de la sixième paire, *nerf abducteur.* — Il naît à la face inférieure de la moelle allongée, des pyramides antérieures, par deux racines le plus souvent assez près de son congénère ; il distribue ses rameaux dans le muscle droit externe.

Nerf facial ou nerf de la septième paire, *nerf operculaire.* — Il naît près du nerf auditif ; il s'unit promptement au trijumeau, quelques anatomistes le considèrent même comme un tronc de ce dernier nerf ; il est généralement bien développé, il fournit des rameaux à l'appareil branchial, aux muscles de l'opercule,

de la membrane branchiostége chez les Téléostéens ; il donne
également des rameaux aux muscles des mâchoires, principalement aux constricteurs.

Nerf auditif ou de la huitième paire, *nerf acoustique*. — Il
est très-développé ; il naît par plusieurs racines à la partie
latérale de la moelle allongée, dans l'intervalle qui sépare le
trijumeau du pneumogastrique. Il fournit de nombreux rameaux aux organes de l'ouïe. Les ramifications nerveuses sont
très-abondantes sur le sac et les ampoules des canaux semi-
circulaires.

Nerf glosso-pharyngien ou nerf de la neuvième paire. — Il sort de
la partie latérale de la moelle allongée en avant du pneumogastrique, avec lequel il semble parfois s'unir. Il forme sur son
trajet, avant de se diviser en deux rameaux, un ganglion plus ou
moins volumineux. Chez les Poissons osseux, le rameau antérieur se distribue dans la muqueuse de la bouche, dans la fausse
branchie ; le deuxième rameau ou nerf branchial est destiné à la
première branchie. Chez les Plagiostomes, le rameau antérieur
se porte dans la branchie hyoïdienne et l'autre rameau va sur
la face antérieure de la deuxième branchie.

Nerf pneumogastrique ou de la dixième paire. — Il est toujours
très-développé ; il naît des parties latérales ou des renflements
de la moelle allongée ; il a toujours plusieurs racines ; il en a
généralement deux chez les Téléostéens et chez beaucoup de
Plagiostomes ; l'une des racines est pourvue d'un ganglion. Le
pneumogastrique fournit des rameaux à l'appareil respiratoire,
au commencement du tube digestif, à l'estomac, au cœur ; il
donne encore chez beaucoup de Poissons osseux des rameaux à
la vessie natatoire. Il forme, soit seul, soit avec d'autres rameaux, un nerf des plus remarquables, appelé *nerf* ou *tronc
latéral* du *pneumogastrique*. Ce nerf se partage en branches
dont il est impossible de suivre ou d'indiquer toutes les directions ; nous dirons seulement qu'il envoie de nombreux rameaux
au système canaliculé latéral. Il se termine par une bifurcation
chez beacoup de Poissons osseux (V. F. Fée, *loc. cit.*). Le nerf

latéral du pneumogastrique se trouve encore chez des Batraciens, surtout chez les Pérennibranches.

Nerfs spinaux ou *rachidiens*. — On a donné parfois le nom
d'hypoglosse au nerf qui naît de la moelle épinière par une,
deux et même trois racines ; mais ce nerf, qui envoie des rameaux à la région dorsale, à la nageoire pectorale, doit être
considéré comme un nerf rachidien.

Les nerfs spinaux naissent ordinairement par deux racines :
l'une antérieure ou ventrale, Milne-Edwards ; l'autre postérieure
ou tergale, Milne-Edwards ; la racine ventrale est motrice, la
racine tergale, pourvue d'un renflement ganglionnaire, est sensitive. D'après Swann et Stannius, il y a chez quelques Gades,
la Morue (*Gadus Morhua*), deux racines postérieures ; dans l'Orphie (*Belone vulgaris*), le premier nerf spinal a deux racines postérieures (V. STANN, *M. anat. comp.*, t. II, p. 65).

Les racines de chaque nerf spinal se réunissent pour former
un seul cordon, soit dans le canal rachidien, soit en dehors de
ce canal ; parfois les racines sont indépendantes dans presque
toute la longueur du nerf ; elles sont accolées et non fusionnées ;
il est facile de les isoler complétement. Dans les Sélaciens, les
racines nerveuses, en général, sortent isolément du canal vertébral, la racine motrice ou antérieure par le trou du cartilage
crural, et la racine sensitive ou postérieure par le trou du cartilage intercrural. Chez les Téléostéens, les nerfs sortent du
canal rachidien par l'espace qui sépare les lames vertébrales ;
mais il n'y a rien d'absolu à cet égard : ainsi les lames vertébrales des Baudroies sont percées d'un orifice pour donner passage à l'un des nerfs. Chez les Poissons osseux, la réunion des
racines se fait ordinairement beaucoup plus près de leur origine
que chez les Sélaciens.

Le nombre des nerfs est excessivement variable chez les Poissons, il est en rapport avec le nombre des vertèbres.

Il nous est impossible d'entrer dans de longs détails sur les
modes et les variétés de distribution que présentent les nerfs
spinaux. Ils se partagent en plusieurs branches : les unes supé-

rieures ou dorsales, les autres moyennes ou latérales, les dernières inférieures ou ventrales. Les branches nerveuses peuvent s'anastomoser avec les branches voisines des autres nerfs spinaux, avec les branches du tronc latéral du nerf trijumeau, et surtout avec le rameau du nerf latéral du pneumogastrique.

Les pectorales reçoivent leurs nerfs des paires spinales antérieures. Quant aux ventrales, il est impossible de préciser le lieu d'origine des nerfs qui les animent; il est évident que le lieu d'origine des nerfs doit changer en raison de la position variable de ces nageoires.

SYSTÈME DU GRAND SYMPATHIQUE. SYSTÈME NERVEUX GANGLIONNAIRE.

Il manque ou paraît manquer chez les Cyclostomes; il se trouve chez les Hyobranches.

Le système du grand sympathique est formé de deux cordons principaux qui sont placés de chaque côté de la colonne vertébrale et portent des renflements d'espace en espace. A la partie antérieure de chaque cordon se trouve un ganglion plus ou moins volumineux, qui envoie des rameaux au nerf trijumeau, au nerf glosso-pharyngien et au nerf pneumogastrique. Suivant la plupart des auteurs, le premier ganglion enverrait aussi un rameau aux nerfs ciliaires. Je n'ai aperçu chez le Thon, chez le Germon, chez le Pagel aucun rameau du sympathique allant au ganglion ophthalmique. Je me propose de faire de nouvelles recherches sur cette disposition anatomique. Cuvier croit avoir vu le grand sympathique uni à la sixième paire dans la Morue, et Büchner croit également avoir vu cette anastomose dans un Cyprin (V. Büchner, *Mém. syst. nerv., Barbeau.* Strasbourg, 1836, p. 31).

Le nombre des ganglions est excessivement variable, il semble même différer sur chacun des cordons chez le même individu; un des premiers ganglions peut manquer d'un côté et celui du côté opposé envoie les rameaux nerveux anastomotiques.

Dans une Roussette à grandes taches, je compte, à partir de la tête jusqu'au niveau des reins, dix-neuf ganglions de chaque côté : les deux premiers ganglions sont excessivement développés ; le premier envoie en avant des rameaux aux nerfs que nous avons indiqués, et latéralement il est uni par un connectif à celui du côté opposé. Le deuxième ganglion est très-allongé et bifurqué en arrière : les ganglions suivants sont plus petits et plus ou moins ovales ; ils reçoivent des branches anastomotiques venant des nerfs spinaux. Les cellules nerveuses ne m'ont pas semblé très-abondantes dans ces ganglions ; il faut dire que l'animal qui a servi à mes recherches était pêché depuis quelque temps. Sur un autre individu, j'ai trouvé des cellules nerveuses mesurant : longueur $0^{mm},036$; largeur $0^{mm},020$ et des noyaux à nucléole mesurant $0^{mm},006$.

Dans l'Aiguillat commun (*Acanthias vulgaris*), le système du grand sympathique est assez facile à étudier ; les ganglions renferment des cellules bien développées avec des noyaux assez volumineux.

Le grand sympathique envoie des rameaux aux branchies, aux organes digestifs, aux reins et surtout aux capsules surrénales, aux testicules, aux ovaires et à leurs dépendances, à la vessie urinaire, à la rate, et, chez beaucoup de Téléostéens, à la vessie natatoire. D'après Stannius, chez les Poissons osseux le cordon terminal du grand sympathique s'étend jusqu'à l'extrémité postérieure « du canal spinal inférieur ». (STAN., *Anat. comp.*)

PEAU

La peau des Poissons est enduite d'un mucus visqueux, plus ou moins épais, formé par une matière amorphe au milieu de laquelle se trouvent des cellules épithéliales, soit entières, soit le plus souvent en partie détruites, des noyaux, et parfois encore d'autres éléments anatomiques tels que des cellules muqueuses avec leur contenu. Elle comprend deux parties distinctes, l'épiderme et le derme. L'épiderme est composé de cellules qui, disposées par couches, sont généralement polyédriques et ordinairement incolores, mais quelquefois plus ou moins pigmentées (Anguille). Le derme est constitué par des fibres de tissu conjonctif entrelacées, sans trace de fibres musculaires ; il est plus ou moins adhérent aux tissus sous-jacents ; parfois il acquiert une très-grande épaisseur. Il est tantôt d'une teinte plus ou moins sombre, tantôt il est brillant des éclats les plus splendides. Plusieurs physiologistes et anatomistes, parmi lesquels nous citerons G. Pouchet, ont fait des recherches intéressantes sur la cause des changements de coloration qui se remarquent chez les Poissons. Les téguments de ces animaux sont, d'après Canestrini, pourvus de chromatoblastes ou de chromatophores contractiles analogues à ceux qui existent chez les Céphalopodes. Les chromatophores sont de teinte noirâtre ou rougeâtre : suivant Canestrini, les chromatophores noirs, quand ils sont dilatés, élargis, présentent la forme d'une étoile avec des rayons ramifiés ; les autres sont plus petits, ils n'ont que des prolongements courts et peu nombreux. C'est à l'expansion, à l'élargissement des chromatophores rouges qu'est due la parure de noces de nombreux Poissons (Canestr.). Exposés à une vive lumière, les Poissons deviennent pâles par suite de la contraction des chromatophores ; placés dans l'obscurité, ils prennent au contraire une teinte plus sombre en raison de l'épanouissement, de la dilatation des chromatophores. M. G. Pouchet a publié une note sur le rôle des nerfs dans le changement de coloration des Poissons, dans les *Comptes rendus de l'Académie des sciences*, 1871, 26 juin. — A la suite d'expériences très-ingénieuses, l'auteur est parvenu à démontrer que les changements rapides de coloration observés chez divers Poissons sont dus à la contraction ou à la dilatation des chromatoblastes cutanés ; que ces changements de coloration ne se produisent plus quand on paralyse les chromatoblastes par la section des nerfs correspondants, que ces nerfs tirent leur activité du grand sympathique. (V. *Origine embryonnaire des chromatoblastes ou chromatophores*, Ch. Robin, *Anat. et Physiol. cellulaires*. p. 323.)

L'absence ou la disparition des chromatophores noirs produit *l'albinisme*; le Poisson est d'un rouge pâle avec la pupille rouge ; on en trouve des exemples chez la Loche franche (*Cobitis barbatula*) (CANESTRINI).

L'éclat argenté dont brillent beaucoup de Poissons est dû à la présence de lames microscopiques qui se trouvent à la face postérieure des écailles, sur les opercules, l'iris, et même sous la peau, sur le péritoine et la vessie natatoire. Par suite d'un état pathologique, ajoute Canestrini, ces lames peuvent manquer; Siebold a donné à ce phénomène le nom d'*Alampia*. (CANESTR. *Comp. Zool. Anat. comp.*, t. I, p. 268-269.) Il est inutile de rappeler que ce pigment nacré est employé dans l'industrie pour la fabrication des fausses perles. A côté des Poissons qui perdent leur éclat il en est d'autres au contraire qui présentent accidentellement une teinte noirâtre uniforme et sont réellement atteints de *mélanisme;* parmi ces derniers, je citerai le Serran hépate.

Le système de coloration peut varier d'une façon normale suivant l'âge. Raie bordée, état jeune de la Raie blanche ; suivant le sexe, Labre mêlé, mâle, Labre à trois taches, femelle ; suivant certaines époques, au moment du frai les mâles de beaucoup d'espèces, Vairon, Épinoche, etc., prennent une livrée bien plus brillante : ils revêtent leur habit de noces.

Les glandes cutanées manquent complétement, à moins qu'on ne veuille regarder comme des glandes monocellulaires les cellules muqueuses de Leydig. Les cellules muqueuses sont beaucoup plus développées que les cellules épidermiques ; elles sont ovoïdes, quelquefois pyriformes ; elles contiennent un noyau et une matière granuleuse très-distincte. Elles manqueraient, suivant Leydig, chez les Plagiostomes ; cependant elles se voient facilement chez l'Ange, ainsi que je l'ai souvent constaté.

La peau est toujours nue chez les Pharyngobranches et les Marsipobranches ; chez les Hyobranches elle est ordinairement recouverte de pièces dures qui forment le *dermosquelette*, ou squelette externe.

Dermosquelette. — Le squelette externe des Hyobranches présente les modifications les plus singulières ; quelquefois il est à peine sensible, il n'est formé que d'écailles excessivement fines, cachées dans la peau, Anguille ; ou bien il acquiert un développement considérable, il enferme le corps dans une espèce de cuirasse, Coffre. En raison des différences qu'il présente il doit être étudié à part dans chacune des trois divisions composant la sous-classe des Hyobranches.

Plagiostomes. — Ils sont généralement couverts de scutelles, petites pièces plus ou moins épineuses qui rendent parfois la peau de certains Squales si rude au toucher et qui constituent le *chagrin*. Outre ces scutelles, il y a encore des aiguillons sur la queue des Raies, des boucles, épines à large base, sur le corps de quelques Sélaciens, Squale bouclé, Raie bouclée. Ces diverses pièces sont formées de dentine, et comme l'ont démontré Steenstrup (*Ann. Sc. natur.*, 1861, t. XV, p. 368) et A. Hannover (*Id.*, 1868, t. IX, p. 373), « les écailles placoïdes ne croissent pas avec le Poisson, leur existence n'est que temporaire ; un requin renouvelle plusieurs fois son vêtement d'écailles avant d'atteindre sa taille définitive. » (STEENS.) « Les écailles et les épines des Poissons cartilagineux sont construites absolument de la même manière que les dents et présentent un mode de développement identique. » (HANN.). Chez la Raie bouclée il est assez facile de suivre l'évolution des boucles qui s'élèvent peu à peu au-dessus de la peau et finissent par tomber, laissant à leur place une espèce de tache pâle. J'ai constaté que parfois dans cette espèce les boucles peuvent être réduites à un très petit nombre, deux ou trois, et même peuvent manquer absolument.

Ganoïdes ou plutôt Esturgeon. — La tête de l'Esturgeon est complétement garnie d'os cutanés, grandes plaques rugueuses, affectant une certaine régularité et portant des désignations particulières que nous indiquerons plus tard. Sur le corps s'étendent des séries de pièces appelées *écussons ;* vers la caudale se trouvent des pièces plus petites nommées *fulcres*.

Poissons osseux. — Chez eux le dermosquelette présente plusieurs types.

Les Lophobranches ont le corps entouré d'anneaux, de segments articulés entre eux et permettant des mouvements plus ou moins étendus.

Les Plectognathes sont, les uns enfermés dans une cuirasse qui ne laisse de libres que les nageoires et le tronçon de la queue, les autres armés d'épines plus ou moins isolées ; d'autres enfin ont une peau épaisse, couverte de petits segments polyédriques.

Les Chorignathes montrent le type des véritables Poissons écailleux. Les écailles sont imbriquées le plus souvent, rangées par séries régulières ; elles sont persistantes, elles grandissent avec l'animal, elles sont lisses ou cycloïdes, rudes ou cténoïdes. Parfois les écailles de la ligne latérale prennent un développement beaucoup plus grand que les autres, Caranx, et sont appelées *boucliers*. Rarement, au lieu de véritables écailles il y a des tubercules plus ou moins durs, Turbot, Cycloptère Lompe.

Les Apodes ont un dermosquelette presque nul, ils ont des écailles cachées dans la peau, ou même ils sont complétement nus.

ORGANES DU TOUCHER

La peau, souvent couverte de pièces dures, épaisses, n'est pas, en général, d'une grande sensibilité ; cependant elle présente deux systèmes d'organes du tact ou du toucher : le système papillaire et le système désigné autrefois et parfois encore aujourd'hui, sous le nom de système ou d'appareil muqueux.

Système papillaire. — Il se développe principalement sur le museau, les lèvres et certains appendices cutanés. Il est formé de papilles plus ou moins volumineuses, se décomposant, le plus souvent, en papilles secondaires. Les papilles se terminent généralement en cupules qui portent dans la région épidermique des petits corps arrondis ou ovales, appelés *organes cyathiformes* par Leydig, *corps ovoïdes* par Jobert. Parfois les corps ovoïdes ne reposent pas sur les papilles, mais ils en reçoivent toujours l'extrémité des tubes nerveux. Nous ne pouvons étudier les diverses modifications que présentent ces organes; et au lecteur désireux d'avoir sur ce sujet des notions plus étendues, nous indiquerons l'excellent travail du docteur Jobert : « Études d'anatomie comparée sur les organes du toucher ». (*Ann. Sc. natur.*, 1872, t. XVI.)

Les appendices cutanés sont de deux sortes : les uns sont simples et mous, les autres sont pourvus d'un squelette, ou plutôt ils sont portés sur des pièces solides, articulées et mobiles.

Organes du toucher formés de simples appendices cutanés. — Ils présentent de nombreuses modifications, et sont généralement placés sur la tête ; ils portent différents noms tirés, soit de leur position, soit de leur forme ; nous citerons les barbillons des Carpes, des Loches, les tentacules qui bordent le disque labial des Lamproies, les franges qui se trouvent vers les narines ou vers la bouche de certains Squales, des Baudroies, le lambeau charnu de la bouche de l'Uranoscope, les cils qui se montrent sur la tête des Soles, les appendices variés qui se remarquent sur les sourcils, la nuque de beaucoup de Blennies. Parfois il y a des lambeaux cutanés sur le tronc, dans les Scorpènes.

Organes du toucher portés sur des pièces solides et jouissant d'une mobilité plus ou moins grande. — Les nageoires sont des organes du toucher qui, par suite de certaines dispositions, peuvent acquérir un grand degré de sensibilité. Parfois, comme dans les Baudroies, les rayons antérieurs de la première dorsale sont détachés, placés en avant près du museau ; ils ont une mobilité très-marquée, deviennent de véritables tentacules; parfois, comme dans les Trigles, les rayons inférieurs de la pectorale sont libres, séparés, pourvus d'un appareil musculaire spécial ; ils sont en même temps des organes de tact et de progression. L'os hyoïde lui-même, chez les Mulles, présente une modification des plus singulières : il donne de chaque côté un rayon osseux qui forme le squelette du barbillon jugulaire.

Système de la ligne latérale, etc. *Système ou appareil muqueux.* — Ce système est composé des organes les plus singuliers qui ont été regardés primitivement comme étant destinés à sécréter le mucus dont est couvert le corps des Poissons, et qui, en raison de leurs prétendues fonctions, ont été désignés sous le nom général d'appareil *muqueux* ou *mucipare*.

Cet appareil, et le fait est maintenant bien établi, est un appareil nerveux qu'on peut, suivant le docteur Todaro, nommer appareil spécial ou tactile de la peau des Poissons; c'est pour Leydig, « un nouvel organe des sens. » (Leydig, *Traité d'histologie*, trad. franç., p. 227.) Il se montre sous trois types différents ou sous trois variétés morphologiques : type de la ligne latérale; type des ampoules de Lorenzini; type folliculaire nerveux.

Type de la ligne latérale ou *Système canaliculé latéral*, Leydig. — Il existe chez tous les Poissons; c'est en quelque sorte le signe caractéristique de la classe, bien qu'il se rencontre parfois dans certaines larves de Batraciens, Rana, Bufo, Pelobates (F.-E. Schultze). Sur le tronc, cet appareil est placé de chaque côté et prend le nom de *ligne latérale* : il a le plus souvent la forme d'un simple canal; mais sur la tête il se partage en tubes plus ou moins nombreux, comme on peut le voir dans la Chimère, et présente une régularité particulière à chaque espèce. Le canal est pourvu de deux parois; la paroi interne a ou paraît avoir la même structure dans toute la classe des Poissons. Quant à la paroi externe, elle montre certaines différences anatomiques; elle est constituée, soit par du tissu conjonctif ordinaire, soit par du tissu fibro-cartilagineux, soit enfin par du véritable tissu osseux; dans ce dernier cas, le tube est à moitié ou complétement ossifié.

Chez beaucoup de Plagiostomes, le canal latéral proprement dit fait une saillie ou se voit le long des flancs; dans la plupart des Poissons osseux, il traverse une série d'écailles différentes des autres. La disposition de ces écailles, qui forment la *ligne latérale*, fournit de très-bons caractères pour la diagnose. Les trous qui traversent les écailles de la ligne latérale sont ordinairement visibles à l'extérieur; ils ont été regardés comme des orifices de cryptes ou de glandes sécrétoires. Chez les Poissons osseux, le canal latéral se divise sur l'arrière de la tête le plus souvent en trois branches : 1° une branche transversale qui s'anastomose avec la branche correspondante du côté opposé; 2° une branche qui, en arrière de l'œil, se subdivise en deux canaux passant l'un au-dessus, l'autre au-dessous de l'œil, pour aller vers le bout du museau; 3° la branche de la mâchoire inférieure.

La surface interne du canal latéral est tapissée d'un épithélium qui paraît assez variable dans sa forme suivant les familles ou au moins suivant les ordres. Des rameaux nerveux péné-

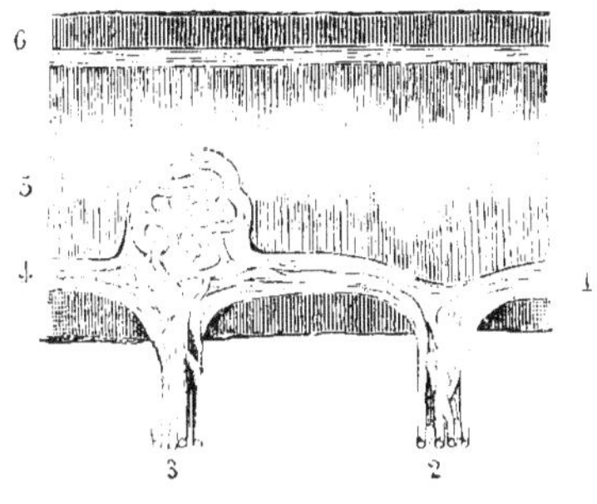

Fig. 10. — *Canal latéral de l'Émissole commune* (Mustelus vulgaris) : *coupe longitudinale.* — *Grossissement modéré.*

1. filets nerveux dans l'intérieur du canal; 2. filets nerveux pénétrant dans le canal latéral; 3. filets nerveux allant se réunir à d'autres filets nerveux et former une espèce de papille, 4. ou plutôt un bouton nerveux; 5. intérieur du canal latéral. 6. paroi du canal composée de deux couches; la couche externe est la plus épaisse.

trent dans le canal et s'y terminent en boutons dans les Poissons osseux. Parfois ces boutons, comme le fait remarquer Leydig, prennent un grand développement dans les canaux de la tête, ainsi qu'on peut le voir sur un Poisson assez commun aux environs de Paris, la *Grémille* ou *Perche goujonnière*. Dans les Plagiostomes les nerfs s'anastomosent ou plutôt s'entrelacent les uns avec les autres, ils forment un cordon continu et souvent des espèces de grosses papilles ou de boutons entortillés.

Type des tubes de Lorenzini, F. Boll, Todaro (*Tubes gélatineux*, Leydig). — Il vaut mieux donner à ces ampoules et à ces tubes le nom de l'anatomiste qui le premier les fit connaître. Cet appareil se rencontre seulement chez les Plagiostomes; il se présente sous forme de tubes ouverts à la surface de la peau et renflés en ampoules à leur extrémité interne. Les tubes ne sont jamais ramifiés : ils sont remplis d'une gelée épaisse, transparente, sans structure distincte, à l'exception des débris d'épithélium qui peuvent s'y trouver. Ils ont été primitivement regardés comme constituant un appareil de sécrétion par Lorenzini, 1678, puis par Monro, 1785. Ét. Geoffroy Saint-Hilaire les compara aux organes électriques de la Torpille (*Ann. du Muséum*, 1802, p. 392.397) ; Jacobson n'accepta aucune des opinions de ses devanciers et considéra cet appareil comme un organe du toucher. (Sur un organe particulier des sens chez les Raies et les Squales, *Nouv. Bull. Soc. Philom.*, Paris, 1812, t. VI.)

De Blainville adopta cette manière de voir. « Il faut sans doute regarder comme appartenant à cette modification du sens du toucher, certains organes fort singuliers, sinon découverts, au moins complétement observés et décrits par M. Jacobson dans les Squales et dans les Raies. » (BLAINV., *Princ. Anat. comp.*, p. 227.) « Ces organes paraissent donc être quelque chose d'intermédiaire au phanère et au crypte. » (ID., *ibid.*, p. 228.) Il faut bien l'avouer, nous ne connaissons vraiment pas l'usage de cet organe. Ne servirait-il pas comme un instrument barométrique indiquant à l'animal les changements de pression ? C'est encore une hypothèse. D'après M. Schultze, c'est un organe tactile destiné à faire percevoir aux Sélaciens les mouvements de l'eau.

Les tubes de Lorenzini se rencontrent principalement à la tête, ils forment plusieurs groupes réguliers, symétriques, dont il est inutile d'indiquer la situation précise ; ils sont, à leur origine, enveloppés dans une capsule fibreuse d'où ils sortent en divergeant. Ils varient de longueur et de grosseur suivant les espèces ; leur paroi externe est résistante, elle paraît formée par l'enveloppe du faisceau nerveux qui pénètre dans l'ampoule, elle est constituée par du tissu conjonctif contenant une grande quantité de fibres élastiques.

La paroi interne du tube est revêtue de cellules épithéliales. L'extrémité cœcale est renflée en ampoule de forme un peu

différente suivant les espèces. L'ampoule est séparée du tube
par une sorte de collet et parfois par un diaphragme ; elle a une
paroi peu épaisse, sur laquelle viennent se rendre des vaisseaux

sanguins ; elle contient un organe
de sensibilité spéciale. Cet organe se
compose de vésicules plus ou moins
nombreuses selon les espèces ; les
vésicules sont pour ainsi dire indépendantes de l'ampoule ; elles ont
une membrane propre ; elles sont
réunies autour d'un axe central ;
elles sont plus ou moins allongées ;
elles renferment des cellules à noyaux
de forme variable. Un faisceau nerveux venant de la cinquième paire
pénètre au centre de l'ampoule ; il
est constitué par autant de cordons
qu'il y a de vésicules dans l'intérieur
de l'ampoule : il en existe quatre
seulement chez la Pastenague, huit
chez le Myliobate, douze dans l'A-
canthias commun. En général,
d'après le docteur Todaro, le nombre

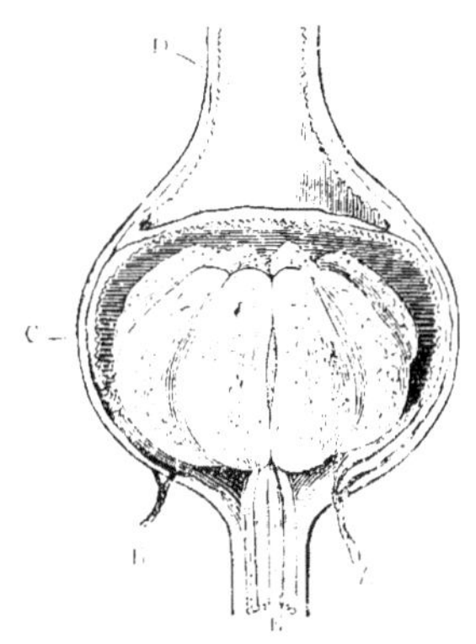

Fig. 11. — *Tube de Lorenzini,
son extrémité interne renflée en
ampoule (Émissole commune).
— Grossissement modéré.*

A. artère ; B. veine ; C. paroi de
l'ampoule qui renferme huit vésicules ; D. tube coupé ; E. faisceau
nerveux pénétrant dans l'ampoule ;
il est composé de huit cordons.

des fibres nerveuses (cordons) des Raies et des Chimères est de
dix à douze ; il est plus grand que dans les Squales, chez lesquels
l'anatomiste italien en compte à peine cinq à huit.

Il n'y a rien de précis dans cette manière de voir. Le docteur
Todaro indique douze cordons nerveux dans le faisceau allant
à l'ampoule de la Raie Batis (fig. 3), qui n'a que huit vésicules ;
c'est au moins une anomalie très-surprenante. Quant à moi, j'ai
toujours trouvé, et j'insiste sur ce point, autant de cordons nerveux qu'il y a de vésicules dans l'ampoule.

Maintenant il nous reste à examiner le trajet et la terminaison
des nerfs.

Après son entrée dans l'ampoule, chaque cordon ou plutôt

chaque cylindre axe change de direction ; au lieu de continuer en ligne droite suivant l'axe du tube, il s'infléchit en s'éloignant du centre et pénètre dans une vésicule par le côté interne. D'après le docteur Todaro, les cordons nerveux entreraient dans les vésicules par le côté externe, puis se diviseraient pour former des lacis ou des plexus terminaux. Il m'a toujours semblé au contraire que tout cordon nerveux se termine dans une vésicule correspondante : en se servant d'une solution de potasse ou de soude, il est parfois assez facile d'isoler les vésicules les unes des autres , on voit alors chacune des vésicules attachée à l'extrémité d'un cordon nerveux complétement séparé des autres cordons, ce qui n'arriverait pas s'il existait des plexus nerveux. Je ne partage pas l'opinion du docteur Todaro, mais je me plais à rendre justice à son talent et j'invite les lecteurs à prendre connaissance de son intéressant mémoire.

Type de l'appareil folliculaire nerveux. — Cet appareil singulier semble exister seulement chez les Torpilles ; il a été découvert par P. Savi qui en indique ainsi la position : « Cet appareil se trouve sur le bord autour de la partie antérieure de la bouche et des narines, et s'étend sur les périphéries de la partie antérieure des organes électriques et même sur la moitié antérieure de leur côté externe, où il repose sur le cartilage de la nageoire et sur les membranes aponévrotiques qui en couvrent la surface. » « Il est formé par » des « séries linéaires de follicules ou de cellules membraneuses » « remplies d'une humeur gélatineuse. » (P. Savi, *Traité Phén. électro-physiol. anim.*, MATTEUCCI, etc., p. 332.) Ces follicules reçoivent des rameaux de la cinquième paire, ils sont assez gros pour être vus à l'œil nu ; dans la Torpille marbrée, ils mesurent à peu près un millimètre de diamètre. La membrane externe supporte quelques vaisseaux sanguins ; la membrane interne est tapissée par des cellules épithéliales à noyau. A la base du follicule se trouve un renflement dans lequel s'épanouit l'extrémité du rameau nerveux. La disposition du nerf dans le bouton me paraît analogue à celle de la papille dans le canal latéral des Plagiostomes.

Sacs muqueux courts. — Leydig (*loc. cit.*, p. 224) donne ce nom
à des organes qui ne se rencontrent que dans l'Esturgeon et les
Myxinoïdes. « Chez l'Esturgeon, dit-il, ces formations n'existent
qu'à la peau de la tête et sont de grosseur variable. La paroi du
sac est formée par la couche limite du tissu conjonctif qui se
trouve sous la peau et renferme de la gélatine. » L'opinion de
Leydig n'est pas exacte ; d'abord ces prétendus sacs ne sont que
des dépressions peu profondes, plus ou moins circulaires. Si
nous étudions l'un de ces organes, nous constatons qu'il est limité par un léger bourrelet entourant une surface, une plaque
chagrinée avec de petits enfoncements séparés par des travées
principales. Ces enfoncements sont en nombre variable suivant
les plaques, depuis six à huit jusqu'à une douzaine ; ils sont à
peu près ovales, ils sont traversés par des travées secondaires
qui les divisent en cinq à huit cellules. Il est évident que ces
organes sont des organes du tact, mais différents des tubes de
Lorenzini : ils portent sur le bourrelet et les travées principales
des papilles très-développées, que Leydig n'a pas signalées : ils
rentrent dans le système papillaire.

ORGANE DE LA VUE

L'appareil lacrymal n'existe pas chez les Poissons.

Paupières. — Les paupières mobiles manquent chez la plupart
des Poissons. La peau souvent passe au-devant de l'œil sans
former aucun repli ; elle s'amincit seulement et devient plus ou
moins transparente, Gades, Anguilles. Dans certaines espèces,
surtout chez les Scombres, les Clupes, les Muges, elle constitue ce qu'on appelle une paupière adipeuse, soit deux replis verticaux ou semi-lunaires, Muge céphale, soit une espèce
de bourrelet ou de repli circulaire, Muge capiton ; ces paupières
ne jouissent d'aucune mobilité. Parfois la peau forme deux
replis longitudinaux dans certains Squales, Hexanche, Human-

tin. Chez l'Humantin même les deux replis semblent pouvoir se rapprocher et faire une sorte de boutonnière.

Cependant certains Plagiostomes, Émissole, Milandre, Requin, Marteau, sont pourvus d'une paupière mobile qui rappelle la membrane nictitante des oiseaux et porte le nom de paupière *nictitante* ou *clignotante*. Cette espèce de paupière inférieure recouvre plus ou moins l'œil, elle est fixée par un tendon court, assez large à l'angle antérieur de l'orbite, elle se relève ou s'abaisse suivant la contraction ou le relâchement d'un long muscle qui va en arrière s'insérer au crâne, et qui porte, chez le Milandre, sur une poulie de renvoi fibreuse. Ce muscle reçoit un rameau du nerf moteur oculaire commun.

D'après Cuvier, le Poisson-lune présenterait une particularité des plus remarquables : « Son œil peut être entièrement couvert par une paupière percée circulairement et qui se ferme au moyen d'un vrai sphincter. Cinq muscles disposés en rayons et s'attachant au fond de l'orbite, en dilatent l'ouverture. » (Cuv., *Anat. comp.*, t. III, p. 455.) J'avoue, malgré les recherches les plus minutieuses, n'avoir pu constater ce mode d'organisation.

Conjonctive. — Suivant quelques auteurs, elle n'existerait pas chez les Poissons ; c'est une erreur, elle se trouve chez les Poissons qui ont une ouverture palpébrale. La paupière dans le Thon, par exemple, est doublée d'une conjonctive excessivement vasculaire, les vaisseaux se divisent et forment des anastomoses très-nombreuses à mesure qu'ils approchent du bord libre de la paupière. La conjonctive se divise facilement en deux couches, une couche muqueuse et une couche vasculaire ; arrivée au fond du cul-de-sac, la conjonctive palpébrale se replie pour former la conjonctive oculaire, mais alors elle perd une grande partie de ses vaisseaux ; la conjonctive oculaire est à peine vasculaire ou, pour mieux dire, la partie superficielle seule de la conjonctive va sur le globe de l'œil. Le repli de la conjonctive est bien plus profond en arrière qu'en avant. Dans le cul-de-sac antérieur de l'œil se trouve une espèce de renfle-

ment qui est constitué en grande partie par la conjonctive oculaire et du tissu adipeux.

OEIL.

L'œil reste parfois à l'état rudimentaire comme chez l'Amphioxus, où il présente l'aspect d'une tache pigmentaire, et comme
chez la Myxine, où il est caché sous la peau et les muscles ; mais
ordinairement il acquiert un degré de perfection très-avancé
dans la plupart des Poissons osseux, et surtout chez les Plagiostomes.

Le volume de l'œil est des plus variables ; il est très-petit dans
l'Aptérichthe aveugle, excessivement développé dans le Poma-
tome télescope. L'œil est en général proportionnellement plus
grand chez les jeunes individus d'une même espèce que chez les
adultes.

Forme. — L'œil chez les Poissons n'a pas une forme arrondie,
toute la partie externe ou antérieure est aplatie ; cependant,
comme nous le verrons en étudiant la cornée, l'aplatissement
chez certaines espèces n'est réellement pas aussi considérable
qu'il le paraît au premier abord. Chez la Raie le globe de l'œil
n'est pas seulement aplati en dehors, mais encore dans sa région
supérieure. Enfin dans la majorité des cas, il représente une
demi-sphère dont les rayons sont inégaux. Voici les proportions
que j'ai trouvées :

	Diamètre longitudinal.	Diamètre vertical.	Axe.
Oxyrhine de Spallanzani..	0^m,036	0^m,034	0^m,024
Germon assez jeune......	0^m,049	0^m,047	0^m,031
Thon	0^m,060	0^m,052	0^m,044
Merlan	0^m,021	0^m,019	0^m,011

Position. — Les yeux sont symétriques, placés de chaque côté
du plan vertical, excepté chez les Pleuronectes. Ces poissons,
après avoir acquis un certain degré de développement, ont les
yeux tournés d'un même côté par suite d'une espèce de migration
de l'œil supérieur à travers la tête, comme l'a très-bien démontré

Steenstrup (Développement des Pleuronectes, *Ann. Sc. natur.*, 1864, t. II, p. 253.) Les yeux sont généralement latéraux ; cependant chez l'Uranoscope, etc., ils sont placés à la partie supérieure de la tête ; il est inutile de signaler maintenant les particularités qui devront être étudiées lors de la description des familles ou des espèces.

Le globe de l'œil est dans une orbite souvent assez mal limitée sur le squelette ; il est entouré d'un tissu adipeux plus ou moins abondant, au milieu duquel se trouve parfois une substance formée d'éléments lymphatiques, Pélamide. Il est porté chez les Sélaciens sur une tige cartilagineuse fixée au crâne, espèce de pivot tuberculeux qui assure une liberté plus grande aux mouvements. Chez l'Esturgeon, chez certains Poissons osseux, Thon, Pagel, le bulbe oculaire est attaché au crâne par un ligament.

<h3 style="text-align:center">COMPOSITION DU GLOBE DE L'ŒIL.</h3>

Le globe de l'œil est composé de la sclérotique, de la cornée formant ensemble l'enveloppe externe, de la choroïde, de l'iris, de la rétine et des milieux transparents, l'appareil cristallinien, le corps vitré, l'humeur aqueuse.

Sclérotique. — L'enveloppe principale de l'œil, la *sclérotique*, offre des différences assez marquées dans sa composition : tantôt elle est constituée uniformément par du tissu conjonctif, comme dans la Lamproie ; tantôt par du tissu conjonctif et du tissu cartilagineux, comme dans les Plagiostomes et l'Esturgeon ; ou bien par du tissu conjonctif, du tissu osseux et du tissu cartilagineux, comme dans beaucoup de Téléostéens. Le tissu conjonctif ne manque jamais, il forme toujours la couche externe, parfois très-amincie, de la sclérotique ; le tissu cartilagineux ou osseux prend un développement plus ou moins grand, et même une épaisseur considérable, Esturgeon : il constitue parfois une capsule ouverte en avant, au niveau de la cornée, et percée en arrière pour laisser passage au nerf optique. Cette enveloppe fait une espèce de coque dure, résistante ; elle présente même chez

les Sélaciens, en arrière de l'entrée du nerf optique, un épais-
sissement plus ou moins tuberculeux, qui s'articule avec l'extrémité renflée du support cartilagineux.

Dans les Poissons osseux, la couche interne de la sclérotique
est le plus souvent divisée en deux segments réunis par du tissu
fibreux ou plutôt cartilagineux; ces deux pièces constituent deux
sections de sphère placées l'une en arrière, l'autre en avant de
l'axe de l'œil. Cependant R. Owen (*Anat. comp.*, t. I, p. 100,
fig. 81, n° 17, et même, *Principes d'ostéologie comparée*, pl. VIII,
Morrhua vulgaris) donne une position différente à ces pièces
sclérotiques; il y a évidemment erreur, comme il est facile de le
voir en examinant l'œil de la Morue. Chez le Germon, la couche
externe de la sclérotique est une membrane fibreuse, épaisse,
facile à détacher de la partie sous-jacente; elle se compose de
tissu conjonctif simple, avec un lacis de vaisseaux très-abondant;
en arrière, elle se confond avec la couche interne et constitue
un étui assez épais au nerf optique; la couche interne est formée en partie de cartilage hyalin, elle devient osseuse en avant;
sa moitié supérieure est creusée d'une assez grande cavité séparant deux lames osseuses qui se rejoignent vers le bord de
l'ouverture de la cornée. Généralement, chez les Téléostéens,
les pièces sclérotiques sont plus épaisses et plus ossifiées en
avant que dans la région postérieure. L'ouverture externe de la
sclérotique est souvent irrégulière; elle est fermée par une
membrane transparente appelée cornée.

Cornée. — Elle est beaucoup plus aplatie chez les Poissons
que chez les autres animaux vertébrés; cependant, chez la
Lotte, elle est relativement très-convexe; elle est composée de
plusieurs couches de tissu conjonctif, dont il est facile de distinguer et de séparer les fibres sur les yeux de Thon, de Germon. La cornée est beaucoup plus épaisse sur les bords qu'au
centre, de sorte que, chez le Germon, par exemple, vue par sa
face externe, elle paraît plane, tandis qu'elle est convexe par sa
face interne, qui est tapissée par la membrane de Demours. La

partie antérieure ou externe de la cornée est (Germon, Thon, etc.), couverte d'un épithélium pavimenteux.

Membrane de Demours ou *de Descemet*. — Elle est élastique, transparente, même après macération ; elle envoie des prolongements qui, au niveau du muscle ciliaire, se réfléchissent sur l'iris, en formant le ligament pectiné. La membrane de Demours paraît se renfler au niveau de l'origine du ligament pectiné. Germon.

Choroïde. — La choroïde est la membrane moyenne de l'œil, elle tapisse en quelque sorte la sclérotique, mais contracte avec elle des adhérences beaucoup plus lâches chez les Poissons que chez les Mammifères ; elle en est même souvent séparée par une couche assez mince de tissu adipeux. J'ai trouvé chez le Mulle surmulet un paquet de graisse entre les deux membranes. Des vaisseaux, des nerfs sont les modes d'attache de la choroïde et de la sclérotique, qui en avant, près de la cornée, sont plus solidement unies par un anneau appelé *cercle* ou *muscle ciliaire*.

La choroïde peut se diviser en deux couches distinctes. A. Couche externe comprenant : 1° la couche pigmentaire externe ; 2° la membrane vasculaire proprement dite. B. Une couche interne comprenant : 1° la membrane chorio-capillaire ; 2° la couche de pigment noir ou couche pigmentaire interne. Ces différentes couches sont assez difficiles à étudier chez les Plagiostomes ; elles sont moins épaisses, moins isolées que dans les Poissons osseux.

A. 1° *Couche pigmentaire externe* ou *suprachoroïdienne*. — C'est une membrane très-mince, très-délicate ; elle reste parfois en grande partie adhérente à la sclérotique quand on veut la séparer de la choroïde. Elle est d'une coloration variable, le plus souvent argentée, ou dorée, parfois brunâtre ; mais sur l'iris elle est toujours d'une teinte métallique très-brillante et donne à l'œil des Poissons cet éclat si remarquable. La coloration provient de la présence de dépôts dans les cellules plasmatiques de cristaux excessivement minces, allongés. Ces cristaux ont été, à tort évidemment, regardés comme étant composés de carbonate de chaux ; ils sont d'une substance particulière, généralement insoluble dans l'acide acétique, mais parfaitement soluble dans la potasse.

2° *Membrane vasculaire* ou *de Haller*. — Elle est parcourue par un grand nombre de vaisseaux qui en forment, pour ainsi dire, la trame. Dans le Germon, cette couche est très-épaisse, elle présente une quantité considérable de vaisseaux qui suivent une marche rectiligne d'arrière en avant et s'anastomosent beaucoup moins entre eux que les vaisseaux de la couche externe de la sclérotique.

B. 1° *Membrane chorio-capillaire* ou *Ruyschienne*. — Elle est d'une teinte blanc grisâtre ; elle est assez résistante pour pouvoir être isolée de la membrane vasculaire ; elle est formée par un réseau capillaire très-abondant (Germon).

2° *Couche pigmentaire interne*. — Elle est composée de cellules polygonales juxtaposées d'une façon tellement intime qu'il est fort difficile de les isoler. Cette couche de pigment noirâtre recouvre complètement la membrane chorio-capillaire.

Glande choroïdienne (ganglion vasculaire choroïdien, Blainv.). — Chez la plupart des Poissons osseux, entre la couche pigmentaire externe et la membrane vasculaire se trouve une espèce de bourrelet rougeâtre formé par un lacis de vaisseaux et désigné généralement sous le nom de *glande choroïdienne*.

Cet organe est placé près de l'entrée du nerf optique, il a souvent la forme d'un fer à cheval plus ou moins resserré ; chez quelques Poissons, chez le Merlan, par exemple, il fait un cercle assez étroit et à peu près complet autour du nerf optique. Il est plus ou moins volumineux, il est composé de vaisseaux qui s'anastomosent (Pagel érythrin.), en constituant des espèces de groupes et parfois des touffes vasculaires ; il est en communication avec les vaisseaux choroïdiens et le vaisseau pseudobranchial. Quel rôle, quelle fonction remplit cet organe? A cet égard les opinions sont très-partagées : pour certains auteurs l'organe est une glande vasculaire; pour d'autres, c'est un muscle d'une nature particulière, ou bien une sorte de tissu érectile; pour Rosenthal, il sécrète le mucus noirâtre dont est enduite la ruyschienne; pour Albers. c'est une espèce de réseau de *tissu admirable*, opinion admise par J. Müller. D'après ce dernier anatomiste, la glande choroïdienne recevrait le sang de la fausse branchie et le distribuerait ensuite dans la choroïde. (V. *Circulation.*)

Enfin, « d'après des recherches très-exactes, mais encore inédites de Ritterich, cet organe est essentiellement un foyer de veines choroïdiennes. par conséquent un appareil jusqu'à un certain point analogue au foie. » (CARUS, *Anat. comp.*, trad. Jourd., t. I, p. 486.)

La glande choroïdienne manque chez les Plagiostomes.

Tapis. — Le fond de l'œil de certains Poissons, de certains Plagiostomes. Raie. Scymne. Liche. Hexanche, n'est pas noir, mais brille au contraire d'un éclat excessivement vif. Cette teinte serait, suivant Cuvier. A. Duméril, produite par la transparence de la ruyschienne « qui laisse voir la couleur de la choroïde. » (CUV., *Anat. comp.*, t. III, p. 419.) La manière de voir de ces auteurs n'est pas juste. Le tapis ne résulte nullement de l'absence du pigment de la membrane interne de la choroïde; il constitue au contraire, et cela est facile à constater chez les Plagiostomes, une couche nouvelle intermédiaire à la choroïde et à la rétine; il forme une espèce de couverte sur la couche pigmentaire interne de la choroïde, ou même une membrane très-adhérente à la choroïde, mais facile à déchirer.

Le tapis doit sa coloration à une infinité de petits cristaux, de corpuscules allongés, pointus, que Delle Chiaje a proposé d'appeler ophthalmolithes (*ottalmoliti*). Ces cristaux, malgré l'opinion de Delle Chiaje, ont les caractères physiques et chimiques de ceux qui constituent la couche pigmentaire externe de la choroïde chez les Poissons osseux par exemple; comme eux ils sont solubles dans la potasse, mais insolubles dans l'acide acétique.

Dans quelques cas le tapis semble formé par le dédoublement

de la couche pigmentaire externe qui s'étendrait sur la face externe et la face interne de la choroïde.

Le tapis chez la Pastenague est d'un rouge cuivre.

Procès ciliaires. — Dans les Plagiostomes la choroïde fournit des appendices particuliers qui se portent sur la capsule du cristallin : ces appendices, désignés sous le nom de procès *ciliaires* et quelquefois procès ruyschiens, semblent des prolongements de la membrane *ruyschienne* ; chez le Milandre ils se bifurquent près du cristallin.

Les procès ciliaires, malgré l'assertion de quelques auteurs, n'existent pas plus dans l'œil du Thon, de l'Esturgeon, que dans celui des Poissons osseux : ils sont remplacés par un organe particulier appelé *procès* ou *ligament falciforme*. Chez le Thon les plis de la choroïde, qui ont été regardés comme des procès ciliaires, sont constitués par du tissu conjonctif et des fibres musculaires lisses. Le procès falciforme est formé de deux parties distinctes, le cordon et la cloche. Le *cordon* est mince, plus ou moins allongé ; il passe à travers la fente de la rétine dont il suit la courbure, puis se relève en avant pour venir s'attacher au renflement, à la cloche ; il renferme un prolongement de la choroïde, des vaisseaux, et un rameau nerveux venant du nerf ciliaire postérieur. La *cloche* ou *campanule* de Haller est un organe contractile composé de fibres musculaires lisses. Elle ne s'attache pas toujours directement à la membrane du cristallin : ainsi dans le Thon, le Germon, elle est fixée à l'angle postérieur et interne d'un tubercule particulier dont nous parlerons à propos du cristallin.

Quelques auteurs prétendent qu'il n'y a pas de ligament falciforme chez la Carpe ; j'ai constaté le contraire : le procès falciforme dans ce Poisson est très-distinct, il est seulement un peu plus court que chez beaucoup d'autres espèces. La cloche est aussi moins développée, elle m'a présenté des fibres musculaires lisses mesurant : longueur, $0^{mm},060$; largeur, $0^{mm},006$.

Le ligament falciforme est évidemment un organe d'accommodation qui agit sur le cristallin. Cependant A. Duméril (t. I,

p. 113) écrit : « Veut-on la considérer (*la cloche*) comme un organe propre à permettre l'accommodation de l'œil à la vision distincte suivant la distance des objets? On s'explique alors difficilement son absence chez les Plagiostomes. » Mais les Plagiostomes, étant pourvus de procès ciliaires, n'ont nullement besoin du procès falciforme.

Le procès falciforme manque chez les Lamproies.

L'œil des Poissons présente trois types de conformation bien déterminés.

Type des Plagiostomes : des procès ciliaires, pas de ligament falciforme.

Type des Poissons osseux et de l'Esturgeon : jamais de procès ciliaire, le plus souvent un ligament falciforme.

Type des Marsipobranches, ou plutôt des Lamproies : ni procès ciliaires, ni ligament falciforme.

Muscle choroïdien ou Constricteur de la choroïde. — Il existe dans l'œil de quelques poissons du genre Thon un muscle excessivement remarquable, qui n'a jamais été signalé ; il mérite cependant de fixer l'attention d'une manière spéciale, car il doit jouer un grand rôle dans l'accommodation. Ce muscle est placé entre la sclérotique et la choroïde; il occupe les deux tiers au moins du pourtour de l'os sclérotical postérieur; il a, chez le Thon, le Germon, environ 20 à 25 millimètres de longueur, sur 3 à 6 millimètres de largeur; il est aplati, arqué, plus large, plus épais dans son milieu qu'à ses extrémités. Il s'insère en dedans vers le pourtour de l'anneau de la sclérotique, un peu en dehors du ligament ciliaire, dont il est toujours séparé; il se dirige en dehors pour se porter vers la partie réfléchie de la choroïde à laquelle il adhère très-fortement. Il se compose de fibres fusiformes qui se montrent sous deux aspects différents : les unes sont tout à fait lisses, avec un noyau allongé ou un contenu granuleux; les autres, et ce sont les plus communes, présentent des stries transversales. Ces stries sont faciles à distinguer, mais elles sont peu nombreuses, éloignées les unes des autres. Les fibres musculaires ont une longueur moyenne de $0^{mm},100$.

Un rameau du nerf ophthalmique, le nerf ciliaire antérieur, est destiné au muscle choroïdien ; il est très-développé. Après avoir pénétré dans l'œil à travers le cartilage postérieur, il se divise en deux branches principales, qui s'enfoncent dans le muscle ; l'une de ces branches, la supérieure, envoie un rameau assez fort qui se dirige vers l'iris. (V. OEil du Germon. *Compt. rend. Acad. sc.*, 1872, t. LXXV, p. 1636.)

Iris. — L'iris est un diaphragme en grande partie constitué par le prolongement réfléchi de la choroïde ; il est percé dans le centre d'une ouverture plus ou moins grande, appelée *pupille* ; il forme une espèce de voile qui limite en arrière la chambre antérieure. La circonférence externe ou grande circonférence de l'iris, bord externe ou adhérent de l'iris, est attachée en avant au ligament pectiné ou à la membrane de Demours et en arrière au muscle ciliaire, qui a même été appelé ligament de l'iris. La face externe de l'iris est généralement d'une teinte argentée ou dorée, assez rarement d'une teinte noirâtre ; parfois (Ange) elle est marquée du même pointillé que la peau qui entoure la cornée : sa face interne ou l'uvée est couverte de pigment noirâtre.

La *pupille* est-elle contractile ? Telle est la question que se sont posée plusieurs anatomistes. « La pupille est sans mouvement » chez les Poissons. (Dugès, *Anat. physiol.*, t. I, p. 243.) La pupille des Poissons n'a généralement point la faculté de changer de diamètre, etc. Ces propositions sont beaucoup trop absolues. La pupille est, il faut le reconnaître, assez peu dilatable chez les Poissons osseux en général ; cependant j'ai pu constater à diverses reprises qu'elle est contractile chez l'Anguille. Dans le Germon, l'iris est pourvu de fibres lisses très-allongées disposées sur deux couches, faisant deux réseaux distincts ; ces fibres sont les unes concentriques à la pupille et semblent constituer un sphincter, l'anneau de l'iris ; les autres vont de la grande circonférence de l'iris à la petite ou circonférence pupillaire, elles doivent par leur contraction amener naturellement une dilatation de la pupille. Chez certains Squales (Acanthias, Roussettes. etc., la contractilité de la pupille est considérable ; souvent chez les Roussettes, la pupille est tellement resserrée qu'elle a l'apparence d'une ligne horizontale terminée à chaque extrémité par un petit point arrondi. Chez les Poissons qui ont les yeux à la face supérieure de la tête, Raies, Pleuronectes, Uranoscopes, le bord pupillaire supérieur de l'iris se prolonge en une espèce de membrane mobile à bord frangé ou digité. Cette membrane, appelée *palmette*, peut rétrécir plus ou moins le champ de la pupille et diminuer ainsi l'intensité des rayons lumineux. La pupille a des formes très-variables, elle est le plus souvent arrondie ou ovale, parfois en losange.

Rétine. — La troisième membrane ou la membrane interne de l'œil est la rétine : c'est une membrane essentiellement nerveuse soutenue par de la substance conjonctive. Elle est d'une structure très-compliquée, mais beaucoup plus facile à étudier chez les Poissons que dans les vertébrés supérieurs; dans le Milandre, dans le Germon, les éléments constitutifs se montrent d'une façon relativement très-nette.

La rétine est placée entre la choroïde et la membrane hyaloïde, elle se compose de huit couches distinctes dans le Germon.

1° *Membrane de Jacob* ou *couche des cônes et des bâtonnets.* — Elle est en contact par sa face externe avec la couche pigmentaire interne de la choroïde ; elle est constituée par de petits corps serrés en palissade les uns contre les autres, beaucoup plus longs que larges, qui portent, suivant leur forme, le nom de bâtonnets ou de cônes. Les bâtonnets sont à peu près cylindriques; les cônes sont renflés dans leur partie moyenne, ils peuvent se réunir deux à deux et représenter ainsi les cônes géminés si communs dans les Poissons osseux. Chez les Plagiostomes, les cônes paraissent toujours manquer; mais ils se trouvent dans l'Esturgeon ; ils sont, à la vérité, beaucoup moins nombreux que les bâtonnets. Chacun des cônes et des bâtonnets se continue en un prolongement filiforme qui est la fibre de H. Müller. Cette fibre de Müller porte, en général, trois renflements :

le premier, au niveau de la couche granuleuse externe; le deuxième, au niveau de la couche granuleuse interne; enfin le dernier, ou le renflement interne, est dans la couche des tubes nerveux, il est déprimé et en contact avec la membrane limitante.

2° *Couche externe des granulations* ou *couche granuleuse externe*. — Elle est formée de cellules plus ou moins arrondies.

3° *Couche intermédiaire*. — Elle est d'une teinte claire; elle est composée d'une matière amorphe, le plus généralement, et traversée par des fibres très-grêles, les fibres de Müller.

4° *Couche interne des granulations* ou *couche granuleuse interne*. — Elle paraît un peu moins épaisse que la couche granuleuse externe; elle présente la même structure.

Ces trois couches, 2°, 3°, 4°, ne sont pour quelques anatomistes, Kölliker, etc., qu'une seule et même couche: en effet, la membrane intermédiaire est parfois tellement mince qu'elle paraît manquer, et manque peut-être réellement ; alors les deux couches granuleuses se trouvent réunies.

5° *Couche granuleuse, couche granuleuse grise, couche de substance nerveuse grise*. — Elle est très-mince, au moins dans le Germon ; elle est formée d'une matière analogue à la substance grise du cerveau; elle n'est, pour beaucoup d'histologistes, qu'une partie de la couche suivante.

6° *Couche des cellules nerveuses* ou *des corpuscules ganglionnaires*. — Elle se compose de cellules nerveuses multipolaires semblables à celles du cerveau. Ces cellules sont placées généralement sur une ou deux rangées; elles envoient des prolongements anastomotiques à d'autres cellules, des prolongements ou cylindres-axes dans la couche granuleuse interne et d'autres prolongements qui se continuent avec des fibres du nerf optique.

7° *Couche fibreuse, couche de tubes nerveux* ou d'épanouissement du nerf optique. — Elle est d'épaisseur variable, elle est constituée par des cylindres-axes et l'extrémité interne des fibres de Müller.

8° *Membrane limitante, membrane limitante interne*. — Elle est excessivement mince, elle est lisse à sa face interne ; par sa face externe elle est en rapport avec l'extrémité interne des fibres de Müller, appelées encore fibres de soutien ou fibres rayonnées. Elle serait même, d'après quelques auteurs, le produit, l'épanouissement des fibres de Müller ; mais Kölliker n'adopte pas cette manière de voir.

La rétine est d'une structure très-complexe ayant, ainsi que le fait remarquer le professeur Morel, la plus grande analogie avec celle d'un centre nerveux. « S'il y a encore beaucoup de points obscurs dans cette question, il est cependant un fait essentiel et parfaitement acquis : c'est l'union des fibres du nerf optique avec des cellules nerveuses, ce qui permet de considérer la rétine comme un petit centre nerveux. » (Morel, *Trait. Histologie humaine*, 1864, p. 269.)

Les bâtonnets et les cônes sont les parties qui perçoivent la lumière ; c'est du moins l'opinion la plus généralement admise. D'après M. Schultze, « les cônes servent à la perception des couleurs et les bâtonnets à accommoder l'intensité de la sensation lumineuse. » (V. Todaro, Organes du goût des Sélaciens. *Archiv. Zool. exp.* Lacaze-Duthiers, 1873, t. II, p. 557.) Suivant cette théorie l'œil des Sélaciens, qui manque peut-être absolument de cônes, ne saurait percevoir les couleurs ou ne les percevrait que d'une manière très-incomplète.

Appareil cristallinien. — Il se compose d'une lentille et d'une capsule.

Cristallin. — Il a une forme sensiblement sphérique chez les Poissons ; l'axe est cependant un peu moins long que le diamètre ; dans le Maquereau, Cuvier indique la proportion :: 12 : 13 (*Anat. comp.*, t. III, p. 395) ; dans le Germon, j'ai trouvé :: 15 : 16.

Le cristallin est très-volumineux, il m'a paru relativement plus développé chez les Poissons osseux que chez les Sélaciens ; il pénètre à travers la pupille dans la chambre antérieure, mais ne la remplit pas complétement, ainsi que le prétendent certains auteurs. Il présente trois couches distinctes, une couche externe assez molle, d'un aspect gommeux, une couche moyenne beaucoup plus considérable que la précédente, et une couche interne ou noyau ayant une dureté extrême.

D'après Frémy et Valenciennes, le cristallin des Poissons « s'éloigne entièrement par sa composition chimique du cristallin appartenant aux autres animaux vertébrés. » (*Comp. rend. Acad. sc.*, 1857, t. XLIV, p. 1122.) Le noyau ou la partie centrale est complétement insoluble dans l'eau, elle présente de grandes différences avec les parties enveloppantes, elle est formée d'une matière spéciale qui a été désignée sous le nom de *phaconine* (FRÉMY, VALENCIENNES). Les autres couches sont beaucoup moins denses, elles paraissent semblables chez tous les vertébrés et constituent l'*erophacine* qui se compose de métalbumine en grande partie soluble dans l'eau.

Le cristallin est formé de fibres ; les unes les plus externes sont nuclées, les autres sont à bords denticulés. Ces dernières, ou fibres de Brewster, s'engrènent réciproquement et ne semblent faire qu'une membrane. Dans le Leptocéphale (larve du Congre) les fibres sont relativement développées, elles sont plus grosses que celles du cristallin du Thon, mais elles sont très-peu dentelées, et les dents sont excessivement fines et courtes, nulles pour ainsi dire.

Capsule du cristallin ou *crystalloïde.* — « Le cristallin est-il véritablement entouré pendant la vie par une capsule ? Telle est la question que se pose M. Stannius et qui n'a pas encore, dit-il, reçu une solution satisfaisante. » (A. DUMÉR., t. I, p. 113.) L'existence de la cristalloïde est cependant facile à démontrer non-seulement sur les Plagiostomes, mais encore dans les Poissons osseux, dans le Thon, le Germon, etc. ; elle sert de point d'attache à deux tubercules très-développés.

La cristalloïde est une capsule formée de deux segments désignés sous les noms de cristalloïde antérieure et cristalloïde postérieure. Ces deux segments sont d'une transparence parfaite, mais d'épaisseur différente. La cristalloïde antérieure est plus épaisse que la postérieure ; elle est tapissée à sa face interne par une couche de cellules pavimenteuses avec un noyau très-visible ; ces cellules mesurent dans le Milandre $0^{mm},030$ et le noyau $0^{mm},009$. Je n'ai pas à discuter si les cellules de la cristalloïde forment ou ne forment pas les cellules lenticulaires.

Attache du cristallin. — Dans le Germon, le Thon, le Maigre, le Pagel centrodonte, etc., la membrane cristalloïde donne insertion à deux tubercules ayant la forme d'un carré plus ou moins allongé. Ces tubercules sont placés aux pôles du cristallin : l'un à la partie inférieure, un peu en avant du diamètre vertical ; l'autre à la partie supérieure et un peu en arrière du diamètre vertical (Germon). Le tubercule inférieur est en rapport avec la cloche ou campanule de Haller. Ces tubercules sont généralement d'une très-grande transparence, surtout le tubercule supérieur, qui est à peine visible dans l'œil frais du Germon. Ils sont résistants, ils ont l'apparence d'un cartilage hyalin, mais ils ne montrent sous le microscope aucune trace de cellules cartilagineuses ; ils sont composés d'une espèce de tissu particulier formé de tissu lamineux et de fibres élastiques disposées en arcs allant de la cristalloïde vers la membrane hyaloïde. Chacun de ces tubercules donne attache à une large expansion venant de la membrane hyaloïde, ligament hyaloïdien, que Jurine désigne sous le nom de muscle du cristallin à cause de sa structure charnue et fibrillaire. (V. JURINE, *OEil du Thon*, p. 9.)

CORPS VITRÉ ; MEMBRANE HYALOÏDE. — La membrane hyaloïde est d'une très-grande transparence ; elle contient dans une espèce de réseau une humeur limpide, appelée humeur vitrée, qui n'est pas très-abondante dans l'œil des Poissons à cause du fort développement du cristallin. Le corps vitré loge la partie postérieure du cristallin et contracte des adhérences avec sa capsule. Il s'enfonce parfois, Thon, Germon, dans les anfractuosités de la choroïde et simule une zône de Zinn plus ou moins grossière, mais bien différente de celle qui se voit chez les ver-

tébrés supérieurs. Pour étudier facilement les festons de cette
zône, il convient de faire macérer l'œil dans une solution assez
faible d'acide chromique ou de chromate de potasse.

HUMEUR AQUEUSE. — Elle est très-limpide, peu abondante ;
elle est logée dans la chambre antérieure qui est étroite, mais
ne manque jamais, comme l'ont supposé plusieurs anatomistes.
Il est même facile sur des yeux frais de traverser la cornée sans
léser le cristallin, ce qui prouve qu'il y a une couche de liquide
entre les organes. La chambre postérieure manque complètement chez les Poissons, le cristallin appuyant sur l'iris et faisant
plus ou moins proéminence à travers la pupille.

MUSCLES, NERFS, VAISSEAUX DE L'ŒIL.

MUSCLES DE L'ŒIL. — L'œil rudimentaire de l'Amphioxus et de
la Myxine manque de muscles. Dans les autres Poissons le globe
de l'œil est muni de six muscles comme dans les vertébrés supérieurs. Il y a quatre muscles droits et deux muscles obliques.
Les muscles droits chez la plupart des Poissons forment en arrière une espèce de faisceau autour du trou d'émergence du nerf
optique. Ces muscles sont :

Muscle droit externe ou postérieur. — Chez beaucoup de
Poissons il s'insère dans le canal sous-crânien qui est formé
en partie par le sphénoïde ; il est souvent large, aplati, surtout
dans son milieu, il s'attache à la face postérieure de la sclérotique.

Muscle droit interne ou antérieur. — Il est allongé ; il passe
en arrière ou en dedans du globe de l'œil, entre les deux obliques, et va s'insérer à la partie antérieure de la sclérotique ; il
se partage quelquefois en deux branches d'inégale longueur,
allant, la plus courte s'attacher en avant du nerf optique, la plus
longue à la région antérieure du globe de l'œil.

Muscle droit supérieur. — Il se fixe à la face supérieure de la
sclérotique, plus ou moins près et un peu en arrière du grand
oblique ; parfois les insertions des deux muscles paraissent se
continuer sur une même ligne.

Muscle droit inférieur. — Il vient s'attacher près du petit oblique, parfois en le croisant.

Muscles obliques. — Ils naissent l'un à côté de l'autre, à la partie antérieure de l'orbite, et en raison de leur position ils ont été nommés chez les Poissons, l'un muscle oblique supérieur, l'autre oblique inférieur.

Muscle oblique supérieur. — C'est le grand oblique des Mammifères, etc. ; il s'insère à la partie supérieure du globe de l'œil, en avant du muscle droit supérieur.

Muscle oblique inférieur ou petit oblique. — Il s'attache à la partie opposée du globe de l'œil en bas, en avant du muscle droit inférieur.

En général les yeux sont peu mobiles ; ils seraient parfois indépendants l'un de l'autre, ils pourraient, dans l'Hippocampe, suivant Lyonnet, être tournés « dans des directions différentes ». (Dugès, *Physiol. comp.*, t. I, p. 221.)

Nerfs de l'œil. — Dans la Lamproie le nerf moteur oculaire commun et le pathétique se réuniraient en un tronc qui se ramifie dans les muscles droit supérieur, droit interne et oblique supérieur. Les trois autres muscles de l'œil recevraient « leurs nerfs du trijumeau ». (Stannius, *Anat. comp.*, trad. franc., p. 70.)

Chez les Hyobranches la distribution des nerfs se fait comme chez les vertébrés supérieurs. Le muscle droit externe reçoit le nerf pathétique ou de la quatrième paire ; les autres muscles ainsi que la membrane nictitante de certains Squales, Milandre, Requin, reçoivent les rameaux du nerf moteur oculaire commun ou de la troisième paire.

Nerfs ciliaires ; ganglion ophthalmique.

Nerf ciliaire postérieur. — Il pénètre dans l'œil près du nerf optique ; chez les Poissons osseux il envoie des rameaux à la glande choroïdienne, à la cloche et à l'iris ; il vient rarement d'une seule paire nerveuse, le moteur oculaire commun ; il est formé le plus souvent par l'anastomose de deux paires de nerfs, la troisième et la cinquième, qui parfois se rencontrent dans un renflement ganglionnaire.

Ganglion ophthalmique ou *ciliaire*. — Il ne manque pas constamment chez les Poissons osseux, comme l'ont supposé divers anatomistes ; quelquefois il n'est représenté que par l'anastomose de la troisième paire avec l'ophthalmique qui « rappelle le ganglion ciliaire ». (G. Büchner, *Mém. Syst. nerv. Barbeau*, 1836, p. 16.) Dans la Truite de ruisseau le nerf ciliaire naît du petit rameau anastomotique du trijumeau et du moteur oculaire commun, rameau « représentant » le « ganglion ciliaire des animaux supérieurs ». « Dans la Truite saumonée » il part « du trone de l'oculomoteur lui-même ». (Agass., C. Vogt. *Anat. Salmones*, p. 163.)

Le ganglion ophthalmique est parfois bien développé ; il a été signalé par Stannius dans « les Scomber, Cottus, Cyclopterus et Bellone ». (Stan., *Symbol. Anat. piscium.* 1839, p. 9 ; *Anat. comp.*, p. 70, note.) Je l'ai trouvé dans le Thon, le Germon, les Pagels érythrin, centrodonte. Il est facile dans ces derniers Poissons de l'étudier et de voir ses magnifiques cellules nerveuses.

Nerf ciliaire antérieur ou ciliaire long. — Il manquerait chez la Truite, (Agass., C. Vogt) ; il provient directement de l'ophthalmique de Willis, il pénètre dans l'œil généralement un peu en arrière de l'insertion du muscle droit supérieur ; il est parfois très-développé, Pagel, Thon, Germon ; dans ces deux dernières espèces, il se divise, après avoir traversé la sclérotique, en deux branches qui s'enfoncent dans le muscle choroïdien ; l'une des branches, la supérieure, envoie un rameau assez gros qui se porte vers l'iris.

Nerf optique (V. p. 59). — Il pénètre dans l'œil tantôt à une certaine distance de l'axe, tantôt dans la direction de l'axe. Chez le Merlan, le Germon, l'insertion du nerf se fait un peu en arrière et au-dessus de l'axe de l'œil.

Vaisseaux de l'œil. — *Artère ophthalmique* ou *optique*. — Elle traverse généralement la sclérotique avec le nerf optique ; elle est très-souvent couverte d'un pigment noirâtre qui permet de suivre facilement ses différentes ramifications. Elle envoie des branches à la choroïde, à l'iris, à la rétine et au ligament falciforme chez les Poissons osseux. Dans le Germon, elle est placée au centre du nerf optique.

Veine oculaire. — Elle est une des veines formant la jugulaire ou plutôt la cardinale antérieure.

Vaisseau mettant en communication l'œil avec la branchie de l'évent chez les Sélaciens ou avec la fausse branchie chez les Poissons osseux. (V. *Circulation.*)

Organes oculiformes. — Certains Poissons, les Chauliodes, les Stomias, les Scopèles, portent sur les flancs des rangées de points très-brillants, qui ont été considérés comme des organes oculiformes. Leuckart, ayant examiné ces points dans la Chauliode de Sloane, « leur a trouvé un cristallin, une sorte de corps vitré, un nerf dont les ramifications se terminent en massue, et du pigment, et il n'hésite pas à leur donner le nom d'*yeux accessoires*. » (Lereboullet, *Ann. Sc. natur.*, 1864, t. II, p. 355.) Je n'ai pu étudier ces petits organes que sur des Poissons conservés dans l'alcool; j'ai constaté la présence d'un noyau, relativement assez développé, au milieu d'un pigment très-abondant, composé de petits cristaux solubles dans la potasse. Ces points brillants sont-ils réellement des yeux accessoires? Le fait ne paraît pas nettement démontré.

ORGANE DE L'OUÏE

L'organe auditif manque-t-il absolument chez l'Amphioxus, ainsi que l'affirment la plupart des auteurs? De nouvelles recherches sont nécessaires pour résoudre une question aussi délicate. Chez les autres Poissons, cet organe est toujours réduit à l'oreille interne, ou plutôt au labyrinthe; il est placé soit en dehors de la cavité contenant l'encéphale, comme dans les Sélaciens, dans les Lamproies, soit plus ou moins complétement dans la cavité du crâne, comme chez les Poissons osseux. Il est beaucoup plus perfectionné chez les Hyobranches que chez les Cyclostomes ou Marsipobranches.

La partie la plus importante de l'oreille qui se trouve chez tous les Poissons de la sous-classe des Hyobranches, est le labyrinthe membraneux, qui se compose de trois canaux semi-circulaires et d'un vestibule.

Canaux semi-circulaires. — Ils sont désignés, suivant leur position, sous les noms de canal semi-circulaire antérieur, postérieur et externe; chacun d'eux est un cylindre courbe, à peu près régulier, ayant toutefois une espèce de renflement ovoïde, appelé *ampoule*. Les canaux semi-circulaires sont en communication avec le *sinus médian* par leurs deux extrémités, soit directement, soit par l'intermédiaire d'un conduit commun à deux de ces canaux; et même Breschet a donné le nom de *tube commun* au conduit dans lequel se rendent ordinairement, par leur extrémité non ampullaire, les canaux semi-circulaires antérieur et postérieur.

Les canaux antérieur et postérieur sont verticaux; le canal externe est horizontal, il a son ampoule, ainsi que le canal antérieur, vers la région antérieure du vestibule. Cette indication est suffisante pour faire reconnaître à quel côté appartient un labyrinthe isolé. Les canaux semi-circulaires sont contenus, chez les Sélaciens, dans des canaux cartilagineux; ils sont, chez les Poissons osseux, soutenus par des travées de tissu cartilagineux ou osseux.

L'ampoule est la partie la plus importante du canal semi-circulaire, elle paraît jouer un grand rôle dans l'audition; c'est sur elle seulement que vient se rendre un rameau du nerf acoustique. Nous n'avons pas l'intention de décrire la terminaison du nerf dans l'ampoule; nous nous bornerons à dire que dans l'Émissole commune, par exemple, le *nerf ampullaire* (BRESCHET) se sépare en deux moitiés; chaque faisceau, après avoir traversé l'enveloppe externe de l'ampoule, paraît refouler l'enveloppe interne qui lui fournit une espèce de capuchon.

Vestibule membraneux. — Appelé aussi *bulbe auditif* (Breschet), le vestibule membraneux est placé au-dessous des canaux semi-circulaires ; il est formé de deux parties plus ou moins distinctes :

a. Un sinus médian ;

b. Un sac.

a. Sinus médian, sinus utriculeux. — C'est dans le sinus médian, qui occupe la région supérieure du vestibule, que viennent déboucher les canaux semi-circulaires et le *sac* proprement dit. Parfois le sinus médian est séparé du sac par une sorte d'étranglement très-sensible, comme on peut le voir chez la Baudroie, chez le Saumon ; mais parfois la communication est excessivement large, il n'y a pas de rétrécissement, pas de ligne de démarcation bien nette. Il sera cependant toujours possible d'indiquer les limites de chaque région ; une ligne menée d'avant en arrière de la partie inférieure de l'*utricule* à la partie supérieure du *cysticule* sera la ligne de séparation entre le sinus médian et le sac proprement dit.

Le sinus médian porte assez ordinairement au-dessus de l'orifice ampullaire des canaux semi-circulaires antérieur et externe une saillie en forme de sac qui est l'*utricule*. Parfois cet appendice est plus ou moins confondu avec le sinus médian lui-même ; mais il sera toujours facile d'en reconnaître au moins la position qui est indiquée par la présence d'un dépôt calcaire et par l'épanouissement d'un rameau du nerf acoustique, appelé par Breschet *nerf utriculaire*.

b. Sac proprement dit (*Saccule*, Breschet). — Il est plus ou moins développé, et de forme assez variable ; il se compose de deux parties quelquefois peu distinctes l'une de l'autre, un grand sac qui n'a pas reçu de nom particulier, et un sac plus étroit placé en arrière, au-dessus du niveau de l'ampoule du canal postérieur, faisant parfois une saillie bien prononcée, comme dans les Sélaciens, les Baudroies, et portant le nom de *Cysticule* (Breschet). Les deux divisions du sac proprement dit contiennent ordinairement chacune un dépôt calcaire ; elles reçoivent l'une et l'autre un rameau du nerf acoustique.

Les dépôts calcaires sont des corpuscules très-fins réunis en une espèce de magma et appelés *otoconie*, comme dans les Sélaciens principalement ; ou bien ils forment une véritable pierre désignée sous le nom d'*otolithe*, comme dans les Poissons osseux.

Suivant la plupart des histologistes, l'épithélium du vestibule ne porterait jamais de cils vibratiles.

La cavité du labyrinthe membraneux, ou des canaux semi-circulaires, du vestibule, est remplie d'une humeur appelée *endolymphe* par Breschet ; elle est en rapport avec l'extérieur au moyen d'un canal particulier, d'un tube vestibulaire, chez les Plagiostomes. Ce tube manque chez l'Esturgeon et chez les Téléostéens.

Nous allons maintenant examiner, d'une façon plus spéciale, l'organe auditif dans chacun des ordres composant la sous-classe des Hyobranches.

Sélaciens. — Les Sélaciens sont les seuls Poissons pourvus d'un labyrinthe cartilagineux enveloppant le labyrinthe membraneux, et le séparant complétement de la cavité crânienne.

Le labyrinthe cartilagineux est d'un tissu plus dur, plus compacte que le cartilage ambiant, il s'en différencie d'une façon très-nette. Il présente la forme générale du labyrinthe membraneux ; mais sa cavité ne se moule pas exactement sur les reliefs du labyrinthe membraneux, elle est plus grande ; elle contient une humeur appelée la *périlymphe*, Breschet, au milieu de laquelle flotte le labyrinthe membraneux qui est maintenu par des brides celluleuses assez délicates. Le labyrinthe cartilagineux est en rapport avec l'extérieur au moyen d'une fenêtre qui est fermée par une membrane, et dont nous allons indiquer la position exacte.

Quand on examine le crâne mis à nu d'un Sélacien, d'une Raie, d'un Ange, pour prendre les animaux les plus communs, on voit entre les éminences occipitales, dans une dépression très-sensible, quatre orifices placés deux par deux de chaque côté de la ligne médiane et correspondant, les postérieurs avec les labyrinthes cartilagineux, les antérieurs avec les labyrinthes membraneux.

a. Orifice du labyrinthe cartilagineux, ou bien orifice postérieur. — Il est ovale, relativement assez large ; il porte, suivant les auteurs, différents noms : ceux de *fenêtre ovale*, Breschet, de *fenêtre ronde*, Cuvier, A. Duméril ; le nom de fenêtre ovale serait assurément plus convenable. Cette fenêtre, nous l'avons dit, est fermée par une membrane qui reçoit des fibres musculaires venant du muscle du tube vestibulaire. La membrane est donc plus ou moins tendue, suivant l'état de contraction ou de relâchement des fibres musculaires ; elle peut jouer jusqu'à un certain point le rôle d'un tympan.

En outre, il faut faire observer que dans la Raie bouclée, par exemple, le canal semi-circulaire postérieur est en rapport plus ou moins direct avec ce tympan auquel il est attaché par des liens fibreux. Il est inutile d'insister sur l'influence que doit exercer dans l'audition l'état de tension ou de relâchement de la membrane.

b. Orifice du labyrinthe membraneux, ou fenêtre du tube vestibulaire. — Il est étroit ; il est placé en avant de la fenêtre ovale ; il en est plus ou moins rapproché, séparé quelquefois seulement par une bride très-mince ; cet orifice donne passage au tube vestibulaire.

Tube vestibulaire ou *sinus auditorius*, Weber ; *canal ascendant* ou *canal du tube ascendant*, Breschet. — Ce tube se continue au delà du niveau de l'orifice que nous venons d'indiquer, il se partage en deux portions, l'une intracrânienne, l'autre extra-crânienne, ou plus simplement interne et externe.

Portion interne du tube vestibulaire. — Le tube part du sinus médian ; à son origine, il paraît, chez les Émissoles, les Raies, en quelque sorte soudé avec le tube commun du canal semi-circulaire postérieur et du canal semi-circulaire antérieur, puis il devient libre et s'élève perpendiculairement vers la voûte du crâne, qu'il traverse.

Portion externe du tube vestibulaire — La partie externe présente quelques particularités intéressantes à signaler, elle est munie d'un muscle qui part de l'occipital, elle a même, chez l'Émissole commune, deux muscles, l'un antérieur, l'autre ex-

terne : dans les Raies, elle s'élargit, forme une espèce de sac
membraneux, auquel Weber a donné le nom de *sinus auditorius
externus*. Elle éprouve des changements dans sa direction. Chez
l'Émissole commune, par exemple, le tube, qui garde à peu près
la même dimension, se replie deux fois sur lui-même ; d'abord il
se dirige de dehors en dedans, puis d'arrière en avant, et enfin
d'avant en arrière ; il dessine la figure d'un U renversé. Chez la
Raie bouclée, il se porte d'abord de dehors en dedans, il se rapproche de celui du côté opposé, puis il va de dedans en dehors
et arrive à la peau.

Le tube vestibulaire communique avec l'extérieur par un,
deux et même trois pertuis. Ce mode de communication, qui a
été pour la première fois signalé par Geoffroy, bien étudié et
bien figuré par Monro (pl. 37, fig. 2, a été nié par P. Camper,
Vicq-d'Azyr et Scarpa. Les ouvertures cutanées sont parfois
peu visibles : mais il est un moyen très-simple de les reconnaître.
Il suffit de renverser l'animal et de le laisser sur le dos plusieurs
heures de suite, puis de le retourner, d'appuyer légèrement sur
la peau qui couvre la fosse occipitale ; on fait ainsi sourdre une
traînée de matière épaisse, blanchâtre, qui indique la position des
orifices ; il arrive même souvent que la matière blanchâtre sort
d'elle-même, sans qu'il soit nécessaire d'exercer aucune pression.

Le tube vestibulaire est toujours plus ou moins rempli de
substance calcaire suspendue dans l'endolymphe. Des matières
étrangères peuvent pénétrer dans l'intérieur du tube : plusieurs
fois j'ai trouvé dans le tube, et même dans le sinus médian, des
dépôts vaseux, des grains de sable.

Oreille externe. — Müller a le premier signalé une espèce de
conduit auditif qui se trouve dans l'évent de beaucoup de Sélaciens. Chez la Roussette à petites taches, on peut voir facilement, à la partie supérieure du spiracule, un conduit assez
large qui se dirige de dehors en dedans, et doit être considéré
comme une dépendance de l'appareil auditif. Il est revêtu d'un
épithélium pavimenteux, à noyaux très-visibles ; l'épithélium
cependant paraît avoir des cellules et des noyaux moins déve-

loppés que celui de l'évent. Le canal auditif est en quelque
sorte indépendant du spiracule ; au moment où l'animal chasse
l'eau par les branchies, la valvule qui ferme l'évent s'abaisse
plus loin que l'ouverture de l'oreille externe qui reste parfaitement libre. Chez le Milandre, le conduit externe se dirige hori-
zontalement de dehors en dedans ; il est plus étroit à son origine ;
il est infundibuliforme, à fond élargi ; il est en rapport, par sa
paroi supérieure, avec le muscle de la paupière nictitante. Des
fibres musculaires, placées sur la paroi supérieure et insérées
au crâne, paraissent pouvoir modifier la forme et la longueur
du canal.

Chimères. — Chez les Chimères, le labyrinthe cartilagineux
n'entoure pas complétement l'oreille interne ; le labyrinthe
membraneux est séparé de la cavité qui loge le cerveau par une
cloison membraneuse imparfaite. Le tube vestibulaire passe par
un orifice qui se trouve sur la crête médiane du crâne, il se
rejette en dehors et vient s'ouvrir de chaque côté de la tête ; il
met, comme dans les Sélaciens, le sinus médian en rapport avec
l'extérieur.

Chez les Ganoïdes et les Téléostéens, il n'y a plus de communication directe entre le vestibule membraneux et l'extérieur ;
le tube vestibulaire, ou canal ascendant de Breschet, manque
absolument ; le labyrinthe membraneux baigne dans le même
liquide que le cerveau.

Ganoïdes. — Le labyrinthe membraneux est encore logé, en
grande partie, dans un labyrinthe cartilagineux, mais le côté interne de son vestibule n'est plus séparé de la cavité crânienne que
par un ligament formant une cloison plus ou moins incomplète.

Le sac contient un grand otolithe, et le cysticule un autre
beaucoup plus petit. Le nerf acoustique se partage en deux
branches : 1° une branche antérieure, qui se divise en trois rameaux allant chacun séparément, l'un sur l'ampoule du canal
semi-circulaire antérieur, l'autre sur l'ampoule du canal semi-
circulaire externe, le troisième sur l'utricule ; 2° une branche
postérieure, qui se divise en deux rameaux, l'un qui s'étale sur

le sac et le cysticule, l'autre qui se rend à l'ampoule du canal semi-circulaire postérieur.

Poissons osseux. — L'oreille est logée dans la cavité crânienne, dans la région qui est limitée en dehors par les occipitaux, le rocher et le mastoïdien. Il ne reste plus que des vestiges d'un labyrinthe osseux ou cartilagineux. Les canaux semi-circulaires sont soutenus par des travées, des anneaux ou des tubes plus ou moins incomplets ; ils ne présentent rien de particulier.

Chez certains Gadoïdes, les Lépidolèpres et les Macroures, l'ossification des pièces du crâne est imparfaite, est inachevée : il en résulte des espèces de fontanelles, des ouvertures bouchées seulement par la peau et par une membrane fibreuse qui peut servir, comme une membrane élastique, à transmettre les mouvements ondulatoires. Dans le Merlan, le pariétal, l'occipital externe, le mastoïdien, laissent entre eux un interstice qui est fermé par une membrane.

Le sinus médian de certains Poissons, du Brochet, par exemple, porte en arrière, au-dessous de l'ampoule du canal semi-circulaire postérieur, un petit appendice qui a la forme d'une vésicule allongée. Cet appendice est un diverticulum du sinus médian, il ne peut nullement être comparé au cysticule du sac, bien que Breschet lui donne le même nom. En effet, comme Breschet l'avait constaté lui-même, cette vésicule ne contient aucun otolithe ; elle ne reçoit pas de rameau du nerf acoustique, et le sac renferme deux otolithes suivant l'ordinaire. Aussi Breschet n'aurait pas dû prendre cet appendice pour un cysticule, ni par conséquent lui donner cette dénomination, ni encore le considérer comme l'analogue de l'appendice sphéroïdal de la Baudroie, du Trigle (*Trigla Gurnardus*, BL.), qui, s'ouvrant dans le sac, contenant un otolithe, recevant un rameau du nerf acoustique, est un véritable cysticule.

Chez les Cyprins, le sac et le cysticule ne sont pas distincts l'un de l'autre à l'extérieur ; ils ressemblent à une ampoule allongée ; ils sont logés, en partie, dans une cavité de l'occipital basilaire. Une série d'osselets met en rapport la vessie natatoire avec la cavité crânienne ; ces osselets, primitivement désignés par Weber sous les noms de *marteau, enclume, étrier*, sont des pièces modifiées des premières vertèbres, ainsi que nous l'avons dit, et s'appellent généralement osselets de Weber. (WEBER, *De aure et auditu hominis et animalium*, etc. V. *Anal. Bull. Soc. philom.*, Paris, 1821, p. 118.) Les sacs sont parfois en rapport immédiat et même unis l'un à l'autre, comme dans le Maigre. D'après Cuvier, le vestibule du Poisson-lune (*Orthagoriscus mola*) ne contiendrait que de l'otoconie.

Les otolithes sont ordinairement au nombre de trois : un dans le sinus médian, ou plutôt dans l'utricule ; un dans le sac proprement dit, il est quelquefois appelé *sagitta*; le troisième, nommé *asteriscus*, est dans le cysticule, il est généralement beaucoup plus petit que celui du sac. Le sac et le cysticule sont séparés par une cloison plus ou moins complète.

Les otolithes sont des concrétions très-dures, de formes les plus variables suivant les familles ou les genres, mais constantes dans une même espèce ; ils sont souvent dentelés ou striés. Dans le Maigre, l'otolithe du sac est excessivement développé, il est oblong, tuberculeux, creusé d'un sillon. Les rameaux du nerf acoustique viennent se diviser, s'étaler en réseaux extrêmement délicats autour des otolithes ; et d'après Ét. Geoffroy Saint Hilaire « les stries de la surface » des otolithes, « les dentelures des bords » seraient dues « aux empreintes du nerf acoustique et des épanouissements de sa cime rameuse. » (V. *Mém. Muséum*, 1824, t. XI, p. 255.)

Ces pierres sont formées de carbonate de chaux, nous l'avons déjà dit. Nous n'avons pas à discuter l'opinion de Geoffroy Saint-Hilaire ; d'après cet anatomiste, les pierres de l'oreille « font partie de l'organe auditif des Poissons comme résultat, et non comme principe actif. » (ÉT. GEOF. SAINT-HIL., *Nat.*, etc., *Pierres Cel. aud. Poissons, Mém. Muséum*, 1824, t. XI, p. 257.)

Marsipobranches. — Dans les Marsipobranches, le labyrinthe est logé dans une capsule cartilagineuse faisant saillie de chaque côté du crâne.

Chez les Myxines, il n'y aurait, d'après les auteurs, qu'un seul canal circulaire sur lequel viendraient s'appliquer les divisions du nerf acoustique.

Les Lamproies ont une oreille déjà mieux organisée. Leur capsule est formée d'un tissu cartilagineux très-dense à l'extérieur et même légèrement encroûté de sels de chaux; elle est hémisphérique en dehors, elle a sa paroi interne aplatie et percée de deux ouvertures inégales. L'ouverture inférieure, ou plutôt centrale, est une fenêtre très-large, ovale, dont le pourtour fixe une espèce de diaphragme à travers lequel passe le nerf acoustique. L'ouverture supérieure, qui est directement au-dessus de l'autre, en est séparée par une mince cloison de tissu cartilagineux. Elle est étroite et fermée par une membrane délicate qui se déchire par suite du dessèchement de la pièce; elle ne donne en aucune façon passage au nerf acoustique, comme l'indique Richard Owen: c'est, suivant Breschet, l'aqueduc du vestibule.

L'oreille se compose d'un vestibule membraneux qui remplit toute la cavité de la capsule, et, suivant la plupart des auteurs, de deux canaux semi-circulaires ayant chacun leur ampoule. Les canaux semi-circulaires sont peu distincts: il y a bien, en avant, deux renflements arrondis qui sont regardés comme des ampoules. Le labyrinthe est entouré d'une mince couche de liquide ou périlymphe; il est rempli d'une humeur transparente, qui devient laiteuse quand, à la suite de pression ou de déchirure, on agite les petits amas de poudre calcaire. L'otoconie est formée de corpuscules excessivement ténus de carbonate de chaux. Les parois externes du labyrinthe sont tapissées d'un épithélium à cils vibratiles très-développés, à cellules mesurant $0^{mm},006$. Les cils sont extrêmement curieux à examiner; ils sont remarquables par leur grande dimension, et surtout par la très-longue persistance de leurs mouvements qui, d'après mes expériences, peuvent durer pendant quarante-cinq à cinquante heures.

ORGANE DE L'ODORAT

Il est inutile de discuter la question de savoir si les Poissons jouissent ou ne jouissent pas de la faculté de percevoir les odeurs ou s'ils n'éprouvent que des sensations gustatives, ainsi que le suppose C. Duméril. Pourquoi chez eux, comme le prétend Gegenbaur, l'organe de l'odorat ne remplirait-il pas « exactement la même fonction » que chez les vertébrés à respiration aérienne? Pourquoi l'eau ne serait-elle pas, aussi bien que l'air, le véhicule des parties odorantes? C'est une pure hypothèse.

L'appareil de l'odorat se montre sous la forme d'une fossette tapissée de cils vibratiles ; il présente de grandes différences chez les Poissons ; il n'est pas en rapport avec la bouche, excepté chez la Myxine.

Dans les Hyobranches, les organes olfactifs sont placés de chaque côté de la ligne médiane, et communiquent avec le dehors soit par un seul orifice, comme chez les Plagiostomes, soit par deux orifices, comme chez l'Esturgeon et la plupart des Poissons osseux. Chez les Plagiostomes, les narines sont situées ordinairement en dessous de la tête, rarement en dessus et vers l'extrémité du museau, Ange (*Squatina angelus*). Chacune d'elles est souvent, comme dans les Raies, logée dans une capsule cartilagineuse ; elle est pourvue d'une valvule soutenue par un cartilage que l'on a comparé au cartilage surajouté de l'aile du nez chez les vertébrés supérieurs.

Dans quelques Plagiostomes, mais surtout chez les Raies, chez les Chimères, un sillon plus ou moins converti en canal par la valvule de la narine s'étend de la fosse nasale à l'angle de la bouche.

Dans l'Esturgeon et dans nos Téléostéens, la fosse nasale n'a aucune espèce de communication avec la bouche. Les narines sont parfois pédiculées, comme dans les Baudroies. Les ori-

fices présentent certaines différences dans leur forme, dans
leur position : ainsi l'orifice antérieur a son pourtour prolongé
en tube chez la plupart des Apodes, Anguille, Congre, ou bien
le bord postérieur seulement s'élève en tentacule, dans certains
Gades, Mustèles. L'orifice postérieur se trouve généralement
au-devant de l'œil; parfois, chez le Myre, il est placé sur le bord
de la lèvre supérieure. La distance qui sépare les orifices est
excessivement variable ; tantôt elle est très-grande, dans les
Anguilles, dans le Nettastome surtout; tantôt, au contraire, elle
est petite, chez la plupart de nos Cyprins.

La membrane pituitaire est enduite d'un mucus abondant;
elle porte un réseau de vaisseaux très-fins et très-nombreux; elle
est composée d'un nombre plus ou moins grand de plis ou de lamelles. Ces plis sont rangés, suivant deux modes assez constants,
d'après la configuration de l'axe central sur lequel est fixée leur
extrémité interne : si l'axe est cylindrique, ils partent tous du
centre de la fosse nasale, ils sont radiés et forment un ensemble
très-régulier; si l'axe, au contraire, est allongé, les plis sont
disposés de chaque côté, et à l'extrémité de l'axe ils présentent
la figure d'un ovale régulier. Dans l'Esturgeon, les plis ou les
lamelles portent des lamelles secondaires qui augmentent, d'une
manière considérable, la surface sensitive de l'organe. Le nerf olfactif, atteignant l'axe de la cupule nasale, se divise en une multitude de rameaux qui s'étalent sur les lamelles recouvertes par
la pituitaire renfermant des bâtonnets plus ou moins nombreux.

Dans les Marsipobranches, l'organe olfactif communique avec
l'extérieur au moyen d'un canal qui vient s'ouvrir sur la ligne
médiane par un orifice auquel a été donné le nom d'évent. Chez
la Lamproie, l'orifice se trouve à la région sus-céphalique assez
loin de la bouche. L'évent « ne communique ni avec le pharynx, ni avec le canal aqueux; » « son conduit se rend dans un
sinus situé sous la tête. » « Cet évent s'abouche avec la cavité des
nerfs olfactifs, laquelle est située au-devant et au-dessus du
crâne, dans des capsules particulières. » (C. Duméril. *Dissert. sur
les Poissons qui se rapprochent le plus des animaux sans vertèbres.*

thèse de concours, 1812, p. 36.) Le conduit de l'évent ou canal
commun descend perpendiculairement, et après un court trajet,
il présente, à sa paroi postérieure, une large ouverture donnant
accès dans la cavité olfactive. Cette cavité est assez grande, elle
est, en quelque sorte, formée par la réunion incomplète des deux
capsules olfactives qui sont séparées l'une de l'autre, en arrière,
dans une assez grande étendue, par une espèce de raphé médian,
cloison nasale peu développée, et, en avant, par l'ouverture triangulaire du canal commun. Au fond de la cavité, le cartilage
d'enveloppe forme une petite éminence anguleuse près de laquelle se trouvent les pertuis que traversent les nerfs olfactifs ;
de ces pertuis, les lames olfactives s'éloignent en rayonnant pour
venir tapisser les parois de la cavité qui renferme deux organes
olfactifs distincts, ayant chacun son appareil nerveux et ses lames
radiées.

Le canal commun se prolonge au-dessous des capsules nasales,
et vient se terminer dans une poche, ou, suivant C. Duméril,
dans un sinus bien développé, complétement clos, que nous décrirons en faisant l'histoire des Lamproies.

Dans la Myxine, l'évent est au-dessus de la bouche. (V. Bloch,
pl. 413.) Il « mène d'abord à une petite cavité où sont placées
sept lames verticales, » qui « paraissent être destinées à la
membrane olfactive ; ensuite, l'évent se continue, perce un corps
charnu, qui est une véritable luette ou voile du palais. » (C. Duméril, *loc. cit.*, p. 37.)

C. Duméril, on le voit, a parfaitement connu les conditions
organiques des différents Cyclostomes ; le premier il a nettement
apprécié et justement déterminé les caractères anatomiques qui
distinguent les Lamproies des Myxines, ayant les unes un canal
terminé par un sinus clos, les autres un canal perçant le « voile
du palais ».

Enfin, chez l'Amphioxus, le petit sac garni de cils vibratiles,
ou plutôt la légère dépression qui se trouve en avant sur la tête,
est, suivant Kölliker et la plupart des anatomistes, l'organe de
l'olfaction.

ORGANE DU GOÛT

Le sens du goût n'est évidemment pas très-délicat chez la plupart des Poissons qui avalent leur proie souvent d'un seul trait et sans la mâcher ; mais cependant il faut bien reconnaître qu'ils sont pourvus d'organes spéciaux, destinés à leur permettre d'apprécier les qualités sapides de telle ou telle substance. Les papilles ne manquent pas toujours sur la langue comme le prétendent beaucoup d'auteurs ; elles se voient parfaitement chez le Pagel centrodonte, le Bar, etc. Chez l'Anguille, le Congre commun, les papilles de la langue et de l'isthme du gosier sont très-développées, beaucoup d'entre elles portent des organes cyathiformes. Chez l'Esturgeon, les papilles de la langue sont développées, elles sont allongées, légèrement coniques ; les papilles de la voûte palatine sont, au contraire, presque toutes fongiformes, elles sont pourvues de rameaux nerveux très-faciles à distinguer. Dans la Roussette à petites taches, il y a, derrière les mâchoires, des papilles très-grandes avec un filet nerveux terminé par un petit renflement qui mesure $0^{mm},033$ de diamètre. Le professeur Todaro a décrit et figuré « les organes du goût et la muqueuse bucco-branchiale des Sélaciens. » « Les corpuscules du goût » présentent deux formes caractéristiques : les uns ont la forme d'une cloche, les autres d'un calice. Les cloches ne renferment que des bâtonnets ; les calices ont des bâtonnets et des cônes ; les cloches seraient « des organes de goût simples » ; les calices seraient « des organes mixtes, avertissant par leurs cônes du contact des corps sapides, et donnant par leurs bâtonnets la sensation gustative ». (TODARO, *Organes du goût, etc., des Sélaciens. — Archiv. zool. expérim.*, LACAZE-DUTHIERS, 1873, t. II. p. 535-557, pl. XXIV.)

APPAREIL DIGESTIF

La plupart des Poissons se nourrissent de matières animales, quelques-uns vivent de matières animales et de matières végétales ; d'autres, en très-petit nombre, n'auraient qu'une alimentation absolument végétale ; mais le fait n'est pas encore prouvé d'une manière positive : parmi ces derniers, on cite des Spares, des Picarels. Il n'est pas toujours facile de se prononcer avec certitude sur le genre d'alimentation même en examinant les matières qui sont restées dans l'estomac ; les substances végétales résistent mieux et plus longtemps que les substances animales, qui sont absorbées avec une rapidité vraiment extraordinaire. Souvent on ne reconnaît les substances animales qui ont été avalées par les Poissons que par les résidus solides, aiguillons d'oursins, coquilles de mollusques ou débris osseux.

L'appareil digestif se compose du canal intestinal, du foie et du pancréas. Le pancréas manque dans les Marsipobranches et dans les Pharyngobranches.

CANAL INTESTINAL.

Le canal intestinal est constitué par un ensemble d'organes, de parties que nous allons examiner successivement.

BOUCHE. — La bouche présente, dans sa forme, des différences excessivement tranchées, suivant la sous-classe à laquelle appartiennent les Poissons. Elle est horizontale, transversale ou perpendiculaire à l'axe du corps chez tous les Hyobranches ; elle est circulaire dans la Lamproie adulte ; elle est longitudinale ou parallèle à l'axe du corps dans les jeunes Ammocètes surtout, elle se modifie avec le développement de l'animal ; elle reste toujours longitudinale chez l'Amphioxus. On voit qu'il y a dans la disposition de la bouche des caractères bien nets, bien marqués.

Avant de continuer, il est nécessaire d'appeler l'attention sur un organe très-important, qui pour certains anatomistes est une dépendance de l'appareil digestif, une glande salivaire. Suivant nous, les véritables glandes salivaires manquent chez tous les Poissons, et les glandes qui chez les Lamproies ont été considérées comme des glandes salivaires n'en remplissent nullement la fonction, n'en présentent en aucune façon la structure, ainsi que nous le démontre l'histologie. Lorsque viendra l'histoire des Lamproies, nous examinerons avec soin cet organe singulier, et nous rechercherons, nous indiquerons les usages probables auxquels il est destiné.

Quant à l'amas glanduleux, qui chez les Sélaciens se trouve en rapport avec la mâchoire inférieure et les muscles sterno-maxilliens, ce n'est pas non plus un organe salivaire comme l'avait supposé Retzius, mais c'est la glande *thyroïde*. Cette réserve étant faite, nous allons donner la description de l'appareil digestif chez les Hyobranches.

La bouche, dans la sous-classe des Hyobranches, est perpendiculaire à l'axe du corps, elle ne présente que certaines différences dans sa forme, sa largeur, sa position. Elle est complétement transversale chez beaucoup de Raies et de Poissons osseux, elle est plus ou moins elliptique chez beaucoup de Squales, elle est plus ou moins oblique chez beaucoup de Poissons osseux. Elle est parfois très-large, Baudroie, parfois très-étroite, Baliste ; chez quelques Poissons osseux, Ménidés, etc., elle est protractile et peut s'agrandir; elle est placée sous le museau dans la plupart des Plagiostomes et chez l'Esturgeon, à l'extrémité du museau chez les Lophobranches. Il est inutile d'entrer dans de plus longs détails. Les lèvres sont en général peu développées; cependant, chez les Labres, elles sont assez grosses et même plissées ; elles portent des papilles plus ou moins visibles. La charpente de la cavité buccale est constituée, en avant et latéralement par les mâchoires, en haut par la base du crâne et une partie de l'appareil hyoïdien, qui forme en arrière les parois latérales et en bas le plancher de la bouche.

La disposition de la bouche, dans les Hyobranches, indique nécessairement les rapports des mâchoires. En effet, les mâchoires sont opposées l'une à l'autre dans un plan vertical : la mâchoire inférieure s'abaisse ou se relève suivant les besoins de l'animal : la mâchoire supérieure jouit parfois d'une grande mobilité, elle peut se porter assez loin en avant. Les mâchoires sont munies de muscles ayant en général, les constricteurs surtout, une grande puissance. Elles sont ordinairement pourvues d'un système dentaire qui manque chez l'Esturgeon, chez les Lophobranches et d'autres Poissons osseux.

Dents. — Les dents sont parfois en rapport seulement avec la muqueuse, comme chez les Sélaciens ; elles tombent par conséquent lorsque la muqueuse se détache des mâchoires. Chez les Poissons osseux au contraire elles sont implantées sur des pièces solides auxquelles elles restent fixées ; chez ces Poissons les dents peuvent non-seulement se trouver sur les mâchoires, mais encore sur la plupart des pièces formant la charpente, le squelette de la bouche proprement dite.

Elles sont généralement simples ; parfois elles sont composées, elles sont soudées en plaques plus ou moins larges qui représentent une espèce de mosaïque, de pavage, dans les Myliobates, ou paraissent continuer les mâchoires, en faire partie, dans les Gymnodontes. Chez les Chimères, les dents sont encore réunies. Elles sont ordinairement fixes, mais parfois elles peuvent être plus ou moins mobiles ; dans les Baudroies, beaucoup de Gades, le Stomias, etc., elles se rabattent au dedans de la bouche, pour laisser la proie s'engager et se relèvent ensuite ; elles opposent ainsi un obstacle à la sortie de l'objet saisi. Indiquer les formes si variées de ces organes serait inutile et fastidieux, puisqu'il faudra les étudier en faisant l'histoire particulière des espèces ; nous dirons seulement que les dents affectent souvent des formes différentes, chez un même individu, suivant la position qu'elles occupent, sur les mâchoires principalement : elles peuvent être coupantes, pointues, crochues, arrondies, triangulaires, à bord lisse ou dentelé, etc.

Chez les Poissons osseux, on donne généralement le nom d'incisives aux dents antérieures, quand elles sont coupantes, celui de canines aux dents longues et crochues, quelle que soit leur position.

Les dents sont sur une ou plusieurs rangées : quand elles sont sur plusieurs rangées, elles sont dites inégales ou égales, en *cardes* ou en *velours*, suivant leur force et leur développement. Nous n'avons pas à nous occuper du mode variable d'évolution et de remplacement des dents, nous dirons seulement que chez les Sélaciens à dents coupantes ou pointues, Oxyrhine, Requin, etc., la face postérieure des mâchoires est garnie de plusieurs rangées de dents placées en sens opposé à celui des dents qui bordent les mâchoires, que ces organes se redressent pour remplacer les dents qui manquent. Nous ne voulons pas discuter la manière dont se fait le redressement, à savoir, si les dents peuvent se relever isolément ou par rangée entière. Pour ne rien omettre d'essentiel nous ajouterons que chez les Cyprins il y a dans la fossette basilaire de l'occipital une espèce de plaque plus ou moins développée. Cette plaque, appelée *pierre de Carpe*, n'est pas une dent, mais un amas d'épithélium, ainsi que Molin l'a démontré.

Les Poissons avalent presque toujours leur proie sans la mâcher, et les dents sont généralement plutôt des organes de préhension que de mastication : certains Poissons, il est vrai, peuvent diviser leurs aliments : les uns ont des dents coupantes avec lesquelles ils opèrent des sections très-nettes, les autres ont de vraies molaires ou de larges plaques dentaires à l'aide desquelles ils brisent les coquilles ; mais section, écrasement, tout se fait rapidement ; les aliments ne sont pas soumis à l'action réitérée des mâchoires.

Muqueuse; langue. — Pour retenir la substance alimentaire, la bouche, chez le plus grand nombre des Poissons, est pourvue d'une espèce de voile, double repli de la muqueuse, attaché au bord interne de l'arcade maxillaire ; ce voile est échancré dans son milieu ou festonné chez la plupart des Plagiostomes ; le voile inférieur, chez l'Uranoscope, s'allonge en un tentacule mobile au gré de l'animal.

La muqueuse qui tapisse la cavité buccale est ordinairement lisse, parfois elle est incrustée çà et là de plaques plus ou moins dures, Germon ; elle s'épaissit en arrière, chez les Cyprins, elle reçoit une assez grande quantité de vaisseaux, de nerfs, de fibres musculaires, les unes lisses, les autres striées, et prend l'aspect d'une espèce de tissu contractile et érectile. La coloration de cette membrane est généralement rosée, cependant elle est parfois d'un rouge orange, chez le Pagel centrodonte, d'un noir bleuâtre, chez le Pristiure mélanostome ou à bouche noire, le Spinax niger ou Sagre, etc. La langue est très-peu développée, peu mobile, elle est souvent retenue par un frein au plancher de la bouche, elle est soutenue par l'os ou le cartilage lingual qui dépend de l'appareil hyoïdien et manque assez souvent. En tout cas, on donne le nom de langue à la muqueuse qui recouvre la partie inférieure et antérieure de l'os hyoïde.

Papilles. — D'après Leydig, « les papilles manquent à la langue des Poissons et des Amphibies qui leur ressemblent. » (Leyd., *Tr. Hist.*, trad. franç., p. 340.) Cette assertion n'est pas absolument exacte : chez le Pagel centrodonte la base de la langue porte des papilles fort visibles à l'œil nu : il y a également une agrégation de papilles au fond de la bouche, un peu avant l'ouverture du pharynx. Ces papilles forment chacune un renflement porté sur un pédicule un peu étroit, et de la partie renflée divergent en tous sens des papilles filiformes secondaires. Chez l'Esturgeon les papilles de la langue sont longues et minces ; chez le Bar commun la langue est fournie de papilles bien développées ; chez la Plie les papilles de la langue sont coniques, celles de l'arrière-bouche sont fongiformes ; chez les Roussettes il y a généralement de grandes papilles derrière la mâchoire supérieure. Toutes ces papilles sont couvertes d'épithélium pavimenteux.

Arrière-bouche, Pharynx ; Œsophage. — L'arrière-bouche est formée par l'appareil branchial qui, suivant les ordres, les fa-

milles ou les genres, présente certaines particularités que nous
signalerons plus tard. La muqueuse des pharyngiens supérieurs
porte quelquefois des denticules ou espèces de papilles plus ou
moins dures.

L'œsophage offre des variétés dans son mode de structure; sa
muqueuse est tantôt lisse, marquée seulement de plis longitudinaux, qui parfois se prolon-
gent jusque dans l'estomac,
chez le Pagel centrodonte;
tantôt elle montre des saillies
plus ou moins prononcées,
des papilles plus ou moins
développées, se divisant, chez
l'Acanthias commun, par
exemple, en petits tubercules.

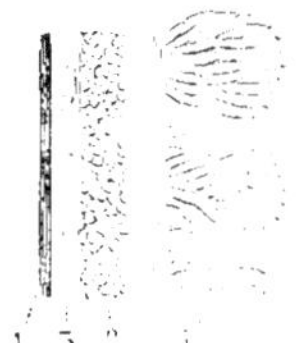

Fig. 12. Œsophage
de l'Équille (Am-
modytes tobia-
nus); coupe longi-
tudinale. Grossis-
sement de 15 dia-
mètres environ.

1, tunique muqueuse et papilles; 2, couche
intermédiaire; 3, tunique musculaire; 4, tunique séreuse.

Ces papilles sont résistantes, elles présentent à l'œil nu l'aspect
d'un tissu cartilagineux. Elles se trouvent aussi chez la Mourine,
chez l'Esturgeon; elles sont bien développées chez l'Équille;
quelquefois même elles deviennent osseuses, comme les tubercules du bord interne des arcs branchiaux.

L'œsophage est pourvu de fibres musculaires généralement
bien striées, il est très-dilatable et se confond souvent avec
le commencement de l'estomac. Les tuniques muqueuse et
musculaire de l'œsophage sont, chez les Sélaciens, séparées,
dans une certaine partie de leur étendue, par une substance
particulière, d'un gris blanchâtre, qui a été considérée par
Leydig (l. c., p. 477) comme ayant la structure des glandes lymphatiques. Dans l'Équille, il y a également une couche intermédiaire qui présente une certaine analogie avec celle que nous
allons décrire.

Substance glandulaire de l'œsophage des Sélaciens. — Cuvier
avait déjà signalé l'existence de cette espèce d'organe parenchy-
mateux : « Il y a quelquefois, dans l'épaisseur des parois de l'œsophage, une substance glanduleuse. Elle est très-apparente dans les
Raies. » (Cuv., Val., t. I, p. 498.) Chez les Raies, cette substance

s'altère assez rapidement et forme une espèce de bouillie quand
on presse l'œsophage. Pour l'étudier, il est donc important de
choisir un animal aussi frais que possible.

Cette substance est composée de tissu conjonctif très-abondant,
à structure assez lâche, au milieu duquel se trouvent des vaisseaux, quelques nerfs, des cellules et des granulations particulières, qui tantôt sont libres, tantôt sont renfermées dans des
vésicules.

Les vésicules ont une forme assez arrondie, quelquefois légèrement ovoïde, une paroi peu épaisse, mais assez résistante, ce
qui permet de les isoler avec une certaine facilité. La paroi est assez transparente pour laisser voir le contenu. A chacune de ces vésicules semble aboutir un vaisseau d'apparence lymphatique, de calibre légèrement variable. Quelques-uns de ces vaisseaux, que j'ai examinés au milieu de la substance glanduleuse, sont renflés de

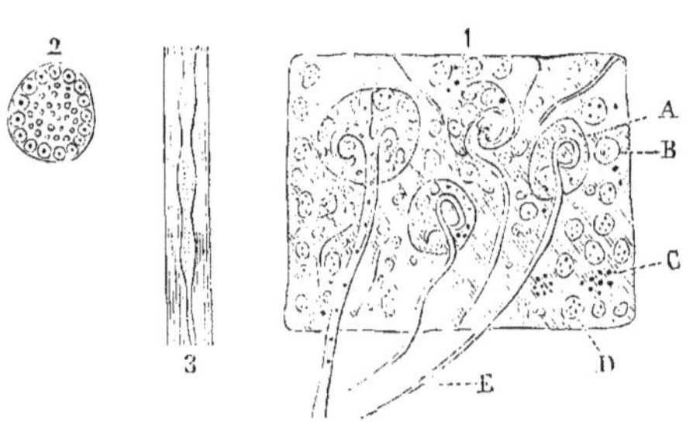

Fig. 13. *Substance glandulaire de l'œsophage de la
Raie.*

1, structure de la substance glandulaire. — A, vésicule contenant des cellules et des noyaux. — B, cellule
avec noyaux. — C, noyaux libres. — D, substance blanchâtre; tissu conjonctif. — E, vaisseaux lymphatiques.

2, vésicule isolée, grossie 200 fois; elle est tapissée à
sa face interne de cellules à noyaux;

3, vaisseau variqueux, paraissant un vaisseau lymphatique; il est entouré de tissu lamineux.

distance en distance d'une façon très-régulière. Il est assez difficile de reconnaître leur disposition; leur tunique, composée exclusivement de tissu conjonctif, disparaît sous l'action de l'acide
acétique. On sait que la membrane musculaire qui double les
vaisseaux lymphatiques des mammifères, manque complétement
chez les reptiles et chez les poissons.

Les vésicules sont remplies de cellules disposées régulièrement à leur surface interne, de noyaux libres et de fines granu-

lations (V. fig. 13-2). — Les vésicules ont à peu près la dimension de celles du pancréas chez la Raie. Elles se trouvent au milieu de la matière glanduleuse avec des cellules de diverses grosseurs ; il est probable que c'est par suite de la rupture des vésicules que les cellules deviennent libres.

Les cellules libres ou contenues dans les vésicules ont à peu près les mêmes caractères ; elles sont arrondies, elles renferment des noyaux et des nucléoles. L'eau fait pâlir les cellules, les rend même incolores, les déforme et les fait éclater après un certain laps de temps. Dans les vésicules et dans la substance qui les enveloppe, on voit une masse de noyaux libres plus ou moins brillants.

Quelle est la nature de cette substance? Il est évident qu'elle a beaucoup de rapport avec celle des ganglions lymphatiques des vertébrés supérieurs.

Estomac. — Il est excessivement variable dans sa forme, ses dimensions : il est parfois rudimentaire et continue l'œsophage sans ligne de démarcation bien nette ; mais ordinairement il présente l'aspect d'une poche plus ou moins large, une espèce de cul-de-sac plus ou moins coudé. La paroi inférieure fait une grande courbure et vient se rapprocher de la paroi supérieure (ou antérieure chez les Poissons), pour constituer un orifice rétréci qui est l'orifice pylorique. Cette forme est la plus ordinaire, comme on peut facilement le constater chez des Poissons qui sont très-communs, Trigle corbeau, Pagel centrodonte. Dans certains Poissons, dans les Muges, se montre, vers la portion pylorique, un renflement musculaire excessivement prononcé : c'est une espèce de gésier, à paroi très-épaisse, dont la forme varie suivant les espèces.

Les fibres musculaires de ce gésier sont dans des plans parallèles ; elles sont lisses et très-longues, quelques-unes ont jusqu'à 0^{mm},30 de longueur et de 0^{mm},005 à 0^{mm},007 de largeur.

La muqueuse de l'estomac est lisse ou réticulée ; elle présente parfois des saillies, de petites éminences. Nous ne voulons pas

entrer à ce sujet dans beaucoup de détails, et nous allons de suite
parler des glandes gastriques.

Glandes de l'estomac. — Les glandes gastriques sont généralement très-nombreuses, accolées les unes aux autres, séparées
seulement par une mince trame membraneuse ; elles ont le plus
souvent l'aspect de tubes cylindriques, elles
gardent à peu près toujours le même calibre,
parfois elles sont légèrement renflées dans leur
extrémité cœcale ; quelques-unes, par exception,
se terminent en un cul-de-sac presque globuleux.

Il est aussi impossible qu'inutile d'indiquer
toutes les formes que présentent les glandes de
l'estomac. La paroi interne des tubes est tapissée
par un épithélium cylindrique ; les cellules
contiennent un noyau et parfois des granulations ; dans l'intérieur du tube se trouvent des
débris d'épithélium, des noyaux et des granu-

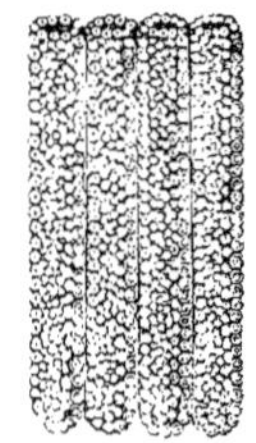

Fig. 14. *Glandes de
l'estomac du Mi-
landre* (Galeus
canis). *Grossis-
sement de 50 dia-
mètres.*

lations libres. Nous ne pouvons, on doit le comprendre, entrer
dans de longs développements, faire de ces glandes une description complète ; au reste, l'étude en est assez facile, à condition d'avoir à sa disposition des animaux très-frais.

Intestin. — L'estomac communique avec l'intestin par un orifice plus ou moins étroit, auquel on a donné le nom de *pylore* ;
la paroi du pylore est généralement épaissie, elle est renflée par
un bourrelet de fibres circulaires faisant en quelque sorte l'office d'une valvule. Parfois il n'y a pas de ligne de démarcation
bien nette entre l'estomac et le commencement de l'intestin.

Appendices pyloriques ; glandes de l'intestin. — Chez beaucoup
de Poissons osseux, la région pylorique, ou plutôt la partie qui
est placée après l'estomac, est pourvue d'appendices quelquefois
larges et courts, surtout quand ils sont peu nombreux, mais en
général plus ou moins allongés, digitiformes, auxquels on a
donné le nom d'appendices pyloriques, ou d'appendices cœcaux
et cœcums (Cuv.). Ces appendices, qui sont un refoulement, une

poche du canal intestinal, sont en nombre variable : il y en a
très-peu chez certains poissons, un seul dans les Ammodytes,
deux à six dans les Pleuronectes, quatre dans le Pagel centrodonte ; parfois le nombre en est très-grand, Maquereau, Thon,
Saumon ; quelquefois, chez une même espèce, il y a une différence
dans la quantité de ces appendices. Ces organes ont été considérés
comme destinés à remplacer le pancréas ; mais cette interprétation est erronée, les appendices pyloriques se rencontrant chez
le même poisson avec un pancréas plus ou moins développé.

Quelques anatomistes, M. Milne Edwards, regardent ces appendices comme ayant « beaucoup d'analogie avec les tubes de
Lieberkühn. » (M. Edw., *Leç. Phys. Anat. comp.*, t. VI, p. 408.)
Nous partageons complétement la manière de voir de M. Milne
Edwards, et nous pouvons apporter quelques faits nouveaux pour
appuyer cette opinion ; avant de les exposer, nous allons terminer rapidement la description de ces organes.

Les appendices pyloriques le plus souvent débouchent isolément dans l'intestin, mais parfois ils se réunissent plus ou moins
entre eux, ils peuvent même constituer une masse compacte,
comme dans l'Esturgeon ; alors ils ne sont plus en rapport avec
le tube digestif que par un, deux ou trois orifices. La structure
de ces appendices est assez difficile à étudier ; chez le Muge capiton j'ai vu, au milieu des villosités de la face interne de ces
organes, des orifices servant à donner issue à la sécrétion de
petites glandes.

J'ai trouvé chez le Milandre, a 3 ou 4 centimètres après l'orifice pylorique, des
glandes assez nombreu-
ses ; elles sont moins
rapprochées que celles
de l'estomac, elles ne
se touchent pas, elles
forment des tubes beau-
coup plus courts que

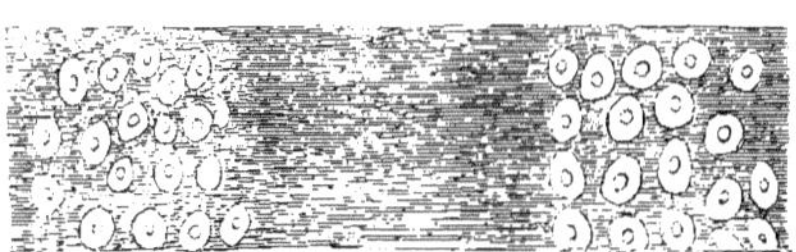

Fig. 15. *Glandes intestinales du Milandre* (Galeus
canis) ; *glandes vues de face. Grossissement,
40 diamètres environ.*

ceux des glandes gastriques ; j'ai constaté encore, chez la Roussette à grandes taches, la présence de glandes semblables entre le pylore et la région valvulaire de l'intestin. Que ces glandes soient placées dans les appendices pyloriques ou dans l'intestin, elles présentent la même structure, remplissent la même fonction, et me paraissent, sans aucun doute, pouvoir être rapportées au type des glandes de Lieberkühn. Dans l'Orphie on voit parfois à la base des villosités de l'intestin, disposés çà et là, de petits orifices qui semblent l'extrémité du conduit excréteur de vésicules arrondies.

Pour terminer l'étude du système glanduleux, nous allons dire quelques mots de l'appendice digitiforme (*Bursa cloacæ*, RETZIUS), qui ne se rencontre que chez les Plagiostomes. Cet appendice est placé en général assez près du rectum ; il est en communication avec l'intestin dans lequel il verse le produit d'une sécrétion qui paraît toujours abondante ; il doit être considéré comme un amas de glandes. En effet, ses parois sont tapissées par des vésicules allongées, élargies à leur extrémité externe ou pariétale, rétrécies vers leur extrémité interne ; ces vésicules en définitive sont pyriformes ; elles se réunissent par groupes plus ou moins nombreux, et viennent déboucher dans une espèce

Fig. 16. *Glandes de l'appendice digitiforme de l'Aiguillat commun (Acanthias vulgaris). Grossissement modéré.*

a, orifice de l'infundibulum *b* ; *c*, une des vésicules glanduleuses.

de petite poche ouverte dans la cavité de l'appendice digitiforme, qui est une sorte de canal central ou collecteur. L'intérieur des vésicules est garni de cellules à noyau ; la plupart des cellules sont arrondies, quelques-unes sont polygonales ; il y a, dans le produit de la sécrétion, des noyaux isolés. L'appendice intestinal, d'après son organisation, ne peut être, comme on l'a supposé, ni l'analogue ni le représentant de la vessie urinaire.

Valvules. — L'intestin de l'Alose est fourni de « valvules conniventes transversales, assez larges et assez rapprochées pour se recouvrir un peu. » (Cuv., *Anat. comp.*, t. IV, 2ᵉ part., p. 380.) Chez les Plagiostomes et chez l'Esturgeon, l'intestin est pourvu d'une valvule en spirale; dans certains Squales, les Marteaux, les Requins, etc., la valvule est enroulée suivant sa longueur.

Villosités. — Les villosités de l'intestin, d'après la plupart des auteurs, sont rares chez les Poissons; elles sont cependant faciles à voir, assez développées chez beaucoup d'espèces, les Bars, le Cotte ou Chaboiseau à longues épines, l'Orphie, le Congre, etc.

L'extrémité de l'intestin ou le rectum s'ouvre dans un cloaque chez les Plagiostomes, directement au dehors chez les Poissons osseux. L'intestin a généralement un calibre plus étroit vers sa partie postérieure, ce qui est manifeste surtout chez les Plagiostomes.

Tuniques du tube digestif. — Chez les Poissons le tube digestif, qui est à peu près complétement logé dans la cavité abdominale, est composé de trois tuniques, muqueuse, musculaire, séreuse.

Tunique muqueuse. — Nous dirons peu de mots de cette tunique, nous l'avons suffisamment étudiée; elle est plus ou moins épaisse; elle est séparée de la tunique musculaire par une couche de tissu conjonctif; elle est tapissée par un épithélium qui, suivant les régions, se montre sous deux formes différentes. La muqueuse dans l'œsophage est généralement couverte d'épithélium pavimenteux, tandis qu'elle est, presque toujours, revêtue d'épithélium cylindrique dans le reste du canal digestif. Cependant, d'après Leydig, « l'extrémité de l'intestin » chez les Sélaciens, porte un épithélium pavimenteux comme l'œsophage. (Leyd., *Tr. Hist.*, trad. franc., p. 351.) Suivant le même histologiste, la muqueuse de l'estomac et de l'intestin a, chez les fœtus de Sélaciens, un épithélium vibratile. (*Loc. cit.*, p. 348.) Il y a souvent encore au milieu des cellules épithéliales cylindriques de l'intestin, d'autres cellules auxquelles Leydig a donné le nom de *muqueuses*. (*Loc. cit.*, p. 351.)

Tunique musculeuse ou *musculaire.* — L'œsophage est très-dilatable, il se confond souvent avec le commencement de l'intestin; il a le plus généralement sa tunique musculeuse composée de fibres striées, tandis que, dans le reste du canal intestinal, la tunique musculeuse est presque toujours formée uniquement de fibres lisses. Cependant, outre la couche de fibres lisses, on trouve sur l'estomac ou sur une partie de l'intestin, chez la Loche d'étang (*Cobitis fossilis*) et chez la Tanche, des fibres musculaires striées. C'est Reichert et Molin qui, les premiers, ont attiré l'attention sur une disposition des plus singulières. LEYDIG, *loc. cit.*, p. 366; VALATOUR, Glandes gastriques, etc., *Ann. Sc. natur.*, 1861, t. XVI, p. 276.

Tunique séreuse. — Toute la partie du canal digestif qui est placée dans l'abdomen est entourée par le péritoine, qui lui forme sa tunique externe; généralement la membrane séreuse envoie à l'intestin des expansions, des replis de soutien qui sont parfois assez larges et constituent des espèces de mésentères. Ces expansions, ces mésentères existent ou manquent, suivant la disposition de l'intestin, chez des espèces d'une même famille : ils se voient chez les Hippocampes, font défaut chez les Syngnathes.

La teinte du péritoine est variable, elle est ordinairement blanchâtre, parfois piquetée de noir, parfois complétement noire ou d'un bleu très-foncé, quelquefois encore la région pariétale seule est noirâtre.

CANAUX PÉRITONÉAUX. — La cavité du péritoine peut être en communication avec l'extérieur et avec la cavité du péricarde au moyen de canaux qu'on a appelés canaux péritonéaux internes ou externes suivant leurs rapports. Ces conduits se trouvent chez les Sélaciens, chez les Sturioniens ; dans la Chimère il n'y a que des canaux péritonéaux internes. Dans un mâle de Raie estellée, j'ai trouvé les canaux péritonéaux externes terminés chacun en cul-de-sac.

Il est impossible de donner une idée générale de la forme, de la longueur, de la direction de l'appareil digestif. Dans les poissons d'une même famille, lorsque le tronc est court, l'intestin fait ordinairement plus de plis que lorsque le tronc est allongé : ainsi, chez les Hippocampes, l'intestin se courbe en repli ansiforme, tandis que chez les Syngnathes et les Nérophis il va directement du pharynx à l'anus.

La position de l'anus présente de grandes différences : dans les Plagiostomes, l'anus ou le cloaque est ouvert entre les ventrales d'où le nom de *Pélvipodes*, *Proctopodes*, donné aux Sélaques par de Blainville ; dans les Poissons osseux, il est avancé ou reculé suivant le plus ou moins de développement inférieur du lophioderme, ou suivant la place occupée par l'anale.

La cavité viscérale se prolonge parfois au delà de la région abdominale ; dans les Soles, l'arrière-cavité abdominale se continue entre le squelette et les muscles latéraux ; dans le Tacaud (*Gadus luscus*), elle s'étend dans le canal très-large formé par les hémapophyses. La cavité abdominale est séparée de la chambre cardiaque par une espèce de diaphragme, constitué en avant par le péricarde, en arrière par le péritoine doublé de tissu conjonctif.

Dans les Marsipobranches, la bouche est une espèce de ventouse armée de dents chez les animaux adultes, Myxine, Lamproies ; le canal intestinal va directement de la bouche à l'anus sans former de repli, sans présenter de dilatation marquée, il n'a pas d'appendices pyloriques ; chez la Lamproie, il est pourvu d'une petite valvule en spirale.

Chez l'Amphioxus, la bouche n'a pas de dents, elle a de chaque côté une rangée de tentacules. L'eau, les substances nutritives pénètrent dans une grande cavité qui est commune aux organes respiratoires et aux organes digestifs. L'œsophage ne commence que très-loin de la bouche et le canal intestinal va se terminer à une certaine distance en arrière du pore abdominal.

Nous compléterons l'étude anatomique de l'appareil digestif lorsque nous ferons l'histoire des Poissons peu nombreux composant les deux dernières sous-classes.

Moyens employés par les poissons pour s'emparer de leur proie. — Les Poissons qui se nourrissent d'animaux vivants usent de différents moyens, de différents artifices pour arriver à les saisir.

les uns, forts et agiles, se précipitent sur la proie qu'ils engloutissent avec plus ou moins de rapidité ; les autres, moins bien doués, moins forts, moins agiles, attendent, cachés dans la vase ou dans les herbes, l'approche des animaux qu'ils attirent à la portée de leur bouche, en agitant leurs tentacules comme des espèces d'appâts, Uranoscope, Baudroie.

Suivant Couch, les Pastenagues se serviraient de leur aiguillon pour frapper leurs victimes. Cet aiguillon, chez les Pastenagues, chez les Myliobates surtout, semble plutôt une arme de défense que d'attaque.

« Les Torpilles déchargent-elles leur électricité contre les animaux dont elles veulent se nourrir, afin de pouvoir s'en emparer plus facilement? Il y a lieu de le supposer, mais on n'en a pas » encore la certitude. (A. Dumér., t. I, p. 146.) Le fait rapporté par A. Lafont semble résoudre la question : « Le 27 septembre 1869, une Torpille de grande taille nageait avec vivacité, dans un des grands bassins extérieurs de l'aquarium (Arcachon); elle lança, en passant, une décharge électrique à un Gobie, qui se trouvait appliqué contre une des parois latérales du bac ; puis, continuant sa route, elle fit le tour du bac, long de 10 mètres, lança, en repassant au-dessus de ce poisson, une seconde décharge électrique au malheureux Gobie, qui, à la suite de la première, avait roulé au fond. A la suite de cette seconde décharge, le Gobie, comme galvanisé, remonta à la surface de l'eau, où il nagea faiblement; une troisième décharge, lancée par la Torpille en passant au-dessous de lui, le fit tomber raide mort au fond, où la Torpille vint le dévorer, après avoir fait deux fois le tour du bac. » (A. Laf., note, *Faune de la Gironde*, Bordeaux, 1871, p. 19.)

Les Squales, dit-on, à cause de la longueur de leur museau, se retournent pour saisir leur proie ; le fait est certain et facile à comprendre lorsque les Squales veulent s'emparer d'un objet flottant à la surface, autrement il leur faudrait sortir de l'eau une partie de la tête ; mais si, au contraire, l'objet se trouve à une certaine profondeur, il est probable que les Squales ne sont pas obligés d'opérer cette évolution. A quoi leur servirait de se retourner? Le museau apportera toujours le même obstacle, qu'il soit placé au-dessus ou bien au-dessous de la proie à saisir. Les Raies, qui ont le museau plus allongé que celui des Squales, avalent leur proie sans se retourner ; exécuter avec rapidité un semblable mouvement leur serait difficile ou même impossible en raison du développement des pectorales.

Les Marsipobranches sont des poissons suceurs, ils ne peuvent se nourrir que de substances liquides ; ils sucent les fluides de l'économie, le sang des animaux auxquels ils s'attachent avec leur appareil buccal.

C'est aux Poissons principalement, qui sont ordinairement carnassiers et surtout excessivement voraces, que pourraient s'appliquer les observations d'Aristote : « Les animaux sont en guerre les uns contre les autres quand ils habitent les mêmes lieux et qu'ils usent de la même nourriture. Si elle n'est pas assez abondante, ils se battent, quoique animaux de même espèce. » (*Aristote*, trad. Camus, liv. IX, c. i, p. 535.)

FOIE.

Chez l'Amphioxus, le foie n'est pas réuni en une glande unique, il consiste en un diverticulum de l'intestin, espèce de poche qui dans l'épaisseur de ses parois couvertes de cils vibratiles, renferme des glandules verdâtres, destinées, suivant J. Müller, à sécréter la bile.

Chez les autres Poissons ou plutôt chez tous les vertébrés, le foie dans les premiers moments de l'évolution se montre comme une double expansion de l'intestin, qui, bien que transitoire, rappelle, selon M. Milne Edwards, la forme permanente de l'organe chez l'Amphioxus. Par suite du développement les deux moitiés du foie, ou si l'on veut les deux glandes hépatiques, se rapprochent de plus en plus et finissent par se confondre en une glande unique, excepté cependant chez la Myxine, qui, d'après Stannius, aurait des lobes hépatiques complétement séparés. Plus tard les expansions primitives ou les bourgeonnements de l'intestin ne sont plus représentés que par les conduits excréteurs de la bile.

Le foie devient libre dans une très-grande partie de son étendue, il n'est attaché aux organes voisins que par des replis péritonéaux et des vaisseaux ; cependant, chez la Lamproie, il est adhérent au canal digestif par une assez longue surface.

Il occupe la plus grande portion de la cavité abdominale, il est en rapport avec la chambre cardiaque dont il n'est séparé que par une espèce de diaphragme membraneux formé par le péritoine et du tissu fibreux. Il est généralement plus développé et plus mou dans les Plagiostomes que dans les autres Poissons. Chez le Pèlerin étudié par de Blainville, cet organe pesait « environ deux mille livres », il faisait par conséquent le huitième du poids total estimé à « seize milliers ».

Il est variable dans ses formes : tantôt il se présente comme une masse peu ou point lobée, Lamproie, Anguille, Saumon, Syngnathe, Môle, ou bien il est divisé souvent en deux lobes, Bar, Roussette, rarement en trois lobes ou plus, Cyprins, Clupes. Dans la Centrine le foie se compose de deux lobes très-allongés, occupant toute la longueur de l'abdomen, réunis par un petit lobe transversal sous lequel se loge la vésicule du fiel ; le lobe gauche, qui est le plus grand, mesure 48 centimètres chez un animal de 74 centimètres ; il fait donc près des deux tiers de la longueur totale.

Dans le Trigle corbeau de mer de Rondelet (*Trigla corvus; Trigla hirundo*, Cuv.) etc., le foie est formé de deux lobes presque complétement séparés. En effet, ces lobes ne sont unis en avant que par une espèce de connectif, par une languette très-mince et très-étroite. Le lobe droit est attaché à l'intestin par un mésentère assez large, ligament hépato-intestinal. Le lobe gauche est relié à l'œsophage, à l'intestin et à l'estomac par des replis mésentériques très-étendus. De plus, chacun des lobes est fixé, en avant, au diaphragme par un ligament triangulaire qui renferme une veine hépatique. Sous la face postérieure du lobe droit, qui est le moins développé, se trouve la vésicule hépatique, qui est oblongue ; le canal cholédoque est allongé, il se dirige transversalement de gauche à droite ; arrivé près des appendices pyloriques, il s'élargit en sinus et reçoit le canal hépatique du lobe droit, puis débouche dans l'intestin.

Le foie est d'une coloration rouge-brun ou jaunâtre, parfois d'un rose clair.

Il est en général d'une faible consistance, il renferme une quantité d'huile plus ou moins considérable. Nous n'avons pas à parler de l'huile de foie de morue, de squale, employée à divers usages, soit en médecine, soit dans l'industrie.

Structure du foie. — Le foie est enveloppé par le péritoine qui recouvre une membrane de tissu conjonctif appelée *tunique fibreuse* ou *tunique propre* du foie. La structure de cet organe est peu connue, elle est très-difficile à étudier chez les Poissons; chez l'Anguille cependant, elle m'a paru se laisser distinguer d'une manière plus nette.

Le foie est constitué par l'ensemble de petits corps de forme polyédrique appelés *lobules* ou *lobulins*. Chaque lobule est composé de cellules, il présente à son centre la réunion de ses veinules faisant une des racines des veines hépatiques ou sus-hépatiques ; il reçoit des rameaux sanguins venant de deux sources différentes, de la veine porte et de l'artère hépatique, enfin il donne naissance aux canaux biliaires.

Suivant la plupart des anatomistes et des physiologistes, le foie n'est pas un organe simple, il est composé de deux espèces de glandes : les unes sont des glandes sanguines qui sécrètent la matière sucrée, les autres sont des glandes en tubes qui sécrètent la bile. Il est impossible de parler ici des beaux travaux de M. Claude Bernard sur la *Nouvelle Fonction du foie*, Paris, 1853.

VÉSICULE DU FIEL. — Elle est, ainsi que le fait observer Cuvier, « une dépendance de canaux sécréteurs de la bile, une espèce de dilatation latérale en cul-de-sac. » Elle est variable dans son volume, sa forme et sa position ; elle manque dans les Lamproies, et cependant elle se trouve dans la Myxine (CUVIER); elle manque dans plusieurs poissons osseux, Lépidope argenté, Mendole d'OSBECK, Lompe, Équille, dans les genres Marteau (*Zygæna*),

Scie (*Pristis*), (Duvernoy. Cuv.. *Anat. comp.*, t. IV, 2ᵉ part., p.551).
Elle est parfois logée dans le foie, ou bien elle en est complétement séparée ; le plus souvent elle est placée à la face inférieure du foie. Elle est de forme arrondie, ovale, plus ou moins
allongée. Son volume est ordinairement en rapport avec celui
de la glande hépatique. La vésicule biliaire est munie d'un conduit particulier appelé *canal cystique*, lequel va se rendre dans
le canal cholédoque. Le canal *cholédoque* est formé généralement par la réunion du canal cystique aux *canaux hépatiques*, il
débouche dans l'intestin, en arrière du pylore, ou dans la région
correspondante ; chez les Plagiostomes il s'ouvre dans le duodénum.

PANCRÉAS.

Le pancréas est une glande qui sécrète un liquide appelé *suc
pancréatique* ; il présente de très-grandes différences, suivant
qu'on l'examine chez les Plagiostomes ou chez les Poissons
osseux.

Plagiostomes. — Chez les Plagiostomes comme chez les vertébrés des autres classes il est réuni en masse, il est bien développé ; il est très-variable dans sa forme, tantôt simple, tantôt
lobé, parfois renflé à l'une de ses extrémités, Centrine. Il est
d'une teinte assez difficile à définir, d'un blanc jaunâtre ou tirant sur le gris, teinté de rouge. Il est placé dans le voisinage
du pylore, ordinairement près de l'extrémité postérieure de l'estomac, entre le duodénum et la rate ; il contracte parfois des
adhérences avec la rate, Roussette, plus rarement il est soudé à
la rate et au foie, Chimère, (Costa *Faun. Nap.*) Il montre une
structure semblable à celle des glandes en grappe composée.
Les acini sont formés de vésicules ou de culs-de-sac entourés
d'un tissu conjonctif très-mince et tapissés d'un épithélium pavimenteux.

Les produits de la sécrétion sont réunis dans un canal commun qui va s'ouvrir dans l'intestin un peu en arrière du pylore,

vers le niveau de l'orifice du canal cholédoque. Les travaux de M. Claude Bernard ont montré que le pancréas des Plagiostomes jouit des mêmes propriétés, remplit les mêmes fonctions que celui des vertébrés supérieurs.

Esturgeon, Poissons osseux. — Le véritable pancréas n'a pas d'abord été reconnu chez l'Esturgeon, ni chez les Téléostéens, et la plupart des anatomistes ont regardé les appendices pyloriques comme les représentants ou les suppléants de cette glande. Cependant Steller, au milieu du siècle dernier, avait constaté, sur quelques Poissons, la présence de ces deux espèces d'organes (V. Milne Edwards, *loc. cit.*, t. VI, p. 515, note 1); mais son opinion n'avait pas été admise. Aujourd'hui le doute n'est plus possible, les recherches d'Alessandrini, 1835, de Brockmann et Stannius, 1846, de Claude Bernard, 1856, ont démontré que les appendices pyloriques se trouvent ensemble chez l'Esturgeon et chez un certain nombre de Poissons osseux.

Chez l'Esturgeon, le pancréas est allongé, et son canal s'ouvre dans le duodénum.

Le pancréas des Poissons osseux a été spécialement étudié par le P. Legouis, de la compagnie de Jésus, qui a rassemblé ses travaux dans un mémoire très-remarquable. (V. Recherches sur les tubes de Weber et sur le pancréas des Poissons osseux. *Ann. Sc. natur.*, 5e Sér., 1872, t. XVII, nos 3-4, et 1873, t. XVIII, nos 5-6.)

Chez les Plagiostomes, le pancréas paraît formé par une expansion du canal intestinal; mais, chez les Poissons osseux, il serait difficile de lui supposer une semblable origine.

Le P. Legouis a trouvé un pancréas chez tous les Poissons osseux qu'il a examinés; « cette glande est même considérable malgré la dispersion.... de ses éléments.» (*Loc. cit.*, t. XVII, p. 18.) Elle « a un aspect très-particulier; elle peut être rapportée à un type unique, mais cette figure fondamentale est susceptible de modifications secondaires capables de l'altérer profondément. » (*Ibid.*)

Le P. Legouis conserve la division indiquée par Stannius,

il admet trois formes dans l'état sous lequel se présente le pancréas.

« *Pancréas disséminé.* » — Glandules disséminées « dans les membranes des viscères digestifs abdominaux; » elles sont toujours reliées « au duodénum par un appareil excréteur. » (*Loc. cit.*, p. 19.)

Pancréas diffus (p. 20). — C'est « une toile glandulaire » qui peut se condenser et prendre un peu de corps avec une couleur laiteuse. Turbot. ou roussâtre, Merlus. Congre commun. Elle ressemble à « des traînées graisseuses, surtout sur des individus tirés de l'eau depuis déjà deux ou trois heures ».

Pancréas massif (p. 22). — C'est une glande placée sur le duodénum : Silure, Brochet, Anguille. Congre, Turbot. Merlus. Cette forme est toujours unie à l'une des formes précédentes, ou même à toutes les deux, Turbot, Merlus. Le pancréas massif, chez l'Esturgeon et chez les Poissons osseux, envoie toujours « des prolongements membraneux de deuxième espèce, au moins le long des veines ». Il y a donc, encore sous ce point de vue, une grande différence entre le pancréas des Plagiostomes et celui des autres Poissons.

Tubes de Weber (p. 16). — Ces canaux forment « un système de vaisseaux, vu en premier lieu par Weber, et qui s'étend en ramification plus ou moins compliquée à la surface des viscères, dans le foie et sur les membranes abdominales ». Ces tubes « ne sont autre chose que les conduits excrétoires des deux premières formes pancréatiques. » (P. 24.)

Que les acini soient groupés, réunis en une masse unique, qu'ils soient plus ou moins séparés, éloignés les uns des autres, disséminés sur différents organes et reliés seulement par le système des tubes de Weber, ils remplissent toujours le même rôle, la même fonction.

Le P. Legouis pense que la figure 215 (p. 479), donnée par Leydig dans son *Traité d'histologie*, représente non pas un vaisseau sanguin entouré de glandes lymphatiques, mais bien un tube de Weber avec « de véritables cellules pancréatiques » : nous adoptons complétement cette manière de voir.

Nous regrettons de ne pouvoir examiner plus longuement le travail intéressant du P. Legouis. Dans son excellent mémoire, on trouvera, sur les modes de recherches et de préparations, de nombreux détails qui ne sauraient avoir place dans un court résumé.

APPAREIL CIRCULATOIRE

SANG.

Le sang, chez les Poissons, excepté chez l'Amphioxus, est coloré comme chez les autres vertébrés; il contient dans son plasma deux espèces de globules, des globules rouges et des globules blancs.

Les globules rouges sont presque toujours elliptiques chez les Poissons ; cependant ils paraissent circulaires chez les Lamproies; mais il n'est pas absolument rare de trouver, chez les Hyobranches, quelques globules circulaires au milieu de globules elliptiques, et réciproquement chez les Lamproies, de rencontrer des globules elliptiques au milieu de globules circulaires. Nous n'avons pas à rechercher ici la cause de ces différences.

Les globules rouges sont pourvus d'un noyau; ils sont plus grands chez les Plagiostomes que dans les autres Poissons ; ils sont plus développés aussi chez les fœtus que chez les animaux adultes, comme on peut le voir dans la courte énumération suivante.

Dimensions des globules du sang chez les :

Plagiostomes. — Émissole commune (*Mustelus vulgaris*), globules circulaires : fœtus, $0^{mm},020$; mère, $0^{mm},016$; globules elliptiques d'un animal vivant, grand diamètre, $0^{mm},0170$; petit diamètre, $0^{mm},0121$. — Humantin (*Centrina Salviani*), globules elliptiques, grand diamètre. $0^{mm},0255$; petit diamètre, $0^{mm},0150$.

— Myliobate aigle (*Myliobates aquila*), grand diamètre, $0^{mm},025$; petit diamètre, $0^{mm},015$.

Ganoïdes. — Esturgeon commun (*Acipenser Sturio*), grand diamètre, $0^{mm},015$; petit diamètre, $0^{mm},009$.

Poissons osseux. — Syngnathe aiguille (*Syngnathus acus*), grand diamètre, $0^{mm},015$; petit diamètre, $0^{mm},007$. — Zée forgeron (*Zeus faber*), grand diamètre, $0^{mm},015$; petit diamètre, $0^{mm},009$. — Cycloptère lompe (*Cyclopterus lumpus*), grand diamètre, $0^{mm},017$; petit diamètre, $0^{mm},008$. — Saumon commun (*Salmo salar*), grand diamètre, $0^{mm},015$; petit diamètre, $0^{mm},009$.

Marsipobranches. — Ammocète (larve de la Lamproie de Planer), globules circulaires, $0^{mm},010$ à $0^{mm},012$. — Lamproie de Planer (*Petromyzon Planeri*), $0^{mm},0090$ à $0^{mm},0095$. — Lamproie marine (*Petromyzon marinus*), $0^{mm},009$ à $0^{mm},010$.

Le sang circule dans un appareil assez compliqué, dont le principal organe actif est le cœur.

CŒUR.

Il manque chez les Pharyngobranches au moins comme organe central de la circulation ; il est simple dans les autres sous-classes ; il est réduit au cœur veineux ou au cœur droit. Nous l'étudierons d'abord chez les *Hyobranches*.

Le cœur est logé dans une chambre spéciale appelée *chambre cardiaque* ou *péricardiale*, qui est close chez les Poissons osseux, mais qui communique avec la cavité péritonéale chez les Plagiostomes et chez l'Esturgeon. La position du cœur n'est pas aussi fixe que l'indiquent la plupart des auteurs. « Le cœur conserve sa situation primitive chez les Poissons et se trouve immédiatement derrière les copules des arcs branchiaux (Sélaciens), ou sous elles, couvert par la ceinture scapulaire. » (GEGENBAUR, *Anat. comp.*, trad. franç., p. 786.) « L'oreillette, le cœur et le bulbe, sont logés dans un péricarde, qui est lui-même placé sous les os pharyngiens, entre les parties inférieures des arcades branchiales, tepréservé le plus souvent à l'extérieur par les os huméraux. Cependant sa position diffère quelquefois chez les Chondroptérygiens. » (Cuv. et Valenc., *Hist. nat. des Poissons*, t. I, p. 510.) « Le cœur des Poissons est situé dans une cavité particulière, formée par l'intervalle que laissent entre elles les branchies de chaque côté. » « Sa position est toujours relative à celle de ces derniers organes, et constamment en rapport avec la partie inférieure de la branchie la plus reculée, à laquelle le cœur envoie les deux premières branches de l'artère pulmonaire. » (Cuv., *Anat. comp.*, t. VI, p. 335.)

Dans certains Poissons osseux, chez les vrais Apodes, le cœur occupe une position relativement différente : il est très-reculé, il est caché latéralement et en dessous par les grands muscles latéraux du tronc. La chambre cardiaque n'est plus contiguë à la chambre branchiale, elle en est au contraire très-éloignée, elle est placée en arrière de la ceinture scapulaire. Il résulte de cette espèce de déplacement une modification dans les rapports et les dimensions de l'artère branchiale, qui est beaucoup plus longue chez les Anguilles, les Congres, etc., que chez les autres Poissons osseux. En raison des dispositions anatomiques que nous venons de signaler, nous croyons ne pas devoir laisser parmi les Malacoptérygiens ou les Physostomes de plusieurs auteurs, les Anguilles, etc., et nous pensons qu'il faut les mettre dans un sous-ordre à part, celui des Apodes.

Le cœur est ordinairement libre dans la cavité qu'il occupe, mais parfois il est attaché aux parois du péricarde par des ligaments plus ou moins nombreux (Esturgeon, Anguille, etc.). Il est relativement peu développé. Il se compose d'une oreillette, d'un ventricule et d'un bulbe artériel. Un autre organe doit encore être compris dans l'appareil central de la circulation, c'est un grand sinus appelé *sinus de Cuvier;* il précède l'oreillette et reçoit le sang veineux de tout le corps.

Sinus de Cuvier, sinus commun ou péricardiaque. — C'est un grand réservoir à parois membraneuses, dans lequel est versé le sang veineux de toutes les parties du corps. Il est placé dans le péricarde chez les Sélaciens et en dehors chez les Téléostéens, entre le péricarde et la cloison fibro-péritonéale. Il communique avec l'oreillette au moyen d'une ouverture plus ou moins large, et généralement munie de deux replis valvulaires, qui empêchent le retour du sang lors de la contraction de l'oreillette. Les vaisseaux qui débouchent dans le sinus de Cuvier sont assez ordinairement au nombre de six, dont quatre au moins sont pairs et latéraux : veines cardinales antérieures ; veines cardinales postérieures ; veines sous-clavières ; veines hépatiques ; veine de Duvernoy ; vaisseaux latéraux. Souvent les deux veines cardinales d'un même côté se réunissent pour former un tronc commun, appelé *canal de Cuvier*, dans lequel se rendent, chez certains Plagiostomes, les autres vaisseaux pairs du même côté. Il peut y avoir plusieurs veines hépatiques, qui aboutissent séparément dans le sinus de Cuvier. La veine de Duvernoy est généralement impaire ; le vaisseau latéral s'ouvre assez souvent dans la veine cardinale antérieure. Il y a parfois encore une veine œsophagienne.

1° *Oreillette.* — Elle est placée au-dessus du ventricule ; elle est ordinairement plus grande que lui ; elle le déborde sur les côtés ; elle a des parois contractiles assez minces, renforcées de faisceaux musculaires. Elle communique en dessous avec le ventricule au moyen d'un orifice garni de valvules qui empêchent le retour du sang lors de la contraction du ventricule. Ces valvules sont généralement au nombre de deux ; chez les Poissons osseux, il y en a très-rarement trois ou quatre, Lune ou Môle (*Orthagoriscus mola*) ; chez les Plagiostomes, il s'en trouve une seule dans les Squales, suivant Cuvier, trois dans les Raies et parfois six dans la Torpille marbrée. Les auteurs indiquent plus ou moins de valvules, selon qu'ils tiennent plus ou moins compte de la profondeur des échancrures de la membrane valvulaire.

2° *Ventricule.* — Il est de forme très-variable : il est, le plus souvent, arrondi et un peu déprimé chez les Sélaciens, prismatique chez les Poissons osseux ; parfois, dans l'Esturgeon, par exemple, il est plus ou moins entouré de saillies, espèces de lobules à mamelons irréguliers, d'une substance spongieuse composée d'éléments lymphatiques. Il a des parois très-épaisses, très-charnues, formées de fibres striées plus colorées que dans les autres muscles : les faisceaux musculaires sont généralement disposés sur deux couches distinctes.

Le poids du ventricule comparé à celui du corps présente de grandes différences, qui dépendent de plusieurs causes, l'âge, le genre de vie, etc. Broussonnet a constaté que le volume du cœur est en raison directe de l'étendue des branchies.

Le ventricule communique en avant avec le bulbe artériel.

3° *Bulbe artériel.* — Suivant Duvernoy, il manque dans la Chimère, ou plutôt il est excessivement peu développé. Il présente des différences très-grandes dans sa forme, dans sa structure. Chez les Plagiostomes, chez l'Esturgeon, il est généralement cylindrique, il continue le ventricule, il est composé de fibres musculaires striées, il est muni de plusieurs rangées de valvules ; il a des contractions régulières qui alternent avec celles du ventricule. Le bulbe artériel des Poissons osseux n'est pas comparable à celui des Plagiostomes, c'est un renflement pyriforme, le plus souvent formé de fibres lisses : c'est le commencement de l'artère branchiale dont il présente la structure ; il est élastique, mais non contractile. A sa base il n'a qu'une seule rangée de valvules, qui sont généralement au nombre de deux ; très-rarement il y a trois ou quatre valvules, comme dans la Lune (*Orthagoriscus mola*).

Chez les *Marsipobranches*, le cœur a dans sa conformation beaucoup de rapport avec celui des Poissons osseux. Dans la Lamproie marine, il est attaché au péricarde par des brides fibreuses : ces brides sont ordinairement au nombre de trois, se fixant l'une au ventricule, l'autre à l'oreillette, la troisième au sinus veineux. Le bulbe artériel est nul ou excessivement peu développé ; il a deux ou trois valvules. Chez l'Ammocète, qui est une larve de Lamproie, le péricarde communique avec la cavité péritonéale.

Dans les *Pharyngobranches*, nous l'avons dit, il n'y a pas d'organe central de la circulation, on ne saurait vraiment considérer comme un cœur le vaisseau qui, longeant la partie inférieure de la cavité branchiale, a été appelé *cœur artériel* par J. Müller. Le système vasculaire de l'Amphioxus a été comparé à celui de certains Annélides (STANNIUS, MILNE EDWARDS) : les vaisseaux présentent sur leur trajet des renflements contractiles qui ont été désignés sous les noms de *bulbes* ou de *bulbilles*. A la base de chacune des artères branchiales se trouve un de ces bulbes qui, suivant la judicieuse remarque de M. Milne Edwards, « mériterait le nom de cœur tout aussi bien que le tronc médian » inférieur ou *cœur artériel* de Müller. (V. MILNE EDWARDS, *Leç. Physiol. Anat. comp.*, t. III, p. 307, note.) Je partage complétement la manière de voir de M. Milne Edwards. A diverses reprises j'ai pu étudier l'Amphioxus, j'ai pu examiner la disposition du système circulatoire, ce qui, du reste, est assez facile : le vaisseau médian inférieur ne montre rien de comparable à la structure d'un cœur.

Les contractions du cœur sont assez lentes chez les Poissons, il est facile de le constater, car elles persistent parfois d'une manière régulière très-longtemps après que l'organe a été mis à nu ou retiré du corps de l'animal. Le docteur Guyon a vu le cœur d'un Requin battre pendant vingt-quatre heures. Couch relate également que, chez une Raie Batis, les mouvements du cœur se sont continués pendant vingt-cinq heures et plus. Chez l'Anguille, les contractions peuvent persister durant quatre-vingt-trois heures, ainsi que j'en ai fait l'expérience ; les contractions de l'oreillette étaient, le deuxième jour, plus fréquentes que celles du ventricule, elles se sont aussi prolongées bien plus tard que celles du ventricule ; l'oreillette est la partie du cœur qui paraît vivre le plus longtemps.

SYSTÈME ARTÉRIEL.

ARTÈRE BRANCHIALE, AORTE ASCENDANTE. — Elle continue le bulbe artériel et distribue le sang dans les branchies au moyen de rameaux appelés *artères branchiales propres* (MILNE EDWARDS), *artères des arcs* (AGASSIZ et C. VOGT). Ces artères sont en même nombre que les branchies ; elles naissent de chaque côté, parfois séparément du tronc commun, et comme exemple on cite l'Anguille, le Congre ; cependant, chez ces Poissons, les deux premières artères branchiales propres émanent ordinairement d'une branche commune excessivement courte : la brièveté de cette branche a fait croire que les artères viennent l'une et l'autre isolément de l'artère branchiale. Le plus souvent les artères des arcs sortent d'une première division : ainsi, dans la Raie bouclée, le tronc commun fournit une première branche qui donne un rameau à chacune des trois dernières branchies, puis se termine par une branche arquée donnant un rameau à chacune des deux premières branchies. Chez l'Ange, il y a trois divisions : les deux artères branchiales propres naissent d'une branche commune, ainsi que les deux premières ; la troisième, ou l'artère de la troisième branchie, vient directement du tronc commun.

Les artères branchiales propres contournent le bord externe des arcs branchiaux, en diminuant de volume à mesure qu'elles approchent de l'extrémité supérieure des branchies ; sur leur trajet, elles donnent une suite d'artérioles qui sont simples ou doubles, divisées en deux rameaux, suivant que la branchie porte une ou deux séries de lamelles respiratoires. Les artérioles longent ordinairement le côté interne des feuillets branchiaux, et fournissent des ramifications latérales qui se terminent en formant un réseau vasculaire excessivement fin, correspondant au réseau d'origine des artères épibranchiales. Chez les Poissons osseux, il y aurait, d'après Hyrtl, à la base des artérioles secondaires des lamelles branchiales, une espèce de bulbille ou de renflement. C. Vogt n'en a pas observé chez les Salmones.

Dans les *Marsipobranches*, il y a six ou sept paires d'artères branchiales propres.

Chez l'*Amphioxus*, les artères branchiales (Müller) naissent de chaque côté du vaisseau longitudinal inférieur, elles sont très-nombreuses, surtout chez les grands individus. Nous compléterons la description de l'appareil circulatoire de l'Amphioxus, lorsque nous étudierons ce curieux animal.

ARTÈRES ÉPIBRANCHIALES (Milne Edwards); VEINES BRANCHIALES. — Les vaisseaux qui conduisent à l'aorte le sang révivifié dans l'appareil respiratoire, sont encore pour beaucoup d'auteurs des *veines branchiales*, bien que depuis longtemps Cuvier ait fait ressortir le peu de justesse de cette dénomination. « On ne doit appeler » veines « dans les Poissons, que les vaisseaux qui rapportent le sang au cœur de toutes les parties du corps ; et c'est improprement que l'on a donné ce nom aux vaisseaux artériels qui conduisent le sang des branchies dans l'aorte. » (Cuv., *Anat. comp.*, t. VI. p. 257.) Cuvier a fait remarquer en outre la différence du trajet que suivent les artères branchiales ou pulmonaires et les veines branchiales. « C'est donc par la partie inférieure » des branchies « que s'introduisent les artères pulmonaires, tandis que celles du corps en sortent par leur extrémité supérieure. » (*Ibid.*, p. 220.) Aussi M. Milne Edwards a-t-il parfaitement raison d'appeler *artères épibranchiales* les vaisseaux qui par leur réunion viennent former l'aorte.

Après avoir subi l'influence de l'oxygène, le sang revient dans des ramuscules semblables aux dernières divisions de l'artère branchiale ; ces ramuscules se rendent dans l'artériole qui est au côté externe de la lamelle respiratoire et débouche dans l'artère épibranchiale. Ce vaisseau suit une marche inverse de l'artère branchiale, il va en augmentant de volume de la partie inférieure de l'arc à sa partie supérieure.

Chez les Poissons osseux, il n'y a qu'une artère épibranchiale pour chacun des arcs ; elle est placée entre l'arc branchial en dedans et l'artère branchiale en dehors. Chez les Sélaciens, Anges, Raies, il y a une artère épibranchiale pour chaque série de lamelles respiratoires, ou neuf vaisseaux par conséquent, et plus, naturellement, chez les Notidaniens. Ces vaisseaux sont placés sur le même niveau que les artères branchiales, et quand il y a deux vaisseaux, comme dans les quatre dernières branchies, ils se trouvent de chaque côté de l'artère branchiale. Chez l'Esturgeon qui est pourvu d'une branchie accessoire, il y a cinq artères branchiales et cinq artères épibranchiales.

Avant de se réunir, pour former l'aorte, les artères épibranchiales donnent aux branchies, à la tête, au cœur, des branches que nous allons étudier aussi rapidement que possible.

Artère hyoïdienne. — La première artère épibranchiale fournit ordinairement une branche inférieure qui a été désignée sous les noms d'*artère hyoïdale, hyoïdienne, hyoïdo-operculaire, operculaire*. Cette artère se divise en plusieurs rameaux; l'un d'eux est en communication, chez beaucoup de Sélaciens avec la branchie de l'évent, chez beaucoup de Poissons osseux avec la pseudobranchie. Une question des plus intéressantes vient se présenter ici. Quelle est d'abord, chez les Sélaciens et chez l'Esturgeon, la fonction de la branchie de l'évent? Cette branchie représente-t-elle un simple réseau vasculaire, un réseau admirable, ou bien ne joue-t-elle pas le rôle d'une véritable branchie? En un mot, n'est-elle pas un organe respiratoire? Les opinions sont partagées à cet égard : d'après J. Müller la branche de l'artère hyoïdienne irait se perdre dans la branchie de l'évent et le sang serait repris par un vaisseau efférent (Carotide interne, J. MÜLLER ; Carotide antérieure, STANNIUS) pour aller se rendre à l'œil et aux parties voisines ; ce vaisseau contiendrait toujours du sang artériel.

D'après Hyrtl, Rud. Demme, il en serait tout autrement; le vaisseau qui se trouve entre l'œil et la branchie de l'évent serait une veine, un vaisseau afférent rempli de sang noir. Le sang, après avoir été révivifié dans la branchie de l'évent, serait repris par un vaisseau efférent, une artère qui l'apporterait dans l'artère hyoïdienne de la première artère épibranchiale chez les Sélaciens, dans la veine de la branchie operculaire chez l'Esturgeon. Cette manière de voir semble parfaitement justifiée.

Chez beaucoup de Poissons osseux, l'artère hyoïdienne, après avoir fourni divers rameaux, arrive à la pseudobranchie dans laquelle elle se perd en donnant une artériole à chacune des lamelles branchiales. Le sang ne change pas de nature dans son passage à travers la fausse branchie, suivant l'opinion généralement admise; il est repris par les racines de la veine pseudobranchiale qui le porte dans la glande choroïdienne. Si la pseudobranchie des Poissons osseux est l'homologue de la branchie de l'évent chez les Sélaciens, on voit qu'il peut exister un certain doute sur le rôle que joue cet organe.

L'artère hyoïdienne est très-facile à injecter, ainsi que la fausse branchie.

Chez le Brochet, l'artère de la pseudobranchie vient du cercle céphalique.

L'artère hyoïdienne fournit des rameaux temporo-maxillaires et souvent des rameaux hyoïdiens. Les rameaux hyoïdiens viennent parfois de la deuxième artère épibranchiale.

Artère faciale. — Dans la Raie bouclée, la première artère épibranchiale donne une artère qui va se distribuer à une partie de la tête, à l'œil, à la narine, au museau, et s'appelle artère faciale.

Carotide primitive ; Carotide interne postérieure ; Carotide commune (Cuv., *Anat. comp.*). — Elle naît soit de la première artère épibranchiale, soit du tronc commun des deux premières artères épibranchiales. Chez la Raie, elle pénètre dans le canal rachidien avant de s'anastomoser avec celle du côté opposé ; elle se divise en plusieurs branches ; elle serait une artère vertébrale suivant Monro (pl. I, fig. 5). Une branche se porte en arrière, une autre en avant, et la troisième, dirigée en dedans, va s'anastomoser avec la branche correspondante de l'autre carotide. De l'angle postérieur de l'anastomose part une artère spinale qui continue son trajet en arrière ; de l'angle antérieur émerge une branche volumineuse qui peut être considérée comme l'artère cérébrale, ou plutôt comme le tronc commun des artères cérébrales. Chez la Raie, le cercle céphalique ne serait fermé que dans l'intérieur du canal rachidien ou dans le crâne. J'ai vu, dans la Raie bouclée, deux petites artérioles pénétrer ensemble par un orifice percé au niveau de l'hypophyse.

« Chez les Chimères, la première veine branchiale (artère épibranchiale) de chaque côté pénètre, en guise de carotide postérieure, dans la cavité crânienne, et la seconde, qui concourt » comme les suivantes, à la formation de l'aorte, donne une carotide antérieure qui se rend dans l'orbite. (STANNIUS. *Anat. comp.*, trad. franç., t. II. p. 112, note.)

Dans l'Esturgeon, les carotides ne s'anastomosent pas en dehors de la cavité crânienne. Chez les Squales au contraire, d'après Stannius, les deux carotides s'anastomosent dans un trou de la base du crâne et forment ainsi le tronc commun des artères cérébrales.

La carotide donne des rameaux au cerveau, aux évents et aux narines.

Chez les Poissons osseux, l'artère carotide primitive (*céphalique*, AGASS., C. VOGT) naît aussi de la première artère épibranchiale ou du tronc commun des deux premières artères épibranchiales, comme dans la Truite. Après un trajet assez court, elle se divise en deux branches, une branche interne ou *carotide interne* et une branche externe ou *artère faciale*; parfois l'artère faciale vient directement de l'artère épibranchiale.

A. *Carotide interne (encéphalo-palatine*, AGASS., C. VOGT). — Je crois que pour ne pas trop multiplier les dénominations, il est nécessaire de laisser à cette branche le nom de carotide interne, depuis son origine jusqu'à son anastomose avec celle du côté opposé. La carotide interne pénètre sous la voûte du crâne par le canal carotidien (Truite, Trigle), puis s'enfonce dans le canal sous-crânien du muscle abducteur de l'œil et donne naissance à l'artère *orbito-palatine*. Elle continue son trajet sous le nom d'*encéphalo-oculaire* (AGASS., C. VOGT), *carotide interne postérieure* de quelques auteurs : en se rapprochant de la ligne médiane, elle fournit un petit rameau orbitaire, et s'anastomose avec celle du côté opposé pour former le tronc commun des *artères cérébrales* et des *artères oculaires*, qui vont entrer dans le crâne par le trou de l'infundibulum.

Il est facile de comprendre que, par suite de l'anastomose des artères carotides internes en avant, et de l'anastomose en arrière des premières artères épibranchiales qui sont le commencement de l'aorte, il se forme, à la base du crâne, une espèce de cercle vasculaire, auquel on a donné le nom de *cercle artériel, cercle* céphalique, *circulus cephalicus* (HYRTL). Le cercle céphalique est généralement bien complet chez les Poissons osseux.

Artère orbito-palatine. — Elle pénètre dans l'orbite et donne un gros rameau aux muscles supérieurs de l'œil, des branches aux muscles inférieurs, des rameaux dans la fosse nasale, des rameaux à l'appareil maxillo-palatin, et se termine dans la muqueuse de la bouche.

Tronc commun des artères cérébrales. — Il résulte, nous l'avons vu, de la fusion des deux carotides internes ; il est assez court, avant de pénétrer dans le trou de l'infundibulum il se partage en quatre branches, deux branches externes, ou *artères cérébrales*, et deux branches internes, ou *artères oculaires* (AGASS., C. VOGT, *Anat. Salmon.*, pl. L, fig. 3).

Artères cérébrales. — Elles entrent dans le crâne en s'écartant l'une de l'autre ; chacune d'elles fournit une branche supérieure qui se divise en deux rameaux, l'un pour le cervelet, l'autre pour le lobe moyen du cerveau ; puis les artères cérébrales se rapprochent l'une de l'autre, et chacune d'elles encore se partage en deux branches, l'une postérieure, l'autre antérieure, allant s'anastomoser avec les branches correspondantes de l'autre artère. Il résulte de cette disposition un nouveau circuit vasculaire, le *rhombe anastomotique* (AGASS., VOGT). De l'angle antérieur du rhombe partent deux petites artères destinées aux lobes antérieur et moyen du cerveau ; de l'angle postérieur naît une artère qui se porte en arrière, envoie des rameaux à la moelle allongée, à la moelle épinière, et une petite branche au labyrinthe.

Artère oculaire. — L'artère oculaire gagne le nerf optique auquel elle donne quelques rameaux, puis pénètre avec lui dans le globe de l'œil et fournit des rameaux à la rétine, à l'iris.

B. *Artère faciale.* — Elle naît soit du tronc commun de la carotide primitive, soit directement de la première artère épibranchiale ; elle donne des branches aux muscles, à la peau des joues, du museau ; elle suit le trajet des rameaux nerveux de la cinquième paire.

Artères coronaires. — L'artère ou les artères du cœur viennent ordinairement de la deuxième artère épibranchiale, rarement de la première, parfois de la troisième, chez l'Esturgeon d'après Stannius; elles envoient des rameaux au ventricule, à l'oreillette, au bulbe artériel.

Les artères destinées à porter le sang à la tête, aux principaux organes des sens, de la circulation, de la respiration, naissent en général des deux premières artères épibranchiales, qui dans certains cas exceptionnels fourniraient même l'artère sous-clavière, comme dans le Brochet, d'après Müller.

Artères nourricières des branchies (MILNE EDWARDS), *artères bronchiques.* — Elles sont excessivement fines, elles se détachent d'espace en espace de l'artère épibranchiale correspondante et vont se ramifier dans les lames branchiales; elles forment un réseau distinct appelé *réseau nutritif* ou *nourricier.* Le sang qui a parcouru le réseau est repris par les veines qui constituent le système de Duvernoy.

AORTE: AORTE DORSALE. — Chez les Sélaciens, il y a, nous l'avons dit, autant d'artères épibranchiales qu'il y a de séries de lamelles respiratoires. Les artères de chaque sac branchial se réunissent du côté interne en une suite de troncs qui se rapprochent, vers la ligne médiane, de ceux du côté opposé, pour former l'aorte. Chez la Raie, il existe trois troncs : le premier tronc est composé de quatre artères épibranchiales, le deuxième tronc de deux artères, le troisième de trois artères épibranchiales. Le deuxième tronc provient de la fusion de l'artère postérieure de la troisième branchie et de l'artère antérieure de la quatrième branchie; il ne faut donc pas croire que les deux artères épibranchiales, accompagnant chaque artère branchiale, se réunissent en un seul tronc au moment où elles sortent du sac respiratoire. Chez l'Ange, il y a quatre troncs; les trois troncs antérieurs sont formés chacun de deux artères épibranchiales, le dernier reçoit trois artères.

Chez les Poissons osseux, les artères épibranchiales sont généralement au nombre de quatre. Elles présentent divers modes de réunion, en sorte que l'origine de l'aorte peut être en avant, ce qui est le cas le plus ordinaire, ou en arrière des artères épibranchiales postérieures.

Dans la Truite, les artères des deux premiers arcs se réunissent en un tronc assez gros, qui va se joindre, sur la ligne médiane, à celui du côté opposé et former ainsi l'origine de l'aorte.

Dans le Merlan noir ou Colin (*Merlangus carbonarius*), j'ai vu le second mode de formation de l'aorte. Les artères épibranchiales de chaque côté se rendent dans un tronc commun, les deux premières isolément, les deux dernières conjointement. Ce tronc commun se dirige de dehors en dedans et d'avant en arrière et va s'anastomoser avec son congénère. Le cercle artériel présente à son pourtour quatorze ou quinze vaisseaux qui portent le sang dans des directions tout à fait différentes.

L'aorte se dirige d'avant en arrière et se termine à l'extrémité du corps ; elle diminue progressivement à mesure qu'elle s'éloigne de la tête ; elle présente en général un calibre régulier, elle se dilate cependant au niveau de chaque vertèbre abdominale chez quelques Cyprins. Il existe dans « l'aorte de l'Esturgeon, du Saumon et du Silure glanis » « un ligament fibreux qui descend de la base du crâne. » (STANNIUS, *loc. cit.*, p. 113, note.) L'aorte est placée sous la colonne vertébrale, et parfois elle est logée dans une gaîne cartilagineuse ou dans un sillon, chez l'Esturgeon ; elle est quelquefois reçue en partie dans une dépression, une gouttière de la colonne vertébrale, et maintenue d'espace en espace par des ligaments fibreux, Hareng, Brochet.

Dans la première partie de son trajet elle est dans le ventre et porte le nom d'*aorte abdominale* ; arrivée au niveau de la queue, elle pénètre dans le canal sous-vertébral ou hématique et s'appelle *aorte caudale*.

L'aorte fournit des artères, les unes destinées aux muscles, à la peau, etc., les autres aux viscères abdominaux.

Artères des muscles.

Artère sous-clavière (axillaire, scapulaire, claviculaire, brachiale de quelques auteurs). — Chez la Raie, l'artère sous-clavière

vient de l'aorte, en avant du tronc commun des trois dernières
artères épibranchiales : elle se dirige de dedans en dehors ; elle
donne des artères intervertébrales et l'artère spermatique, puis
se divise en deux branches principales, l'une antérieure, l'autre
postérieure, allant répandre leurs rameaux dans la nageoire pectorale. Chez les Torpilles, chez la Chimère, l'artère sous-clavière
présente des renflements auxquels on a donné le nom de *cœurs
accessoires*; la structure de ces organes ne paraît pas toujours la
même, et leur usage n'est pas bien connu.

Dans les Poissons osseux, l'artère sous-clavière provient presque
toujours de l'aorte, tantôt en avant, tantôt en arrière de l'artère
abdominale ; elle donne des rameaux à toute la région scapulaire,
à la pectorale ; elle descend vers la région abdominale et envoie
des rameaux anastomotiques à celle du côté opposé. C'est d'une
anastomose que vient chez les Poissons hémisopodes, Pagels, etc..,
l'artère destinée aux ventrales.

Artères intervertébrales ou *intercostales*. — Chez les Plagiostomes, au niveau de chaque espace intervertébral, l'aorte donne à
droite et à gauche une artère qui se divise en plusieurs rameaux,
les uns se portant aux reins, d'autres à la moelle épinière, les derniers allant se répandre dans les muscles et la peau du tronc et
de la queue.

Chez les Poissons osseux, elles ne sont pas toujours aussi nombreuses que les espaces intervertébraux ; elles donnent des rameaux, comme dans les Sélaciens, aux reins, à la moelle, aux
muscles, à la peau, aux nageoires impaires. Chez les Opistho-
podes, les artères des nageoires ventrales viennent d'intervertébrales plus développées que les autres.

Artères des viscères abdominaux.

Dans les Plagiostomes on compte les artères suivantes : 1° *Artère cœliaque*; elle est impaire, elle fournit à différents organes :
une artère à la valvule spirale de l'intestin, une artère au foie
(*hépatique*), deux artères à l'estomac le plus souvent.

2° *Artère mésentérique;* elle donne une ou deux artères *spléni-
ques*, une artère *pancréatique* et neuf à dix branches intestinales.

3° *Artères rénales ; artères* de l'oviducte.

4° *Artères* des membres postérieurs que Monro compare à des artères *iliaques*. L'artère iliaque donne des rameaux à la nageoire ventrale et aux muscles de la région abdominale.

Chez les Poissons osseux, se trouve un vaisseau très-volumineux qui envoie des branches aux différents organes contenus dans l'abdomen.

Artère abdominale (artère cœliaque, Cuvier : *cœliaco-mésentérique,* Stannius). — Elle viendrait, par exception, directement du cercle céphalique dans « les Lota, d'après Hyrtl ». (V. Stannius, *loc. cit.,* p. 113.) Elle fournit trois ou quatre artères importantes :

1° *Artère intestinale;* elle se divise en trois ou quatre branches : une artère *splénique* ; une artère *gastro-hépatique* ; deux artères *mésentériques.* Dans quelques espèces, l'artère mésentérique postérieure naît directement de l'aorte, et la splénique vient du tronc cœliaque.

2° *Artère de la vessie natatoire.* — Elle se distribue à la surface de la vessie ou dans les corps rouges ; chez quelques poissons, elle vient directement de l'aorte; quelquefois même il y en a plusieurs.

3° *Artères spermatiques.*

Chez les *Marsipobranches,* les artères épibranchiales sont nombreuses. Il y a, dans la Lamproie marine, autant d'artères épibranchiales qu'il y a de séries de lamelles respiratoires, c'est-à-dire quatorze. La première, ainsi que la dernière artère épibranchiale, reste distincte, les autres artères se réunissent par deux et forment par conséquent six vaisseaux. De cette façon l'aorte est constituée, de chaque côté, par huit vaisseaux; le premier et le dernier apportent chacun le sang d'une simple série de lamelles respiratoires, les vaisseaux intermédiaires amènent le sang de deux séries de lamelles branchiales.

C. Duméril compte seulement les artères épibranchiales, vers leur point de jonction avec l'aorte. « Les veines artérieuses, qui proviennent des branchies, se rendent, au nombre de sept, de chaque côté, dans une aorte qui commence sous l'échine. »

(C. Dumér., *Dissert. sur les Poissons*. Thèse, 1812, p. 38.) Il donne une courte description de l'aorte et ajoute : « Les artères collatérales qu'elle (aorte) fournit ne naissent pas d'une manière régulière, ce qui peut tenir à l'absence des vertèbres. » (*Ibid.*, p. 39.)

SYSTÈME VEINEUX.

Le sang est rapporté de toutes les parties du corps par les veines qui le versent dans le sinus de Cuvier.

Les veines ont des parois très-minces, très-délicates ; elles présentent souvent sur leur trajet des dilatations formant des espèces de sinus ; elles sont assez rarement pourvues de valvules ; aussi se laissent-elles pénétrer facilement par les injections, de même que les divers canaux regardés comme des vaisseaux lymphatiques. Le sang qu'elles ramènent à l'appareil central de la circulation vient, soit des organes de la vie de relation, soit des organes contenus dans la cavité abdominale, soit enfin des organes respiratoires ; c'est-à-dire qu'il y a trois systèmes veineux distincts ; ils sont désignés sous les noms de *système veineux rachidien ; système veineux viscéral ; système veineux bronchique*. Nous allons examiner ces différents systèmes dans la sous-classe des *Hyobranches*.

Système veineux rachidien. — Il est composé de deux veines sous-clavières et de quatre veines cardinales, deux veines cardinales antérieures et deux veines cardinales postérieures. Les quatre veines cardinales se réunissent souvent ou plutôt s'anastomosent deux à deux d'un même côté et forment, avant de se jeter dans le sinus de Cuvier, un tronc plus ou moins volumineux, appelé *canal* de *Cuvier* ou *veine cave antérieure* (Milne Edwards). En général ces veines sont d'un calibre très-différent. Ainsi chez un Brochet, j'ai trouvé la veine cardinale antérieure droite plus petite que l'autre et la veine cardinale postérieure droite plus grosse que celle du côté opposé.

A. *Veine cardinale antérieure* (*veine cave antérieure* Cuv.,

Anat. comp., *veine jugulaire* ; *grande veine jugulaire*, AGASS., C. VOGT ; ou même *veine jugulaire postérieure*, ROBIN). — Les veines cardinales antérieures sont en général reliées par un tronc anastomotique : souvent elles forment, en arrière de l'œil, un sinus plus ou moins large appelé *Bulbe ophthalmique* (HYRTL), réuni ordinairement à celui du côté opposé par une anastomose transversale. Elles reçoivent le sang de la tête et du commencement du canal digestif par cinq ou six veines que nous allons indiquer :

Veine faciale interne : elle passe au-dessous de l'orbite, en longe le bord inférieur. *Veine faciale externe* ; *veine oculaire* ; *veine cérébrale* ; ces quatre veines se réunissent souvent dans le sinus ophthalmique, elles suivent à peu près le trajet des artères : *veines œsophagiennes* : quelquefois une *veine rénale antérieure* chez les Gades.

Il ne faut pas oublier de signaler que le prolongement du sinus des vaisseaux latéraux et du vaisseau médian inférieur, Poissons osseux, Squales en général, débouche dans la veine cardinale antérieure ; ce prolongement est pourvu d'une valvule. Dans les Raies, au moins dans la Raie bouclée, le vaisseau latéral va se rendre directement dans le sinus de Cuvier.

B. *Veine cardinale postérieure* (*veine cave postérieure* [CUV., *Anat. comp.*], *veine cave* [CH. ROBIN], *veine abdominale* [MILNE EDWARDS]. — Les veines cardinales postérieures sont en général de calibre très-différent ; la veine du côté droit chez les Poissons osseux est ordinairement plus grosse et plus longue, cette différence tient surtout à son mode d'origine. En effet tantôt les deux veines cardinales viennent du système porte rénal, Raies, elles sont formées par les veines efférentes du rein ou veines rénales ; tantôt l'une d'elles, la droite, est la continuation de la veine caudale qui ne se ramifie pas dans les reins, et l'autre est constituée par la réunion des veines efférentes du rein gauche. La veine cardinale gauche manque quelquefois, Cépole (*Cepola rubescens*) ; il n'y a qu'une veine cardinale chez le Blennie Gunnelle (*Gunnellus vulgaris*). La veine cardinale droite est, chez la Tanche, renflée d'espace en espace et prend l'aspect moniliforme (JOURDAIN).

Les veines cardinales postérieures reçoivent les veines spermatiques, les veines intercostales, les veines rénales ; et parfois des veines de la vessie natatoire, de l'intestin se rendent dans la veine cardinale droite.

Les veines cardinales sont placées du côté interne des reins quand ils sont séparés l'un de l'autre ; elles s'anastomosent plus ou moins entre elles : dans les Raies l'anastomose postérieure est très-large, et les veines cardinales ont le même calibre à peu près. Chez les Raies et la plupart des Squales, chacune d'elles se dilate en un large sinus celluleux, appelé *sinus de Monro*, qui communique avec celui du côté opposé au moyen d'anastomoses plus ou moins larges. (V. Monro, pl. 2, n°° 24-26.

Veine caudale. — Il faut, à la suite des veines cardinales postérieures, donner une courte description de la veine caudale. Cette veine est placée dans le canal sous-vertébral ou hématique, elle commence à l'extrémité du corps, elle reçoit à son origine la branche interne du cœur accessoire chez la plupart des Poissons osseux, et dans son trajet les veines intervertébrales ; arrivée dans l'abdomen, elle se partage parfois en deux vaisseaux qui ont à peu près le même calibre et prennent le nom de *veines de Jacobson* ; ou bien elle ne se ramifie pas dans les reins et se continue comme une veine cardinale postérieure jusqu'au canal de Cuvier. Il n'y a qu'une seule veine caudale ; la veine qui, chez la Tanche, se trouve dans le canal hématique est une veine surnuméraire, une veine *caudale accessoire*. (Jourdain, Recherches sur la veine porte rénale, *An. Sc. natur.*, 1859, t. XII, p. 343, pl. iv, fig. 1-2.)

Veine sous-clavière (*veine de la ceinture scapulaire ; vaisseau sous-péritonéal* [chez les Sélaciens], Ch. Robin). — Cette veine suit à peu près le trajet de l'artère sous-clavière, elle lui correspond non-seulement dans ses rapports, mais encore quant à ses dimensions, elle est d'un gros calibre chez les Raies ; elle ramène le sang de la pectorale, une partie de celui des ventrales et de la portion terminale du tube digestif.

Système veineux viscéral. — Il se partage en deux systèmes.

le système de la veine porte rénale et le système de la veine hépatique.

Système de la veine porte rénale. — Il est très-facile à démontrer chez la plupart des Poissons ; il présente, ainsi que l'avait constaté Jacobson, deux formes principales suivant que la veine caudale se divise en deux branches qui, sous le nom de veines de Jacobson, se ramifient dans les reins comme des vaisseaux afférents, ou suivant qu'elle se continue, sous le nom de veine cardinale postérieure, pour aller se rendre dans le canal de Cuvier. Dans le premier cas le système de la veine porte rénale distribue aux reins tout le sang de la région caudale et une partie de celui de la région moyenne du tronc ; dans le second cas le système de cette veine porte est très-réduit, il ne donne aux reins que le sang de la région moyenne du tronc, et par suite la veine cardinale postérieure gauche est très-peu développée.

Dans les Sélaciens, c'est la première forme qui domine, la veine caudale se partage en deux veines égales ; chez les Poissons osseux, les deux formes se rencontrent non-seulement dans la même famille, mais encore dans le même genre. Chez les Lamproies, « les reins n'ont pas de veine porte. » (Duvernoy. Cuv. *Anat. comp.*, t. VII, p. 588.)

Les deux systèmes de veines portes sont presque toujours indépendants l'un de l'autre, mais parfois il y a communication entre eux, ainsi que l'ont constaté Jacobson, Jourdain, chez quelques Poissons, Anguille, Carpe, Baudroie. Nous ne pouvons entrer dans de plus longs détails, nous nous bornerons à indiquer les travaux suivants : Jacobson, *De Systemate venoso peculiari in permultis animalibus observato*, Hafniæ, 1821 ; Jourdain, *Recherches sur la veine porte rénale* (*Ann. Sc. natur.*, 1859, t. XII, p. 321).

Système de la veine porte hépatique. — Les veines de l'appareil digestif, de la rate et parfois en partie les veines des organes génitaux, soit réunies en un seul tronc, *veine cave*, Agass., C. Vogt. soit groupées en deux ou trois troncs, soit divisées en rameaux nombreux, pénètrent dans le foie et constituent le système de la veine porte hépatique. Le sang, après avoir été distribué dans les différentes parties du foie, est repris par les vaisseaux efférents ou *veines hépatiques* qui le ramènent dans le sinus de Cuvier. Ces vaisseaux efférents sont tantôt réunis en un seul tronc, tantôt ils forment deux ou trois veines hépatiques, et cela souvent dans les animaux d'un même genre. Ainsi que le fait observer Cuvier, « les veines hépatiques, au moment où elles sortent du foie, entre ce viscère et le diaphragme, ont dix fois le diamètre qu'elles présentent à leur embouchure dans la veine cave. » (Cuv., *Anat. comp.*, t. VI, p. 259.)

Chez certains Poissons, le Thon par exemple, les veines des viscères, avant de se grouper pour constituer la veine porte, se divisent en une multitude de ramuscules excessivement déliés qui forment des réseaux admirables.

Système de Duvernoy ou système veineux branchique. — Le sang, qui a servi à nourrir les organes respiratoires ou plutôt les lamelles branchiales, est ramené par la veine de chacun des arcs branchiaux dans un vaisseau latéral appelé *veine de Duvernoy* ou *veine hyoïdienne*. Ces veines se réunissent sur la ligne médiane pour former un tronc commun, qui se dirige d'avant en arrière et va déboucher dans le sinus de Cuvier; parfois le tronc commun se bifurque, ainsi que j'ai pu le constater sur un Brochet (*Esox lucius*), chacune de ses branches vient séparément se rendre dans le sinus de Cuvier, un peu en avant des veines sous-clavières. Dans la Raie, chacune des veines hyoïdiennes débouche isolément dans le sinus de Cuvier. (Jourdain, *Système veineux et lymphat. : Raie bouclée*. Paris, 1868.)

Longtemps la veine de Duvernoy a été regardée comme un vaisseau lymphatique, et cependant Cuvier (*Histoire naturelle des Poissons*, t. I, p. 511) l'avait considérée comme étant une veine; encore *Anat. comp.*, t. VI, p. 257, Cuvier indique parmi les veines qui ramènent le sang au cœur « un *tronc* qui rapporte le sang des *branchies* et des parties voisines, et pénètre dans la poitrine entre les deux veines caves antérieures. »

Dans les *Marsipobranches*, le système veineux présente certaines modifications que nous décrirons plus complétement lorsque nous ferons l'histoire de la sous-classe. Ici nous nous bornerons à dire que, chez la Lamproie marine, la veine caudale, à son entrée dans l'abdomen, se bifurque et donne naissance à deux veines *caves* ou *cardinales*. Ces veines se terminent dans le sinus commun, elles sont en communication avec le sinus génital et le ou les sinus rénaux.

SYSTÈME LYMPHATIQUE.

Le système lymphatique des Poissons est, depuis les découvertes de Hewson et de Monro, l'objet de nombreuses recherches, et cependant il faut avouer qu'il est encore aujourd'hui assez peu connu, malgré les travaux des anatomistes les plus habiles. Bien souvent il est impossible de distinguer les veines des lymphatiques ; et malheureusement les injections ne lèvent pas les doutes, car elles parcourent, avec une déplorable facilité, tous ces vaisseaux, généralement dépourvus de valvules. Le système lymphatique des Poissons n'est probablement pas aussi étendu qu'on le croit ordinairement, surtout le système lymphatique sous-cutané, qu'il vaudrait peut-être mieux désigner sous le nom de système vasculaire sous-cutané, pour ne pas préjuger la question.

Système vasculaire sous-cutané. — Ce système vasculaire appartient-il réellement au système lymphatique proprement dit, comme l'avaient pensé tout d'abord Hewson et Monro ? ou bien n'est-il pas une dépendance du système sanguin ? La manière de voir des anatomistes anglais est partagée par Agassiz et C. Vogt, Milne Edwards, Leydig, Jourdain, Gegenbaur: elle n'est pas adoptée par le professeur Ch. Robin.

Avant d'entrer dans la discussion des faits, nous allons donner une courte description de ce système vasculaire sous-cutané, qui n'a pas toujours été nettement distingué : ainsi, C. Vogt a confondu avec ses *canaux muciques* le *canal mucique externe de la tête*, « qui s'ouvre par de nombreux trous » à la surface de la tête, et fait conséquemment partie du système canaliculé latéral. (V. AGASS., C. VOGT, *Anat. Salmon.*, p. 137.)

Le système vasculaire sous-cutané se compose, chez la plupart des Poissons, de trois vaisseaux, un vaisseau médian inférieur et deux vaisseaux latéraux.

Le *vaisseau médian* inférieur marche d'arrière en avant et se termine au niveau de la ceinture scapulaire, dans un sinus qui lui est commun avec les vaisseaux latéraux ; il reçoit sur son trajet les vaisseaux venant de la partie inférieure du corps.

Quant aux *vaisseaux latéraux*, ils présentent une assez grande régularité ; ils sont placés, chez la plupart des Poissons, dans le sillon longitudinal des grands muscles latéraux du tronc, ils suivent la direction générale de la ligne latérale ; ils sont alimentés par des rameaux venant de la région dorsale et des flancs : ils sont en communication l'un avec l'autre à leurs extrémités, au moyen d'une anastomose transversale. Chacun d'eux se termine en avant dans un sinus qui débouche, par un orifice muni d'un système valvulaire, soit dans le sinus de Cuvier, soit dans la veine cardinale antérieure, et donne en arrière dans un sinus animé parfois de mouvements très-sensibles de diastole et de systole, appelé cœur lymphatique ou cœur accessoire. Il n'y a généralement qu'un seul vaisseau de chaque côté du corps ; quand il y en a deux ou trois, ils se réunissent toujours en un seul tronc avant de se terminer.

Le système vasculaire sous-cutané n'est pas une dépendance du système lymphatique, suivant l'opinion du professeur Charles Robin. « Des nombreuses observations, » dit-il, « et des expériences que j'ai faites, il résulte que les vaisseaux cutanés et sous-cutanés, décrits par Monro, Hewson, etc., comme des lymphatiques, sont des veines, les unes à l'état de veines proprement dites, les autres à l'état de sinus veineux. » « La division des lymphatiques des Poissons en *superficiels* et en *profonds* ou *viscéraux*, encore adoptée par quelques auteurs modernes, » n'existe pas dans cette classe de vertébrés. (Ch. Robin, *Mémoire sur les disposit. anatom. lymphat. des Torpilles*, comparées à celles qu'ils présentent chez les autres Plagiost. Acad. scienc. 7 janv. 1867.) Sans connaître les expériences auxquelles se livrait M. Charles

Robin, je faisais de mon côté des recherches sur le système vasculaire sous-cutané dans les Poissons, et, je dois l'avouer, je trouvais exactement les conditions anatomiques décrites par l'auteur que je viens de citer.

J'ai parfaitement constaté dans ces vaisseaux la présence du sang chez un Merlus (*Merlucius vulgaris*), sortant de la mer ; j'ai vu aussi le vaisseau médian rempli de sang chez une Roussette. M. Ch. Robin a trouvé du sang dans le vaisseau latéral chez les Raies et les Squales ; il rapporte aussi que Natalis Guillot a vu du sang s'écouler du vaisseau latéral divisé chez des Carpes vivantes.

Il semble qu'en présence de ces faits, observés par différents auteurs, il ne doive plus y avoir de doute sur la nature du système vasculaire sous-cutané, et cependant M. Jourdain le regarde toujours comme appartenant « à un système complétement distinct de l'arbre vasculaire veineux. » (S. Jourd., *Système veineux et lymphatique de la Raie bouclée*, Paris, 1868. Note, *Syst. lymphat.* Gadus Morrhua. *Ann. Sc. natur.*, 1867, t. VIII, p. 141.)

Cœur accessoire, cœur lymphatique, sinus ou *cœur caudal.* — Cet organe est assez facile à voir chez la plupart des Poissons osseux ; il est placé sur la plaque caudale et communique avec celui du côté opposé par une anastomose passant dans un trou, ou plutôt dans une échancrure de la plaque caudale ; il est parfois, nous l'avons dit, animé de pulsations rhythmiques très-marquées, comme chez l'Anguille, et prend alors plus spécialement le nom de cœur accessoire ou cœur lymphatique. Les pulsations de cet organe sont indépendantes, elles sont plus fréquentes que celles du cœur.

Leeuwenhoeck paraît avoir le premier constaté la présence de ce cœur chez l'Anguille, mais sa découverte tomba dans l'oubli ; et c'est en 1836 seulement qu'un physiologiste anglais, Marshall-Hall, attira l'attention sur cet organe et en donna une description avec figure. Le cœur accessoire, il est facile de s'en convaincre, est formé d'un tissu fibreux ou conjonctif, et surtout de fibres musculaires striées dont nous ne pouvons indiquer les différentes directions; il constitue une espèce d'ampoule ovale à trois orifices : l'orifice antérieur est en rapport avec la terminaison du vaisseau latéral : l'orifice médian et interne est l'ouverture du canal transversal qui fait communiquer les deux sinus; en avant se trouve le troisième orifice muni d'une valvule. ou plutôt le vaisseau qui se dirige de dehors en dedans. pénètre dans le canal rachidien et se jette dans la veine caudale. laquelle paraît ainsi bifurquée à son extrémité.

D'après Marshall-Hall. le cœur caudal de l'Anguille est un cœur veineux qui reçoit le sang des parties latérales du corps. de la nageoire de la queue. et le fait passer dans la veine caudale. Cette opinion était généralement admise. lorsque J. Müller. en 1842. prétendit que le sinus de la queue contient non pas du sang, mais de la lymphe. et qu'il est conséquemment un cœur lymphatique. A quoi tient cette différence dans le résultat des recherches ? Probablement au mode d'expérimentation. Quant à moi. pour me rendre un compte exact des faits, j'ai tenté des expériences à diverses époques. dans des circonstances aussi variées que possible, et j'ai toujours obtenu un résultat absolument identique. Enfin, au moment de terminer ce travail. j'ai voulu me livrer à une dernière recherche : sur une Anguille d'assez forte taille. j'ai. après certaines précautions. mis à nu le cœur caudal ; n'ayant lésé aucun des vaisseaux de la nageoire de la queue, je n'ai pas vu la moindre trace de sang. ainsi que je l'ai vérifié avec la plus scrupuleuse exactitude : j'ouvris alors le sinus caudal, et aussitôt s'écoula non de la lymphe. mais du sang. Par une pression exercée d'avant en arrière sur le trajet du vaisseau latéral j'ai augmenté l'afflux du sang qui sortit en plus grande abondance du cœur accessoire. Au commencement de l'opération j'ai, pour l'examiner au microscope. recueilli une certaine quantité de liquide sortant du cœur accessoire ; c'était du sang qui m'a montré des globules rouges ovales avec leur noyau.

Système lymphatique viscéral. — Il est excessivement développé : les vaisseaux lymphatiques forment des réseaux très-nombreux, des sinus dispersés sur tous les organes contenus dans la cavité abdominale, ils entourent parfois les vaisseaux sanguins : puis tous ces rameaux lymphatiques se réunissent en un tronc bifurqué en avant, ou bien, et c'est le cas le plus ordinaire, en deux troncs allant se jeter soit dans les veines sous-clavières, soit dans les veines cardinales antérieures. Rien de plus facile que d'injecter le système lymphatique viscéral, mais aussi rien de plus difficile, nous l'avons dit, que d'en bien reconnaître les limites. On peut piquer au hasard avec l'aiguille à injection, le mercure se répand de tous côtés.

GLANDES LYMPHATIQUES.

Les glandes lymphatiques, suivant certains auteurs, n'existent pas dans les Poissons ; Leydig est d'un sentiment contraire, et nous partageons sa manière de voir. Cet histologiste « considère comme faisant partie des glandes lymphatiques :

1° La *masse glandulaire blanchâtre* qui se trouve entre les membranes œsophagiennes « dans les Raies et les Squales ».

2° La *masse glandulaire blanchâtre* placée dans la cavité oculaire « de la Chimère ». J'ai trouvé dans l'orbite de la Pélamide, un autre amas glandulaire.

3° L'*organe épigonal* découvert par J. Müller « dans les replis péritonéaux des Requins à membrane clignotante ».

4° La *masse blanche et pulpeuse* qui « chez l'Esturgeon » recouvre l'origine de la moelle épinière, etc. »

« Parmi les glandes lymphatiques non douteuses, il faut compter en outre :

5° La substance spongieuse qui enveloppe le ventricule et le bulbe artériel « de l'Esturgeon, etc. ».

6° Enfin la substance qui entoure les vaisseaux sanguins du mésentère chez quelques poissons osseux, Trigla hirundo, Dactyloptera volitans, serait formée « de glandes lymphatiques ». (Leydig, *Traité histol.*, trad. franç., p. 477-479.) Mais ces prétendues glandes lymphatiques n'entourent-elles pas des canaux de

Weber et ne sont-elles pas d'une autre nature, ainsi que le père Legouis en fait la remarque? Leydig, écrit-il, « rapporte au système lymphatique ce qui revient surtout au pancréas. » (Le-gouis, Pancréas, *Ann. sc. natur.*, 1872, t. XVII, liv. III-IV, p. 37. — V. *Pancréas*, p. 128.)

THYMUS.

Le thymus ne manque pas dans tous les Poissons, comme l'écrit le professeur Rich. Owen (*Anat. vertébr.*, t. I, p. 565): il paraît au contraire exister chez tous les Plagiostomes sans ex-ception, chez l'Esturgeon. Suivant Leydig, dans les Poissons osseux, il « est représenté par la glande qui, chez les Gadus, Lota vul-garis, Pleuronectes platessa, Pl. flesus, Rhombus maximus, Lophius piscatorius, est placée au-dessous du tégument qui revêt les cavités branchiales, dans la région de la commissure membraneuse qui sert à re-lier l'opercule avec l'anneau scapulaire. » (Leyd., *Tr. Histol.*, trad. fr., p. 488.) D'a-près Huxley, le thymus « se trouve chez tous les vertébrés, excepté l'Amphioxus ». Huxl., *Anat. comp.*, trad. fr., p. 105.)

Le professeur Ch. Robin ne considère pas comme un thymus la glande que nous allons décrire, mais la regarde comme une espèce de glande thyroïde; cependant les deux organes présentent tellement de diffé-rences dans leur structure et dans leurs rapports, qu'on ne saurait admettre l'opi-nion de Ch. Robin. (*Th. zoolog. App. Raies, organes électriques*, 1847, p. 10-11.)

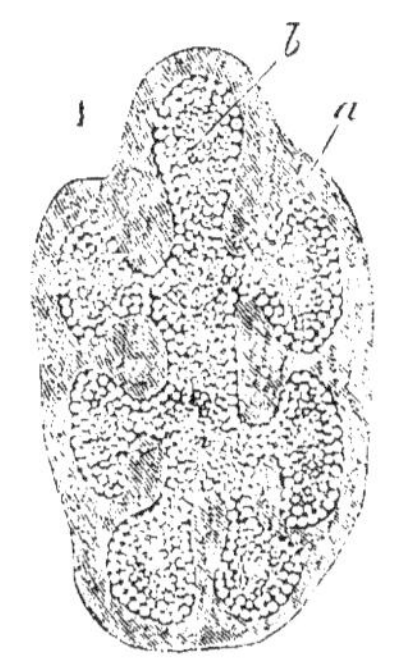
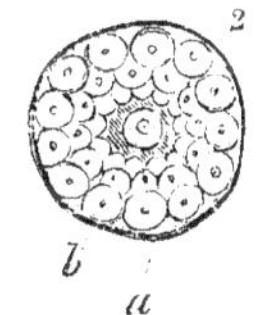

Fig. 17. *Thymus de Raie.*

1. Section d'un lobule. Grossissement de 100 dia-mètres.

a, enveloppe et tissu cel-lulaire séparant les follicu-les ; *b*, follicules.

2. Extrémité d'un folli-cule. Grossissement de 300 diamètres.

a, tissu cellulaire formant l'enveloppe du follicule ; *b*, cellule à noyau.

Le thymus, s'atrophiant à mesure que l'animal grandit, ne

doit être étudié que chez des sujets très-jeunes : ainsi il est à peine reconnaissable dans l'Émissole commune adulte, tandis qu'il est fort développé chez le fœtus.

Dans les Raies, il est de forme prismatique, triangulaire ; il est placé dans un espace limité en avant, en dehors, en dessous et en dedans par l'évent, les branchies et la colonne vertébrale, et en dessus par des fibres musculaires et des tubes de Lorenzini qui le séparent de la peau ; dans les jeunes Raies. il envoie un petit lobe dans l'angle qui se trouve entre l'évent et la colonne vertébrale. Il se compose de petits lobules qu'on peut facilement isoler les uns des autres. Ces lobules mesurent un millimètre à un millimètre et demi de longueur, ils sont ovalaires, de couleur rouge chez les individus de moyenne taille. d'un blanc grisâtre chez les très-jeunes animaux ; ils sont assez mous et plus faciles à isoler chez les Raies d'une certaine taille que chez les très-petites ; ils sont creusés d'une cavité contenant une matière grisâtre assez épaisse avec des débris d'épithélium et une grande quantité de noyaux.

Cette cavité, qui est close, est le réceptacle des produits des follicules. Il y a, dans chaque lobule, des follicules dont la base toujours renflée est appliquée sur la paroi interne de l'enveloppe du lobule. Chaque follicule s'ouvre en dedans par un conduit assez large, il est séparé de ceux qui l'avoisinent par un tissu cellulaire lâche et mou, facile à déchirer. Il présente une couche externe de cellules arrondies, assez développées, avec un noyau et d'autres cellules plus petites et sans noyaux, une couche moyenne, comme granuleuse, renfermant des vaisseaux, une couche interne formée d'un épithélium nucléaire ovoïde ou plutôt sphérique. Si l'on fait bouillir les petits lobules du thymus, on coagule la matière qu'ils renferment et on peut l'énucléer facilement. Cette matière se compose de cellules épithéliales et d'albumine ; traitée par l'alcool, elle montre des cristaux particuliers, très-étoilés, qui sont évidemment des cristaux de *leucine*.

Chez un fœtus d'Émissole commune, le thymus avait l'aspect

d'une glande blanchâtre ; il s'étendait depuis le bord postérieur de l'orbite, au-dessus du trou de l'évent, jusque sur la troisième ou quatrième poche branchiale. Un lobule composé de six follicules offrait un aspect radié avec une cavité centrale ; et dans chacun des follicules se trouvaient des cellules avec noyaux, nucléoles, des granulations et des noyaux libres. Quelques cellules renfermaient des cristaux de leucine.

CORPS THYROÏDE.

Glande ou *corps thyroïde*. — Le corps thyroïde se trouve chez les Plagiostomes et divers Poissons osseux, Gades, Salmones, Zées ; il a été regardé par Retzius comme une dépendance de l'appareil salivaire. Il est peu développé chez les jeunes animaux et surtout chez les fœtus (Émissole commune), il montre une évolution inverse en quelque sorte de celle du Thymus. Chez les Plagiostomes ou mieux dans les Raies, il est placé sur la ligne médiane, en arrière de la mâchoire inférieure, en avant de la terminaison de l'artère branchiale, entre la membrane qui forme la paroi interne de la bouche et les muscles sterno-maxilliens. Cet organe est impair, légèrement lobulé, beaucoup moins rouge chez les jeunes sujets que chez les adultes ; il est constitué par un tissu cellulaire assez abondant, il est entouré d'une tunique fibreuse relativement assez forte chez les Émissoles.

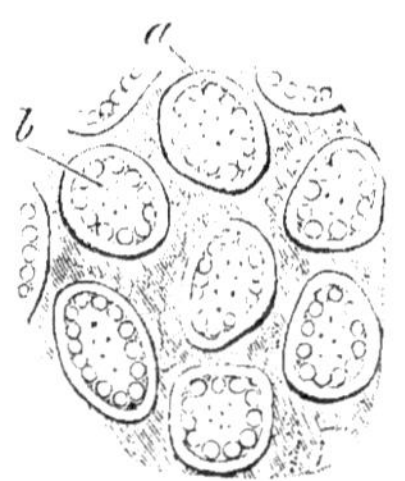

Fig. 18. *Corps thyroïde de Raie.*

Vésicules du corps thyroïde. Grossissement de 200 diamètres environ.

a, enveloppe de la vésicule ; *b,* intérieur d'une vésicule, cellules épithéliales.

Il est formé de vésicules closes à peu près sphériques, assez développées, beaucoup moins cependant que chez les mammifères. — Ces vésicules ont une enveloppe propre assez épaisse, très-vasculaire, tapissée à l'intérieur par d'assez grandes cellules épithéliales ovales ou arrondies ; elles sont remplies d'une matière blanc grisâtre, composée d'un liquide à peu près incolore, dans lequel nagent des globules qui lui donnent la teinte indiquée.

L'opinion de Van Beneden, prétendant que le thymus et le corps thyroïde n'existent plus chez les Poissons, est inexacte. (V. VAN BENED., *Anat. comp.*, p. 135.)

RATE.

Rate. — Elle se trouve chez tous les Vertébrés, excepté chez l'Amphioxus, chez la Myxine et probablement chez les Lamproies. Quelques auteurs cependant pensent qu'il faut regarder comme des rates, les organes glanduleux qui se montrent au voisinage du cardia chez les Cyclostomes ; suivant Duvernoy, « il n'y a plus qu'une différence de développement » entre la structure caverneuse de la rate chez l'Émissole « et celle du grand réservoir caverneux, placé entre les reins et la veine cave abdominale qui se voit dans les *Lamproies*, et qui semble, du moins dans l'un de ses emplois, y tenir lieu de la rate, qui manque dans cette seule famille des vertébrés. » (CUV., *Anat. comp.*, t. IV, 2ᵉ part., p. 643.) Mais ce grand réservoir est un sinus veineux qui ne présente rien de la structure de la rate. Duvernoy suppose même que la rate existe dans la Myxine. « Le *Myxine glutinosa* a un petit corps ovale, situé à la base du foie vis-à-vis du canal alimentaire abdominal, que je serais bien tenté de prendre pour la rate de ce poisson ? » (CUV., *Anat. comp.*, t. IV, 2ᵉ part., p. 624.)

La rate est généralement placée près de l'estomac, elle est attachée par des vaisseaux sanguins et des replis péritonéaux soit à l'estomac, soit à l'intestin ; elle présente tant de différences dans sa forme, dans son volume, qu'il est impossible de les indiquer. Elle est d'une teinte rougeâtre plus ou moins foncée, brun-marron, quelquefois rouge clair ; le plus ordinairement elle est simple, unique, parfois elle est « divisée en lobules »

Émissole, Duvernoy). Outre la rate normale qui conserve ses rapports habituels, il y a quelquefois une, très-rarement plusieurs rates accessoires occupant des positions variables. Dans la Centrine (*Centrina Salviani*), j'ai trouvé deux rates placées, l'une sur le côté droit de l'estomac, l'autre plus bas à gauche, vers le cul-de-sac et près du pancréas.

Enveloppe de la rate. — Une membrane, appelée *enveloppe conjonctive, tunique propre, tunique albuginée*, recouvre la rate; elle est en rapport par sa face externe avec le péritoine qui l'entoure presque complétement. Cette membrane est formée de tissu conjonctif, elle n'a pas de muscles lisses comme chez beaucoup d'autres animaux vertébrés; de sa face interne partent des prolongements qui constituent les trabécules également dépourvues de fibres lisses.

Structure. — Les *trabécules* se coupent sous différents angles et limitent ce qu'on a désigné sous le nom de *cellules* de la rate, des espaces qui sont remplis par le parenchyme et des vaisseaux. Le parenchyme se compose de la pulpe rouge, ou pulpe proprement dite, et de la pulpe grise, ou des corpuscules de Malpighi.

Corpuscules de Malpighi. — Ils ne sont pas toujours parfaitement visibles chez les Poissons; ils se distinguent facilement chez les Plagiostomes, chez l'Esturgeon; ils se montrent comme des amas de substance d'un blanc grisâtre, constituée par des cellules et des noyaux libres. Ces corpuscules, appelés encore *vésicules, glandules* de la rate, ont été regardés par des histologistes comme les analogues des ganglions lymphatiques; ils sont très-nombreux dans les Roussettes et plus ou moins développés.

Pulpe splénique. — Nous avons toujours trouvé, dans la pulpe splénique des Poissons, trois éléments spéciaux :

1° *Granulations pigmentaires.* — Elles forment de petits amas circulaires le plus ordinairement, quelquefois allongés et comme étoilés; elles proviennent de dépôts d'hématosine, autant que nous avons pu en juger.

2° *Cellules.* — Elles sont variables de forme et de dimension, elles ont généralement un noyau bien distinct.

3° *Noyaux.* — Ils sont arrondis, assez semblables à ceux qui se rencontrent dans le thymus ; l'acide acétique exerce peu d'action sur les noyaux, l'alcool les resserre un peu.

Nous n'avons pas à parler des fonctions de la rate ; suivant plusieurs histologistes la rate est une espèce de glande lymphatique, c'est un organe producteur des cellules de la lymphe qui sont versées directement dans les vaisseaux sanguins : d'après beaucoup d'auteurs, c'est un réservoir veineux, une sorte de régulateur de la circulation. Son volume en effet varie sensiblement, selon l'état de plénitude ou de vacuité de l'estomac.

APPAREIL RESPIRATOIRE

Les Poissons respirent l'air qui est dissous dans l'eau ; on le sait, ils ne peuvent vivre ni dans l'eau distillée, ni dans l'eau qui, ayant été soumise à l'ébullition, ne contient plus d'air. Il est donc inutile d'ajouter que c'est l'oxygène de l'air qui se trouve dans l'eau et non l'oxygène de l'eau elle-même qui sert à l'hématose.

Des Poissons placés dans un vase rempli d'eau « nouvellement bouillie » pourront encore vivre s'ils ont la liberté de venir respirer l'air à la surface, mais ils seront asphyxiés s'ils sont maintenus par un diaphragme au-dessous du niveau de l'eau. (SILVESTRE.)

Les Carpes, les Anguilles, les Lamproies de Planer, leurs larves surtout, les Ammocètes, vivent très-longtemps hors de l'eau, quand la température est assez basse. D'autres poissons, au contraire, les Feintes, les Harengs, les Sardines, etc., meurent en quelque sorte dès qu'ils sont sortis de l'eau. A quoi tiennent ces différences si marquées dans les conditions biologiques ?

On a d'abord émis l'opinion que la mort est déterminée par

le desséchement des branchies, et qu'elle est plus ou moins
prompte suivant que la fente operculaire se trouve plus ou
moins grande. Flourens a combattu avec raison cette supposition ; il a cherché à démontrer que l'asphyxie provient non du
desséchement des organes respiratoires, mais de la diminution
de l'étendue de leurs surfaces. (V. FLOURENS, *Expériences sur le
mécanisme de la respiration des Poissons*, 1830, p. 17.)

L'explication donnée par ce physiologiste est-elle absolument
exacte? Nous ne le pensons pas, et, à l'appui de notre manière de
voir, nous pouvons citer un fait qui vient renverser la théorie
de Flourens.

Si la mort est réellement déterminée par la diminution relative de l'étendue des surfaces respiratoires, elle doit arriver
beaucoup moins vite chez les Lophobranches, chez les Hippocampes que chez les Anguilles.

Les branchies des Lophobranches sont portées sur des tiges
solides, elles forment des houppes assez courtes, séparées les unes
des autres; elles ne se recouvrent pas comme les branchies
des autres Téléostéens ; elles présentent toujours par conséquent une surface respiratoire étendue. Il y aurait évidemment,
si l'opinion de Flourens était juste, dans la disposition et dans
la structure des branchies, beaucoup de conditions favorables
pour que la vie chez les Hippocampes se prolongeât plus longtemps que chez les Anguilles, et c'est précisément le contraire
qui arrive.

Pourquoi cette différence dans la survie de l'Anguille? Nous
n'en savons rien, et, au lieu d'émettre une nouvelle hypothèse,
qui ne serait sans doute pas plus vraie que les autres, nous ai-
mons beaucoup mieux avouer que nous ne connaissons pas la
solution de ce difficile problème.

Les causes qui amènent, chez les Poissons hors de l'eau, une
mort tantôt rapide, tantôt assez lente, sont probablement multiples ; il ne faut pas les chercher uniquement dans la diminution « de l'étendue des surfaces de l'organe respiratoire ». On ne
doit pas oublier que, chez l'Anguille, les mouvements du cœur

ont une très-longue persistance, ainsi que nous l'avons fait remarquer. (V. *Circulation*, p. 134.)

La respiration des Poissons a été l'objet des recherches les plus intéressantes; nous regrettons de ne pouvoir examiner ici les expériences de Spallanzani, Silvestre, de Humboldt et Provençal, Will. Edwards, Gréhant. Nous ne devons pas étudier l'action de l'air ou plutôt de l'oxygène sur le sang; et pour ne pas sortir de notre sujet, nous nous bornerons à rappeler que l'hématose se fait par les surfaces cutanées et muqueuses, mais principalement à l'aide de l'appareil respiratoire.

Avant de commencer la description de cet appareil, nous voulons indiquer les observations d'Erman sur le Cobitis fossilis. La Loche d'étang et d'autres espèces présentent un phénomène des plus singuliers : elles avalent de l'air atmosphérique et le rendent après lui avoir enlevé, pendant son passage à travers le tube digestif, une notable quantité d'oxygène. Au contact de la muqueuse intestinale l'air a subi une décomposition; son oxygène a donc servi à l'hématose.

APPAREIL RESPIRATOIRE; APPAREIL BRANCHIAL. — Il présente dans la classe des Poissons de très-grandes différences.

C'est en nous appuyant sur les caractères nettement déterminés qui se trouvent dans la conformation et dans la structure de l'appareil respiratoire, que nous croyons devoir ranger les Poissons en trois sous-classes.

Nous conservons les deux sous-classes des Marsipobranches et des Pharyngobranches, telles que précédemment elles ont été établies, et nous réunissons dans la sous-classe des Hyobranches, les Plagiostomes, les Ganoïdes et les Poissons osseux.

Les Poissons de cette dernière division, comme nous le verrons, montrent encore dans l'ensemble de leur organisation, dans leur squelette, dans leur système nerveux, des caractères bien définis qui les distinguent complétement des Poissons des autres sous-classes.

Ici nous allons indiquer uniquement, sans entrer dans les détails, la disposition générale de l'appareil respiratoire dans les trois sous-classes.

Hyobranches. — Branchies supportées par des arcs mobiles de l'appareil hyoïdien.

Marsipobranches. — Branchies enfermées dans des poches, non supportées par des arcs branchiaux.

Pharyngobranches. — Branchies placées dans la cavité pharyngienne, couvertes de cils vibratiles.

Hyobranches. — Dans l'immense majorité des Poissons, les lames branchiales sont placées sur des arcs mobiles et articulés d'un appareil hyoïdien qui est en avant de l'œsophage, ou plutôt du pharynx, et fait une partie des parois de la cavité buccale. Les Poissons qui présentent cette conformation anatomique doivent, selon nous, être réunis dans une grande sous-classe, la sous-classe des Hyobranches.

Chez les Hyobranches, l'appareil respiratoire arrive à un degré de perfection plus avancé que dans les Poissons des autres sous-classes; il se montre sous une forme très-complexe, il est constitué par un appareil composé de pièces solides, l'appareil hyoïdien, et par un ensemble d'organes servant à l'hématose, les organes branchiaux.

APPAREIL HYOÏDIEN.

L'appareil hyoïdien est suspendu sous la base du crâne dans la plupart des Poissons osseux, dans l'Esturgeon; parfois il est plus reculé et se trouve en rapport avec le crâne et le commencement de la colonne vertébrale, chez les Plagiostomes; chez les Apodes en général, Congre, etc., il a ses arcs branchiaux reliés aux vertèbres par leur extrémité supérieure.

Il est très-développé, il se compose d'une suite de segments qui, de chaque côté, sont au nombre de six, excepté chez les Notidaniens. Le premier segment prend le nom d'*os hyoïde,* et le dernier s'appelle *os pharyngien inférieur;* les quatre segments intermédiaires portant presque toujours des branchies, sont les *arcs branchiaux;* le segment antérieur est aussi pourvu de branchies chez les Plagiostomes ; il doit donc être considéré comme un arc branchial, qu'il porte ou ne porte pas de lamelles respiratoires. Ces différents segments sont, par leur extrémité inférieure, en rapport plus ou moins immédiat avec une espèce de carène médiane qui manque très-rarement (Baudroie).

La carène est formée par une suite d'osselets impairs qui ont reçu différents noms, suivant la position qu'ils occupent, suivant surtout leur détermination anatomique d'après la manière de voir des auteurs. Pour mettre plus de clarté dans notre étude, nous décrirons d'abord le premier segment de l'appareil respiratoire, celui qui porte le nom d'os hyoïde.

Os hyoïde. — Il est composé de plusieurs parties ; si l'on veut bien reconnaître les diverses pièces de l'hyoïde et surtout leurs rapports, il est important de les examiner dans les Labres ; dans ces poissons, les pièces sont parfaitement distinctes et disposées d'une façon qui ne laisse aucun doute sur leur détermination.

1° *Corps de l'hyoïde* (ou plutôt, *Basihyal*, Et. Geof. Saint-Hilaire ; *Urohyal*, Duvernoy ; *Copula*, Stannius), (fig. 19-20, n° 1).

Fig. 19. *Os hyoïde de la Vieille commune* (Labrus bergylta).

Pièces inférieures.
1. Basihyal. 2. — Lingual. 3. 1er basibranchial ; 4. 2e basibranchial ; 5, os sous-hyoïdien.

— Cette pièce est regardée par différents auteurs comme un *basibranchial.* Le basihyal est développé chez les Labres, il s'articule en avant et en haut avec le lingual, en arrière et en haut avec le premier os symbranchial ou plutôt basibranchial, latéralement avec les pièces latérales ou arthrohyales, par sa face inférieure avec l'os sous-hyoïdien.

Le basihyal est parfois très-peu développé, dans les Gades, dans les Trigles ; il manquerait même, suivant Duvernoy, chez ces derniers Poissons, ce qui n'est pas absolument exact, il est seulement en partie caché entre les pièces latérales. Dans certains Squales, l'Ange par exemple, le basihyal est très-large et très-long; il porte une proéminence qui paraît formée par un lingual soudé avec lui.

2° *Arthrohyal. Arthrohyaux* (*pièces articulaires, petites pièces latérales* : Cuv., *pièces préarticulaires*, Duvernoy), (fig. 20, n° 2). — Ces pièces sont regardées par Rich. Owen comme étant un basihyal, c'est une erreur : elles sont généralement de chaque côté au nombre de deux, plus ou moins soudées ensemble et parfois même avec la corne de l'hyoïde; elles ont été désignées, par Et. Geoffroy Saint-Hilaire, la supérieure sous le nom d'*Apohyal*, l'inférieure sous celui de *Cératohyal ;* cette dernière pièce s'articule presque toujours avec celle du côté opposé. Les arthrohyaux manquent chez l'Ange, et probablement chez tous ou presque tous les Plagiostomes.

3° *Hypostégal* (*Hyposternal*, Et. Geof. Saint-Hilaire ; *Cératohyal*, Rich. Owen), (fig. 20, n° 3).

4° *Épistégal* (*Épisternal*, Et. Geof. Saint-Hilaire: *Épihyal*, Rich. Owen), (fig. 20, n° 4). Cette pièce est généralement moins développée que la précédente, elle lui est unie d'une façon plus ou moins intime. Chez les Poissons osseux ces deux segments sont aplatis, ils portent sur leur face externe les rayons branchiostèges.

Chez les Sélaciens l'hypostégal et l'épistégal ne sont pas distincts; il n'y a qu'une seule pièce.

Peut-être serait-il préférable d'appeler, tout simplement, cornes de l'hyoïde les deux pièces qui se trouvent chez les Téléostéens. Ces pièces ont encore reçu les noms suivants : *Grandes pièces latérales* (Cuv. et Valenciennes) ; *cornes antérieures* ou *pièces radiales* ou *branches hyoïdes* (Duvernoy); *os plats* (Agassiz ?).

5° *Stylohyal*, Rich. Owen (*Stylhyal*, Et. Geof. Saint-Hilaire ; *Os styloïde*, Cuv. et Valenc., Duvernoy, Agassiz), (fig. 20, n° 5). — Chez la plupart des Poissons osseux il ressemble à une petite tige plus ou moins arrondie; il s'attache généralement dans l'espèce de triangle formé par le rapprochement du préo-

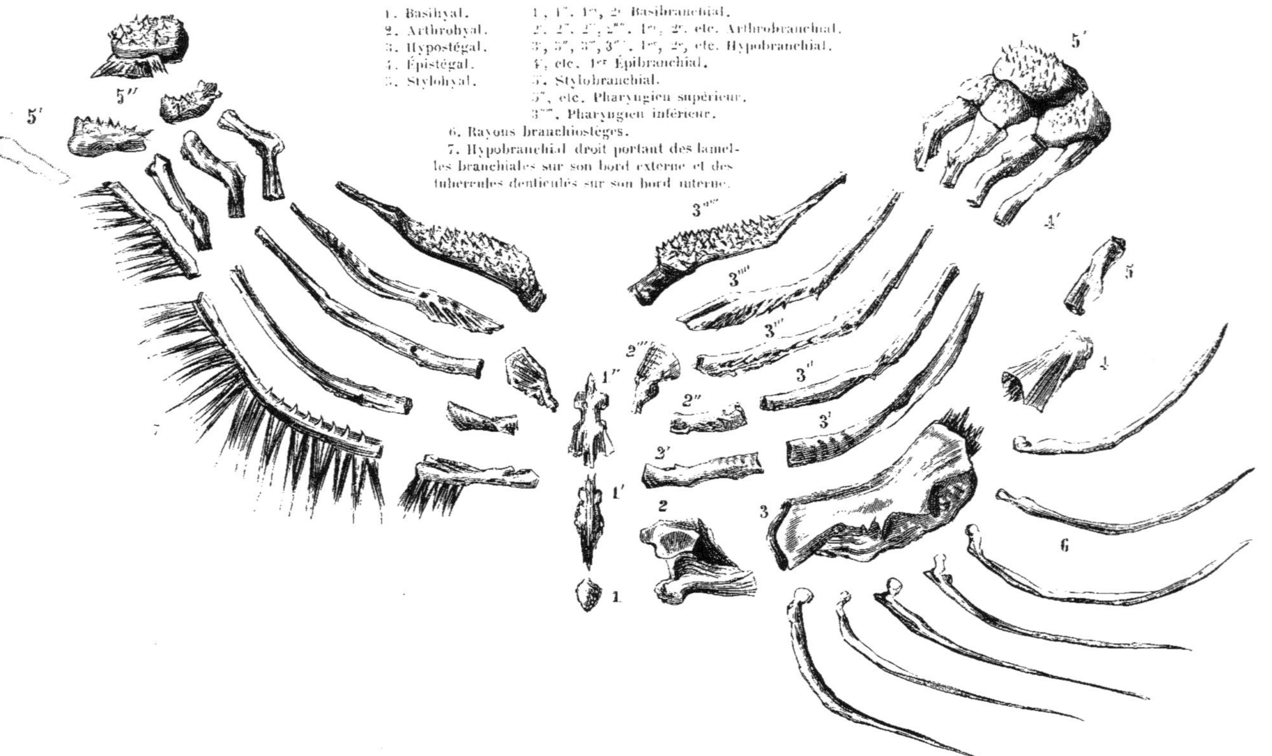

Fig. 20. *Appareil hyoïdien de la Morue* (Gadus morua).

percule, de l'épitympanique et du mésotympanique, parfois encore il s'attache seulement à l'une de ces pièces. Il manque dans les Congres, dans les Plagiostomes.

6° *Glossohyal*, Et. Geof. Saint-Hilaire, Rich. Owen (*Os lingual*, Cuv. et Valenc., Agassiz, fig. 19, n° 2). — Cet osselet manque souvent, il est libre en avant, il s'articule en arrière avec le basihyal ; chez les Chorignathes il est parfois armé de dents.

7° *Os sous-hyoïdien* (*Épisternal*, Et. Geof. Saint-Hilaire ; *Queue de l'hyoïde* ou de *l'os hyoïde*, Cuv. et Valenc., Agassiz ; *Basihyal* ou *corps hyoïde*, Duvernoy ; *Urohyal*, Rich. Owen ; *Carène de l'hyoïde*, Stannius).— Gouan avait primitivement donné le nom de *sternum* ou *poitral* à cette pièce assez difficile à déterminer (fig. 19, n° 5).

L'os sous-hyoïdien manque chez les Plagiostomes et chez certains Poissons osseux, Baudroies, etc. Il s'articule par une facette de son bord supérieur avec le basihyal, et de chaque côté en avant avec les arthrohyaux ; il est en arrière uni par des ligaments assez forts à la partie antérieure de la ceinture scapulaire ; il constitue ainsi la charpente inférieure de la chambre branchiale et parfois de la chambre cardiaque ; il donne attache aux muscles sterno-hyoïdiens.

Les rapports indiqués ne sont pas les mêmes chez tous les Poissons : dans le Congre par exemple, cet os s'articule avec les hypostégaux ou cornes de l'hyoïde, et bien qu'il soit allongé, il reste très-éloigné de la chambre cardiaque. Il présente d'assez grandes différences dans sa forme, dans ses dimensions. Et. Geoffroy Saint-Hilaire regardait cette pièce comme représentant une partie du sternum et l'appelait *Épisternal*. Peutêtre vaudrait-il mieux, sans chercher à vouloir indiquer la signification de cette pièce, lui donner un nom tiré de la position qu'elle occupe et l'appeler tout simplement *hypohyal* ou plutôt *os sous-hyoïdien*, car M. Milne Edwards a désigné sous la dénomination de pièces hypohyales les osselets qui s'articulent avec le basihyal et qui sont nos basibranchiaux.

Dans l'Esturgeon l'os hyoïde est très-simple ; de chaque côté une grande corne en partie cartilagineuse, en partie ossifiée, s'attache en bas sur une pièce médiane cartilagineuse, représentant le corps de l'hyoïde ou basihyal et l'arthrohyal, en haut elle est reliée au suspenseur commun.

D'après Stannius, « l'union des branches latérales » de l'hyoïde « a lieu, chez les Raies et les Esturgeons, au moyen de leur adhérence, par leur extrémité inférieure, à la première paire de branchies. » (STAN., *Anat. comp.*, trad. fr., p. 39.) Chez les Raies, les branches de l'hyoïde sont reliées par une bande cartilagineuse transversale, mince et longue, qui doit être regardée comme un Basihyal.

ARCS BRANCHIAUX. — Chez les Poissons osseux, les lamelles respiratoires sont généralement disposées sur quatre arcs branchiaux, sur trois seulement chez les Balistes, les Baudroies, bien que le nombre des arcs branchiaux reste le même. Ces arcs, qui font suite à l'os hyoïde, ont avec lui la plus grande ressemblance, surtout le premier arc que nous allons examiner tout d'abord (fig. 20).

PREMIER ARC BRANCHIAL. — Il se compose des pièces suivantes :

1° *Basibranchial*, RICH. OWEN (*Ento-hyal*, ÉT. GEOF. SAINT-HILAIRE ; *chaîne intermédiaire des osselets*, CUV. et VALENC.; *symbranchial* ou *pièce médiane* de conjugaison, DUVERNOY), (n° 1'). — Cette pièce médiane impaire doit être désignée sous le nom de premier basibranchial ; elle est articulée, en avant avec le basihyal, en arrière avec le deuxième basibranchial, et latéralement avec une pièce remplissant les mêmes fonctions que l'arthrohyal. Elle manque chez les Squales ou du moins chez ceux que j'ai examinés ; elle manque, ainsi que les autres basibranchiaux, chez les Baudroies, l'Uranoscope. Chez les Raies (*Raia clavata*, etc.), les basibranchiaux sont remplacés par une pièce unique, très-longue, fourchue en avant et en arrière, formant comme un)-(.

2° *Arthrobranchial* (*Thyréal*, ÉT. GEOF. SAINT-HILAIRE ; *Hypobranchial*, RICH. OWEN; *Pièce interne* de la *partie inférieure* de l'*arceau*, CUV. et VALENC.; *Pièce articulaire inférieure*, DUVERNOY, AGASSIZ), (n° 2'). — Cette pièce est articulée en dedans avec le basibranchial, et en dehors avec une longue pièce portant des lames branchiales. L'arthrobranchial porte aussi des lames branchiales chez beaucoup de Poissons osseux, Clupes, Gades, etc.

3° *Hypobranchial* (*Pleuréal inférieur*, Ét. Geof. Saint-Hilaire: *Branchial principal*, Duvernoy; *Cératobranchial*, Rich. Owen; *Pièce externe* de l'arceau, Cuv. et Valenc.: *Pièce inférieure* de l'arceau, Agassiz), (n° 3'). — L'hypobranchial s'articule en dedans ou en bas avec l'arthrobranchial, en dehors ou en dessus avec l'épibranchial; il porte toujours des lamelles respiratoires, il représente évidemment, chez les Poissons osseux, l'hypostégal de l'os hyoïde ou du premier segment de l'appareil hyoïdien.

4° *Épibranchial*, Rich. Owen (*Pleuréal supérieur*, Ét. Geof. Saint-Hilaire; *Branchial articulaire*, Duvernoy; *Pièce supérieure*, Cuv. et Valenc., Agassiz), (n° 4'). — L'épibranchial, chez les Poissons osseux, répond à l'épistégal; il présente, dans sa partie supérieure, le plus souvent deux apophyses, dont l'une s'articule avec le crâne et l'autre avec le stylobranchial; il porte des lamelles branchiales; il est généralement beaucoup moins développé que l'hypobranchial; il en est de même chez la plupart des Plagiostomes, cependant chez le Renard (*Alopias vulpes*), les deux pièces ont à peu près la même dimension.

5° *Stylobranchial* (*Pharyngéal*, Ét. Geof. Saint-Hilaire; *Stylet* ou *pharyngien supérieur*, Cuv. et Valenc.: *Pharyngobranchial*, Rich. Owen; *Sur-articulaire*, Duvernoy; *Pièce articulaire supérieure*, Agassiz), (n° 5'). — Il s'articule avec l'épibranchial, et s'attache à la base du crâne dans la plupart des Poissons osseux.

Il a souvent, chez les Téléostéens, la forme allongée et plus ou moins cylindrique de l'os styloïde de l'hyoïde, du stylohyal; mais parfois il ressemble plus aux os des segments suivants, et porte, comme chacun d'eux, le nom de pharyngien supérieur: il manque dans le Congre, ainsi que le stylohyal. Chez les Plagiostomes, il est ordinairement aplati comme tous ses homologues qui sont plus ou moins en rapport avec la colonne vertébrale.

On voit qu'il y a, chez la plupart des Poissons osseux, homologie complète, absolue entre l'arc hyoïdien et le premier arc branchial ; ils se composent l'un et l'autre d'une pièce impaire et de quatre pièces latérales superposées.

L'étude des autres segments ne présente aucune difficulté ni dans les Poissons osseux, ni dans les Plagiostomes.

Poissons osseux. — DEUXIÈME ARC BRANCHIAL : il est semblable au premier, cependant le stylobranchial ou pharyngien supérieur est élargi, il est souvent armé de dents. Quant à la pièce impaire ou deuxième basibranchial (n° 1″), elle est ordinairement la dernière : la série des pièces basibranchiales ne s'étend pas en général au delà du troisième segment, toutefois il en est autrement chez certaines familles, les Clupéidés, etc.

TROISIÈME ARC BRANCHIAL : les arthrobranchiaux, ou pièces articulaires inférieures (n° 2‴), viennent ordinairement s'appuyer par leur extrémité interne sur les côtés et l'extrémité postérieure du deuxième et alors dernier basibranchial, et conservent leurs rapports avec les hypobranchiaux.

QUATRIÈME ARC BRANCHIAL : les arthrobranchiaux, manquent le plus généralement, et les hypobranchiaux (n° 3‴) s'insèrent soit sur la partie interne des arthrobranchiaux (n° 2‴) du troisième arc branchial, ou s'y rattachent au moyen d'un ligament.

CINQUIÈME ARC BRANCHIAL, ou plutôt dernier segment ; il est incomplet, il est formé d'une seule pièce latérale qui porte le nom d'*os pharyngien inférieur* (*cricéal*, ÉT. GEOF. SAINT-HILAIRE). Il est facile de voir que cette pièce n° 3‴ est l'homologue de l'hypobranchial, elle est souvent garnie de dents ; chez les fœtus de Salmones et les très-jeunes elle porte une branchie. (V. AGASS. et C. VOGT, *Histoire naturelle*, Poissons d'eau douce, t. 1. p. 226). Elle est parfois soudée à celle du côté opposé, comme dans les Labres, les Exocets, etc. ; J. Müller, donnant trop d'importance à la soudure des pharyngiens inférieurs, a cru pouvoir renfermer dans son ordre des Pharyngognathes des poissons qui n'ont entre eux aucune espèce d'affinité naturelle, à part cette disposition anatomique, caractère encore de très-mince valeur, car il n'existe pas toujours dans les sujets d'un même genre.

Les stylobranchiaux changent de forme dans les deuxième, troisième et quatrième arcs branchiaux; ils s'élargissent plus ou moins, se soudent parfois entre eux, et souvent ils sont garnis de dents; ils remplissent une double fonction, ils ne sont plus seulement des suspenseurs de l'appareil branchial, mais encore des espèces de maxillaires pharyngiens; ils sont appelés pharyngiens supérieurs par la plupart des ichthyologistes.

Chez les Labres les pharyngiens supérieurs sont articulés à la base du crâne qui présente de chaque côté une surface élargie.

Plagiostomes. — Dans les Sélaciens le segment hyoïdien n'est pas relié au premier segment branchial par un basibranchial. Les basibranchiaux sont au nombre de deux chez l'Acanthias, le Renard, l'Ange; le premier est petit, en forme de quadrilatère; le second est très-développé, plus ou moins triangulaire; il soutient en arrière une partie du plancher de la chambre cardiaque.

Le dernier segment branchial n'est pas simple, comme dans les Poissons osseux, il est constitué par un hypobranchial et un épibranchial; l'hypobranchial est articulé en dedans sur le deuxième basibranchial, et l'épibranchial vient en haut et en dedans s'articuler sur le stylobranchial de l'avant-dernier segment.

Les pharyngiens inférieurs, ou plutôt les hypobranchiaux, ne portent jamais de dents chez les Plagiostomes, non plus que les pharyngiens supérieurs.

ORGANES BRANCHIAUX.

Les organes branchiaux sont les uns permanents, les autres transitoires.

ORGANES BRANCHIAUX PERMANENTS. — Ils comprennent : les branchies hyoïdiennes; les branchies ; les fausses branchies, les accessoires.

Branchies hyoïdiennes. — Les branchies, ou plutôt les organes respiratoires proprement dits, se présentent sous deux formes plus différentes en apparence qu'en réalité. Le plus souvent ils se composent de lamelles séparées les unes des autres; parfois ils constituent des espèces de houppes ou de panaches enroulés, et Cuvier a donné le nom de Lophobranches aux Poissons qui montrent cette disposition singulière.

Les lamelles respiratoires sont tantôt sans squelette, comme dans les Plagiostomes; tantôt au contraire, elles sont soutenues par un support solide qui se continue à peu près jusqu'à leur extrémité, comme dans l'Esturgeon, dans les Poissons osseux. Les tiges qui font la charpente des lamelles branchiales affectent des formes tellement variées qu'il est impossible de les indiquer; souvent elles sont munies, sur leur bord externe, d'espèces de dentelures très-fines et plus ou moins allongées.

Les lamelles branchiales sont portées sur le bord externe des arcs branchiaux; elles sont généralement disposées en double série sur chaque segment, excepté sur l'hyoïde chez les Plagiostomes, et sur le quatrième arc branchial de quelques Poissons osseux, les Cottes, etc., qui en ont seulement une série simple. Une membrane intrabranchiale est placée entre chaque rangée ou chaque série de lamelles respiratoires; cette membrane est parfois très-étendue, elle dépasse l'extrémité des lamelles respiratoires, elle vient s'unir à la peau en formant des cloisons complètes et par suite des poches, comme dans les Sélaciens; parfois la membrane est basse et les lamelles respiratoires restent libres dans une grande partie de leur longueur, parfois même la membrane intrabranchiale manque complètement, dans les Lophobranches, et les branchies portées sur des tiges ressemblent à des houppes ou à des espèces de massues.

Il est facile de comprendre, d'après la disposition que nous venons d'indiquer chez les Sélaciens, que chaque poche respiratoire, excepté la dernière, est constituée par deux demi-branchies ou plutôt par des lames respiratoires appartenant à deux segments branchiaux différents. La dernière poche conséquemment n'a de lamelles respiratoires que sur la paroi antérieure.

Les lamelles respiratoires sont baignées par les courants d'eau qui, de l'intérieur de la bouche, passent à travers les fentes hyoïdiennes ou branchiales. Chaque série de lamelles est en rapport avec une fente branchiale ; quand, chez les Poissons osseux, par exemple, le quatrième arc ne porte qu'une série de lamelles, Cottes, ou qu'il en manque, il n'y a pas de fente après lui, et le nombre des ouvertures est de quatre au lieu de cinq. Jamais assurément le nombre des fentes n'est aussi réduit que le suppose van Beneden dans sa description des branchies des Lopho-branches : « Ces houppes ou feuillets sont situés dans une poche unique de chaque côté, et dans laquelle l'eau pénètre par une seule ouverture. Ces branchies sont adhérentes aux parois... de l'œsophage. » (V. VAN BENED., *Anat. comp.*, p. 85, fig. 81-82.)

La dimension des fentes branchiales est très-variable ; ces fentes sont parfois très-étendues, parfois très-étroites, généralement elles diminuent de longueur en allant d'avant en arrière.

Les lamelles branchiales sont en nombre plus ou moins grand, et présentent aux courants d'eau une surface considérable, en raison des plissements de la membrane qui les recouvre. On a fait des calculs pour indiquer l'étendue de la surface respiratoire chez différents Poissons, qu'il nous suffise de le rappeler.

C'est dans la membrane branchiale, excessivement délicate, revêtue chez les Hyobranches d'un épithélium pavimenteux, que viennent se terminer, en ramuscules extrêmement fins, les dernières subdivisions de l'artère branchiale apportant le sang chargé de carbone, et commencer les capillaires, non moins déliés, qui, par leur réunion en vaisseaux de plus en plus larges, vont former les artères épibranchiales, et ramener le sang oxygéné dans le torrent circulatoire. C'est à travers cette membrane et l'enveloppe des capillaires que se produisent les phénomènes de l'hématose ; c'est là que se fait cette décomposition chimique destinée à débarrasser le sang de matériaux devenus inutiles ou nuisibles à l'économie, et à lui rendre un élément nécessaire à l'entretien de la vie.

Branchies accessoires. — On donne le nom de branchies accessoires soit à la petite branchie qui se trouve dans l'évent de la plupart des Sélaciens et dans l'évent de l'Esturgeon ; soit encore à la branchie operculaire de l'Esturgeon.

Fausses branchies ou *pseudobranchies*. — Elles se rencontrent chez beaucoup de Poissons osseux et se montrent sous deux formes différentes.

ORGANES BRANCHIAUX TRANSITOIRES. — Ils n'existent que chez les fœtus de Sélaciens.

Nous étudierons ces divers organes en faisant l'histoire particulière des Poissons auxquels ils appartiennent.

APPENDICES DES ARCS BRANCHIAUX. — Le bord interne des arcs branchiaux est généralement, chez les Poissons osseux, garni de tubercules plus ou moins durs ou de lamelles élastiques qui augmentent la surface des parois de la chambre branchiale, retiennent les parcelles de nourriture, les empêchent de s'engager dans les intervalles des arcs, de sortir de la bouche avec l'eau servant à la respiration.

Ces appendices sont ordinairement denticulés : ils sont parfois placés sur deux rangées, l'une antérieure, l'autre postérieure ; ils sont très-développés dans certaines familles ; dans les Clupéidés, par exemple, ils représentent une espèce de crible en forme d'entonnoir, ceux du premier arc branchial sont remarquables par leur grandeur. Ils sont en général plus serrés, plus allongés chez les Poissons qui ont les ouïes largement fendues, manquent parfois chez les Poissons à ouverture operculaire étroite : ils n'existent pas chez les Baudroies, les Murènes, les Congres.

Ils manquent ordinairement chez les Plagiostomes, mais pas aussi absolument qu'on le suppose : ils sont même assez développés chez l'Acanthias, l'Aiguillat commun, ils sont allongés légèrement falciformes, garnis de denticules sur le bord concave ; ils sont très-remarquables par leur nombre et leur longueur chez le Pèlerin.

Ces appendices doivent être regardés, moins comme des organes protecteurs des branchies que, certainement, comme des organes destinés à cloisonner les parois de la bouche et à retenir les substances alimentaires.

Il nous est impossible de faire une plus longue description de l'appareil respiratoire des Hyobranches ; mais nous allons indiquer les sources où il sera facile de puiser les renseignements les plus complets. Nous voulons citer l'*Anatomie comparée* de Cuvier, celle de Rich. Owen, la thèse excellente de Lereboullet sur l'*Anatomie comparée de l'appareil respiratoire dans les animaux vertébrés*, enfin l'ouvrage qui résume tous ces travaux, les *Leçons sur la Physiologie et l'Anatomie comparées* de M. Milne Edwards.

Marsipobranches. — Pour désigner les Poissons de cette sous-classe, par une expression rappelant la disposition de leurs branchies, qui ont l'apparence de bourses ou de poches, le prince de Canino a cru devoir substituer au nom de Cyclostomes celui de Marsipobranches. Chez la Myxine, chez les Lamproies adultes les lames branchiales sont enfermées dans des poches : elles reçoivent l'eau servant à la respiration par de petits conduits ouverts soit dans l'œsophage (Myxine), soit dans un canal sous-œsophagien (Lamproies). Plus tard nous compléterons ce travail ; ici nous voulons seulement signaler une des particularités que présente l'appareil respiratoire dans les Cyclostomes.

Pharyngobranches. — Chez l'Amphioxus, l'appareil respiratoire est constitué par une espèce de cage, placée dans la cavité pharyngienne, laissant passer l'eau à travers les interstices de nombreuses travées couvertes de cils vibratiles. Quand nous étudierons cet être si singulier, nous donnerons de son appareil branchial une description plus détaillée. La position de l'appareil respiratoire a fait désigner les Amphioxus sous le nom de Pharyngobranches ; la dénomination de Ciliobranches serait peut-être préférable : il faut se le rappeler, les branchies à cils vibratiles ne se trouvent que chez les Amphioxus.

TEMPÉRATURE ANIMALE.

Il est très-difficile d'avoir des notions exactes sur le degré de température des Poissons. Nous n'avons fait aucune recherche sur ce point de physiologie, et nous nous bornerons à citer quelques-unes des observations consignées soit dans l'*Histoire naturelle des Poissons* d'Aug. Duméril, soit dans les *Leçons de physiologie et d'anatomie comparées* de M. Milne Edwards.

Les expériences ont été exécutées dans les conditions les plus dissemblables, aussi ne doit-on pas être surpris du peu de concordance qui existe dans les résultats indiqués.

J. Davy a trouvé que le thermomètre placé au milieu des chairs d'une Bonite (*Thynnus pelamys ?*, *Pelamys sarda*) marquait 37°,2, tandis que la température de l'eau n'était que de 26°,7. Il y avait donc une différence de 10°,5 entre la température du poisson et celle du milieu ambiant. Chez un Requin, J. Davy a constaté que la température de l'animal dépassait celle de l'eau d'environ 1°,3. M. de Tessan a noté chez des Squales un excès de 1°,2 à 3°,2 au-dessus du milieu ambiant. D'après M. Collie la température d'une Bonite (*Scomber pelamys*), prise « dans le ventricule cardiaque » était de 30°,0 et la température de l'eau était de 27°,7. (V. A. DUMÉR., t. I, p. 221.)

D'après M. Milne Edwards la température des Poissons est à peine plus élevée que celle du milieu ambiant. « La différence est très-petite chez la plupart des Poissons ; elle est communément d'un peu moins d'un degré centigrade. »

Despretz a trouvé, chez une Tanche, une différence de 0°,71 ; Becquerel, chez le même animal, a trouvé seulement 0°,5 de différence. Rudolphi a noté également en plus 0°,5, chez la Torpille ; Eydoux et Souleyet 1°,4 chez un Requin ; Martins 0°,65 « chez un Grondin ou *Trigla hirundo*. » (MIL. EDW.)

Dutrochet, « en comparant à l'aide d'un thermo-multiplicateur la température du corps d'une Ablette vivante et d'un individu mort qui étaient placés dans la même eau,... n'a pu reconnaître aucune différence. » (MILNE EDWARDS. *Leç. Physiol. Anat. comp.*, t. VIII, p. 7-9.)

VESSIE NATATOIRE.

La vessie natatoire ou vessie aérienne, est un organe creux rempli de gaz; elle est complétement close ou communique avec le tube digestif au moyen d'un canal, appelé conduit pneumatophore; ce n'est que par une exception des plus extraordinaires, que le conduit s'ouvre dans la chambre branchiale, comme l'a signalé le docteur Arm. Moreau, chez le Saurel *Caranx trachurus*).

Elle a des parois composées de deux ou trois tuniques plus ou moins épaisses: 1° une membrane fibro-muqueuse, qui souvent se divise en deux couches bien distinctes; elle est tapissée sur la face interne par un épithélium plus ou moins sphérique, portant des cils vibratiles chez l'Esturgeon; 2° une membrane musculeuse qui manque assez souvent ou n'est que très-peu développée; elle est formée de fibres lisses chez le Brochet, la Brème commune, l'Esturgeon; elle est très-épaisse et formée de fibres striées chez la plupart des Trigles; 3° une membrane séreuse ou péritonéale qui est plus ou moins complète. Dans beaucoup de Poissons acanthoptérygiens, la vessie natatoire est allongée, elle cache la plus grande partie des reins, elle est adhérente aux vertèbres, et couverte par le péritoine, qui la renferme, en quelque sorte, dans une chambre séparée de la cavité où sont logés les organes de la digestion. Elle existe chez certaines espèces d'un même genre et manque chez d'autres; elle est souvent libre, en contact avec différents organes de l'abdomen dont il est impossible d'indiquer les rapports en peu de mots. Parfois, chez les Loches, elle est logée dans une coque complétement osseuse qui est soudée à la colonne vertébrale.

Elle affecte des formes très-différentes, et quelquefois non-seulement dans les Poissons d'un même genre, mais encore dans ceux d'une même espèce, suivant le développement des individus. Cuvier a donné beaucoup de détails sur les productions branchues de la vessie natatoire si curieuse du Maigre (*Sciæna aquila*). La vessie des Cyprins est composée de deux lobes, l'un antérieur, l'autre postérieur ; chez quelques Trigles (*Trigla corax*), elle présente un lobe médian très-développé, et deux lobes latéraux, espèces de cornes terminées en pointe ; elle est parfois bifurquée en arrière. Chez beaucoup de Poissons, quand surtout elle manque de canal pneumatophore, comme l'a fait remarquer Perrault, la vessie aérienne est pourvue d'un système tout particulier dont l'ensemble est connu sous le nom de *corps rouges*. Ces petits amas vasculaires doivent jouer un grand rôle dans la sécrétion des gaz qui remplissent la vessie. C'est Needham, qui le premier a fait connaître que le gaz est le produit d'une véritable sécrétion.

Cet organe reçoit ordinairement de l'artère cœliaque une branche, qui porte le nom d'artère de la vessie natatoire, il reçoit du pneumogastrique des filets nerveux plus ou moins nombreux. D'une manière générale on peut dire que la vessie natatoire manque chez les Plagiostomes, les Cyclostomes, l'Amphioxus, qu'elle existe avec un conduit pneumatophore chez l'Esturgeon, chez la plupart des Malacoptérygiens abdominaux, chez les Apodes ; nous ne parlons bien entendu que de nos Poissons de France.

Pour la plupart des anatomistes cette vessie est une espèce de poumon modifié ; en effet, elle peut dans certaines circonstances suffire aux besoins de l'hématose ; elle est « celluleuse, physiologiquement transformée en organe pulmonaire », chez les Dipnés. (V. A. Duméril, t. II, p. 453.) Plusieurs de ces animaux singuliers, des Protoptères, ont été envoyés au Muséum de Paris, « dans des mottes de terre durcies » (A. Dumér.); ils venaient de la Gambie.

Chez les Cyprinidés, les Clupéidés, etc., la vessie natatoire est en rapport avec l'oreille, soit au moyen de pièces osseuses, soit au moyen de ligaments ; elle remplit, comme le fait remarquer Duvernoy, le rôle d'un « organe accessoire de l'appareil auditif ».

Lorsque la vessie natatoire est pourvue de fibres musculaires

développées, et surtout de fibres striées, peut-elle augmenter ou
diminuer de volume, suivant les besoins et la volonté de l'animal? Le fait ne semble pas douteux. A quoi serviraient les muscles puissants qui se rencontrent chez certains Trigles, chez le
Dactyloptère? A quel usage seraient destinés les muscles qui de
la colonne vertébrale descendent sur cet organe, chez la Morue,
les Zées, etc.? Ces muscles seraient-ils uniquement, comme le
pensent quelques physiologistes, des instruments que les Poissons emploient pour émettre certains sons, produire certains
bruits? Mais, d'après Armand Moreau, « la vessie natatoire du
Trigla lyra... est privée de muscles. » (V. *Compt. rendus Acad.
des sciences*, 1874, t. LXXIX, p. 1297.) Ce qui n'empêche nullement le poisson de faire entendre des bruits plus forts que
ceux des autres Trigles : le *Trigla lyra* est appelé, « en Languedoc, *Gronau* ou *Groupnant*, à raison qu'il gronde comme un
porc. » (RONDELET, p. 235.) Son nom anglais *Piper* est signifi-
catif.

Broussonet, J. Müller et Costa ont décrit l'appareil assez
compliqué de la vessie natatoire chez les Ophidies. Mais ils ont
émis, quant à son usage, les opinions les plus opposées. Suivant
Broussonet, J. Müller, l'appareil est destiné à modifier le volume de la vessie natatoire. Cette manière de voir n'est pas
admise par G. Costa. Le professeur napolitain montre les différences anatomiques très-prononcées, qui existent entre la vessie
natatoire du mâle et celle de la femelle, et il pense « che il na-
tatojo esercita la sua influenza sul sistema riproduttore ». (COSTA,
Fauna Nap., Apodi, pl. XX, ter, A et B. — CUV., *Anat. comp.*,
t. VIII, p. 719.)

Une question, qui a beaucoup occupé et qui occupe encore les
physiologistes, est de savoir le rôle que joue la vessie aérienne
dans la locomotion. D'après Borelli, Perrault, la vessie natatoire est un organe nécessaire à la locomotion, elle sert au poisson à monter, à descendre suivant le changement imprimé à
son volume. Cette opinion fut adoptée par la plupart des anatomistes, des naturalistes et des physiciens. Delaroche cependant

ne voulut pas l'accepter; pour lui, « la vessie n'a pas d'autre usage bien constaté que celui de mettre la pesanteur spécifique des poissons en équilibre avec celle du milieu ambiant. » (DELAROCHE, Observat. vessie aérienne des poiss., Ann. Muséum, t. XIV, p. 261.) Cuvier, qui fut chargé de rendre compte du Mémoire de Delaroche, en rejeta les conclusions, et maintint les idées de Borelli. (V. loc. cit., p. 183.)

Humboldt et Provençal, dans leurs « Recherches sur la respiration des Poissons », avaient bien constaté que souvent chez les Tanches, l'ablation de la vessie natatoire n'empêche pas les animaux de « s'élever à la surface de l'eau », de nager même en toute direction, « sans que l'équilibre de leur corps » paraisse « dérangé ». Ces faits passèrent en quelque sorte inaperçus, et la théorie de Borelli ne fut aucunement ébranlée par les résultats d'expériences qui lui sont cependant si peu favorables.

Dans ces dernières années, la question fut reprise successivement par trois auteurs dont nous allons rapidement indiquer les travaux.

M. Monoyer a démontré, que le poids spécifique des Poissons pourvus d'une vessie natatoire est tantôt plus léger que celui de l'eau, chez l'Ablette, tantôt plus lourd, chez le Goujon; que l'équilibre des Poissons est instable, Ablette, Goujon, Perche, et que le « décubitus abdominal » est maintenu par le jeu des nageoires; que, chez des Cyprins, la forme et le volume de la vessie natatoire peuvent varier. (MONOYER, Locomotion des Poissons, Ann. Sc. natur., 1866, t. VI, p. 1-15.)

M. Gouriet regarde la vessie natatoire comme « un organe adjuvant, mais non indispensable », dans l'acte de la natation. Des Tanches, des Carpes, des Gardons, etc., peuvent « se mouvoir dans tous les sens et avec la plus grande facilité sans le secours de la vessie ». « Ce n'est point parce qu'il presse ou dilate sa vessie que le Poisson descend ou monte; c'est plutôt parce qu'il descend ou monte que sa vessie se trouve pressée ou dilatée. » (E. GOURIET, Rôle de la vessie natatoire, Ann. sc. nat., 1866, t. VI, p. 369-382.)

Le Dʳ Arm. Moreau a fait, à l'aide d'appareils très-ingénieusement disposés, de nombreuses expériences sur diverses espèces de Poissons. Notre savant confrère regarde la théorie de Borelli comme inacceptable : il formule ainsi la conclusion rigoureuse de ses recherches : « La vessie natatoire est un organe d'équilibre, non de locomotion. »

Ce physiologiste a fait des observations très-intéressantes :

Chez le poisson qui est pourvu d'une vessie natatoire, le volume du poisson « augmente à mesure que la hauteur du poisson au-dessus du fond augmente. »

« Le poisson s'adapte à toutes les hauteurs non par une action mécanique de ses muscles sur la vessie natatoire, mais en changeant la quantité d'air contenue dans l'organe. »

« Le poisson qui a une vessie natatoire est un ludion, mais un ludion vivant. Physiologiquement, il change la quantité d'air qu'il possède. »

Le poisson privé de vessie natatoire ne change « pas de volume ». Il « possède normalement, comme il résulte des expériences de Delaroche, une densité toujours supérieure à la densité de l'eau. Il n'est jamais en équilibre dans l'eau. »

Je regrette de ne pouvoir soit donner une analyse plus longue, soit faire des citations plus nombreuses de cet important travail. Je renvoie aux différents mémoires publiés par Arm. Moreau sur « la fonction hydrostatique de la vessie natatoire ». (V. *Compt. rend. Acad. sc.*, t. LXXVIII, LXXIX, LXXX. — *Association française pour l'avancement des scienc.*, *compt. rendu. ann.* 1875, p. 77-85, 4 fig. — *Ann. sciences nat.*, 1876, t. IV, p. 1-85, pl. XIII-XIV, fig. 3-10.)

APPAREIL URINAIRE

L'appareil urinaire se compose d'organes sécréteurs, les reins, et d'organes excréteurs, les uretères, la vessie et l'urèthre. La vessie et l'urèthre manquent chez un certain nombre de Poissons.

REINS. — Chez les Poissons, les reins, d'après l'opinion généralement adoptée, sont constitués par les corps de Wolff qui, au lieu d'être transitoires comme chez les autres vertébrés, sont permanents. « C'est ainsi que la persistance des corps de Wolff pendant toute la vie devient un caractère important de la classe des Poissons, qui la distingue de tous les autres animaux. » (C. Vogt, *Embryol. Salmones*, p. 180.) Le professeur Ch. Robin n'accepte nullement cette manière de voir : les corps de Wolff, suivant lui, « manquent dans les Poissons ». « Les corps de Wolff ne sont pas des reins provisoires. » (Littré, Robin, *Diction. méd. chirurg.*, Corps de Wolff.) Dans tous les cas, si l'on admet que les corps de Wolff forment les reins chez les Poissons, il faut bien admettre aussi qu'ils ont chez ces animaux une structure différente de celle qu'ils montrent chez les autres Vertébrés.

Et franchement, c'est pousser bien loin l'amour de la théorie, que de regarder comme étant de même nature, des organes qui ne présentent que des différences histologiques.

Quant à l'opinion de Huxley, elle n'est pas très-nette. « La question de savoir si les animaux appartenant à la classe des Poissons possèdent de vrais reins, ou si les reins de ces animaux ne sont que des corps de Wolff persistants, n'est pas encore résolue. » (Huxley, *Élém. Anat. comp.*, trad. franç., p. 110.) Mais Huxley ajoute plus loin : « Les organes urinaires » des Ichthyopsidés « sont des corps de Wolff permanents. » (*Loc. cit.*, p. 117.)

Les reins ne manquent jamais dans la classe des Poissons; cependant, d'après Huxley, « on n'a trouvé ni corps de Wolff, ni reins chez l'Amphioxus. » (Huxley, *loc. cit.*, p. 110.) Mais les corpuscules isolés qui se montrent près du pore abdominal ont été considérés par J. Müller et par d'autres anatomistes comme étant des reins.

Chez les autres poissons, les reins sont au nombre de deux, plus ou moins séparés dans leur partie antérieure, mais souvent réunis en arrière; ils sont logés dans la région rachidienne, dans la région la plus élevée de l'abdomen; ils sont plus ou moins complétement couverts à leur face inférieure par le péritoine, qui les sépare des autres viscères abdominaux ; mais chez les Poissons osseux, qui ont une vessie natatoire très-allongée et plus ou moins adhérente aux parois du ventre, les rapports sont nécessairement modifiés. Le bord interne du rein est longé par le canal excréteur ou l'uretère.

Il est difficile d'indiquer la forme et la dimension des reins d'une manière générale, mais on peut dire qu'ils sont ordinairement plus développés chez les Poissons que chez la plupart des autres Vertébrés. Nous les étudierons successivement chez :

Plagiostomes. — Les reins sont assez courts, relativement épais, lobulés, ils sont réunis en arrière chez les Squales, moins souvent chez les Raies ; ils sont complètement séparés des autres viscères abdominaux par une lame du péritoine, qui les maintient appliqués contre la paroi supérieure du ventre. Ils ont à leur bord interne un uretère qui débouche dans une vessie plus ou moins dilatée (femelles), dans le cloaque génito-urinaire (mâles).

Esturgeon. — Les reins sont très-allongés, ils sont placés de chaque côté de la colonne vertébrale, et s'étendent du niveau de la cavité branchiale à l'extrémité de l'abdomen. Un fait d'organisation très-remarquable se rencontre chez l'Esturgeon, il y a communication entre les organes de reproduction et les uretères.

Cette communication est établie au moyen d'une espèce d'entonnoir ou de trompe, qui part de l'uretère en jouant le rôle soit d'un canal déférent, soit d'un oviducte, reçoit par sa partie élargie les éléments, les produits qui viennent du testicule ou de l'ovaire. L'entonnoir serait, à son entrée dans l'uretère, muni d'une sorte de valvule qui laisserait libre le passage « de la cavité abdominale dans » l'uretère, mais la fermerait dans le sens contraire. Il est si difficile de se procurer des Esturgeons que je n'ai pu étudier cette singulière organisation. Le professeur A. Duméril a donné sur la partie de l'anatomie des Ganoïdes, qui nous occupe, les détails les plus intéressants. (V. A. DUMÉR., t. II, p. 9 à 11.)

Poissons osseux. — Les reins sont en général très-allongés, excepté chez la plupart de nos Lophobranches : en effet, ils sont relativement courts chez les Hippocampes ; ils s'avancent parfois jusque sous la base du crâne, où ils présentent le plus souvent une espèce de renflement, ils s'étendent jusqu'à l'extrémité de l'abdomen et même chez quelques poissons, Sole, Anguille, ils se prolongent dans l'arrière-cavité abdominale ou cavité caudale. Ils sont appliqués de chaque côté le long de la colonne vertébrale et surtout chez les Poissons acanthoptérygiens pourvus d'une vessie natatoire, ils sont très-adhérents à la paroi abdominale, s'enfoncent dans les anfractuosités, sont traversés par des brides fibreuses venant de la vessie natatoire, ils sont très-difficiles à détacher d'une façon complète, sans déchirure.

Chez les Poissons munis, comme les Cyprins, d'une vessie natatoire à deux lobes longitudinaux, placés bout à bout, ils se renflent, vis-à-vis de l'étranglement, en un lobe externe qui leur donne l'apparence d'une croix.

Les reins, généralement séparés dans leur partie antérieure, sont plus ou moins rapprochés, et même confondus en une masse unique, à leur extrémité postérieure ; ils peuvent dans ces conditions avoir trois uretères, deux latéraux et un médian, qui se réunissent en un seul tronc allant s'ouvrir dans la vessie, comme dans la Truite. (AGASS., C. VOGT, *Anat. Salmones*, p. 83.)

Marsipobranches. — Dans les Lamproies les reins commencent un peu avant le milieu de la cavité abdominale ; ils sont étroits, « comme suspendus et complétement enveloppés par les replis du péritoine, de chaque côté du sinus veineux génital, sous la veine cave. » (DUVERNOY, CUV., *Anat. comp.*, t. VII, p. 586.)

Pharyngobranches. — Nous avons déjà rapporté l'opinion de J. Müller qui regarde comme étant les reins de l'Amphioxus, les corpuscules isolés, placés en arrière de la chambre respiratoire. Richard Owen exprime une manière de voir différente ; suivant lui, un corps glanduleux, légèrement opaque, mince, allongé peut représenter le rein chez le Branchiostome. (V. RICH. OWEN,

Anat. vertébr., p. 533, et fig. 169, *h*, p. 269. Cet organe est appliqué contre la paroi tergale de l'abdomen, il forme, d'après le dessin, un relief assez prononcé.

Structure des reins. — Les reins sont entourés par une membrane de tissu conjonctif parfois très-mince ; ils sont composés d'une substance assez molle, d'un rouge brun. Ils ont une structure assez simple, assez facile à étudier ; ils sont constitués par des tubes ou canalicules urinifères et par de petits amas ou pelotons vasculaires, appelés *glomérules* de Malpighi.

Les canalicules urinifères commencent, ou se terminent isolément, par ou sur une espèce de renflement membraneux qui enveloppe le glomérule de Malpighi, et qui a été appelé *capsule* du glomérule, *capsule* de Müller ou de Bowman. La capsule du glomérule, ou l'aboutissant du canalicule urinifère est, ainsi que le tube, formée d'une substance conjonctive très-délicate ; elle est tapissée par un épithélium à cellules dépourvues de cils vibratiles.

Le tube urinifère est remarquable par son revêtement de cellules vibratiles, qui présentent des cils d'une très-grande longueur chez les Sélaciens, suivant Leydig : avant de se réunir a la capsule du glomérule, il éprouve souvent une espèce de rétrécissement. Les canalicules urinifères se réunissent successivement dans des canaux plus grands, qui après un trajet plus ou moins sinueux, gagnent en général le côté interne des reins pour déboucher dans l'uretère.

Les glomérules de Malpighi, recouverts de leur capsule, ont une forme globuleuse ou ovale. Le glomérule proprement dit est constitué par un rameau artériel, vaisseau afférent qui se divise en ramuscules composant un lacis pelotonné dans l'intérieur de la capsule de Bowman. Une veinule ou vaisseau efférent est en rapport avec chaque glomérule.

Uretères. — Ils reçoivent, comme des collecteurs, l'urine qui leur est apportée par les tubes urinifères ; ils sont généralement au nombre de deux et placés sur le bord interne des reins, quelquefois ils sont au nombre de trois, rarement plus. Ils débouchent ordinairement dans un organe creux, la vessie, soit isolément, soit après s'être réunis en un seul tronc. Ainsi, chez les Truites, les uretères, qui sont au nombre de trois, deux latéraux, un médian, se confondent en un seul canal s'ouvrant dans la vessie. Il y a généralement deux uretères communiquant avec la vessie dans les Plagiostomes femelles, les Ganoïdes, les Lophobranches ; cette disposition est moins commune chez les Chorignathes.

Duvernoy a signalé une très-singulière exception chez les Épinoches, elles « ont cinq canaux urinaires, de chaque côté, qui se rendent séparément à la vessie. » (Cuv., *Anat. comp.*, t. VII, p. 589.)

L'insertion des uretères dans la vessie présente beaucoup de variétés : les uretères, nous l'avons dit, peuvent arriver séparément dans la vessie, ils peuvent, avant de s'y rendre, se réunir en un canal unique, Trigle Corbeau, etc. ; ils peuvent s'élargir, former une espèce de dilatation qui est nommée vessie urétérienne. (V. Milne Edwards, t. VII, p. 329.) Les uretères pénètrent dans la vessie soit à la pointe des cornes, Centrine, soit entre les deux cornes, Hippocampe, etc.

Chez les Sélaciens mâles, les uretères restent toujours séparés, ils s'ouvrent généralement chacun en arrière et au-dessus de l'orifice du sinus génital correspondant ; ils ne présentent ordinairement qu'une très-petite dilatation.

Chez le Pèlerin, « ils formaient un canal tout au plus de la grosseur d'une plume d'oie. » (Blainv., Mém. Squale Pèlerin. *Ann. Muséum d'Hist. natur.*, 1811, t. XVIII, p. 119.) Dans l'Émissole il paraît y avoir une exception très-manifeste : « Les uretères dilatés et constituant par leur renflement deux vessies urinaires, comme dans les Squales mâles, ont cela de particulier qu'ils se prolongent d'une manière non interrompue jusqu'au sommet du rein. » (Martin Saint-Ange, Appar. reprod. anim. vertébr. *Mém. Acad. Sc.*, 1856, t. XIV, p. 150, pl. xiv.)

Les uretères débouchent, ainsi que les organes génitaux, dans une espèce de très-petite poche à laquelle de Blainville a donné le nom de premier cloaque. Quand nous étudierons l'appareil génital de la Raie, nous examinerons les diverses opinions qui ont été émises sur la ou les vessies du mâle.

VESSIE URINAIRE. — Quelle que soit l'origine du réservoir urinaire, il faut le considérer comme une vessie. Il y a bien chez les embryons de Poissons, suivant plusieurs auteurs, C. Vogt, etc., un rudiment d'allantoïde qui se présente comme un élargissement de l'urèthre, mais qui plus tard disparaît et n'entre pour rien dans le développement de la vessie. (C. VOGT, *Embryol. Salmones*, p. 178.) Certains naturalistes ont regardé comme « l'analogue organique de la vessie urinaire » des Poissons osseux, un appendice en cul-de-sac, qui se trouve à la région dorsale et postérieure de l'intestin chez les Sélaciens : cet appendice montre une structure glandulaire spéciale, il n'est en aucune façon l'analogue de la vessie.

La vessie est un organe membraneux plus ou moins contractile ; elle n'a rien de régulier ni dans sa dimension, ni dans sa forme. Elle peut manquer, Misgurne (*Cobitis fossilis*), Cyclostomes, ou ne paraître qu'une simple dilatation des uretères ; elle peut acquérir, au contraire, un développement relativement assez considérable, Baudroie, Silure, Môle. Elle est de forme très-variable, sphérique, ovale, cylindrique, triangulaire, bicorne.

Elle ne semble jamais manquer chez les Plagiostomes femelles ; elle est bicorne dans la Centrine, la Raie bouclée, la Raie estellée.

La vessie est bicorne dans l'Esturgeon.

Elle existe chez presque tous les Poissons osseux, elle manque cependant chez le Misgurne, nous l'avons dit précédemment ; elle est oblongue dans la Perche fluviatile ; allongée, cylindrique chez la plupart des Syngnathes ; courte, triangulaire chez les Hippocampes.

Les Marsipobranches n'ont pas de vessie ; et chez les Suceurs, d'après la plupart des anatomistes, par unique exception dans la classe des Poissons, les organes génito-urinaires s'ouvrent en avant de l'anus.

Le fait est inexact; l'ouverture de l'anus n'est pas en arrière, mais en avant du pore génito-urinaire chez la Lamproie marine, elle a donc la même place que chez les autres poissons; les uretères sont larges et débouchent isolément sur le petit tubercule génito-urinaire. Ce tubercule est ovale, de couleur rougeâtre, percé au centre, et donnant passage aux œufs ou à la laite et à l'urine. Le pore commun est une espèce de petit cloaque, il montre quatre ouvertures, une pour chaque uretère, une de chaque côté pour la sortie des œufs. Les orifices des uretères sont séparés, sur la ligne médiane, par une membrane mince, et sont placés un peu en avant des orifices péritonéaux.

Urèthre. — La vessie s'ouvre au dehors par un canal appelé urèthre qui débouche soit dans un cloaque, comme chez les Plagiostomes, soit directement au dehors; ce canal est toujours situé en arrière de l'anus et presque toujours en arrière des orifices génitaux si les organes génito-urinaires restent complétement distincts et séparés. «Dans l'Oblade commune, l'urèthre se termine dans le rectum, tout près de l'anus.» (Duvernoy, Cuv., *Anat. comp.*, t. VII, p. 607.) L'urèthre présente parfois une espèce de bulbe, Centrine. Il reçoit chez quelques poissons, l'extrémité terminale des organes génitaux, surtout les canaux déférents, nous n'avons pas à en parler maintenant.

Vaisseaux. — Les artères rénales sont assez petites, elles viennent des artères intervertébrales; quelques-unes peuvent naître directement de l'aorte. Quant aux veines, elles se distinguent en veines afférentes qui constituent le système de la veine porte rénale (V. *Circulation*), et en veines efférentes qui se jettent dans les veines cardinales postérieures ou veines caves postérieures. (Cuvier.)

CAPSULES SURRÉNALES

Les capsules surrénales sont assez faciles à étudier chez les Squales; elles sont souvent divisées en lobules complétement sé-

parés : ainsi dans la Squatine (*Squatina angelus*), à la partie postérieure ou plutôt supérieure du rein se trouvent de petites capsules,
ou des divisions de la capsule principale, qui sont en rapport avec
les ganglions sympathiques ; puis au bord interne de chaque
rein se voit une autre capsule surrénale beaucoup plus développée. Cette capsule a la grosseur et la forme d'un haricot ; elle
est d'un tissu assez résistant, de teinte jaune-chamois ; elle est
en grande partie formée de substance corticale : les éléments
nerveux y sont beaucoup moins visibles que dans les petites
cellules disséminées à la partie supérieure du rein.

Les fonctions des capsules surrénales ne sont pas connues :
leur structure n'est pas nettement définie ; leur place dans le
système anatomique n'est pas bien déterminée. Ces organes ont
été regardés comme des glandes vasculaires, mais chez les
Poissons, ils doivent, il nous semble, être rapprochés du grand
sympathique.

CONSERVATION DE L'ESPÈCE

APPAREIL REPRODUCTEUR.

Chez les Poissons les sexes sont séparés.

L'hermaphrodisme normal est une exception excessivement
rare ; il ne se rencontre guère que chez certains Serrans, et
encore quelques anatomistes ne l'admettent qu'avec réserve dans
ces Percoïdes.

Suivant divers naturalistes, les Anguilles sont hermaphrodites,
mais il y a de fortes raisons qui permettent d'affirmer le contraire ; pour mon compte, j'ai plusieurs fois trouvé des Anguilles
qui présentaient, sans aucun doute, le type d'un sexe unique,
soit mâle, soit femelle.

Quant à l'hermaphrodisme accidentel ou anormal, il a été
signalé dans plusieurs espèces. « M. Morand a fait voir les parties
intérieures d'une grosse carpe où l'on voyait distinctement d'un

côté les œufs et de l'autre la laite ; elle était donc véritablement hermaphrodite. A cette occasion. M. de Réaumur a dit qu'il avait observé plusieurs fois la même chose dans le Brochet. et M. Marchant dans le Merlan. » (*Histoire de l'Académie royale des sciences*, 1737. p. 51. c. ix.)

« On trouve de temps à autre parmi les poissons ordinaires des individus qui ont d'un côté un ovaire et de l'autre un testicule. et qui sont par conséquent de vrais hermaphrodites. » (CUV. ET VALENC.. t. I. p. 534.)

D'après Valenciennes, l'hermaphrodisme est assez commun chez le Hareng. « Je trouve dans mes notes, que j'ai observé deux cas de ce genre, l'un à Boulogne, en 1827, et l'autre un peu plus tard, sur un Hareng pris au marché de Paris. » (CUV. ET VALENC.. t. XX. p. 72.)

Malm a signalé l'hermaphrodisme chez le Maquereau, ou plutôt il a confirmé le fait indiqué par Desmarest ; il a, comme Valenciennes, constaté cette anomalie chez le Hareng. (W. MALM. Hermaphrodisme chez les Poissons. *Acad. scienc. de Stockholm.* 1876.) — *Journ. Zool.*, P. GERVAIS, 1877, t. VI, p. 51, pl. V. fig. 3-7).

Je pourrais encore rapporter d'autres observations, mais à quoi bon? D'ailleurs tous les cas d'hermaphrodisme indiqués sont-ils bien exacts? Il est permis d'avoir quelques doutes à cet égard ; ainsi Valenciennes signale l'erreur dans laquelle Bloch est tombé. « Bloch. dit-il, cite des hermaphrodites de Carpe : mais la préparation qu'il avait conservée pour le démontrer. prouvait précisément le contraire.... la graisse des épiploons d'une femelle avait été prise pour la laitance. » (CUV. ET VALENC.. t. XVI, p. 55.) Il faut avouer, du reste, que parfois il est assez difficile. excepté chez les Plagiostomes, de distinguer les organes mâles des organes femelles en dehors de l'époque du frai.

Nous allons d'abord examiner l'appareil de reproduction chez les Poissons en général, nous réservant de compléter les détails lorsque nous ferons l'histoire particulière des différents ordres.

Nous commencerons par étudier l'organe mâle, la glande spermagène et son produit.

ORGANES MÂLES. — *Glande spermagène ; testicule ; laite* ou *laitance* des Poissons osseux. — Les testicules sont presque toujours
doubles, excepté peut-être seulement chez les Myxinoïdes ; dans
l'Ammodyte lançon, dans la Perche, ils sont doubles, bien que
Rich. Owen indique « *single testis.* » Chez l'Ammodyte lançon, ils
forment une masse unique, il est vrai, mais composée de deux
glandes.

Dans ces organes se développent des cellules à peu près semblables aux ovules proprement dits,
cellules auxquelles on a donné les
noms d'*ovules mâles, cellules* ou *résicules mères* des spermatozoïdes. « *sperm-
cells.* » (RICH. OWEN.) Chaque cellule se
compose d'une enveloppe, qu'on a
comparée à la membrane vitelline,
d'une substance souvent granuleuse, et
de noyaux, qui sont nécessaires à la formation des spermatozoïdes.

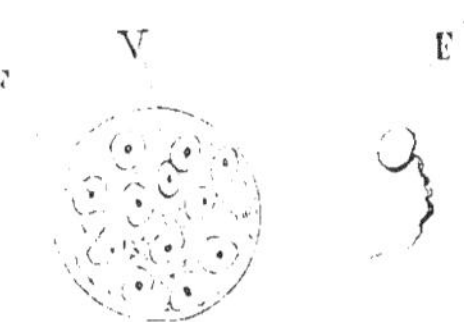

Fig. 21. *Ovule mâle.*

V. Vésicule mère ; F. Vésicule fille ; F'. Vésicule fille
avec un spermatozoïde.

La membrane de l'ovule mâle est beaucoup plus mince que
celle de l'ovule femelle ; elle n'a pas, comme cette dernière,
l'aspect d'une zone claire ; aussi est-il facile de distinguer l'un de
l'autre ces deux ovules, à l'aide du microscope, bien entendu.

Les cellules renferment rarement un seul noyau, elles en
contiennent généralement un assez grand nombre, au moins
chez les Plagiostomes.

Les noyaux ont aussi été désignés sous différents noms, ils ont
été appelés *résicules filles, cellules de développement,* « *cells of
development* » (R. OWEN) : ils ont un nucléole parfaitement
distinct, chacun d'eux sert à l'organisation d'un spermatozoïde.
Nous n'avons pas à indiquer les différentes théories qui ont été
proposées sur le mode d'évolution des spermatozoïdes ; nous
dirons seulement que, dans les Plagiostomes, le spermatozoïde ne
paraît pas complètement naître dans l'intérieur du noyau, que

le noyau tout entier ne se transforme pas en spermatozoïde, que le développement semble plutôt se faire comme le professeur C. Morel l'a indiqué chez le Cabiai : le spermatozoïde est adhérent au noyau par la tête et sa queue est enroulée et appliquée « sur l'enveloppe du noyau ». (C. MOREL. *Histol. hum.*, p. 207, pl. XXIV, fig. II. 6-7.)

Suivant Duvernoy « la glande spermagène des Poissons, présente, dans sa structure générale, comme la glande ovigène, trois types distincts. » (CUV., *Anat. comp.*, t. VIII, p. 116.) Nous pensons qu'il est nécessaire d'admettre cinq types parfaitement caractérisés :

Glande spermagène : A. 1° ayant un épididyme développé, Plagiostomes ; B. manquant d'épididyme, ayant un canal excréteur : 2° soit séparé de la glande elle-même, Esturgeon ; 3° soit en continuité avec elle, Poissons osseux, excepté quelques Apodes, Anguille ; C. n'ayant pas de canal excréteur, spermatozoïdes sortant : 4° par les conduits péritonéaux, Anguille, Cyclostomes ; 5° par le pore abdominal, qui sert aussi à l'évacuation de l'eau après son passage à travers l'appareil respiratoire, Amphioxus.

ORGANES FEMELLES. — *Glande ovigène, ovaire.* — Les ovaires sont généralement doubles ou pairs et plus ou moins symétriques ; parfois les deux ovaires sont ou paraissent confondus en un seul. L'un des ovaires peut manquer, s'atrophier ou ne pas se développer, ce qui est facile à constater chez la Perche commune, chez l'Émissole vulgaire ou commune ; mais dans les Plagiostomes, bien qu'un des ovaires n'existe pas ou ne fonctionne pas, les deux oviductes persistent ordinairement.

C'est dans le stroma de cette glande que se produit l'ovule.

L'ovule, aux premiers temps de son évolution, est une vésicule ou plutôt une cellule arrondie, qui se compose de plusieurs éléments distincts : une membrane enveloppante ou *membrane vitelline* qui est transparente, assez épaisse, et qui a été désignée sous le nom de *zone transparente* ; un *vitellus* d'abord peu abondant, souvent limpide, parfois granuleux ; une *vésicule germinative*.

La substance du vitellus est constituée par des matières albuminoïdes et graisseuses, qui parfois prennent rapidement un
aspect plus ou moins granuleux. Dans le vitellus se trouve une
cellule appelée vésicule germinative; elle est
excessivement petite chez les vertébrés supérieurs, mais elle devient chez les Poissons
relativement très-grosse; elle ne contient
d'abord qu'un liquide transparent, au milieu
duquel apparaissent ensuite des espèces de
noyaux, appelés *taches germinatives*, qui plus
tard aussi contiennent des formations nouvelles, les *nucléoles*. Pendant un certain laps
de temps, la vésicule germinative semble
prendre, chez certains poissons du moins,

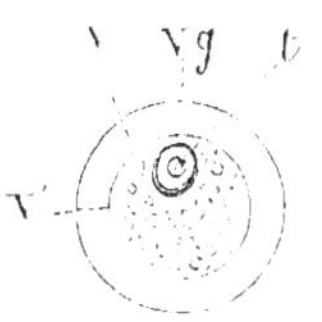

Fig. 22. *Ovule*.

V. Membrane vitelline; V. Vitellus; Vg.
Vésicule germinative;
t. Tache germinative.

un développement en rapport avec celui de l'ovule; le fait est
facile à vérifier dans les Raies en général. Sur une Raie bouclée, j'ai trouvé les proportions suivantes : ovule, $0^{mm},50$,
vésicule germinative, $0^{mm},10$; ovule, $1^{mm},20$, vésicule germinative, $0^{mm},20$.

Puis l'évolution devient plus lente, s'arrête à une période
qu'il est impossible de bien déterminer, et la vésicule germinative,
ayant perdu toute activité fonctionnelle, disparaît longtemps avant
que l'œuf soit parvenu à complète maturité. Nous n'avons pas à
rechercher laquelle des deux cellules est la primitive; est-ce la
cellule ovulaire? est-ce la vésicule germinative, comme le croient
certains embryologistes?

Balbiani a démontré que la composition de l'ovule est plus
complexe qu'on ne l'avait pensé. Le savant professeur a découvert que l'ovule, en plus de sa vésicule germinative, renferme
toujours un autre noyau, la vésicule embryogène.

Outre sa membrane vitelline, l'œuf est encore pourvu d'une
enveloppe externe qui forme une espèce de coque plus ou moins
épaisse. Chez les Poissons osseux, l'œuf est recouvert de sa
membrane coquillère avant de quitter l'ovaire; tandis que chez
les Plagiostomes, c'est en traversant l'oviducte qu'il est enveloppé

13

par une couche d'albumine et une matière sécrétée par la glande nidamenteuse. Cette matière est plus ou moins abondante suivant que les espèces sont ovipares ou ovovivipares. Chez les Roussettes, chez les Raies, les Chimères, elle est épaisse, elle acquiert une grande résistance et prend l'aspect d'une substance cornée.

Les œufs sont généralement très-gros et très-peu nombreux chez les Plagiostomes, et la ponte ou plutôt la succession des œufs quittant l'ovaire est d'assez longue durée ; ils sont au contraire généralement petits et excessivement nombreux chez les autres Poissons, et la ponte se fait très-rapidement. Presque toutes nos espèces de Poissons, excepté les Sélaciens, sont ovipares : tous les Sélaciens, excepté les Scylliidés, les Raiidés, sont ovovivipares. La fécondation interne est l'exception chez les Poissons, à part les Plagiostomes, chez lesquels au contraire elle a toujours lieu.

Il nous reste maintenant à examiner le trajet que suivent les œufs depuis l'ovaire jusqu'à leur sortie du corps de l'animal.

Les organes génitaux femelles montrent dans leur organisation des différences très-marquées. « La glande ovigène des Poissons présente trois types distincts dans sa composition et sa structure. » (Duvernoy. Cuv., *Anat. comp.*, t. VIII, p. 67.) Si Duvernoy avait connu l'Amphioxus, il aurait sans doute admis un quatrième type. Il est facile d'apprécier les caractères propres à chacun de ces types : A, Poissons ayant des oviductes soit 1° séparés des ovaires, Plagiostomes, Esturgeons ; soit 2° continuant les ovaires, la plupart des Poissons osseux ; B, Poissons manquant d'oviductes et dont les œufs, tombant dans la cavité viscérale, sortent de l'abdomen, soit 3° isolément par les conduits péritonéaux, Saumon, Truite, Anguille, Lamproie ; soit 4° par le pore abdominal avec l'eau qui a servi à la respiration, Amphioxus.

Chez les Poissons, la segmentation de l'œuf est incomplète, excepté chez le « Petromyzon » Lamproie, comme le fait remarquer Leydig, d'après Ecker et Schultze ; on est, relativement à la segmentation partielle, « obligé de diviser, avec Reichert, le contenu de l'œuf en deux parties : l'une devenant directement l'em-

bryon, c'est le jaune de formation; l'autre, le jaune de nutrition. » (V. Leydig, *Tr. Histol.*, trad. franç., p. 5.)

Aug. Müller a suivi la segmentation de l'œuf dans la Lamproie
de Planer. « Le fractionnement s'opère dans l'œuf entier de même
que chez les Amphibies nus, et commence environ dix heures
après la fécondation. » (A. Muller, Dévelop. Lamproies, *Ann. Sc.
natur.*, 1856. t. V. p. 376.)

Organes accessoires chez les males, etc. — Chez les Plagiostomes, les mâles sont pourvus d'organes copulateurs qui les font
distinguer facilement des femelles.

Dans certains poissons de nos eaux douces, les mâles ont, surtout vers l'époque du frai, les nageoires paires, antérieures ou
postérieures, beaucoup plus développées que chez les femelles.
Willoughby avait signalé le fait chez la Tanche, et le professeur
Canestrini a donné la figure des ventrales chez le mâle et la
femelle de cette espèce (V. *Faun. Ital.*, p. 13), ainsi que la
figure des pectorales, dans les deux sexes de la Loche fluviatile
(*Cobitis tœnia* V. *loc. cit.* p. 21). De son côté, M. V. Fatio
a étudié « le mode différent du développement des nageoires
pectorales dans les deux sexes chez le Véron et chez quelques
autres Cyprinidés. » (V. *Journ. zool.*, P. Gervais, 1875, t. IV.
p. 215.)

M. Fatio, cherchant la raison de l'inégalité de ce développement des nageoires chez le mâle et la femelle, pose les questions
suivantes : « Y a-t-il quelquefois une sorte d'embrassement mo-
mentané des sexes, non pas pour un véritable accouplement,
mais durant les simagrées prélude de l'amour? ou bien ces bras
renforcés doivent-ils servir peut-être d'instruments de lutte entre
mâles rivaux?(*Loc. cit.*, p. 221.)Assurément les mâles ne se servent
pas de leurs pectorales pour combattre leurs rivaux, mais plutôt
pour retenir les femelles, comme semble l'indiquer l'observation
suivante : Baster vit frayer les Dorades de la Chine « aux mois
d'avril et de mai; il remarquait que la femelle est poursuivie
par le mâle, qui, après plusieurs mouvements, finit par se retourner pour appliquer son cloaque sous celui de la femelle; tous

les deux alors lancent, l'un ses œufs, l'autre sa laitance. » (V. Cuv.
et Valenc., t. XVI, p. 111.)

Dans beaucoup de Cyprinidés, Vairons, Rotengles, Bouvières,
chez les Gastérostéidés, Épinoches, les mâles à l'époque du frai
se parent des couleurs les plus brillantes.

A ce moment encore, la peau des Brèmes, des Ides mélanotes,
des Chevaines, etc., est le siége d'une éruption des plus singulières. « Depuis la mi-avril jusqu'en juin, le corps du mâle
(Brème) se couvre de tubercules très-durs, grisâtres : il y en a
plus sur la tête que sur le tronc. » (Cuv. et Valenc., t. XVII, p. 16.)

M. Blanchard signale aussi dans les « Corégones à l'époque
du frai », « une sorte d'éruption cutanée, qui détermine sur
chaque écaille une saillie blanche, allongée ». (Blanch., *Poiss. des
eaux douces de France*, p. 424.) Chez les Corégones, le phénomène
paraîtrait se produire aussi bien sur la peau des femelles que
sur celle des mâles.

Baudelot a examiné ces tubercules chez le Nase, il les a trou-
vés formés d'épithélium pavimenteux. (V. Baudelot, Observ.
phénom. compar. à la mue chez les Poissons. *Ann. Sc. nat.*, 1867,
t. VII, p. 339-344.)

SOINS QUE PRENNENT LES POISSONS POUR ASSURER L'EXISTENCE DE LEUR PROGÉNITURE.

Les Poissons ovipares n'abandonnent pas leurs œufs au
hasard, comme on le croit généralement ; ils en prennent un soin
plus ou moins grand, ils recherchent pour les déposer des endroits favorables, où leur jeune postérité pourra trouver abri et
nourriture. Il n'est pas rare de voir les Poissons quitter leur
habitat ordinaire, soit les grandes profondeurs, soit certaines eaux,
quand arrive l'époque du frai. Les Harengs, les Sardines, etc., ne
font pas des migrations aussi extraordinaires qu'on le croyait
autrefois, ils s'approchent des côtes au moment de la ponte, et
préparent ainsi, à leur génération future, les meilleures conditions d'existence.

Les Esturgeons, les Saumons, les Éperlans, les Aloses, les Lamproies, etc., abandonnent la mer et s'avancent plus ou moins vers les sources de nos rivières. Les Saumons, par exemple, remontent la Loire, au delà même des environs du Puy, en laissant des colonies temporaires dans les nombreux affluents de ce fleuve à long parcours ; ils savent apprécier encore d'une façon merveilleuse les qualités des eaux qui sont favorables à la conservation de leurs œufs ; ils redoutent les eaux qui sont chargées de sels calcaires, et s'ils pénètrent dans les rivières où coulent des eaux séléniteuses, ce n'est que pour y passer et non pour y séjourner. Les Saumons qui remontent la Seine abandonnent, en grande partie, ce fleuve à Montereau, pénètrent dans l'Yonne qu'ils suivent jusqu'à Cravant, puis s'engagent dans la Cure. Il est excessivement rare de prendre des Saumons dans la Seine, aux environs de Troyes.

Certains poissons quittent les grands cours d'eau pour aller dans des eaux moins profondes ou plus tranquilles, dans les petites rivières ou même dans les ruisseaux, comme font les Truites, les Nases, les Vandoises. D'autres poissons au contraire, descendent à la mer, pour y frayer, Anguilles. Les poissons qui remontent vers les sources sont appelés *Anadromes*, ceux qui descendent à la mer sont nommés *Catadromes*. (A. Duméril.)

Les œufs sont parfois rassemblés en masse, ou réunis en cordons, parfois ils sont complétement libres, isolés les uns des autres.

Pour les fixer, les empêcher d'être entraînés par les courants, les Poissons ont recours à différents artifices : les uns les déposent sur des plantes, les enroulent autour des racines, des herbes ; les autres préparent un nid très-grossier, espèce de frayère qui consiste en un amas de cailloux, de graviers, servant d'abri aux œufs, ou bien cherchent une pierre creuse, une coquille dans laquelle la femelle vient pondre et ranger peut-être avec le mâle, ses œufs d'une façon plus ou moins symétrique. Enfin, d'autres poissons construisent de véritables nids, variables dans leur forme et leur disposition. Aristote écrit à propos de la Phycis : « C'est le seul poisson de mer qui fasse un nid, du moins à ce que l'on rapporte, et qui y ponde. » (Arist., liv. VIII, c. xxx, p. 529, trad. Cam.)

Parmi les poissons qui font un nid, nous citerons les Gastérostéidés, certains Gobies, plusieurs Labres et Crénilabres, les Crénilabres mélope, massa, etc.

Chez les Syngnathidés, les mâles portent les œufs qui sont tantôt réunis dans une espèce de poche, tantôt rangés à la face inférieure de la région abdominale. Quelques auteurs prétendent même que les petits des Hippocampes peuvent, au moment du danger, rentrer dans la poche incubatrice.

M. Carbonnier a décrit les soins que donne à sa progéniture le Colisa Arc-en-ciel : « Il prend ses petits dans sa bouche » pour les placer dans une position plus favorable, et quand les petits s'éloignent du nid, « il va les chercher et les rapporte au gîte protecteur. » (Carbon., Nidificat. Poisson Arc-en-ciel de l'Inde, *Comp. rend. Acad. Sc.*, 1875, t. LXXXI, p. 1136.)

Un fait remarquable se montre chez les Poissons et paraît des plus extraordinaires : ce sont, en général, les mâles qui construisent le nid, ou portent (Hippocampes, etc.) la poche incubatrice et prennent soin des petits.

Rondelet, dans la description qu'il fait du Renard, consigne une observation des plus extraordinaires que n'ont pas cru devoir rapporter la plupart des ichthyologistes ; le Renard « fait ses petits ne plus ne moins que l'Aiguillat, et les reçoit dedans soy en leur crainte, comme escrit Aristote, comme aussi est la verité. » (Rond., liv. XIII, c. xi, p. 303.) Dans l'*Histoire des Animaux*, on lit : « Après que les Chiens de mer sont sortis du ventre de leur mère, elle les y retire de nouveau. De même la Lime et la Torpille. On a vu une Torpille de grande taille recevoir ainsi environ quatre-vingts petits. » (Aristote, liv. VI, c. x, p. 349, trad. Camus.)

Une pareille observation, faite par Aristote et confirmée par Rondelet, mérite d'autant mieux d'attirer l'attention que l'ichthyologiste de Montpellier n'est pas, dans cette circonstance, un

simple narrateur, mais bien un témoin oculaire, comme il a soin
de le dire : « Fœtus suos intra se recipit, cujus rei testes sumus
oculati. Cùm enim aliquando in littore dissecaretur iste piscis, in
ejus ventriculo catulos vidimus, quos pro cibo devorasse pisca-
tores existimabant; sed cùm vivi atque illæsi essent, eos in metu
intro receptos a parente dubitandum non est. »

J'ai pensé que de nouvelles recherches sur les habitudes, les
instincts du Renard offriraient un certain intérêt. Grâce à l'obligeance d'une personne très-intelligente, qui est sans cesse en
rapport avec les pêcheurs de Cette, j'ai pu obtenir quelques
renseignements exacts dont voici le résumé.

La femelle du Renard non-seulement nage en compagnie de
ses petits (qui sont peu nombreux, il n'y en aurait guère que deux
habituellement?), mais encore pour les abriter, pour les protéger, elle les reçoit sous ses ailes (pectorales), comme « une poule
fait de ses poussins »; elle n'abandonne ses petits que lorsqu'ils
sont assez forts pour se suffire à eux-mêmes.

Un pêcheur a vu, deux ou trois fois, la mère, tenant un de ses
deux petits sous chacune de ses ailes, nager très-rapidement,
sauter même en les gardant ainsi, pour fuir le danger qui les
menaçait.

Mais là se borne la protection; les pêcheurs ne pensent pas
que la mère puisse recevoir ses petits, comme le dit Rondelet.

En tout cas, si les informations que nous avons reçues, ne
garantissent pas le fait extraordinaire signalé par Aristote et reconnu vrai par Rondelet, elles donnent au moins la preuve que
l'instinct maternel n'est pas, chez les Poissons, toujours aussi
complétement aboli qu'on le suppose.

D'ailleurs, il ne faut pas l'oublier, des naturalistes américains
ont publié des observations qui ont un certain rapport avec celle
de Rondelet; suivant eux, certaines espèces d'Arius avalent leurs
petits, pour les soustraire momentanément au danger qui les
menace.

ÉPOQUE DU FRAI.

La reproduction des poissons ovipares n'a lieu qu'une fois par an, il en est de même chez la plupart des ovovivipares ; cependant quelques Squales, le Carcharodonte de Rondelet, le Milandre, ont deux portées par an (Risso) ; l'Aiguillat commun a plusieurs portées successives, chacune généralement de quatre petits.

L'époque du frai est très-variable, non-seulement suivant les espèces, mais encore en raison de la température des eaux, de l'âge des sujets pour une même espèce. Chez les Saumons, chez les Brochets, les vieilles femelles frayent les dernières. « La fraie de la Truite est subordonnée à la situation des lieux. En montagnes et dans les stations froides, elle commence dès le mois d'octobre ; dans les plaines, elle a lieu généralement en janvier et février ; et dans les lieux intermédiaires, elle est en pleine activité durant les mois de novembre et décembre. » (C. Millet, *Culture de l'eau*, 1870, p. 249.)

Siebold a dressé un tableau indiquant l'époque du frai pour les Poissons d'eau douce de l'Europe centrale. (V. Siebold, *Süsswasserfische von Mitteleuropa*, p. 410-416.)

MÉTAMORPHOSES, MODIFICATIONS.

Métamorphoses. — Les cas de métamorphose sont très-rares ou surtout sont très-imparfaitement connus. Vers 1853, Aug. Müller a démontré, pour la première fois, que l'Ammocète n'est pas, comme on l'avait cru jusqu'alors, une espèce particulière de Cyclostome, mais qu'elle est le premier état, la larve en un mot, d'une Lamproie. L'Ammocète qu'étudia d'abord A. Müller, est la larve de la Lamproie de Planer ; en 1854, de nouvelles recherches lui firent découvrir l'Ammocète de la Lamproie fluviatile. Toutes les Lamproies, et la Lamproie marine comme les autres, ont probablement leur état larvé, leur état d'Ammocète.

Dans les Poissons, il existe encore des exemples de transformation très-curieux à examiner.

Les naturalistes ont rangé dans l'ordre des Helmichthes, ou dans la famille des Leptocéphalidés, une assez grande quantité de Poissons qui n'ont souvent entre eux aucune espèce d'affinité.

Le professeur Carus, un des premiers, en observant, ainsi que que le rapporte très-justement Günther, un état mal défini, un état en quelque sorte embryonnaire, pensa que ces animaux n'ont pas atteint leur complet développement, qu'ils sont au moment de leur évolution plus ou moins avancée. Plus tard, Rich. Owen exprima la même opinion : « Les Leptocéphales sont probablement des larves de quelque plus grand poisson connu ; on ne les a jamais vus avec des œufs ou de la laitance ; c'est peut-être le même cas pour » l'Amphioxus branchiostoma. (R. OWEN, *loc. cit.*, p. 611.)

Il n'est pas exact, comme le disent Rich. Owen et Günther, que les Leptocéphales ne portent pas trace d'organe de la génération.

Costa, dans le Leptocephalus candidissimus, ou plutôt Leptocephalus Spallanzani, a parfaitement reconnu les œufs et la laitance ; de mon côté, j'ai constaté dans le même animal la présence de ces organes et, de plus, celle de la vessie natatoire, bien que Günther écrive « *Air-bladder none.* » Quant aux globules du sang, ils sont rouges ou pâles suivant que l'animal est plus ou moins développé. Les descriptions données par les auteurs sur le Leptocéphale, larve du Congre commun, par exemple, ne concordent pas entre elles ; il ne peut en être autrement, puisque les descriptions, pour être exactes, doivent varier suivant la phase d'évolution dans laquelle se trouve l'animal observé.

Assurément, comme Günther le fait encore remarquer, la manière de voir de Carus, bien que méritant une certaine considération, ne fut pas adoptée ; il n'est guère possible, en effet, de trouver, comme le pensait Carus, une apparence d'identité entre le Leptocéphale et la Cépole.

La question restait indécise, lorsque M. Gill vint, en 1864, apporter des faits nouveaux pour résoudre ce difficile problème.

Le naturaliste américain démontra, d'une façon évidente, que les Leptocéphales sont les jeunes des Congres et que le Leptocéphale de Morris est le jeune du Congre commun ; l'Hyoprorus est le jeune du Nettastome à queue noire ; l'identité est moins certaine pour d'autres espèces. (V. Günth., t. VIII, p. 137.)

D'après Günther, le Stomiasunculus barbatus de Kaup est le jeune du Stomias ou d'une espèce très-voisine, et non une larve de Clupe, comme le pense M. Gill ; l'Esunculus Costai est peut-être la larve de l'Alépocéphale (*Esunculus Costai*, Kaup, *Apodal Fish*, p. 144, fig. 3.) Je ne connais pas le poisson, mais d'après la figure donnée par Kaup, on voit qu'il y a une grande ressemblance, un grand rapport, entre l'Esunculus et l'Alepocephalus ; la position des ventrales, de la dorsale et de l'anale est la même dans les deux animaux.

Le Porobronchus linearis de Kaup est encore une larve, « *This is the name given by Dr Kaup to young Fierasfer acus.* » (Günth., t. VIII, p. 145.)

L'évolution de certains organes est parfois relativement très-lente ; c'est pour n'avoir pas suffisamment tenu compte de ces différences dans les phases du développement que plusieurs auteurs ont été conduits à établir des espèces nouvelles, qui sont nécessairement destinées à disparaître, par suite d'une étude plus complète. Chez les Callionymes lyres on a cru trouver deux ou trois espèces distinctes ; il est inutile de rappeler que J. Couch a décrit comme deux Hémiramphes (*Hemiramphus europæus* et *Hemiramphus obtusus*) le jeune de l'Orphie vulgaire. (V. Couch, t. IV, p. 135-139.) Le Dactyloptère jeune n'a pas la pectorale divisée comme l'adulte.

Il arrive parfois que certains organes, au lieu de suivre l'évolution générale, s'atrophient et disparaissent plus ou moins complétement chez l'adulte. Ainsi le Stromatée fiatole jeune a des ventrales qui manquent, ou ne forment plus qu'un léger bourrelet, chez l'adulte ; et Linné pour cette raison avait rangé le Stromatée parmi ses Apodes. Dans la famille des Syngnathidés, les très-jeunes Nérophiniens sont pourvus de pectorales, qui exécutent

des mouvements vibratoires excessivement rapides pendant un certain laps de temps, puis disparaissent ensuite sans laisser la moindre
trace. Cette particularité anatomique a d'abord été constatée par
Fr. Fries chez le Nérophis lombriciforme ; plus tard, M. de Qua-
trefages, qui ne connaissait pas le travail de Fries, a rapporté une
observation semblable, faite sur le Nérophis ophidion.

Modifications. — Les organes peuvent subir deux sortes de
modifications, des modifications naturelles et des modifications
accidentelles.

Les modifications naturelles sont permanentes, elles ne dépendent nullement de l'influence des milieux, elles sont fixes
chez les individus ayant le même sexe et le même développement.

La nature ne crée pas sans cesse des organes nouveaux, elle
modifie les organes primitifs et les rend propres à remplir des
fonctions, pour l'accomplissement desquelles ils ne paraissent
pas avoir été faits dans le principe. Ainsi chez l'Échénéis, la
première dorsale a subi une véritable transformation, elle est
changée en un disque céphalique destiné à fixer l'animal aux
corps solides.

Dans les Baudroies, les rayons antérieurs de la première dorsale sont détachés, ils sont libres, le premier rayon surtout possède
un mode d'articulation qui lui permet de se mouvoir dans tous les
sens, dans toutes les directions; il est terminé par une membrane
élargie et remplit l'office d'un tentacule : ces rayons ne sont plus
des organes de locomotion, ils sont devenus des filets pêcheurs
comme les appelle le Dr Bailly. Chez l'Uranoscope, le voile membraneux de la mandibule ne sert plus guère à retenir dans la
bouche les aliments qui s'y trouvent introduits, mais il s'allonge
en tentacule que l'animal agite au dehors pour attirer les animaux, dont il veut faire sa proie. Une modification des plus
extraordinaires est celle qui se produit chez les Pleuronectes : le
corps, peu de temps après la naissance de l'animal, subit une
torsion à droite ou bien à gauche, et l'œil supérieur accomplit
une véritable migration, pour venir se placer du côté coloré du
poisson.

Toutes ces modifications plus ou moins profondes, plus ou moins singulières restent invariables, elles se rencontrent toujours chez les mêmes animaux, elles sont permanentes, elles ne dureront pas seulement autant que l'individu, mais autant que l'espèce.

Les modifications accidentelles dépendent de certaines influences extérieures; elles ne sont pas nécessairement permanentes, elles persistent aussi longtemps que durent les causes qui les ont déterminées.

Les Poissons d'eau douce sont plus exposés à subir des modifications que les Poissons de mer, et, comme le fait justement remarquer le professeur L. Vaillant, « ce sont les êtres pour lesquels peut-être les migrations naturelles paraissent les plus difficiles. » (L. VAILLANT, Rech. Poissons eau douce, Amériq. septent., *Nouv. Arch. Muséum*, 1873, t. IX, p. 5.)

Ils sont enfermés dans des espaces plus ou moins limités, parfois ils sont de plus encore soumis à l'influence de l'homme.

On sait avec quelle industrie, vraiment surprenante, les Chinois savent transformer ces jolis poissons rouges en êtres singuliers, curieux et plus ou moins monstrueux; ils parviennent à les modifier dans leurs parties essentielles, dans les organes du mouvement par exemple, ils peuvent changer la forme de la caudale, doubler l'anale, faire disparaître la dorsale. Les poissons rouges de la Chine acclimatés en France, et dispersés dans quelques parties de nos eaux douces, ont perdu leur belle livrée; à leurs teintes si brillantes ont succédé des nuances beaucoup plus ternes, parfois d'un gris verdâtre, parfois d'un ton blanchâtre ou d'une couleur sombre plus ou moins noirâtre.

C'est dans les pays accidentés surtout qu'il est facile d'étudier l'influence des milieux; j'ai fait à diverses reprises, dans les contrées montagneuses, des recherches qui m'ont donné les résultats les plus complets. Aux environs de Bayonne, on pêche en abondance un poisson qui porte le nom d'Aubour, c'est la Vandoise (*Leuciscus vulgaris*). Dans les Basses-Pyrénées, on trouve non-seulement la Vandoise commune avec son type ordinaire ainsi que nous la rencontrons dans le centre de la France, aux environs de Paris, dans la Seine, dans l'Yonne, mais encore les deux variétés qui ont été considérées comme des espèces distinctes : l'Able rostré (*Leuciscus rostratus*, AGASSIZ) et l'Able de la Gironde (*Leuciscus burdigalensis*, VALENCIENNES).

L'Able rostré et l'Able de la Gironde ont le museau et la caudale plus allongés que la Vandoise commune, ils ont aussi le corps plus svelte en apparence ; les deux variétés se tiennent toujours dans les eaux très-rapides, dans la Nive et probablement dans le Gave de Pau, jamais dans les eaux stagnantes ; la Vandoise non modifiée habite les rivières à courant peu rapide, se rencontre dans les étangs, le lac d'Yrieu (Landes), le lac de la Négresse. J'ai fait pêcher des Truites dans un petit ruisseau qui se jette dans la Nive, au-dessus d'Isatsou, en amont du Pas-de-Roland ; ces Truites sont beaucoup plus minces, plus allongées que celles de la Nive ; les habitants du pays les préfèrent à celles de la rivière, et les regardent comme étant d'une espèce particulière.

J'ai encore trouvé, aux environs de Bayonne, le *Cyprinus elatus* de C. Bonaparte, qui n'est qu'une variété de la Carpe commune, et des Goujons à tête courte et grosse.

Parmi les poissons qui présentent les formes les plus changeantes, on doit citer les Épinoches.

L'influence des milieux se fait sentir sur tous les êtres vivants, et leur imprime des modifications plus ou moins prononcées. Il ne faut pas l'oublier, les variétés, les races peuvent se former chez les Poissons, surtout parmi ceux qui vivent dans les eaux douces, comme parmi les animaux qui vivent à la surface du sol. Avant d'établir une espèce nouvelle, il faut bien connaître l'habitat d'un poisson, afin de ne pas s'exposer à prendre des modifications accidentelles pour des caractères spécifiques.

Avant de terminer ce qui a trait aux notions générales peut-être faudrait-il indiquer certaines monstruosités qui se rencontrent chez les Poissons ; examiner si la division qu'on établit entre les Poissons de mer et les Poissons d'eau douce est nettement tranchée ; rechercher enfin comment sont produits les différents bruits qui ont été vaguement appelés voix des poissons?

Monstruosités. — Nous n'avons pas l'intention d'étudier la tératologie chez les Poissons; cependant nous sommes forcé de rappeler que plusieurs auteurs ont établi soit des genres, soit des espèces sur certaines anomalies, certaines monstruosités.

De Lacépède a donné le nom de Raie Cuvier à une Raie qui porte une dorsale sur le milieu du disque. Cette monstruosité n'est pas absolument rare dans la Raie bouclée; il en existe plusieurs exemples au Muséum de Paris, et surtout au Musée Fleuriau (La Rochelle). M. Beltrémieux, directeur du Musée Fleuriau m'a envoyé, l'année dernière (1876), le dessin d'une Raie ponctuée qui avait les ailes détachées de la tête, de sorte que la partie antérieure de l'animal présentait trois lobes triangulaires ; le lobe médian et naturellement le plus allongé, était formé par le museau, et chaque lobe latéral par l'extrémité d'une pectorale.

Couch a fait le genre Polyprosopus sur deux monstruosités qui lui ont donné deux espèces nouvelles de Squale. La première espèce est le Polyprosopus Rashleighanus qui est probablement un Pèlerin; l'autre espèce est le Polyprosopus macer. (Couch, t. I, p. 67-68.) Le même auteur a créé le Pagellus curtus qui est un Pagel centrodonte contrefait. (V. Couch, *loc. cit.*, p. 241.)

Chez les Trigles, les monstruosités ne sont pas très-rares; j'ai reçu de Cette un Trigle lyre complétement bossu.

Tout le monde le sait, on rencontre chez les Carpes une déformation de la tête, qui a fait donner aux individus affectés de cette monstruosité le nom de Carpes Dauphins ou Carpes à tête de Dauphin. Il est assez difficile de connaître la cause qui détermine cette anomalie ; les Carpes Dauphins sont excessivement rares aux environs de Paris, tandis qu'elles sont relativement assez communes dans certaines contrées. Un pêcheur de Varambon, homme très-intelligent, me disait que, dans l'Ain, il trouve assez souvent de ces carpes à tête monstrueuse.

Poissons de mer, Poissons d'eau douce. — Les différences qui séparent les Poissons d'eau douce des Poissons de mer, à part les Plagiostomes, ne sont pas nettement tranchées; si la plupart des poissons n'ont qu'un seul et même habitat, il en est qui peuvent vivre alternativement dans les eaux salées et dans les eaux douces; nous ne connaissons pas les conditions qui permettent aux poissons migrateurs ces changements d'habitat si extraordinaires au premier abord. A l'embouchure des fleuves, il n'est pas absolument rare de pêcher en même temps des poissons de mer et des poissons de rivière; dans le port de Bayonne, j'ai vu prendre des Vandoises alors que le flot montant amène une grande quantité d'eau salée. Les poissons rouges de Chine peuvent vivre dans l'eau saumâtre à la condition d'y être habitués petit à petit « par des mélanges préalables ». (CUV. et VALENC., t. XVI, p. 108.) Parmi les Épinoches, les unes séjournent constamment dans les eaux douces, les autres dans des eaux saumâtres.

L'Éperlan peut rester toute l'année dans la Seine, mais il ne remonte guère au-dessus de Rouen. (NOËL DE LA MORINIÈRE, POUCHET, A. DUMÉRIL.)

Les Plagiostomes sont des poissons essentiellement marins, cependant la Scie a été trouvée dans le Mississipi. « C'est la seule variété du genre des Requins qui pénètre dans les grands fleuves. » (AGASSIZ, le Bassin de l'Amazone, *Conf. Sc. New-York*, *Rev. Cours scient.* 1874, p. 1135.)

Duhamel parle d'un Squale pêché dans l'Adour, à Bayonne. Ce Squale, appelé Marrachou, est l'Oxyrhine de Spallanzani, d'après la description qui paraît exacte.

VOIX DES POISSONS. — « Les Poissons, n'ayant ni poumon, ni trachée, ni pharynx, n'ont point de voix. Ceux que l'on dit en avoir ne forment autre chose que certains sons et des sifflements. Telle est l'espèce de grognement de la Lyre, du Chromis. » « Quelques Sélaques semblent siffler : tout ceci néanmoins ne s'appelle voix qu'improprement; il faut dire que c'est un son. » (ARIST., liv. IV, c. IX, p. 221, trad. CAMUS.)

Beaucoup de Poissons produisent des bruits, des sons plus ou moins forts. Les Harengs, les Sardines poussent, suivant les pêcheurs, un petit cri assez aigu quand on les tire de l'eau. Les

Trigles sont appelés Grondins, etc., à cause de l'espèce de grondement qu'ils font entendre. Ce bruit provient des vibrations de la vessie natatoire, ainsi que l'a démontré une expérience ingénieuse. Notre confrère, le Dr Arm. Moreau, a réussi à reproduire le grondement des Trigles en galvanisant un cordon nerveux de leur vessie natatoire.

La Môle rend un son plaintif qui peut durer assez longtemps. (V. DUHAMEL, *Pêches*, part. II. sect. IX, p. 307.)

Le Myliobate, je l'ai constaté plusieurs fois, produit un mugissement assez fort.

Nous ne pouvons entrer dans de longs détails sur le mécanisme de la voix chez les Poissons. Le sujet a été étudié et traité avec beaucoup de développement par M. Dufossé. (Recherches sur les bruits, etc., que font entendre les poissons d'Europe, etc., *Ann. Sc. natur.*, 1874. t. XIX-XX.)

CLASSIFICATION

Nous n'avons pas l'intention de passer en revue les diverses classifications qui ont été proposées pour ranger les Poissons d'après un ordre plus ou moins méthodique. Ces classifications sont très-nombreuses, elles sont différentes les unes des autres ; elles varient non-seulement en raison de l'étude plus ou moins approfondie, plus ou moins étendue sur la nature des Poissons, mais encore en raison des caractères qui sont employés pour les établir.

Sans oublier les services rendus à la science, par de longues recherches, par de très-excellents travaux, il faut cependant bien avouer que l'anatomie des Poissons, si nombreux en espèces, est loin d'être suffisamment faite ; nos connaissances, sous ce rapport, ne sont pas encore assez complètes pour qu'elles puissent nous fournir les éléments d'une bonne classification.

« La classe des Poissons est, de toutes, celle qui offre le plus de difficultés quand on veut la subdiviser en ordres, d'après des caractères fixes et sensibles. » (Cuv., *Rég. anim.*, 1817, p. 110.)

Ce qui était vrai à l'époque où Cuvier exprimait son opinion, l'est encore aujourd'hui : les difficultés ne sont pas aplanies. Et à part l'établissement des Ganoïdes par Agassiz, les progrès réalisés, dans la distribution méthodique des Poissons, ne sont malheureusement pas aussi considérables que le supposent certains auteurs. Nous allons d'ailleurs le démontrer, en comparant deux classifications, celle de Cuvier, qui est aujourd'hui à peu près abandonnée, et celle de Müller, qui est généralement adoptée.

La classification publiée par Cuvier en 1828, dans l'*Histoire naturelle des Poissons*, t. I, p. 572, et dont nous présentons le tableau, diffère peu de celle qu'il avait donnée en 1817, dans la première édition du *Règne animal*.

DISTRIBUTION MÉTHODIQUE DES POISSONS EN FAMILLES NATURELLES ET EN DIVISIONS PLUS ÉLEVÉES.

POISSONS.

Osseux.

A branchies en peignes ou en lames.
A mâchoire supérieure libre.

ACANTHOPTÉRYGIENS............... Percoïdes. Polynèmes. Mulles. Joues cuirassées. Sciénoïdes. Sparoïdes. Chétodonoïdes. Scombéroïdes. Muges. Branchies labyrinthiques. Lophioïdes. Gobioïdes. Labroïdes.

MALACOPTÉRYGIENS.

ABDOMINAUX. — Cyprinoïdes. Siluroïdes. Salmonoïdes. Clupéoïdes. Lucioïdes.

SUBBRACHIENS. — Gadoïdes. Pleuronectes. Discoboles.

APODES. — Murénoïdes.

A mâchoire supérieure fixée. — Sclérodermes. Gymnodontes.
A branchies en forme de houppes. — Lophobranches.

Cartilagineux ou Chondroptérygiens. — Sturioniens. Plagiostomes. Cyclostomes.

Cuvier établit, dans la classe des Poissons, deux grandes divisions ; il les partage en *Poissons osseux* et en *Poissons cartilagineux* ou *chondroptérygiens*.

Les poissons osseux sont répartis en deux subdivisions : *Osseux* « à branchies en peignes ou en lames, » et *Osseux* « à branchies en forme de houppes. » Les Poissons osseux à branchies en peignes comprennent les Poissons à mâchoire supérieure libre, qui, suivant la structure des rayons de leurs nageoires, ont été appelés Acanthoptérygiens ou Malacoptérygiens, et les Poissons à mâchoire supérieure fixée ou Plectognathes, qui ont un mode particulier d'articulation des mâchoires; les Poissons osseux à branchies en houppes, sont les Lophobranches.

Cuvier ne fait pas de divisions particulières dans les Acanthoptérygiens, « qui en réalité ne constituent presque qu'une seule et immense famille. » (CUV. et VALENC., t. I, p. 566.)

Quant aux Malacoptérygiens, il les distingue suivant la position ou l'absence des ventrales en : Abdominaux, Subrachiens et Apodes ; cette distribution est bonne et commode. Il est fâcheux seulement de voir rangés avec les Anguilles de faux Apodes, Ammodytes, etc., qui ont une organisation différente, organisation se rapprochant de celle des Gadoïdes.

Dans la division des Malacoptérygiens, sont malheureusement compris quelques poissons, Lépisostées, Bichirs, qui ne doivent pas s'y trouver; ces poissons évidemment sont des Ganoïdes, et non des Clupes (CUV., 1817); il y a erreur dans le choix de la place, qui leur a été assignée ; c'est assurément le reproche le plus sérieux qu'on puisse faire à cette classification, si l'on ne tient pas suffisamment compte de l'état de la science, à l'époque où parut le travail de Cuvier. Et cependant, il ne faut pas l'oublier, Cuvier a le premier reconnu les rapports qui existent entre certains poissons fossiles et des poissons vivants; il est étonné « que personne encore n'ait été frappé de la singulière ressemblance des écailles de ces poissons (genres *Palæoniscum* et *Palæothrissum*, BLAINV.), avec celles des Lépisostées de Lacépède. »

« Écailles épaisses, lisses, osseuses, de forme rhomboïdale, et disposées » « absolument comme dans le Lépisostée ou dans le Polypterus ». « La queue » « se termine par une nageoire fourchue, dont le lobe supérieur est le plus long ». « Cette confor-

mation pourrait conduire à placer ce poisson dans le voisinage
de l'Esturgeon, dont la caudale a les mêmes écailles, etc. »
(Cuv., *Ossements fossiles*, t. V, 2ᵉ part., p. 307.)

Les ressemblances, les rapprochements que tout d'abord Cuvier avait signalés entre ces divers poissons, passèrent inaperçus.

Plus tard Agassiz, dans ses admirables travaux sur les Poissons fossiles, a saisi une foule de rapports unissant ces espèces
éteintes aux espèces vivantes, et les a rassemblées dans l'ordre
des Ganoïdes.

Cuvier, dans la division des *Poissons Cartilagineux* ou *Chondroptérygiens*, range les : Sturioniens, Plagiostomes, Cyclostomes.

On a beaucoup critiqué la manière de voir de Cuvier, plaçant
ou laissant, comme l'avait fait Artédi, dans un même groupe
les Plagiostomes et les Cyclostomes. Assurément, il y a peu
d'affinités entre ces animaux; mais si l'on prend pour base de
classification, l'état du squelette, on sera forcé de les réunir. Un
histologiste des plus éminents, dont personne évidemment ne
contestera la compétence, en est arrivé au même résultat; le
professeur Kölliker n'a-t-il pas été obligé de mettre dans le type
des Sélaciens, les Plagiostomes et les Cyclostomes? Agassiz les
a placés dans son ordre des Placoïdes.

Du reste Cuvier ne se faisait pas la moindre illusion à cet
égard. « C'est surtout dans cette dernière (la famille des Chondroptérygiens) que se montre bien la vanité de ces systèmes qui
tendent à ranger les êtres sur une seule ligne. Plusieurs de ses
genres, les Raies, les Squales par exemple, s'élèvent fort au-
dessus du commun des Poissons, et par la complication de
quelques-uns de leurs organes des sens, et par celle de leurs
organes de la génération, plus développés dans quelques-unes
de leurs parties que ceux même des oiseaux ; et d'autres genres,
auxquels on arrive par des transitions évidentes, les Lamproies,
les Ammocètes, se simplifient au contraire tellement, que l'on
s'est cru autorisé à les considérer comme un passage aux vers
articulés. (Cuv. et Valenc., t. I, p. 567.)

Cette déclaration si nette, si catégorique, n'a pas été suffisamment comprise, ou bien elle a été oubliée. Il est, en effet, très-étonnant de lire dans le mémoire de J. Müller : « Les Plagiostomes ou Sélaciens d'Aristote, les Raies et les Requins forment un groupe très-particulier, etc. » « Les Cyclostomes ressemblent aux Plagiostomes uniquement par le crâne cartilagineux indivis et par les spiracules. » « Le prince de Canino a bien saisi cette différence des Requins, Raies et Chimères, en en faisant une sous-classe, sous le nom d'Élasmobranches, et en fondant une autre sous-classe, celle des Marsipobranches, pour les Cyclostomes. J'applaudis à cette manière de faire, etc. » (J. MÜLLER, Mémoire sur les Ganoïdes et sur la classification naturelle des Poissons, trad. C. VOGT, *Annal. des sciences nat.*, 1845, t. IV, p. 41.)

Müller commet une erreur ; ce n'est pas le prince de Canino, qui le premier a bien saisi les différences qui séparent les Squales des Lamproies, etc. Est-ce que, longtemps avant C. Bonaparte, C. Duméril n'avait pas établi deux divisions, celle des Cyclostomes et celle des Plagiostomes ? Cuvier n'avait-il pas formé deux familles, celle des Suceurs et celle des Sélaciens, comprenant les Squales, les Raies et les Chimères ? (CUV., *Règ. an.*, 1817, p. 116-138.) Latreille n'avait-il pas admis deux ordres, l'ordre des Sélaciens, comprenant les Squalides, les Platysomes et les Acanthorines, et l'ordre des Suceurs. Que les divisions s'appellent sous-classes, ordres ou familles, peu importe ; le nom de ces divisions est purement arbitraire. Ainsi le prince de Canino, en mettant dans la sous-classe des Élasmobranches, les Raies, etc., dans la sous-classe des Marsipobranches, les Poissons Suceurs, dont les branchies « présentent l'apparence de bourses », (CUVIER.) n'a donc apporté aucune modification sérieuse, aucune amélioration sensible à l'état de la science ; il n'y a là qu'un changement de dénomination, pas un progrès réel. Il est inutile de continuer une plus longue discussion des faits.

Nous allons reprendre notre étude, et, pour la rendre plus facile, nous voulons donner le tableau de la Classification de Müller, tel qu'il a été publié par C. Vogt, dans les *Annales des sciences naturelles*, 1845, t. IV, p. 48.

TABLEAU MÉTHODIQUE DES FAMILLES DES POISSONS

CLASSIS. PISCES.

SUBCLASSIS I. DIPNOI.

ORDO I. SIRENOIDEI. — FAMILIA 1. Sirenoidei.

SUBCLASSIS II. TELEOSTEI.

ORDO I. ACANTHOPTERI. — FAMILIA 1. Percoidei. 2. Cataphracti. 3. Sparoidei. 4. Scienoidei. 5. Labyrinthiformes. 6. Mugiloidei. 7. Notacanthini. 8. Scomberoidei. 9. Squammipennes. 10. Taenioidei. 11. Gobioidei. 12. Blennioidei. 13. Pediculati. 14. Theuties. 15. Fistulares.

ORDO II. ANACANTHINI. — FAMILIA 1. Gadoidei. 2. Ophidini. 3. Pleuronectides.

ORDO III. PHARYNGOGNATHI. — **Subordo I.** PHARYNGOGNATHI ACANTHOPTERYGII. — FAMILIA 1. Labroidei cycloidei. 2. Labroidei ctenoidei. 3. Chromides. — **Subordo II.** PHARYNGOGNATHI MALACOPTERYGII. — FAMILIA 4. Scombresoces.

ORDO IV. PHYSOSTOMI. — **Subordo I.** PHYSOSTOMI ABDOMINALES. — FAMILIA 1. Siluroidei. 2. Cyprinoidei. 3. Characini. 4. Cyprinodontes. 5. Mormyri. 6. Esoces. 7. Galaxiae. 8. Salmones. 9. Scopelini. 10. Clupeidae. 11. Heteropygii. — **Subordo II.** PHYSOSTOMI APODES. — FAMILIA 12. Muraenoidei. 13. Gymnotini. 14. Symbranchii.

ORDO V. PLECTOGNATHI. — FAMILIA 1. Balistini. 2. Ostraciones. 3. Gymnodontes.

ORDO VI. LOPHOBRANCHII. — FAMILIA 1. Lophobranchii.

SUBCLASSIS III. GANOIDEI.

ORDO I. HOLOSTEI. — FAMILIA 1. Lepidosteini. 2. Polypterini.

ORDO II. CHONDROSTEI. — FAMILIA 1. Acipenserini. 2. Spatulariae.

SUBCLASSIS IV. ELASMOBRANCHII S. SELACHII.

ORDO I. PLAGIOSTOMI. — **Subordo I.** SQUALIDAE. FAMILIA 1. Scyllia. 2. Nyctitantes. 3. Lamnoidei. 4. Alopeciae. 5. Cestraciones. 6. Rhinodontes. 7. Notidani. 8. Spinaces. 9. Scymnoidei. 10. Squatinae. — **Subordo II.** RAIIDAE. — FAMILIA 11. Squatinorajae. 12. Torpedines. 13. Rajae. 14. Trygones. 15. Myliobatides. 16. Cephalopterae.

ORDO II. HOLOCEPHALI. — FAMILIA 1. Chimaerae.

SUBCLASSIS V. MARSIPOBRANCHII S. CYCLOSTOMI.

ORDO I. HYPEROARTII. — FAMILIA 1. Petromyzonini.

ORDO II. HYPEROTRETI. — FAMILIA 1. Myxinoidei.

SUBCLASSIS VI. LEPTOCARDII.

ORDO I. AMPHIOXINI. — FAMILIA 1. Amphioxini.

J. Müller a rangé les familles des Poissons en six sous-classes : la première sous-classe est celle des Dipnés, qui ne doit pas nous occuper ; les autres sous-classes sont les suivantes : 2° Téléostéens, 3° Ganoïdes, 4° Élasmobranches ou Sélaciens, 5° Marsipobranches, 6° Leptocardiens.

Sous-classe des Téléostéens. — Les Téléostéens, qui sont en réalité les Poissons osseux de Cuvier, ont été partagés en six ordres par Müller. Cette division n'a plus, on va facilement le voir, la netteté qu'on remarque dans la classification de Cuvier. Les six ordres sont les suivants : 1° Acanthoptériens, 2° Anacanthins, 3° Pharyngognathes, 4° Physostomes, 5° Plectognathes, 6° Lophobranches.

1° *Acanthoptériens*. — Müller ne comprend « parmi les Acanthoptériens que ceux des Acanthoptérygiens de Cuvier qui ont des os pharyngiens doubles. » « Leur vessie natatoire, quand elle existe, n'a pas de canal aérien. » (*Loc. cit.*, p. 43.) La vessie natatoire du Saurel (*Caranx trachurus*) est pourvue d'un canal aérien.

2° *Anacanthins*. — Ils ont des rayons mous, une vessie natatoire sans conduit pneumatique, des ventrales « jugulaires ou pectorales, quand elles existent » : ils comprennent les « Gadoïdes, Ophidines, Pleuronectes. » Müller place dans les Anacanthins quelques Apodes de Cuvier : il a parfaitement raison ; mais ces poissons ne sont que de faux Apodes, ils n'ont pas plus que les Espadons, les Stromatées, l'organisation des vrais Apodes. Les Ammodytes, les Ophidies ont plus de rapport avec les Gadoïdes qu'avec les Anguilles ; et, comme l'a démontré le Dr Jobert, les barbillons des Ophidies ne sont que des ventrales modifiées. Du reste les affinités qui existent entre les Gades et les Ophidies, sont très-évidentes, elles ont été indiquées, depuis longtemps, par Bélon : « Alter Grillus vulgaris, Aselli species » (Bel., p. 132), et par Gesner, qui range l'Ophidie de Rondelet parmi les Aselli, ou Gades. Les Anacanthins se rapportent aux Subrachiens de Cuvier ; ils renferment les Gadoïdes, les Pleuronectes, plus quelques faux Apodes ; ils ont perdu les Discoboles, qui ont été rangés parmi les Acanthoptérygiens, on ne sait pour quelle raison.

3° *Pharyngognathes.* — Müller place dans cet ordre les animaux les plus disparates, des Labres, des Scombrésoces, « des Acanthoptérygiens et des Malacoptérygiens à pharyngiens inférieurs réunis ». Mais ce caractère tiré de la soudure des pharyngiens inférieurs est de mince valeur, et l'on a peine à comprendre que divers auteurs, Richardson, Gegenbaur, aient pu adopter la manière de voir de Müller qui, en définitive, est inexacte.

Ainsi que l'a très-bien démontré le docteur Sauvage, dans la famille des Gerridés, qui se compose d'un seul genre, les os pharyngiens inférieurs sont tantôt soudés, tantôt, au contraire, ils restent séparés, comme dans la plupart des poissons osseux. Les *Gerres Plumieri, abbreviatus, kapas* ont les pharyngiens soudés, ils pourraient rester dans l'ordre des Pharyngognathes : mais où se placeraient les *Gerres punctatus, oyena, argyreus?* Le *Gerres kapas* a la plus grande ressemblance avec le *Gerres oyena,* il n'en diffère extérieurement que par le liséré noirâtre de sa dorsale ; le *Gerres kapas* a les pharyngiens soudés, le *Gerres oyena* a les pharyngiens séparés.

La soudure ou la non-soudure des os pharyngiens a peu d'importance au point de vue de la classification ; il n'y a, dans la disposition des pharyngiens, aucune espèce de caractère précis pouvant servir à former une famille naturelle, à plus forte raison, un ordre. (V. *Note sur les plaques pharyngiennes des Gerridæ,* Dr Sauvage ; communication faite au Congrès de Clermont-Ferrand, Association française pour l'avancement des sciences, 25 août 1876.)

Dans la famille des Sciénidés, se trouve un poisson très-remarquable sous divers rapports, c'est le grand Pogonias (Cuv. et Val., t. V, p. 206), le *Sciæna fusca (Black Drum).* (Mitchill, *Fishes of New-York,* p. 409.) Ce Pogonias a les os pharyngiens inférieurs complétement soudés, ainsi qu'on peut le voir sur une très-belle pièce, conservée au Muséum, préparée « avec un individu envoyé de New-York par M. Milbert. » (Cuv., Val., *loc. cit.,*

p. 208.) Quel ichthyologiste, adoptant la classification de Müller, consentirait à placer, dans le même ordre, le Pogonias entre les Labres et les Exocets ?

L'ordre des Pharyngognathes doit être absolument rayé de la classification.

4° *Physostomes.* — Ils « sont composés de Malacoptérygiens, qui ont des ventrales nulles ou abdominales, et dont la vessie natatoire a toujours un canal aérien ». (MÜLLER, *loc. cit.*, p. 44.) « La classification des Physostomes a maintenant des bases solides ; les familles des Acanthoptériens, au contraire, offrent encore beaucoup de distinctions artificielles, celles de Cuvier étant restées intactes en grande partie. » (*Loc. cit.*, p. 47.) Franchement, il est difficile de comprendre, comment Müller, anatomiste des plus distingués, a pu se faire une semblable illusion.

Il divise les Physostomes en deux sous-ordres, les Physostomes abdominaux et les Physostomes apodes, comprenant ensemble quatorze familles, parmi lesquelles, cinq ou six renferment des genres, ou des espèces sans vessie natatoire, ou bien avec une vessie natatoire sans conduit pneumatophore.

Dans la famille des Siluroïdes, les Loricaires, les Hypostomes, etc., manquent de vessie natatoire ; dans la famille des Scopélins, les animaux composant la moitié au moins des genres, indiqués dans le *Catalogue des Poissons d'Europe* (C. BONAP.), n'ont pas de vessie natatoire, Paralépis, Saurus, Aulope, etc. ; dans la famille des Clupes, l'Alépocéphale présente la même conformation ; parmi les Salmones, les Salanx sont privés de cet organe. Enfin une famille entière, celle des Symbranchiens, manque de vessie natatoire.

4° *Plectognathes.*

5° *Lophobranches.*

Müller a conservé ces deux ordres, tels qu'ils ont été définis par Cuvier.

SOUS-CLASSE DES GANOÏDES. — La division des Ganoïdes n'a pas des caractères aussi nettement définis que celle des Plagiostomes ; aussi a-t-elle subi de nombreuses modifications, depuis son éta-

blissement par Agassiz. Müller n'admet parmi les Ganoïdes,
que les poissons ayant un bulbe aortique contractile, avec plusieurs rangées de valvules. Cette opinion n'est pas acceptée par
C. Vogt, qui regarde, comme le caractère essentiel des Ganoïdes,
la structure de l'exosquelette formé de pièces « composées d'un
véritable tissu osseux et recouvertes d'un émail particulier, » le
plus généralement. (V. Müller, *loc. cit.*; C. Vogt, p. 62.)

Sous-classe des Élasmobranches ou Sélaciens. — Müller divise
la sous-classe en deux ordres, 1° *Plagiostomes*, 2° *Holocéphales*.
Les Plagiostomes comprennent les *Squalidés* et les *Raiidés*. La
sous-classe est donc à peu près composée comme la famille des
Sélaciens de Cuvier (V. *Règ. anim.*, 1817, p. 121), comptant
trois genres : les Chimères, les Squales, et les Raies. Le nom
d'Holocéphale, il est vrai, a été substitué à celui de Chimère.

Sous-classe des Marsipobranches ou Cyclostomes. — Elle est
formée de deux ordres, les *Hypéroartiens* et les *Hypérotrétiens* ou
les Pétromyzontes et les Myxinoïdes.

Sous-classe des Leptocardiens. — Elle renferme un ordre, une
famille; Müller a parfaitement raison de séparer l'Amphioxus
des Cyclostomes. Du reste Costa avait exprimé cette opinion:
« *Ritenendolo pertanto fra gli condrotteringi, riunir non si
può con quelli a branchie fisse, ma distinguerlo conviene col ca-
rattere suo naturale di branchie esterne.* » (Costa, *Faun. Nap.*)
Costa, malheureusement, a pris les tentacules de la bouche pour
des branchies externes.

La classification des Poissons, ainsi qu'on le voit, d'après cet
exposé, laisse encore beaucoup à désirer, elle manque de précision. L'ordre des Physostomes, bien que généralement adopté,
n'a pas cette base solide que lui supposait Müller.

C'est Latreille, qui a le premier eu la malheureuse idée de
chercher dans la vessie natatoire des caractères de classification;
il a divisé l'ordre des Acanthoptérygiens en deux sections, les
Porte-vessie (*Kystophora*) et les *Akystiques* (sans vessie natatoire, *Akystica*). Cette division est mauvaise, elle est inexacte.

La vessie natatoire ne fournit pas des caractères différentiels suffisants pour déterminer la place précise que doit occuper tel ou tel poisson; cet organe peut soit manquer dans une espèce, soit exister dans une autre espèce du même genre, il peut être muni ou privé de conduit pneumatophore, chez des animaux très-voisins, comme il arrive, dans certaines familles des Physostomes de Müller.

On est étonné de voir Günther conserver l'ordre des Physostomes, surtout quand on lit sa diagnose; au-dessous de Order IV. *Physostomi*, est indiqué ce caractère : « *Air-bladder, if present, with a pneumatic duct.* » (GÜNTH., *Catal. Fishes Brit. Mus.*, t. V, p. 1.)

La vessie peut encore exister, sans qu'il y ait de conduit pneumatophore, comme le constate Günther lui-même dans sa quatorzième famille de Physostomes, la famille des *Scombresocidæ* : « *Air-bladder generally present, simple, sometimes cellular, without pneumatic duct.* » (GÜNTH., t. VI, p. 233.)

La plupart des auteurs qui ont adopté les idées de Müller, les ont encore exagérées, et nécessairement ils ont augmenté la somme des erreurs ; aux Physostomes ils ont voulu opposer les Physoclistes.

Le prince de Canino a compris dans la section des Physoclistes, les ordres suivants : Gades; Hétérosomates; Perches; Blennies ; Scombres ; Pharyngognathes.

Gegenbaur et Haeckel divisent les Téléostéens en Physostomes et Physoclistes.

La division des Physoclistes ne vaut guère mieux que celle des Physostomes ; le docteur Arm. Moreau a démontré, nous l'avons dit, que la vessie du Saurel (*Caranx trachurus*), est pourvue d'un conduit pneumatophore. Est-ce le seul Acanthoptérygien qui présente une telle organisation? Qui le sait?

Haeckel a divisé les vertébrés en trois groupes, les Acrâniens, les Monorhiniens et les Amphirhiniens. Les Amphirhiniens comprennent tous les vertébrés, moins les Pharyngobranches et les Marsipobranches. Les Acrâniens n'existent pas. Maintenant il s'agit de savoir ce qu'il faut entendre par Monorhiniens et Amphirhiniens ; si l'on regarde le trou, qui est placé sur la tête des Lamproies, comme une narine, il faut aussi regarder comme une narine, l'évent des Dauphins ; et alors il y a des Monorhiniens, parmi les mammifères. L'orifice sus-céphalique des Lamproies et l'évent des Dauphins ne sont vraiment pas des narines L'orifice sus-céphalique, chez les Lamproies, fait communiquer avec l'extérieur les capsules nasales et l'appendice en cul-de-sac, ou le sinus de C. Duméril.

Il ne faut pas l'oublier, la dénomination de narines est employée dans un sens ou dans un autre ; tantôt elle est appliquée aux orifices de l'organe de l'odorat, tantôt à l'organe lui-même. Ainsi Müller ou plutôt C. Vogt s'exprime de cette façon : « Les Ganoïdes se rapprochent, par la structure des organes des sens, en partie des Plagiostomes, en partie des Poissons osseux. Ils ont, comme les Esturgeons, des narines doubles, qui manquent aux Plagiostomes. » (MULLER, *loc. cit.*, p. 25.)

Van der Hoeven a, d'après la disposition de l'organe de l'odorat, partagé les Poissons en deux sous-classes ou deux divisions caractérisées de la manière suivante : I. « *Organon olfactus impar* » ; II. « *Organon olfactus duplex* ». La première division est composée des Leptocardiens et des Cyclostomes ; la deuxième comprend tous les nombreux poissons, que nous allons bientôt étudier, sous le nom d'Hyobranches.

La classe des Poissons, nous l'avons dit, peut être et, selon nous, doit être divisée en trois sous-classes, d'après la disposition de l'appareil branchial, disposition que nous allons rappeler en peu de mots.

Les branchies sont supportées par les arcs mobiles et articulés de l'appareil hyoïdien, dans la sous-classe des *Hyobranches*.

Elles ne sont pas supportées par des arcs mobiles de l'appareil hyoïdien, elles forment des espèces de bourses ou de sacs, dans la sous-classe des *Marsipobranches*.

Enfin, elles sont composées de lamelles, qui constituent une espèce de treillage, et qui sont couvertes de cils vibratiles, dans la sous-classe des *Pharyngobranches*.

SOUS-CLASSE DES HYOBRANCHES. — *HYOBRANCHII.*

('Υοειδής, hyoïdien; βράγχια, branchies.)

Corps, de forme variable; ceinture scapulaire plus ou moins complète, très-réduite, (manquant peut-être chez quelques Apodes?, ayant son extrémité supérieure quelquefois libre, mais le plus ordinairement attachée, soit au crâne, soit à la colonne vertébrale: peau assez rarement nue, le plus souvent protégée par des écailles, des tubercules, des pièces dures.

Nageoires : nageoires verticales à rayons indépendants de la colonne vertébrale.

Tête, variant dans sa forme, dans ses dimensions et surtout dans la composition anatomique de ses différentes parties. Bouche transversale, ne pouvant opérer une véritable succion: mâchoires le plus souvent dentées; mâchoire inférieure attachée au crâne au moyen d'un suspensorium mobile, excepté dans les Chimères.

Cerveau, à deux lobes inférieurs.

Nerf sympathique, plus ou moins développé.

Narines, s'ouvrant séparément de chaque côté de la ligne médiane.

Oreille, composée d'un vestibule et de trois canaux semi-circulaires.

Appareil branchial : branchies supportées par des arcs mobiles et articulés de l'appareil hyoïdien.

La sous-classe des Hyobranches comprend deux divisions parfaitement distinctes.

Dans la première division, nous rangeons les Poissons qui ont la première branchie portée sur la corne de l'os hyoïde, et que pour cette raison nous appelons *Branchiocères* ou *Cératobranches*. Cette division forme la section des *Plagiostomes* qui se partage en deux ordres : l'ordre des *Sélaciens* et l'ordre des *Chimères*.

Dans la seconde division, nous plaçons naturellement les Poissons qui n'ont pas de branchies sur les cornes de l'os hyoïde, et que nous nommons *Abranchiocères* ou *Acératobranches*. Cette division se compose de deux sections : la section des *Ganoïdes* qui n'a qu'un seul ordre, l'ordre des *Sturioniens;* et la section des *Poissons osseux* ou *Téléostéens*, qui compte quatre ordres : l'ordre des *Lophobranches*, l'ordre des *Plectognathes*, l'ordre des *Chorignathes*, enfin l'ordre des *Apodes.*

Pour donner une idée plus nette de cette distribution nouvelle des Poissons, nous allons la présenter sous forme de
tableau.

DIVISION I. **Branchiocères** ou **Cératobranches.**
    Section I. **Plagiostomes.**
        Ordre I. Sélaciens.
        Ordre II. Chimères.

DIVISION II. **Abranchiocères** ou **Acératobranches.**
    Section II. **Ganoïdes.**
        Ordre I. Sturioniens.
    Section III. **Poissons osseux** ou **Téléostéens.**
        Ordre I. Lophobranches.
        Ordre II. Plectognathes.
        Ordre III. Chorignathes.
        Ordre IV. Apodes.

Cette sous-classe renferme presque la totalité des poissons ;
les Marsipobranches et les Pharyngobranches comptent (parmi
les Poissons de France) seulement quatre ou cinq espèces.

SECTION DES PLAGIOSTOMES. — *PLAGIOSTOMI.*

(Πλάγιος, transversal ; στόμα, bouche.)

Synonymie. — Sélaciens, Plagiostomes. Cuvier.
Élasmobranches, Plagiostomes. C. Bonaparte.
Élasmobranches ou Sélaciens, J. Müller.
Chondroptérygiens. Van der Hoeven ; Günther.

C. Duméril a, le premier, employé l'expression de Plagiostomes, pour désigner l'une des deux tribus de sa sous-classe des
Chondrichthes ou Trématopnés ; il opposait ainsi les Plagiostomes, ou Trématopnés à bouche large, comme fendue en travers,
aux Cyclostomes, ou Trématopnés « à bouche arrondie ». Mais
il y a trop de différence entre l'organisation des Squales, etc., et
celle des Lamproies, pour qu'on puisse laisser ces animaux
dans une même sous-classe ou dans une même division ; par
conséquent la dénomination de Plagiostomes, prise dans un

sens absolu, n'a vraiment plus de raison d'être, elle n'indique plus un caractère particulier, puisque les autres poissons ont aussi la bouche transversale. Cependant, il faut le reconnaître, la plupart des auteurs ont accepté le terme mis en usage par C. Duméril, quelques ichthyologistes même en lui donnant un sens plus étendu : ainsi Cuvier, C. Bonaparte, et nous adoptons leur manière de voir, comprennent dans la section des Plagiostomes non-seulement les Sélaciens, mais encore les Holocéphales ou Chimères.

Les Plagiostomes sont les poissons les mieux organisés.

Corps. — Il est de forme très-variable ; le squelette est composé : soit de tissu simplement cartilagineux, cartilage hyalin des auteurs ; soit de cartilage non complétement ossifié, comme on l'indique, mais solidifié par suite de la pénétration, plus ou moins abondante, de sels de chaux ; soit enfin de cartilage couvert d'une espèce de mosaïque, composée de petits pavés de substance calcaire, c'est le cartilage pavimenteux, ou le cartilage « à périoste grenu », suivant l'expression de Cuvier.

Tête. — Le crâne est formé de pièces cartilagineuses confondues entre elles, sans trace de suture, sans ligne de démarcation ; il est généralement en rapport avec la colonne vertébrale au moyen de trois facettes articulaires, une médiane et deux latérales. Les mâchoires sont garnies de dents ou de plaques dentaires.

Nageoires. — *Nageoires paires;* elles ne manquent jamais ; la ceinture scapulaire n'est pas attachée au crâne, cette disposition a été, et même est encore considérée comme particulière aux Plagiostomes ; c'est une erreur, elle se rencontre chez nos Lophobranches et chez les vrais Apodes. Les pectorales sont articulées sur la ceinture scapulaire au moyen d'un ensemble de pièces cartilagineuses, que l'on a comparé soit à un carpe, soit à un métacarpe. Les pièces basilaires, au nombre de deux à quatre, de trois le plus souvent, portent d'autres cartilages qui sont disposés en séries plus ou moins multipliées.

Chez les Plagiostomes à corps allongé, qui font peu emploi

de leurs pectorales, comme moyen de locomotion, il n'y a souvent que trois rangées de cartilages, formant une espèce de moignon à la base de la nageoire, supportant des filaments cornés. Chez les Raies au contraire, qui ont dans les pectorales leur principal agent de locomotion, le nombre des pièces cartilagineuses augmente, dans une proportion considérable, surtout du centre vers la périphérie, par suite de la bifurcation et du dédoublement des rayons. Les muscles des pectorales sont plus ou moins développés; ils sont parfois énormes, dans les Raies. Il y a généralement deux muscles, l'un situé à la région supérieure ou antérieure et supérieure de la nageoire, l'autre placé à la partie opposée.

Les ventrales sont toujours abdominales; elles sont articulées sur la ceinture pelvienne; elles sont plus ou moins grandes. Leur squelette peut, comme celui des pectorales, être réduit à un support composé d'un petit nombre de pièces, ou bien il peut être relativement assez développé, dans les Raies. Les ventrales ont généralement deux muscles, un sur chacune de leurs faces; chez les Raies, il y a un troisième muscle qui étale la nageoire, c'est un abducteur et un extenseur, il est attaché sur le cartilage allongé, qui porte le premier rayon et qui a été comparé à un fémur par Cuvier. Mais ce cartilage n'est pas celui qui a été désigné par Audouin sous le nom de fémur; et peut-être, pour éviter toute chance d'erreur, vaudrait-il mieux l'appeler cartilage pelvien externe.

Nageoires impaires. — Elles sont en rapport avec la colonne vertébrale soit au moyen d'une membrane, soit au moyen de cartilages plus ou moins nombreux.

Il n'y a pas, comme chez les Poissons osseux, de rayons mobiles qui s'étendent dans toute la hauteur de la nageoire. Les supports des nageoires excepté les épines, les piquants de certains Squales, de la Chimère, sont généralement réduits à quelques rangées de pièces cartilagineuses.

Les nageoires sont ordinairement terminées par un repli de la peau, soutenu par des filaments rigides, auxquels on a donné le nom de filaments cornés. Ces appendices sont allongés, effilés, élastiques, ils sont d'une teinte blanchâtre, d'apparence cartilagineuse, mais ils ne renferment aucune espèce de cellules, ni de noyaux. Ils ne se rencontrent pas seulement chez les Plagiostomes, comme on paraît le supposer, ils se montrent très-développés dans certains poissons osseux ; chez les Zées, ils se trouvent à la première dorsale, aux ventrales.

Les nageoires impaires sont peu mobiles chez les Plagiostomes ; elles ont de chaque côté un muscle qui ne peut imprimer qu'un mouvement de latéralité excessivement borné, soit aux dorsales, soit à l'anale. Quant à la caudale, elle est mise en mouvement, avec la colonne vertébrale, par les muscles latéraux.

Système nerveux. — Il n'y a pas de processus ni d'éminences dans le ventricule optique.

Organes des sens. — L'*œil* est pourvu généralement de procès ciliaires ; les nerfs optiques forment un véritable chiasma. — La *narine* a une seule ouverture. — L'*oreille* communique avec l'extérieur au moyen d'un canal particulier. — La *peau* est traversée par les tubes de Lorenzini.

Appareil branchial. — La corne de l'hyoïde porte la première branchie : les branchies sont au nombre de cinq, (six, sept, Notidaniens) de chaque côté.

Appareil circulatoire. — Le cœur a le bulbe artériel musculeux, contractile, muni de plusieurs rangées de valvules.

Appareil digestif. — L'intestin a une valvule en spirale ; l'anus s'ouvre dans le cloaque ainsi que l'appareil génito-urinaire.

Conservation de l'espèce. — La fécondation est interne. — Les mâles sont pourvus d'appendices copulateurs externes, attachés aux ventrales ; ils ont des testicules avec épididyme. — Les femelles ont les ovaires séparés des oviductes ; les œufs sont relativement peu nombreux et très-volumineux ; ils sont couverts, chez les espèces ovipares, d'une coque d'apparence cornée, qui est formée par le produit de la sécrétion de la glande nidamenteuse.

La section des Plagiostomes comprend deux ordres, dont

chaque type est nettement caractérisé par le nombre des fentes branchiales.

Ordres.

Branchies s'ouvrant de chaque côté par { 5 fentes (q.q.f. 6, 7)   1 SÉLACIENS.
{ une seule fente   2 CHIMÈRES.

Ordre des Sélaciens, Selacha.

(Σέλαχος, nom donné par Aristote à des Poissons cartilagineux. (V. *Aristote*, trad. CAMUS, liv. III, c. VIII, p. 141.)

Synonymie. — PLAGIOSTOMES, C. Duméril : A. Duméril : J. Müller et Henle : Barboza du Bocage et F. de Brito Capello.
PTÉRYOPODES, PROCTOPODES ou SÉLAQUES, Blainville.

CORPS. — Il est de forme variable, allongé et arrondi, ou raccourci et déprimé. La peau est quelquefois lisse et nue (Torpilles), mais le plus souvent elle est rude, chagrinée, hérissée soit de petites scutelles épineuses, soit d'aiguillons, soit enfin de véritables boucles. Toutes ces pièces du dermosquelette sont formées de dentine.

TÊTE. — Elle est tantôt plus ou moins allongée, tantôt élargie ; le museau est pointu, dans certaines espèces, il est constitué par trois prolongements cartilagineux. Le crâne montre à sa face supérieure un espace libre, couvert seulement d'une membrane, représentant une espèce de fontanelle plus ou moins large. L'appareil maxillaire est très-réduit : les cartilages formant les mâchoires ne peuvent être comparés aux pièces constituant les maxillaires chez les Poissons osseux : ils sont très-simples, plus ou moins arqués ; chaque mâchoire est composée de deux cartilages réunis, par une symphyse, sur la ligne médiane. La mâchoire inférieure s'articule avec la mâchoire supérieure et avec le suspenseur commun, qui s'attache au crâne.

Dans certains genres, il y a encore autour de la bouche des cartilages, plus ou moins développés, qui, en raison de leur position, ont été désignés sous les noms de cartilages labiaux supérieurs et inférieurs. Chez l'Ange se trouvent de chaque côté, en haut, deux cartilages que Cuvier regardait comme les intermaxillaires et les maxillaires ; en bas existe un autre cartilage qui, pour le même naturaliste, n'est qu'une subdivision de la mâchoire inférieure. Les plis labiaux sont des soulèvements produits par les cartilages que nous venons d'indiquer.

Les dents ne sont pas enfoncées dans des alvéoles ; elles ne sont pas soudées aux cartilages maxillaires ; elles sont une dépendance de la muqueuse, de la peau, d'où le nom de *Dermodontes* donné par de Blainville aux Sélaciens et aux autres Cartilagineux. Les dents sont disposées sur plusieurs rangées ; elles présentent les formes les plus variées, qu'il faut étudier avec soin, pour arriver à la détermination exacte des genres et surtout des espèces.

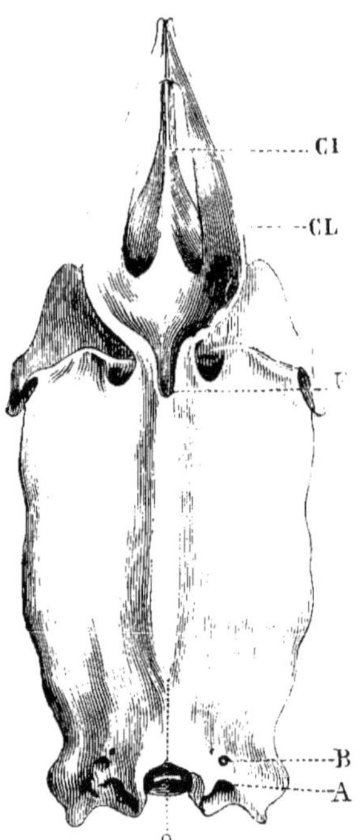

Fig. 23. — *Crâne de l'Oxyrhine de Spallanzani* (Oxyrhina Spallanzanii).

A, orifice du labyrinthe cartilagineux ; B, orifice du labyrinthe membraneux ; Cl, cartilage inférieur ou vomérien ; CL, cartilage latéral ou ethmoïdal ; F, fontanelle.

MUSCLES DE LA TÊTE ET DE L'APPAREIL MAXILLO-HYOÏDIEN. — Il nous est impossible d'entrer dans le domaine de l'anatomie comparée, et par conséquent, de donner, comme il serait nécessaire, de nombreux détails sur le système musculaire de la tête et de l'appareil maxillo-hyoïdien chez les Sélaciens. Nous nous bornerons à l'étudier dans les Raies.

Les rapports sont indiqués suivant la position de l'animal, qui est placé sur le ventre, la tête en avant.

Les différents muscles qui agissent sur le museau, les mâchoires et l'appareil hyoïdien, sont assez nombreux, ils sont assez difficiles à décrire. Pour mettre plus de clarté et de précision dans notre étude. nous diviserons les muscles suivant leurs rapports en :

1° Muscles insérés au crâne et au suspenseur commun ; 2° muscles de la région hyoïdienne ; 3° muscles des mâchoires ; 4° muscles de la région supérieure de la tête ;

1° MUSCLES INSÉRÉS AU CRANE ET AU SUSPENSEUR COMMUN OU *cartilage carré* de Cuvier. Il y en a deux :

Muscle releveur et abducteur du suspensorium, analogue du *digastrique* (CUVIER). — Ce muscle est puissant. il s'insère au crâne un peu au-dessus du suspensorium, il se dirige en suivant le bord supérieur du cartilage d'arrière en avant et un peu de haut en bas. il vient se fixer principalement sur les deux tiers internes de la face supérieure du suspenseur. En raison de sa direction il est un releveur et un abducteur ou rétracteur du suspenseur, avec lequel il forme le bord postérieur de l'évent.

Muscle protracteur ou *adducteur du suspensorium. muscle de l'évent.* — Il s'insère sur le côté du crâne entre le muscle précédent et le suspenseur ; il se dirige d'arrière en avant. passe sur l'articulation du suspenseur avec le crâne, et semble même envoyer des fibres aponévrotiques aux ligaments de cette articulation. Il contourne la face antérieure du cartilage de l'évent auquel il est uni par quelques fibres ; il vient s'attacher à la face supérieure du suspenseur juste à la terminaison du muscle précédent. Les deux muscles circonscrivent un ovale complet, l'ovale de l'évent. En se contractant, l'adducteur du suspensorium le porte en avant et en dedans, mais encore, et c'est là son principal rôle, il abaisse l'opercule ou la valvule de l'évent qu'il ferme.

2° MUSCLES DE LA RÉGION HYOÏDIENNE. — Ces muscles sont placés sur trois couches que nous allons examiner successivement.

Couche superficielle. — Elle est séparée de la peau par une aponévrose très-forte ; elle est composée de quatre et parfois même de cinq muscles.

Muscle abaisseur du museau. — Il est excessivement long et grêle, il s'insère à la ceinture scapulaire, longe en arrière le côté externe du sterno-maxillien, puis se porte en dehors, passe vers l'angle des mâchoires ; là, il s'amincit, se continue en un tendon qui, après avoir contourné le bord externe de la narine, va se perdre dans le tissu fibreux du museau. Il est en rapport avec la masse du muscle constricteur des mâchoires, dont il serait un accessoire d'après Cuvier.

Muscle sterno-maxillien (Cuv.). — Il tient lieu du *génio-hyoïdien* comme le dit Cuvier ou plutôt Duvernoy. Ce muscle est pair, mais il est tellement uni par son bord interne à celui du côté opposé qu'on les a regardés l'un et l'autre comme un muscle simple. Il est assez large, aplati ; il s'insère à l'aponévrose de la masse commune des sterno-mastoïdien et sterno-hyoïdien ; il se dirige d'arrière en avant et près de la symphyse de la mandibule il se sépare nettement de son congénère et va se fixer au bord de la branche correspondante de la mâchoire inférieure, en dehors de la symphyse qui reste libre et mobile.

Entre les deux insertions des sterno-maxilliens se trouve parfois un petit muscle impair, attaché sur l'angle de la mandibule, c'est le *triangulaire du menton*.

Muscle mylo-hyoïdien. — Vers le tiers antérieur du bord externe du sterno-maxillien se montre un muscle triangulaire qui est assez grêle : il s'insère en dedans sur l'aponévrose du sterno-maxillien, puis se dirige de dedans en dehors et vient se fixer à la mâchoire inférieure en dedans de l'insertion du masséter. Duvernoy regarde ce muscle « comme un démembrement du génio-hyoïdien », il nous paraît plus rationnel de le considérer comme un mylo-hyoïdien.

Muscle digastrique (*mylo-hyoïdien*, Cuv.). — Au-dessous du muscle précédent se trouve un muscle pair, large, triangulaire, aplati ; par son côté interne il s'insère à l'aponévrose du sterno-maxillien, par son angle externe il s'attache au suspenseur commun et de là part un faisceau musculaire, plus épais, qui se dirige de dehors en dedans, et vient se fixer au bord interne de la branche mandibulaire du côté opposé.

Les deux faisceaux se croisent donc sur les sterno-maxilliens au niveau de la symphyse de la mandibule. L'insertion mandibulaire est un peu différente de celle qui est indiquée dans l'*Anatomie comparée* de Cuvier. Ce muscle, quand il agit seul, tire en dehors et en arrière la mâchoire inférieure; quand il agit avec son congénère, il abaisse la mâchoire. En raison de ses points d'insertion, ce muscle ne peut être regardé comme un mylohyoïdien, c'est plutôt un digastrique.

Couche moyenne. — Elle est constituée par une masse musculaire assez forte qui se fixe en arrière à la ceinture scapulaire et se termine en avant par une aponévrose donnant insertion à deux muscles.

Muscle sterno-mastoïdien. — Il est pair, triangulaire; il est uni sur la ligne médiane à l'aponévrose de celui du côté opposé; il a ses fibres dirigées de dedans en dehors et d'arrière en avant; il passe au-dessous ou en arrière de la branche antérieure transversale de l'hyoïde qui le sépare du muscle digastrique et va s'insérer au suspenseur commun par deux tendons séparés. Le tendon postérieur s'attache un peu en avant du digastrique, sur le côté externe et postérieur du cartilage carré; le tendon interne passe en avant et s'insère au côté externe et antérieur du cartilage, tout près de son articulation avec la mâchoire inférieure; il paraît même envoyer quelques fibres aponévrotiques aux ligaments de l'articulation. Peut-être vaudrait-il mieux appeler ce muscle stylo-hyoïdien et donner au muscle postérieur ou masse commune le nom de sterno-hyoïdien? (V. Cuv., *Anat. comp.*, t. IV, p. 192.)

Muscle coraco-hyoïdien (Cuv. *Anat. comp.*, t. VII, p. 317 α). — Il continue la direction de la masse musculaire postérieure et s'insère à la corne de l'hyoïde qu'il tire en arrière; il est aplati, assez étroit.

Couche profonde. — Elle se compose des muscles suivants:

Muscle coraco-symbranchial (Duvernoy, Cuv. β). — Il s'insère sur la ceinture scapulaire; en arrière il est séparé de son congénère par un espace ovale, qui répond à la paroi de la chambre cardiaque; en avant il se rapproche de son semblable, et s'insère a l'hyoïde, ou, comme l'écrit Duvernoy, au cartilage moyen des branchies, qu'il tire en arrière.

Muscle coraco-pharyngien (Duvern., Cuv. γ). — C'est un muscle court, mais puissant ; il est placé sur le côté externe de la chambre cardiaque ; il est inséré en arrière sur la partie latérale de la ceinture scapulaire, il se dirige obliquement d'arrière en avant et de dehors en dedans ; il s'attache sur les os pharyngiens inférieurs ; il est séparé du constricteur du pharynx par une aponévrose.

Muscle constricteur du pharynx. — Il est développé, formé de fibres demi-circulaires ; il est inséré à l'aponévrose de l'hyoïde, aux pharyngiens inférieurs, à l'angle de la ceinture scapulaire, et en dessus aux dernières pièces articulaires des arcs branchiaux.

3° MUSCLES DES MÂCHOIRES. — Ils sont les uns insérés au crâne et aux mâchoires, les autres insérés uniquement sur les mâchoires.

Muscles insérés au crâne. — Ils sont au nombre de quatre de chaque côté.

Muscles releveurs et rétracteurs de la mâchoire supérieure. — Ce sont des muscles pairs ; il y en a deux de chaque côté, l'un supérieur, l'autre inférieur. Ils s'insèrent au crâne, en dedans de l'évent, à l'apophyse orbitaire postérieure, le muscle inférieur étant placé même un peu en arrière ; ils se portent de haut en bas et d'arrière en avant ; au bout d'un assez court trajet, ils s'étalent et confondent en partie leurs fibres. Ils forment ainsi un large muscle aplati, trianglaire, qui, après avoir tapissé la voûte palatine, vient s'attacher à la mâchoire supérieure par une insertion occupant une grande longueur du bord de la mâchoire, à partir de la symphyse. Ces muscles relèvent et tirent en arrière la mâchoire supérieure.

Muscles releveurs et protracteurs des mâchoires. — Ils sont de chaque côté au nombre de deux ; ils sont l'un et l'autre aplatis, allongés.

Muscle externe ou *zygo-maxillaire* (analogue du *masséter*, Duvern., Cuv., *Anat. comp.*, t. IV, p. 185).—Il s'insère en avant à l'apophyse orbitaire antérieure, ou plutôt orbito-nasale, et par un petit faisceau au cartilage qui, unissant l'apophyse orbito-nasale au métacarpien surnuméraire, a été considéré comme un *jugal* par Cuvier. Il se dirige d'avant en arrière et de haut en bas, et se termine en étalant sa large aponévrose qui se confond avec celle de la masse commune des constricteurs des mâchoires. Il tire en avant l'appareil maxillaire.

Muscle interne ou *naso-mandibulaire* (accessoire du *masséter*, DUVERN., CUV., *Anat. comp.*, t. IV, p. 185). — Il est grêle ; il s'insère vers le bord postérieur de la narine et se dirige en arrière vers le bord interne de la masse des constricteurs ; il dépasse la commissure de la bouche, et va prendre son point d'insertion sur la mandibule elle-même par un tendon bifurqué ou divisé en deux, ce qui est facile à voir dans les grandes Raies, la *Raia asterias* par exemple. Ce muscle tire en avant l'appareil maxillaire, il rapproche la mandibule de la mâchoire supérieure. Les muscles protracteurs de l'appareil maxillaire sont peu développés, surtout le naso-mandibulaire.

Muscles insérés sur les mâchoires. — Ils sont de chaque côté au nombre de deux ou trois, ils forment une masse très-forte.

Muscle masséter (DUVERNOY). — Il est large, il est composé de fibres verticales assez courtes ; il s'insère sur la face externe de l'extrémité postérieure de la mâchoire supérieure, il s'attache sur l'aponévrose venant de l'articulation, sur le bord supérieur, la face externe et le bord inférieur de la mandibule ; il confond ses fibres avec les fibres du faisceau interne du muscle temporal. Ce muscle est un puissant constricteur.

Muscle accessoire. — Vers la commissure des lèvres ou l'angle de la bouche se trouve généralement un petit muscle composé de deux faisceaux, l'un venant du bord interne du masséter, l'autre de l'aponévrose postérieure ; ces faisceaux réunis forment une espèce de muscle orbiculaire ou plutôt de muscle labial inférieur.

Muscle temporal (CUV.). — Ce muscle, auquel le nom de temporal ne convient pas absolument, est des plus singuliers ; il est excessivement développé, il est réniforme, il est composé de trois portions et le nom de *triceps* serait peut-être mieux choisi? La portion ou plutôt le faisceau externe, ou enveloppant, est très-volumineux ; il représente la figure d'une espèce de C dont la partie supérieure serait beaucoup plus grosse ; de son extrémité antérieure, ce faisceau envoie un fort tendon, qui, avec un ligament venant de la mâchoire supérieure, quelques fibres de l'articulation, et un autre ligament venant du suspenseur commun, va s'insérer à la face interne de la mâchoire inférieure en dedans et en arrière des dernières rangées de dents ; les fibres externes s'attachent sur le bord inférieur de la mandibule. Ce faisceau est confondu en dedans et en bas avec le faisceau transverse.

Le faisceau transverse est placé à la face interne et postérieure du faisceau externe ; il est large et court : il s'insère au moyen d'une espèce d'aponévrose, ou de ligament, sur l'extrémité postérieure du maxillaire supérieur, sur l'articulation des mâchoires, et sur l'extrémité de la mandibule, où il vient confondre ses fibres avec celles du faisceau interne.

Le faisceau interne a ses fibres presque perpendiculaires à l'axe des mâchoires ; il est presque triangulaire : il commence, par une extrémité assez mince, au côté interne de la courbure du grand faisceau ou faisceau externe ; il se dirige de dedans en dehors, passe sous le faisceau externe, il est appliqué sur l'articulation des mâchoires, et vient en arrière ou en bas s'insérer a l'extrémité du bord inférieur de la mandibule ; il décrit une double courbe et forme une espèce d'S. Il est en rapport par son bord interne avec le masséter, par son bord externe avec le grand faisceau musculaire, par sa face externe avec la paroi de la bouche et la face externe du faisceau transverse.

4° MUSCLES DE LA RÉGION SUPÉRIEURE DE LA TÊTE.

Muscle releveur du museau. — Il est excessivement long et grêle, il est aplati, semblable à un triangle très-allongé : il s'insère en arrière à la ceinture scapulaire, s'avance sur la paroi supérieure des branchies, perd ses fibres musculaires au niveau de la première poche branchiale ; puis il se continue en un tendou trèsalltongé, qui est en rapport avec la masse commune des muscles des mâchoires ; enfin il poursuit son trajet jusque vers le museau, et se perd dans le tissu fibreux, qui forme le bord rostral.

Muscle releveur du jugal. — Il s'insère sur le côté externe de l'apophyse orbito-nasale, se porte en dehors et s'attache au bord supérieur du cartilage jugal, au-dessus et en avant de l'insertion du zygo-maxillaire. Il relève le cartilage jugal, et par conséquent, il relève un peu la partie antérieure de la pectorale.

Cuvier donne le nom de *droit inférieur de la tête* à un muscle qui nous paraît une simple dépendance des muscles latéraux. (Cuv., *Anat. comp.*, t. 1, p. 319.)

Yeux. — La cavité orbitaire est mal déterminée, elle est limitée en arrière par l'apophyse orbitaire postérieure, en avant par l'apophyse orbito-nasale. Ces apophyses prennent dans certaines espèces, Marteaux, une très-grande extension et donnent à la tête une forme extraordinaire. L'œil est porté sur un pédoncule cartilagineux terminé par un renflement ; il est pourvu de procès ciliaires et souvent d'un tapis de couleur variable.

Narines. — Elles sont généralement sous le museau, elles n'ont qu'une simple ouverture ; elles sont munies d'une valvule le plus souvent isolée, parfois réunie vers la bouche à celle du côté opposé, mais séparée en dedans par un frein médian.

Oreilles. — Elles sont complétement séparées de la chambre cérébrale ; elles ont un labyrinthe membraneux et un labyrinthe cartilagineux.

Appareil respiratoire. — L'appareil hyoïdien, excepté chez les Notidaniens, se compose de six segments qui tous, sauf le dernier, portent des branchies.

Les branchies s'ouvrent au dehors par cinq fentes distinctes (six, sept, Notidaniens). Chaque branchie est formée de plis radiés, triangulaires, attachés, par un de leurs grands côtés, sur une membrane commune : les lames branchiales ont toujours leur terminaison périphérique libre dans une certaine étendue plus ou moins grande, égale parfois au quart de leur longueur. A cause de la disposition qui ne permet pas de mouvements indépendants aux plis ou lames respiratoires, comme chez les Poissons osseux, Cuvier a donné aux Plagiostomes et aux Suceurs, ou Cyclostomes, le nom de *Chondroptérygiens à branchies fixes.*

La membrane commune, ou intrabranchiale, est très-développée, elle dépasse l'extrémité des lames respiratoires et vient se continuer avec la peau. Elle constitue, en avant et en arrière, les parois d'une cloison qui est soutenue, à sa partie interne, par les tiges cartilagineuses partant des arcs branchiaux, et servant de points d'attache aux petits tendons du muscle intrabranchial ou diaphragme. Il est évident que la branchie hyoïdienne n'a qu'une série de lamelles branchiales, répondant à la série postérieure des autres branchies, dont nous allons indiquer la composition. Chaque branchie est formée de quatre couches ainsi disposées : la série antérieure des lames respiratoires, le diaphragme, les tiges cartilagineuses, enfin la série postérieure des lames respiratoires. Les tiges cartilagineuses sont, dans la Raie bouclée, au nombre de onze généralement, il y en a quelquefois douze et même treize ; cinq de ces tiges sont insérées sur l'hypobranchial, cinq autres sur l'épibranchial ; la dernière, qui paraît ordinairement un peu plus développée, est attachée sur l'articulation des deux supports branchiaux.

Muscles des branchies. — *Diaphragme.* — Il est disposé en éventail sur le bord externe de l'arc branchial ; il envoie des tendons sur les tiges cartilagineuses, qu'il rapproche les unes des autres en se contractant ; les faisceaux latéraux du muscle sont insérés sur les pièces branchiales, et croisent la direction des tiges cartilagineuses, comme il est facile de le voir par transparence. La partie moyenne est principalement l'antagoniste du muscle, qui est placé dans l'angle interne de l'articulation des supports branchiaux ; quand elle se contracte, elle redresse, en les écartant l'une de l'autre, les deux pièces branchiales (hypobranchial, épibranchial) ; elle joue donc le rôle d'un muscle abducteur. Le diaphragme confond, à la périphérie, une partie de ses fibres avec celles du muscle constricteur commun des branchies.

Muscle abducteur. — Il est court et puissant ; il est placé dans

l'angle rentrant des supports des branchies (hypobranchial,
épibranchial), qu'il rapproche quand il se contracte ; il écarte en
même temps les lames branchiales les unes des autres, ainsi que
le fait remarquer Duvernoy, qui regarde ce muscle comme un
expirateur.

Muscle constricteur commun des branchies (DUVERNOY). — Ce
muscle forme une partie des parois externes des poches branchiales ; il est interrompu par quatre intersections aponévrotiques, placées au niveau de chacun des arcs branchiaux. Il nous
semble que le diaphragme, la partie musculeuse supérieure et
inférieure d'une poche branchiale ne font qu'un seul et même
muscle, ayant un peu la forme d'un « retourné, ». Il est facile
de voir cette disposition, si l'on veut examiner la région antérieure de la première poche branchiale. Les fibres musculaires,
qui se fixent sur les aponévroses d'intersection, sont parallèles et dirigées d'avant en arrière. Quand il se contracte, le
muscle constricteur commun rétrécit les poches respiratoires,
en rapprochant les arcs de l'appareil hyoïdien, il est donc expirateur.

La première branchie n'a de lames respiratoires que d'un seul
côté ; elle est peut-être différente de la fausse branchie des Poissons osseux ? Elle doit être regardée comme une branchie simple,
et non comme la moitié d'une branchie ; elle ressemble, puisqu'elle
n'a qu'une seule rangée de lamelles branchiales, à la quatrième
branchie des Scorpènes par exemple. Ses rayons cartilagineux
sont insérés d'après deux modes très-différents, soit, comme dans
les Squales, en partie sur l'hyoïde, en partie sur le suspenseur
commun, soit, comme dans les Raies, uniquement sur la corne
de l'os hyoïde.

Le dernier sac branchial ne présente qu'une seule face respiratoire, placée nécessairement à la partie antérieure.

Branchies transitoires ou *branchies externes*. — Ce sont de
simples filaments vasculaires qui se portent au dehors des
fentes branchiales et parfois encore de l'évent, chez la plupart
des Sélaciens avant leur naissance. Ces organes manquent chez

les fœtus cotylophores ou pourvus d'un placenta, comme dans l'Émissole lisse (*Mustelus lævis*).

Monro le premier, vit et figura, pl. XIV, les branchies ex-

Fig. 24. — *Fœtus de Torpille marbrée*, Torpedo marmorata.

B, branchies transitoires ; C, cordon ombilical.

ternes d'un fœtus de Raie ; il les regarda comme des vaisseaux remplis de sang rouge qui remplacent les branchies, et qui semblent devoir plus tard se transformer en branchies véritables. Sur la figure indiquée, le vaisseau externe est assez développé, il a l'air de se terminer par deux divisions.

Ces filaments vasculaires paraissent la continuation des lamelles branchiales ; ils sont plus nombreux chez les Squales que chez les Raies et, surtout, que chez les Torpilles.

Les branchies externes acquièrent souvent une très-grande dimension, ainsi que j'ai pu le constater à diverses reprises. Sur un fœtus de Torpille marbrée ayant 0^m,042 de longueur, elles mesurent 0^m,028 ; elles font plus de la moitié de la longueur totale ; elles se terminent par un renflement ovalaire ; elles sont couvertes d'un épithélium pavimenteux ; leurs vaisseaux contiennent deux espèces de globules, des leucocytes et des hématies avec un noyau très-visible.

Évents. — L'évent est placé au-devant du suspenseur commun ; c'est un conduit latéral qui, faisant communiquer la bouche avec l'extérieur, sert à l'entrée ou parfois encore, peut-être, à la sortie de l'eau, selon les besoins de l'animal. Il a des dimensions variables suivant les espèces ; il est quelquefois excessivement petit, étroit dans les Lamnidés ; il manque seulement dans les deux familles Zygénidés et Carcharidés.

Il vaudrait mieux remplacer le mot d'évent par celui de spiracule. En effet il est facile de voir que dans les Raies, dans les Roussettes, l'évent est ouvert au moment de l'inspiration, qu'il est fermé lors de l'expiration, au moyen d'une valvule placée à sa paroi antérieure. Les Raies au repos, à moitié cachées sous le sable, tenant les mâchoires rapprochées et immobiles, inspirent par l'évent.

Quand l'animal a chassé par les branchies l'eau que contenait sa bouche, un courant se produit, une colonne d'eau pénètre dans l'orifice libre de l'évent ; puis, l'inspiration étant terminée, le cartilage valvulaire bascule, sa partie supérieure abaissée par la contraction de l'adducteur du suspensorium, vient s'appliquer exactement sur la paroi postérieure de l'évent qui est ainsi fermé d'une manière complète. Alors s'accomplit l'expiration, l'eau pressée de tous côtés, par l'effort musculaire, ne trouvant d'issue ni par la bouche, ni par les évents, est forcée de passer par les ouvertures branchiales.

La paroi antérieure de l'évent est généralement tapissée par une fausse branchie ou plutôt par une branchie accessoire. Cette branchie manque chez certains Squales, Seymnes, chez certains Céphaloptériens, Myliobate, Pastenague. Elle peut persister, au moins en partie, quand l'orifice spiraculaire a disparu, chez le Requin par exemple, elle est placée dans la bouche ou plutôt dans le canal terminé en cul-de-sac. (V. Stannius, *Anat. comp.*, p. 119 ; A. Duméril, t. I, p. 212.) Ce canal est évidemment la partie interne de l'évent.

Côtes sternales et vertébrales. — Dans la charpente branchiale de certains Squales, Roussette, Long-nez, Émissole, Milandre, Aiguillat, se trouvent des tiges cartilagineuses grèles, plus ou moins longues, effilées à leur extrémité supérieure, plus épaisses et généralement bifurquées à leur extrémité inférieure. Ces appendices, au nombre de trois ou quatre le plus ordinairement, viennent de la partie inférieure des diaphragmes qui séparent les lames respiratoires, un peu au-dessous du niveau des fentes branchiales ; ils se portent en bas et en dedans vers la ligne médiane sur laquelle ils se rencontrent parfois avec ceux du côté opposé, Aiguillat. En raison de leur position, ils ont été désignés sous le nom de *côtes sternales*. (DUVERNOY, CUV., *Anat. comp.*, t. VII, p. 307 ; et GEOFFROY SAINT-HILAIRE, 3ᵉ mém., Sternum, Poissons, *Ann. Muséum*, 1807, t. X, p. 87, pl. 4; Squale Long-nez (*Lamna cornubica*), fig. 6 cccc.)

Duvernoy a vu chez l'Émissole (*Mustelus vulgaris*), des arceaux semblables entourant la circonférence des branchies du côté supérieur. Ces appendices seraient des rudiments des *côtes vertébrales*. (CUV., *Anat. comp.*, t. VII, p. 308.)

CONSERVATION DE L'ESPÈCE. — L'appareil de la génération, dans les Sélaciens, est très-perfectionné, ainsi que nous allons le voir. Nous l'étudierons principalement chez la Raie bouclée.

APPAREIL MALE. — Il se compose, nous le rappelons, d'organes reproducteurs internes et d'organes externes ou appendices copulateurs.

Organes reproducteurs internes. — Ils sont pairs : ils sont formés de glandes, les testicules, et de conduits excréteurs.

Testicules. — Ils sont toujours au nombre de deux; ils sont placés de chaque côté de la colonne vertébrale, dans la région antérieure de l'abdomen; ils ont une membrane propre, espèce de tunique très-mince et très-délicate ; ils sont recouverts par le péritoine qui les maintient au moyen d'une large expansion, généralement fixée sur tout le bord interne (Raie bouclée, Raie estellée). D'après Huxley, les testicules sont ovales (HUXL., *Anat. comp.*, *Anim. vert.*, trad. franç., p. 140); ils ont des formes variables suivant les espèces; ils sont ordinairement aplatis chez les Raies, ils ont un peu la configuration d'un rein, ils ont leur bord externe convexe (Raie bouclée); ils sont arrondis, allongés, cylindriques, à peu près de la grosseur d'un crayon chez l'Émissole commune (*Mustelus vulgaris*). Ils sont presque toujours symétriques ; cependant il arrive parfois qu'au moment du rut, l'un devient plus gros, plus turgescent que l'autre.

Dans la Raie bouclée, le testicule est d'un blanc grisâtre légèrement rosé à la face ventrale, d'une teinte rosée à la face supérieure ou tergale, quand il est dans sa période d'activité ; alors la face supérieure et le bord externe d'abord, puis la face inférieure, plus tard la partie postérieure, montrent des traînées de substance blanchâtre qui enchâssent une quantité plus ou moins grande de lobules ou de vessies pisiformes, suivant Duvernoy.

Ces lobules sont assez gros, ils ont, sur une Raie de moyenne taille, en moyenne 5 millimètres de diamètre : ils ressemblent à de petits grains de raisin, pressés les uns contre les autres ; ils sont légèrement ombiliqués ; ils sont roses à leur périphérie et banchâtres à leur centre, autour de la petite dépression.

Ils paraissent, dans certains cas, plus ou moins granuleux. Lorsqu'ils sont dégagés, ils montrent un faisceau de cordons ou plutôt de tubes, qui forme, à chacun d'eux, une espèce de pédicule.

Quand on déchire un de ces lobules, on trouve qu'il contient une quantité considérable de vésicules transparentes, pédicellées ; ces vésicules sont généralement arrondies, il y en a d'ovoïdes ; elles sont relativement assez grosses, dans les Raies, et peuvent être vues à l'œil nu ou à l'aide d'une simple loupe ; dans la Raie bouclée, elles mesurent en moyenne $0^{mm},24$; quelques-unes ont $0^{mm},20$, quelques autres $0^{mm},30$; dans la Raie estellée, elles sont plus grandes, elles ont de $0^{mm},30$ à $0^{mm},40$. Chaque vésicule est la terminaison, en ampoule, d'un canalicule séminifère, qui semble lui former un pédicelle ; elle est tapissée à l'intérieur, ainsi que le canalicule, d'un épithélium pavimenteux ; elle renferme des cellules-mères.

Dans les cellules-mères, se développent les noyaux, qui produisent les spermatozoïdes : ils mesurent, dans la Raie bouclée, de $0^{mm},010$ à $0^{mm},014$.

Lorsque les spermatozoïdes ont accompli leur évolution, ils deviennent libres par suite de la rupture des cellules-mères ; et réunis en faisceaux, ils flottent dans la vésicule, au milieu des débris de noyaux et de cellules.

Chez les Sélaciens, ils paraissent cylindriques, avec l'extrémité antérieure effilée, et avec l'extrémité postérieure ou la queue très-prolongée en un filament excessivement grêle. Dans la Raie bouclée, ils ont une longueur de $0^{mm}.060$ à $0^{mm}.066$. Ces dimensions sont prises sur des spermatozoïdes ayant leur activité, par conséquent plus ou moins enroulés, plus ou moins sinueux. Quand les spermatozoïdes ont perdu leurs mouvements, ils deviennent plus droits et par conséquent beaucoup plus allongés, ils acquièrent parfois le double de longueur, ainsi que je l'ai constaté dans ceux de la Raie bouclée, dont je viens de parler : en effet les spermatozoïdes rigides, déroulés, mesuraient $0^{mm}.136$.

Chez l'Émissole commune, les spermatozoïdes mesurent de $0^{mm}.050$ à $0^{mm}.070$ pendant leur période d'activité.

La période d'activité des spermatozoïdes, chez les Sélaciens, est très-longue ; elle peut, si la température n'est pas trop élevée, persister pendant deux ou trois jours, et même plus longtemps encore.

Conduit excréteur. — Il part du testicule et vient déboucher dans le cloaque génito-urinaire ; il subit différentes modifications dans son calibre, dans son trajet et même dans sa structure, et pour cette raison il reçoit des noms particuliers, ceux de : canal efférent, épididyme, canal déférent, vésicule séminale, canal éjaculateur. Dans l'Émissole commune, ces parties, ou ces différences de forme, de calibre sont parfaitement distinctes ; mais dans la Raie bouclée, le canal déférent, la vésicule séminale et le canal éjaculateur ne sont pas nettement séparés, les lignes de démarcation sont peu sensibles, et la division paraît artificielle.

Le produit de la sécrétion de la glande spermagène est emporté par le *canal efférent*, qui sort généralement de l'extrémité antérieure du testicule, et va former l'épididyme. Ce canal est assez difficile à voir chez les Raies ; mais chez les Squales, l'Émissole commune par exemple, il est plus développé et plus facile à isoler des parties voisines. Dans la Raie bouclée, il part de l'extrémité antérieure et du bord interne du testicule, il se dirige d'arrière en avant et de dehors en dedans.

L'*épididyme* s'avance plus loin que le testicule ; il commence au niveau de la face postérieure du diaphragme, chez la Raie bouclée et chez la Raie estellée, dans l'Émissole commune, il est à peine plus avancé que le testicule.

L'épididyme est bien développé dans les Raies ; il est allongé, recouvert par le péritoine, qui le maintient, fortement appliqué, contre la paroi abdominale et contre le rein correspondant ; il est formé par les replis du canal excréteur, replis difficiles à suivre, surtout à la partie antérieure. Le canal vecteur, en s'éloignant, en se dirigeant plus en arrière, prend un calibre plus gros et présente des sinuosités moins nombreuses, moins entortillées.

À peu près sur toute la longueur de son tiers postérieur, l'épididyme porte, de chaque côté, une série d'appendices cœcaux, enroulés sur eux-mêmes, que C. Vogt et Pappenheim ont dessinés. (*Loc. cit.*, pl. 2, fig. 7). C'est probablement l'ensemble de ces appendices, que Gegenbaur désigne comme une glande, qui, « suivant le trajet du canal déférent, se trouve en rapport avec lui chez les Sélaciens et Chimères. » (Gegenb., *Anat. comp.*, trad. franç., p. 828.)

Que représentent ces appendices cœcaux ? Sont-ils les homologues du *vas aberrans* de Haller et des canaux diverticulaires de Folin ? (V. Fol., *thèse*, Paris, 1850, et Bourgery, Atlas, t. V, pl. lxxii, fig. 9.) Sont-ils les restes plus ou moins modifiés du corps de Wolff ? ou, peut-être, des vésicules séminales ? Opinion plus probable.

Au niveau des derniers appendices cœcaux, le canal vecteur semble sortir de l'épididyme, et prend alors le nom de *canal déférent*. Il devient plus gros et moins sinueux ; il est collé sur les reins. Après avoir parcouru un certain trajet, il paraît s'élargir subitement, il se déjette en dehors, puis revient en dedans et semble ainsi former une grosse ampoule ; mais quand il est dégagé, quand le tissu fibreux et le péritoine sont enlevés, on trouve qu'il y a plutôt un repli, à convexité externe, qu'une véritable ampoule. En arrière de cette sinuosité, le conduit reste droit jusqu'à sa terminaison ; il est rapproché de son congénère, dont il reste cependant toujours séparé, par une aponévrose et le ligament péritonéal de l'appendice intestinal ou digitiforme. La partie déjetée en dehors et plus ou moins renflée a été regardée, par certains auteurs, comme une vésicule séminale, et la partie droite ou la terminaison du canal déférent a été considérée comme un canal éjaculateur.

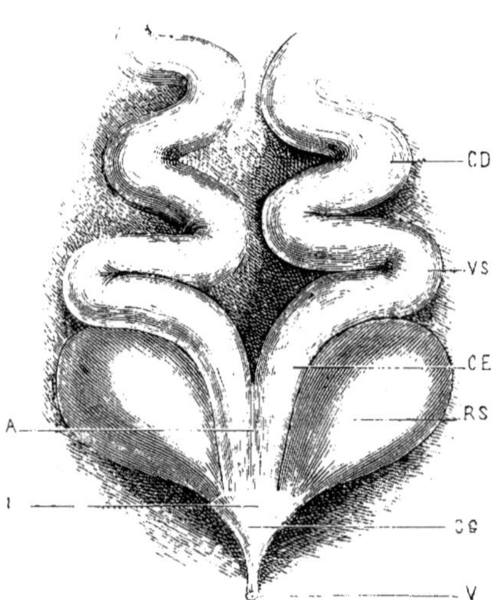

Fig. 25. *Terminaison des organes génitaux mâles de la Raie bouclée* (Raia clavata).

CD, canal déférent ; VS, renflement du canal déférent ; CE, canal éjaculateur ; RS, réservoir séminal ; I, infundibulum ou CG, cloaque génito-urinaire ; V, appendice ; A, aponévrose.

Cette prétendue vésicule séminale montre des variations de volume très-grandes. Dans les Raies, elle est, nous l'avons dit, uniquement formée par un repli du canal déférent, dont elle conserve la structure anatomique, et sous ce point de vue, comme sous plusieurs autres, elle ne peut en aucune façon être comparée à une vésicule séminale. Au reste de Blainville, Duvernoy, Lallemand appellent vésicule séminale, un organe que nous allons étudier bientôt.

La muqueuse de la paroi supérieure forme quelques replis, dans la partie postérieure du renflement.

Dans sa région terminale, le canal déférent est de calibre
très-variable; chez les Raies, au moment du rut, il est très-
développé; il va directement d'avant en arrière, et s'ouvre dans
une espèce de sinus; sa muqueuse porte des replis transversaux
très-marqués, très-nombreux, qui ressemblent à de petites valvules conniventes.

Les auteurs ne sont pas d'accord sur le mode de terminaison
des canaux déférents: les uns supposent que ces canaux s'ouvrent
dans les uretères, les autres croient qu'ils débouchent dans une
proéminence conique désignée ordinairement sous le nom de
verge.

D'après Stannius le canal déférent « s'élargit à son extrémité,
et s'ouvre dans la partie dilatée (vessie) des uretères. » (STANNIUS.
Anat. comp., trad. franç., t. I, p. 142.) « Le *vas deferens* s'ouvre
de chaque côté dans une partie dilatée de l'uretère. » (HUXLEY.
Anat. comp. Vertébr., trad. franç., p. 140.) « *The vasa de-
ferentia... communicate with the ureters, and terminate upon
the cloacal penis.* » (RICH. OWEN. *Anat. comp. Vertébr.*, t. I,
p. 570.)

Le canal déférent « après s'être renflé en une espèce de vésicule séminale..... s'ouvre avec celui du côté opposé dans une
proéminence conique de la face supérieure du rectum, près de
l'anus. » (CUV. et VALENC., t. I, p. 535.)

« Les réceptacles (canaux déférents) convergent vers la ligne
médiane, et finissent en pointe dans une papille située sur la
paroi postérieure du cloaque, très-près de l'ouverture anale. »
« Le cloaque de la Raie mâle est fort simple. » « Vis-à-vis de »
la fente anale « se trouve une impression profonde, circulaire, entourée de petits plis longitudinaux de la muqueuse, et
du fond de laquelle s'élève une petite verrue conique, sur le
sommet de laquelle se trouvent les deux ouvertures des canaux
déférents. » « Le petit cône, sur lequel se trouvent les ouvertures génitales, est composé uniquement de tissu cellulaire. »
(VOGT et PAPPENHEIM, Organ. génér. *Ann. Sc. nat.*, 1839, t. XII,
p. 110-111, pl. II, fig. 8.) Il est évident que ces anatomistes n'ont

pu voir la terminaison des canaux déférents ; ils n'ont pas reconnu l'existence du cloaque génito-urinaire.

Dans sa thèse excellente, Edm. Bruch a montré d'une manière très-nette, que le canal déférent ne se termine ni dans l'uretère, ni dans la verge, mais qu'il s'ouvre « par une papille plus ou moins saillante, » isolée de celle de l'autre canal déférent. (E. Bruch, *Étud. appar. génit. Sélaciens.* Thèse. Strasbourg, 1860, p. 35.)

La description, que de Blainville a faite des organes génitaux du Pèlerin, peut se rapporter à l'anatomie des mêmes organes chez les Raies ; elle est sans contredit l'une des meilleures, des plus exactes que je connaisse ; et je suis étonné qu'un travail aussi complet, aussi précis, n'ait pas été plus utile à la science.

L'étude que nous avons à terminer, ne présente vraiment pas de grandes difficultés, quand on choisit les animaux dans de bonnes conditions. A l'époque du rut, les canaux déférents sont, dans les Raies, tellement volumineux qu'il suffit tout simplement, pour examiner leurs rapports, d'enlever les membranes qui les recouvrent et d'ouvrir la paroi inférieure d'une petite cavité, que de Blainville appelle « premier cloaque ».

Réservoir séminal (*vésicule séminale*, BLAINVILLE, LALLEMAND). — Sur le côté externe du canal déférent est soudé un sac membraneux, qui a été regardé tantôt comme une vessie urinaire, tantôt comme une vésicule séminale.

Suivant Duvernoy, les uretères et les canaux déférents se rendent dans une sorte de vestibule, « qui s'ouvre par un seul orifice, à l'extrémité d'une papille plus ou moins saillante à la paroi supérieure et médiane du cloaque. C'est ce vestibule qui a été décrit tout récemment dans le *Squale glauque*, pour une vessie urinaire. (TOUSSAINT.) C'est encore ce vestibule, à ce que je présume, qui a été désigné dans le *Squale pèlerin* sous le nom de cloaque supérieur. » (BLAINV., CUV., *Anat. comp.*, t. VII, p. 608.)

« Mais il y a souvent dans les *Squales*, et surtout dans les *Raies*, outre cette cavité intermédiaire, sorte de canal de l'urèthre plus ou moins dilaté, une seule ou deux vessies, que je ne puis m'empêcher de considérer surtout dans ce dernier cas comme appartenant au système urinaire. On observe même à cet égard des différences sexuelles très-remarquables. »

« Quand il y a deux vessies, elles débouchent chacune dans le vestibule, entre le canal déférent du même côté, en dedans, et l'uretère en dehors. C'est ce que j'ai vu dans l'*Aiguillat*. »

« Cette disposition fait qu'on a autant de raison de prendre ces vessies pour des vésicules séminales (BLAINVILLE) que pour des vessies urinaires. » (EV. HOME.)

« La *Raie bouclée* mâle a, comme l'espèce précédente (Raie batis), deux petites vessies urinaires, ayant chacune leur orifice distinct et séparé dans le vestibule ou la papille du cloaque. » (ID., *loc. cit.*, p. 608-609.)

Plus tard, Duvernoy modifia son opinion, et il regarda la « petite vessie annexée au canal déférent » comme un réservoir de la semence.

M. Milne Edwards semble partager la première manière de voir de Duvernoy : « Chez le mâle (Raies), les canaux déférents s'ouvrent dans la vessie urinaire, vers la base des grandes cornes de ce réservoir. » (MILN. EDWARDS, *Leç. Physiol., Anat. comp.*, t. VII, p. 331, note 2.)

« Chez les Squales, il existe à l'origine du canal génito-urinaire commun une paire de sacs membraneux très-grands et allongés, qui, à l'époque du rut, contiennent du sperme mêlé à une substance jaunâtre formée par leurs parois. » (MILN. EDW., *loc. cit.*, t. VIII, p. 477.)

J. Davy, A. Duméril ont aussi regardé ces organes comme des vessies urinaires.

De Blainville a, le premier, parfaitement reconnu que chacun des sacs n'est pas un réservoir de l'urine. « On peut voir dans cette cavité une véritable vésicule séminale, dans laquelle la semence doit refluer du canal déférent. » (BLAINV., Mém. Squale pèlerin, *Ann. Muséum*, 1811, t. XVIII, p. 124.)

Évidemment ces vésicules sont uniquement des réservoirs de

la substance séminale ; elles sont, à l'époque du rut, remplies de spermatozoïdes, elles sont excessivement gonflées, tandis que le vestibule ou le cloaque génito-urinaire est toujours vide. D'ailleurs, l'orifice de chacune de ces vésicules n'est pas en rapport immédiat avec l'uretère, il ne le reçoit pas, il ne donne pas directement dans le vestibule, mais dans un sinus, qui lui est commun avec le canal déférent, le sinus génital.

Comment l'urine pourrait-elle refluer dans ce réservoir ? Une contraction du cloaque génito-urinaire serait nécessaire ; mais l'urine, alors, serait expulsée au dehors, plutôt que refoulée à travers l'orifice du sinus génital.

De plus, quand on pousse une injection, pour dilater le cloaque génito-urinaire, on ne

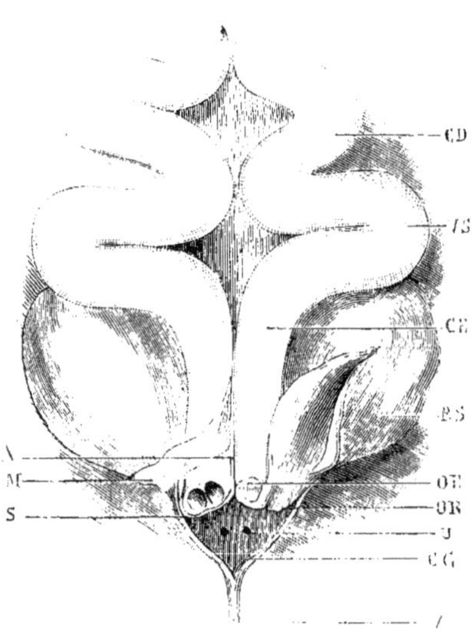

Fig. 26. *Intérieur du cloaque génito-urinaire et du réservoir séminal chez la Raie bouclée.*

CD, canal déférent ; VS, renflement du canal déférent ; CE, canal éjaculateur : RS, réservoir séminal ouvert : OE, orifice du canal éjaculateur : OR, orifice du réservoir séminal ; U, orifice de l'uretère gauche ; CG, cloaque génito-urinaire ouvert ; V, appendice ; S, sinus génital : M, membrane ou mésentère de l'appendice intestinal ; A, aponévrose.

peut faire pénétrer le liquide dans les réservoirs séminaux ; les lèvres du sinus génital se ferment et forment une espèce de valvule. C'est probablement en raison de cette disposition que la substance séminale vient s'accumuler dans les réservoirs.

Dans la Raie bouclée, dans la Raie estellée, ces réservoirs sont pyriformes, très-développés ; ils ont leur membrane interne lisse et fine.

En raison de ses rapports et surtout à cause de sa structure, cet organe devrait, il nous semble, porter le nom de réservoir séminal plutôt que celui de vésicule séminale. D'autant mieux que la dénomination de vésicule séminale a encore été donnée à l'extrémité renflée du canal déférent.

Les réservoirs séminaux ne sont pas également dilatés; chez une Raie estellée, le réservoir de gauche mesurait : longueur, 0^m,027 ; largeur, 0^m,020 ; l'autre, qui était vidé en partie, avait : longueur, 0^m,025, et largeur, 0^m,015 ; ces réservoirs étaient d'une teinte verdâtre. Au reste la coloration du liquide qu'ils contiennent, est assez variable, elle est jaunâtre d'après Lallemand. (LALLEM., Mém. sur le dévelop. zoosperm. de la Raie, *Ann. Sc. natur.*, 1841, t. XV, p. 257.)

« Les zoospermes qu'on trouve dans la vésicule séminale sont presque tous isolés ; ce qui doit faire penser que le liquide jaunâtre fourni par cette poche sert à leur dissociation. Il est probable que pendant la vie ils n'arrivent au cloaque qu'après cette dilution. » (LALLEM., *loc. cit.*) Outre les spermatozoïdes, le liquide du réservoir tient en suspension un grand nombre de cellules arrondies, granuleuses, pourvues d'un noyau bien développé.

Cloaque génito-urinaire (premier cloaque ou cloaque supérieur, BLAINV. ; *cloaque uréthro-génital*, MILNE EDWARDS). — Il est peu développé chez la Raie bouclée, il se prolonge en arrière de l'anus, dans le cloaque commun, et se termine en formant une espèce de cône ou d'entonnoir. Pour bien étudier la structure anatomique de cet organe, il est nécessaire de le distendre au moyen d'une injection, et alors la dissection devient assez facile. La base de l'entonnoir est entourée d'un anneau de tissu fibreux, qui vient en grande partie du ligament et de l'aponévrose qui séparent les canaux éjaculateurs.

L'entonnoir se prolonge en une espèce de petite verge ou d'appendice qui n'a qu'une seule ouverture, le plus souvent terminale, mais parfois latérale, et alors elle est sur le côté gauche ; j'ai vu cette dernière disposition une fois chez la Raie bouclée, une autre fois chez la Raie estellée.

Il faut, pour examiner la cavité du cloaque génito-urinaire, faire sur la ligne médiane de l'infundibulum, une section allant d'arrière en avant. Dans le fond du cloaque se voient deux ouvertures de chaque côté ; en avant et généralement un peu en dehors est une assez large fente, c'est la fente du sinus génital, auquel aboutissent le canal déférent et le réservoir séminal ; en arrière et en haut est l'orifice par lequel l'uretère débouche dans le cloaque. Cet orifice est très-étroit dans la Raie bouclée ; parfois même, si l'animal est mort depuis peu de temps, il est assez difficile à trouver, il paraît fermé par la contraction d'une espèce de sphincter ; dans la Raie estellée, il est plus large, et la muqueuse fait ordinairement une petite saillie au côté interne.

Le cloaque génito-urinaire est beaucoup moins grand que chacun des réservoirs séminaux ; sur une Raie estellée dont le plus petit réservoir avait : longueur, $0^m,025$; largeur, $0^m,015$; le cloaque mesurait seulement : longueur, $0^m,012$; largeur, $0^m,009$. Quel nom donner à cet organe? Le nom de cloaque lui convient mieux évidemment que celui de vessie urinaire.

APPAREIL COPULATEUR (*Des membres accessoires qui distinguent les mâles des Sélaciens...* [CUV., *Anat. comp.*, t. VIII, p. 305]). — L'appareil copulateur est placé de chaque côté de la queue ; il se compose, à droite comme à gauche, d'un appendice, qui est soutenu par des pièces cartilagineuses, et d'une glande, qui est cachée dans une poche musculeuse.

Appendice. — Il est attaché au côté interne de la ventrale, dont il est une dépendance, selon Duvernoy ; il présente des différences assez marquées de grandeur, de forme, et même de composition suivant les espèces. Il est peu développé chez les jeunes ; il acquiert parfois, chez les adultes, une dimension considérable, surtout chez les Raies batis, estellée, macrorhynque, auxquelles cette particularité a fait donner le nom de Raies à trois queues ; en effet l'appendice mesure parfois les deux tiers de la longueur de la queue.

Chez les Raies, l'appendice est de forme cylindrique ou plutôt conique ; il a pour squelette une suite de pièces, que nous

allons faire connaître. Pour rendre l'étude plus facile, nous donnons une esquisse figurant l'organe copulateur de la Raie bouclée, ou plutôt représentant le cartilage principal et les différentes pièces qu'il soutient ; le fémur et le tibia se trouvent chez les
femelles comme chez les mâles, ils supportent les rayons de la
nageoire.

Ces pièces, moins les proportions, sont à peu près semblables
dans la Raie bouclée et dans la Raie estellée ; elles sont beaucoup plus développées dans cette dernière espèce, et par conséquent elles sont plus faciles à préparer.

Duvernoy a donné les noms de *Fémur, Tibia, Astragale, Calcanéum, Métatarsien* aux cartilages placés bout à bout, et s'étendant de la ceinture pelvienne, à l'extrémité de l'appendice.
(V. Cuv., *Anat. comp.*, t. VIII, p. 306.)

Fémur. — Il s'articule en avant avec l'apophyse postérieure du
cartilage transverse ou pelvien, en arrière avec le tibia ; il est
allongé, quadrangulaire ; sa face interne est légèrement concave ;
sa face externe, un peu convexe, porte des rayons de la ventrale ;
son bord supérieur est mince, il se termine au-dessus du tibia
par un angle très-saillant.

Tibia. — Il est assez court, aplati, trapézoïde, il est concave à sa
face interne ; il s'articule par son extrémité postérieure avec
l'astragale et par une partie de son bord supérieur avec le calcanéum.

Astragale. — Il est court, prismatique ; il s'unit au calcanéum
par sa face interne, il s'articule en arrière avec le métatarsien.

Calcanéum. — Il est plus long que l'astragale : il est aplati,
ovale, à bords minces ; il est en rapport par sa face externe avec
les derniers rayons de la ventrale ; il s'articule avec le métatarsien par son extrémité postérieure, et par les points, que nous
avons indiqués, avec l'astragale et le tibia.

Métatarsien, n° 1. — Le métatarsien est la pièce principale de
l'appareil ; il occupe presque toute la longueur de l'appendice
copulateur proprement dit ; il se termine en arrière, par un
prolongement fibro-cartilagineux, plus ou moins aplati, que

Duvernoy compare à une sorte de phalange. Dans sa partie cartilagineuse, il est tordu sur lui-même ; il présente la forme d'une
pyramide triangulaire, dont le côté externe est creusé d'un ca-

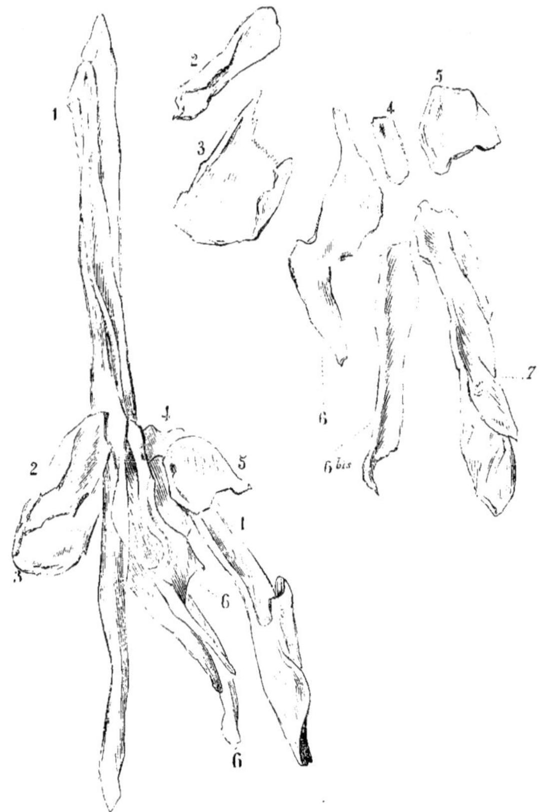

Fig. 27. *Appendice copulateur de la Raie bouclée ; métatarsien et pièces qu'il
supporte.*

1, métatarsien ; 2, cartilage externe ; 3, cartilage interne ; 4, cartilage intermédiaire ;
5, cartilage accessoire ; 6, cartilage en hallebarde ; 6 *bis*, cartilage en cuilleron ;
7, cartilage en soc de charrue.

nal, ou plutôt d'une gouttière profonde, limitée, en dessus et
en dessous, par de larges bords plus ou moins rapprochés.

Cette pièce, ainsi que le fait remarquer Duvernoy, semble formée par la soudure de trois lames ou cartilages aplatis.

Le bord antérieur de la lame inférieure est échancré en avant, pour laisser passage au conduit de la poche copulatrice. La lame supérieure se termine en arrière par une lamelle cartilagineuse, allongée, triangulaire ou pointue, qui est probablement le n° 7 de Duvernoy ; cette lamelle est couverte d'une muqueuse épaisse et d'un tissu élastique, formant une espèce de coussinet. La lame interne est mince, presque tranchante dans sa partie libre, elle est en arrière recouverte par le cartilage n° 3 ; elle se continue sous forme de fibro-cartilage jusqu'à l'extrémité de l'appendice copulateur.

Le métatarsien porte des pièces mobiles qui l'entourent d'une façon plus ou moins complète ; de ces pièces, les unes sont placées au-dessus du canal ou forment la paroi supérieure de la cavité, les autres sont en dessous ou en dedans.

Les pièces formant la paroi supérieure de la cavité sont au nombre de deux, chez la Raie bouclée et chez la Raie estellée.

Cartilage externe, n° 2. — Il est plus ou moins allongé, parfois un peu enroulé, ou plutôt convexe à sa face externe ; il fait une partie du bord supérieur ou de la lèvre supérieure et externe de l'appareil ; il s'articule, par son extrémité antérieure, avec la lame supérieure du métatarsien, et par son bord interne, avec le cartilage n° 3. Le cartilage externe porte, souvent sur le tiers postérieur de son bord externe, des épines, qui sont quelquefois bien développées, dans la Raie estellée.

Cartilage interne, n° 3. — Dans la Raie bouclée et dans la Raie estellée, il forme une pièce large, quadrilatérale, à bord antérieur échancré, à bord externe qui est plus allongé que les autres, s'articulant avec le cartilage n° 2 ; il contourne la lame interne du métatarsien, à laquelle il est très-adhérent ; il s'articule par un petit point de son bord postérieur avec le cartilage n° 6 *bis*. Dans la Raie mosaïque, il est très-allongé ; dans la Raie batis, il est presque triangulaire. Outre les cartilages n° 2 et n° 3, il y a, chez la Raie batis, un cartilage étroit, allongé, qui fait suite au cartilage n° 2 et continue le bord supérieur de la gouttière.

Pièces enfermées dans la cavité de l'appendice ou formant sa paroi inférieure : dans la Raie bouclée et dans la Raie estellée, ces pièces sont au nombre de cinq.

Cartilage intermédiaire, n° 4. — Il est de petite dimension, de forme assez variable ; il est généralement assez étroit ; il s'articule en avant avec le bord postérieur de la lame inférieure du métatarsien, et en arrière avec le

Cartilage accessoire, n° 5. — Il est relativement assez large, de forme à peu près pentagonale, ou parfois en forme d'S ; son bord libre est couvert d'un bourrelet épais, plus ou moins élastique, constitué par la muqueuse et du tissu fibreux.

Ces deux cartilages sont beaucoup moins développés que les trois derniers, ils se soudent assez souvent l'un à l'autre et ne semblent plus faire qu'une seule pièce ; ils sont en rapport, par leur face supérieure, avec le cartilage n° 6, et par leur face inférieure, avec le cartilage n° 7.

Cartilage en hallebarde, n° 6. — Cette pièce, ainsi que le fait remarquer Duvernoy, a généralement la forme d'une hallebarde ; elle est aplatie, surtout après sa courbure ; elle est, dans son tiers postérieur, excessivement mince, et là, son bord externe est des plus tranchants ; elle s'articule, par son bord antérieur, avec la lame inférieure du métatarsien, par son bord interne, avant la courbure, avec le cartilage n° 6 *bis*.

Cartilage en cuilleron, n° 6 *bis*. — Il est assez épais, allongé, arrondi à sa face interne, ou plutôt à la face qui fait suite au bord interne du métatarsien ; à sa face externe, il est creusé d'une gouttière, dans laquelle s'attache le bord interne du fibro-cartilage du métatarsien ; il se termine, en arrière, par une espèce de cuilleron plus ou moins crochu ; il s'articule en avant avec la lame interne du métatarsien. Parfois ce cartilage est complétement uni au précédent et nous lui donnons, pour cette raison, le n° 6 *bis*. Les deux cartilages n° 6 et n° 6 *bis* ne forment, dans la Raie mosaïque ou ondulée, qu'une seule et même pièce ayant tout à fait l'apparence d'une hallebarde.

Cartilage en soc de charrue, n° 7. — Il est beaucoup plus développé que les autres cartilages ; il est de forme très-irrégulière, ce qui l'a fait comparer, par Duvernoy, à un double soc de charrue ; il constitue, en partie, le bord inférieur de l'appendice : en arrière il se contourne et enveloppe la région interne de l'appareil. son bord libre est plus ou moins tranchant et souvent épineux dans la Raie estellée. Ce cartilage est excessivement développé dans la Raie batis, mais il est moins contourné que dans la Raie bouclée ; son extrémité postérieure et inférieure est en rapport avec la pointe du cartilage n° 3, chez la Raie bouclée, chez la Raie estellée ; son bord externe est tranchant, à sa moitié antérieure. il est recouvert. dans sa moitié postérieure, d'un bourrelet formé d'un tissu élastique très-dense et d'une muqueuse épaisse.

Ces différentes pièces sont unies par des ligaments plus ou moins serrés ; elles sont revêtues, à l'intérieur, d'une muqueuse généralement épaisse, parfois doublée de tissu élastique ; en dehors, elles sont, en partie. entourées d'une couche de muscles développés, et sont couvertes d'une peau lisse qui. chez les Raies estellée. batis. présente quelques groupes de cryptes mucipares, dont nous parlerons. lorsque nous donnerons la description de la glande copulatrice. L'intérieur de la cavité est divisé en plusieurs poches. Dans la Raie bouclée, il y a une grande poche entre la lame fibro-cartilagineuse et la paroi supérieure de l'appendice qui est formée par l'extrémité du cartilage n° 3 et par du tissu fibreux couvert par la peau. A l'extrémité postérieure de l'appendice se trouve une autre poche au niveau du cuilleron du cartilage n° 6 *bis;* elle a pour squelette la phalange en dessus et la terminaison du n° 7 en dessous ; elle se prolonge en avant en une espèce de sac triangulaire dont les membranes formant les côtés supérieurs et inférieurs viennent s'insérer sur le cartilage en cuilleron n° 6 *bis.*

Au moment du rut, les pièces postérieures de l'appendice sont beaucoup plus mobiles, les bords de la cavité s'écartent assez facilement et permettent ainsi de faire plus exactement l'examen de cet appareil singulier, qui est pourvu de muscles puissants.

Les muscles de l'appendice sont assez nombreux, les uns sont communs a la ventrale et à l'appendice, les autres sont spéciaux ou propres à l'appendice.

Ces muscles présentent la même forme et les mêmes rapports, dans la Raie estellée que dans la Raie bouclée ; mais en raison de leur volume, qui est plus développé chez la Raie estellée, ils sont beaucoup plus faciles à distinguer ; il vaut donc mieux en faire l'étude sur cette dernière espèce.

Muscles communs a la ventrale et a l'appendice copulateur. — Il y a deux muscles, un abaisseur et un releveur.

Muscle abaisseur (Duvernoy). — Il s'insère sur le cartilage transverse de la ceinture pelvienne, près de celui du côté opposé ; il est en rapport avec le cloaque par son bord interne ; il se dirige de dedans en dehors, il donne des faisceaux aux rayons de la ventrale ; il s'attache, en s'étalant, au fémur, au tibia, et même au calcanéum et à l'astragale : quelques-unes de ses fibres vont en arrière se confondre avec celles du grand muscle de l'appendice. Quand le muscle se contracte, non-seulement il abaisse la ventrale, mais il fait encore légèrement tourner en dessous la partie externe du métatarsien, il est donc à la fois abaisseur et rotateur de l'appendice.

Duvernoy regarde comme une dépendance de ce muscle l'*abducteur* « du premier cartilage du premier rayon (de la ventrale) qui s'articule au bassin » ; cet abducteur, qui est en même temps extenseur de la première phalange ou deuxième cartilage du premier rayon, a pour antagoniste un petit muscle fléchisseur de la phalange. Il agit aussi comme abducteur de l'appendice copulateur, il le tire en dehors avec la nageoire.

Muscle releveur de la nageoire (Duvernoy). — Ce muscle est formé de deux couches distinctes, ou plutôt il y a deux muscles releveurs. — *Releveur superficiel :* il s'insère à la ceinture pelvienne, à l'aponévrose des muscles de la queue, sur toute la ventrale, sur le fémur, sur le tibia, enfin, par des fibres tendineuses, au côté externe du métatarsien et à sa partie antérieure, vis-à-vis de l'extré-

mité de la glande copulatrice. — *Releveur profond :* il est moins
développé que l'autre ; il s'insère sur le fémur, sur le tibia ; il
envoie des fibres aux rayons de la ventrale. On peut considérer
comme une dépendance du muscle profond, un faisceau musculaire qui s'insère à l'extrémité postérieure du fémur, au tibia, et
se termine en s'attachant sur le calcanéum ; il envoie quelques
fascicules divergents aux derniers rayons de la ventrale.

MUSCLES PROPRES DE L'APPENDICE COPULATEUR.

Muscle long extenseur (Abducteur de l'appendice, DUVERNOY). —
Ce muscle est tout à la fois un extenseur et un adducteur ; il
est aplati, assez large ; il s'insère en avant, sur la face interne
du fémur, et en arrière, sur le calcanéum ; il étend le calcanéum
et le métatarsien sur le tibia et le fémur, et en même temps, il
rapproche de la queue la partie postérieure de l'appendice. Il est
en rapport par sa face inférieure avec l'abaisseur, il en est séparé
en arrière par le petit extenseur ; il est en rapport, par sa face
supérieure, en avant, avec une forte aponévrose, puis avec la
partie inférieure de la queue et avec la peau tout à fait en
arrière.

Muscle court extenseur, n° 4 (DUVERNOY). — Il va du calcanéum
au métatarsien qu'il étend ou qu'il redresse. Ce muscle est court,
il envoie des faisceaux au long extenseur, qu'en arrière, il sépare
de l'abaisseur.

Muscle fléchisseur. — Il est très-court : il s'insère en avant sur
le calcanéum, à l'aponévrose qui maintient la partie postérieure
du sac de la glande copulatrice, et en arrière sur le bord inférieur ou interne du canal du métatarsien. En se contractant, il
fléchit le métatarsien sur le calcanéum, et éloigne, par conséquent, de l'axe l'extrémité postérieure de l'appendice ; il est
donc à la fois fléchisseur et adducteur. C'est au niveau de ce
muscle, que le conduit excréteur de la glande copulatrice s'enfonce dans le canal du métatarsien.

Muscle grand abducteur (DUVERNOY). — Ce muscle est excessivement puissant, long et épais ; il enveloppe presque tout le
métatarsien, il l'entoure, excepté au niveau de la gouttière ; il

s'insère en avant sur le calcanéum, sur l'astragale, sur l'extrémité antérieure et les bords du métatarsien ; en arrière, à peu près au niveau du bord antérieur de l'os en soc de charrue, il se divise en deux faisceaux ; le faisceau inférieur s'insère à tout le bord interne et à l'angle de l'os en soc de charrue, puis à l'aponévrose commune ; l'autre faisceau contourne le bord interne du métatarsien et vient s'attacher au bord de l'échancrure antérieure du cartilage n° 3, qui est en rapport, au moyen d'une forte aponévrose, avec l'extrémité fibro-cartilagineuse du métatarsien, ou la phalange suivant Duvernoy. Ce muscle est très-volumineux dans la Raie estellée, il paraît même acquérir au moment du rut un développement plus considérable. Quand il se contracte, il agit fortement sur les pièces terminales de l'appareil, il écarte les pièces supérieures des pièces inférieures ; il les tire en même temps toutes en avant, dilate ainsi, ouvre l'extrémité de l'appendice ; il est donc, tout à la fois, un muscle abducteur, rétracteur et dilatateur.

Glande de l'appendice copulateur (glande copulatrice, C. Vogt et Pappenheim). — Les Sélaciens sont pourvus d'un organe glanduleux, qui, d'après C. Robin et Leydig, « pourrait représenter une sorte de prostate. » (Leyd., *loc. cit.*, p. 568.)

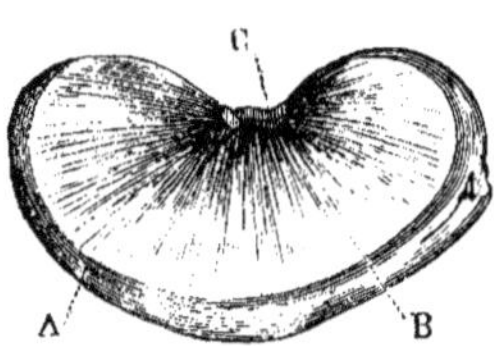

Fig. 28. *Coupe verticale de la glande de l'appendice copulateur de la Raie estellée* (Raia asterias).

A, enveloppe musculaire ; B, tubes ; C, orifices des canaux de la glande dans le sillon longitudinal.

Cette glande est placée, à la face inférieure de la ventrale, tout à fait sous la peau ; elle est assez facile à sentir et à limiter avec le doigt. Elle est oblongue, allongée ; elle est enfermée dans un sac.

Le sac commence un peu en arrière du niveau du cloaque et s'étend presque jusqu'à l'angle que forme la ventrale avec l'appendice copulateur ; par son bord interne il est en rapport avec l'appendice copulateur.

Le sac est, surtout à l'époque du rut, d'une teinte violacée ou

d'un rouge foncé, qui contraste avec la teinte plus blanche.
plus pâle des muscles voisins. Il est formé d'une enveloppe
double, une enveloppe de tissu musculaire et une enveloppe de
tissu lamineux.

Enveloppe de tissu musculaire. — Elle présente de nombreuses fibres nacrées sur lesquelles viennent s'attacher les
fibres musculaires; elle est épaisse à la face inférieure, elle
est beaucoup plus mince sur les côtés, et surtout en dessus, où
elle est unie à l'enveloppe interne et à une bande aponévro-
tique, bien marquée dans la Raie estellée. Les fibres musculaires
sont striées, presque transversales ou légèrement obliques.

Enveloppe de tissu lamineux. — Elle se sépare assez facilement
de l'enveloppe musculaire; elle est formée d'un tissu assez lâche dont les aréoles sont parfois remplies de sang; vers la partie
postérieure, le tissu devient plus épais, et prend l'aspect d'un
tissu érectile. Examinée à un faible gros-
sissement, la membrane montre une foule
de lacunes arrondies. Arrivée sur les côtés
de la glande, elle se réfléchit en partie et
vient couvrir la face inférieure de l'organe;
elle change d'aspect, elle paraît alors plus
fine et plus serrée. — Dans sa partie non
réfléchie cette membrane est placée entre
deux couches musculaires, celle du sac et
celle de l'enveloppe propre de la glande.

Glande. — Elle est oblongue, allongée;
elle a un peu la forme d'un noyau de datte,
ou si l'on veut, pour employer une com-
paraison plus vulgaire, elle a l'aspect d'un
pain long fendu. Elle est déprimée sur le
milieu; elle montre, dans le sillon, trois
ou quatre séries longitudinales de petits
tubercules ouverts à leur sommet.

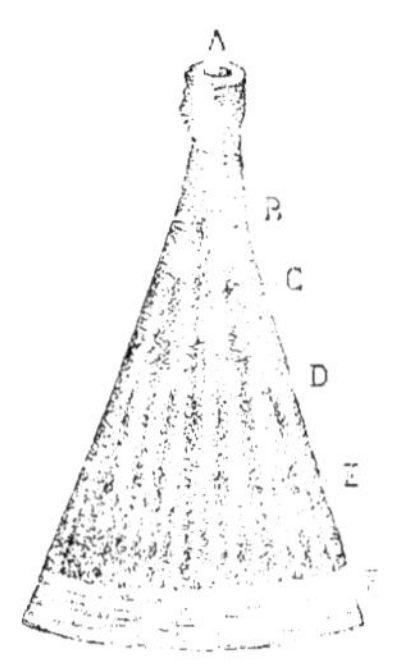

Fig. 29. *Tubes de la
glande de l'appendice
copulateur, Raie estel-
lée.*

A. orifice du canal B qui
reçoit le produit de la sécrétion des tubes C, D, E;
F, couche ou enveloppe de
tissu musculaire.

Elle est composée de tubes, qui se réu-
nissent deux par deux, et constituent ainsi des tubes de plus en

plus gros, dont le dernier vient aboutir à chacun des tubercules, qui se trouvent dans le sillon médian. Sa substance est ferme, compacte, résistante, d'un blanc légèrement jaunâtre.

La glande est entourée d'une membrane propre de tissu musculaire à fibres striées, très-fines, d'une teinte rosée.

Le produit de la sécrétion est une matière épaisse, acide, se coagulant au contact de l'eau, d'un blanc jaunâtre, contenant une quantité énorme de petits corpuscules circulaires, légèrement foncés sur leur bord, très-clairs à leur centre. Ces corpuscules mesurent, en moyenne, $0^{mm},005$.

Outre ces corpuscules, la matière, épanchée dans le sac, montre encore : des cellules granuleuses, arrondies, mesurant de $0^{mm},010$ à $0^{mm},015$; et des cristaux prismatiques assez nombreux, ayant, les plus volumineux : longueur, $0^{mm},065$, largeur, $0^{mm},020$; les plus petits : longueur, $0^{mm},025$, largeur, $0^{mm},010$. Je n'ai pas trouvé de cristaux dans le mucus tiré directement de la glande.

Canal du sac. — Quand on soulève la couche musculaire du sac, on aperçoit au niveau du cinquième postérieur de la glande (Raie estellée), le bord antérieur d'un large conduit, espèce d'entonnoir, qui se dirige de dehors en dedans, d'avant en arrière, et se rend dans le canal du métatarsien. — Vers l'extrémité postérieure de la glande se trouve un tendon, qui soutient le bord postérieur du conduit, pénètre dans le canal du métatarsien et vient s'attacher à des aponévroses et principalement sur le cartilage n° 5.

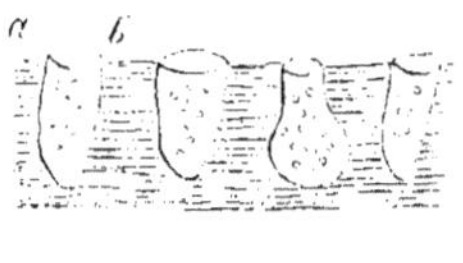

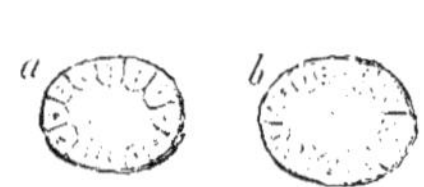

Fig. 30. *Cryptes de l'appendice copulateur de la Raie estellée.*

Fig. 1. *a*, peau coupée suivant son épaisseur ; *b*, crypte.

Fig. 2. Coupe parallèle à la surface de la peau ; *a*, *b*, cryptes vus de face.

Cryptes. — Nous avons dit que les glandes cutanées manquent chez les Poissons, cependant chez certaines Raies, Raie estellée, etc., on voit, dans la peau qui recouvre le bord inférieur du canal de l'appendice copulateur, un groupe de cryptes ou de follicules. Ces follicules sont terminés en forme de cul-de-sac parfois élargi ; ils portent, à leur face interne, une couche de cellules épithéliales prismatiques à noyau ; ils sécrètent un mucus qui contient des nucléoles et des granulations.

ORGANES DE REPRODUCTION CHEZ LES FEMELLES. — Ils se composent des ovaires ou glandes ovigènes et des conduits éducateurs.

Ovaires. — Ils sont toujours distincts et séparés des oviductes ; ils sont le plus souvent pairs et plus ou moins symétriques : parfois l'ovaire gauche est plus petit que l'autre, c'est ordinairement lui qui s'atrophie ou manque, quand il n'y a qu'un seul ovaire. Les Roussettes et probablement tous nos Squales à membrane nictitante, Émissole, Milandre, etc., n'ont qu'un seul ovaire ; mais Claus est beaucoup trop absolu, lorsqu'il dit que les ovaires sont impairs chez les Squales. (CLAUS, *Trait. Zoolog.*, trad. franç., p. 800.)

Les ovaires, quand ils sont pairs bien entendu, sont placés de chaque côté de la colonne vertébrale, dans la partie antérieure de l'abdomen ; ils s'étendent plus ou moins loin en arrière ; ils sont en rapport avec le foie, les organes digestifs, etc. ; ils sont recouverts par le péritoine.

Ils sont nécessairement plus ou moins volumineux, suivant leur période d'activité ou de repos ; la période de repos doit être assez courte. Ils sont lisses chez les jeunes, et chez les adultes durant la période de repos ; mais, lorsque l'activité fonctionnelle s'exerce, ils deviennent plus ou moins bosselés, ils portent des œufs à diverses phases d'évolution, les uns très-petits, les autres plus ou moins développés.

Ils sont d'un blanc légèrement rosé le plus ordinairement. — Ils ont des formes variables suivant les espèces ; dans la Raie bouclée, ils sont aplatis et plus ou moins réniformes. C'est dans la partie antérieure surtout qu'ils se développent lors de la ponte.

Oviductes. — Ils ne servent pas seulement de canaux vecteurs aux œufs, mais aussi aux spermatozoïdes ; leur muqueuse, ainsi que le fait observer Duvernoy, doit être revêtue d'un épithélium vibratile. (V. CUV., *Anat. comp.*, t. VIII, p. 91.)

Que l'ovaire soit unique ou double, il y a toujours, ou presque toujours, deux oviductes. La proposition énoncée par Duvernoy, admise par beaucoup d'auteurs, est, il me semble, beaucoup trop absolue : « La plupart des espèces vivipares n'ont qu'un oviducte. » (*Cuv.*, *Anat. comp.*, t. VIII, p. 89.) Cependant l'Ange, les Émissoles, l'Acanthias, le Squale long-nez, la Centrine, les Torpilles, les Myliobates, les Pastenagues en ont deux ; Gegenbaur prétend même que les oviductes sont toujours pairs. (Gegenb., *Anat. comp.*, trad. franç., p. 627.)

Les oviductes commencent, en avant, par une espèce de pavillon, qui leur est commun, puis restent indépendants et séparés l'un de l'autre dans tout leur trajet ; ils ont leurs parois formées de trois membranes distinctes, une séreuse, une musculeuse et une muqueuse couverte d'épithélium prismatique vibratile ; ils présentent plusieurs régions différentes que nous allons successivement étudier.

Pavillon. — Il est très-dessiné et très-large au moment de la ponte ; il est placé en avant, appliqué en quelque sorte sur la paroi antérieure ou diaphragmatique de l'abdomen, il est en rapport avec le foie et l'œsophage ; il représente une espèce de poche à trois ouvertures, une ouverture médiane regardant en arrière, en général de forme plus ou moins ovale, et deux ouvertures latérales, une pour chacun des oviductes. Le diamètre des ouvertures varie suivant les animaux, et suivant surtout le moment auquel les organes sont examinés. Chez une Centrine humantin qui avait des œufs très-volumineux, j'ai trouvé un pavillon à bords épais ; l'ouverture commune mesurait environ 3 centimètres dans le sens transversal, et 2 centimètres dans l'autre sens ; les ouvertures latérales, plus ou moins arrondies, avaient un peu moins de 1 centimètre de diamètre.

Chez la Raie bouclée, le pavillon est relevé dans sa partie médiane ; un ligament qui vient ou qui est une dépendance du ligament suspenseur ou antérieur du foie, passe en avant du pavillon, le contourne, puis va se fixer sur la ceinture scapulaire ; c'est un ligament falciforme, ou plutôt demi-circulaire, qui, soulevant et repoussant en arrière la partie médiane du pavillon, le divise pour ainsi dire en deux loges, qui peuvent être comparées à deux nids de pigeon réunis par leur côté aplati.

Trompe ou partie antérieure de l'oviducte. — Elle s'éloigne du pavillon en se dirigeant d'abord de dedans en dehors, puis d'avant en arrière; elle forme ainsi une courbe plus ou moins prononcée à convexité externe. La muqueuse de la trompe montre des plis longitudinaux plus ou moins marqués; dans la Centrine, elle est couverte de villosités; elle sécrète une matière albuminoïde, qui paraît être beaucoup plus abondante chez les ovipares que chez les ovovivipares, et enveloppe l'œuf d'une couche plus ou moins épaisse. C'est dans la trompe, suivant Duvernoy, que l'œuf se revêt de « son chorion ». (Cuv., *Anat. comp.*, t. VIII, p. 91.)

La longueur de la trompe est très-variable et ne peut être indiquée d'une manière générale; elle est limitée en arrière par la glande nidamenteuse ou par l'utérus, si la glande manque, chez les Torpilles, comme le pense Duvernoy. La trompe, chez la Centrine, ne fait guère que le tiers de la longueur de l'oviducte, tandis que, chez la Pastenague, elle en mesure les deux tiers au moins.

Glande nidamenteuse. — Aristote avait parfaitement reconnu cet organe : « On remarque dans la matrice de ces petits chiens,... un petit corps qui s'avance du diaphragme, et qui forme des espèces de mamelons blancs. Ils ne paraissent pas quand la femelle n'est pas pleine. » (Aristote, trad. Camus, liv. VI, c. x, p. 347.) La glande nidamenteuse présente beaucoup de variétés dans sa position, dans son volume et dans sa forme.

Elle est parfois placée très en avant, dans l'Émissole commune, dans la Centrine, très en arrière, dans la Pastenague, sur ou même dans la paroi de l'utérus. Elle est très-peu développée, presque nulle dans les jeunes animaux, et hors l'état de gestation, comme le fait observer Aristote d'une façon si judicieuse et si précise; mais elle devient volumineuse, surtout chez les espèces ovipares, quand les œufs, arrivés à maturité, doivent quit-

ter l'ovaire; cette partie de l'oviducte se montre sous la forme
d'un renflement annulaire.

La glande occupe tout le pourtour de la paroi de l'oviducte,
et laisse un conduit central pour le passage de l'œuf. Dans les
Raies, elle présente assez de ressemblance avec un rein dont le hile serait tourné vers la trompe, ou avec un haricot dont les cotylédons seraient un peu séparés en arrière. Sur une Raie bouclée, la glande, qui avait déjà enveloppé la moitié d'un œuf, avait les proportions suivantes : largeur transversale, 0^m,048 ; hauteur ou dimension d'avant en arrière au hile, 0^m,028 ; épaisseur, 0^m,018. Elle présente à son intérieur trois zones distinctes, la zone médiane paraît la plus longue. Elle est d'une structure très-facile à distinguer, même à un assez

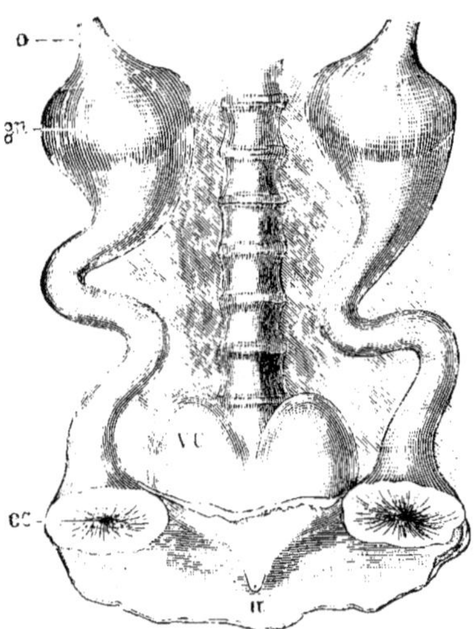

Fig. 31. *Oviductes, vessie urinaire de la Raie bouclée.*

O, oviducte ; *gn*, glande nidamenteuse ; OC, ouverture de l'oviducte dans le cloaque ; VU, vessie urinaire ; *u*, urèthre.

faible grossissement ; elle est formée de tubes réguliers, généralement isolés, cependant deux et même quatre tubes peuvent
se réunir successivement et se terminer par un tube commun.
L'intérieur des tubes est recouvert d'un épithélium prismatique.
La matière sécrétée s'étire en fils excessivement fins, qui se
réunissent pour constituer la coque de l'œuf des ovipares.

En dehors de l'époque de la gestation, la glande nidamenteuse est peu visible, du moins chez certains animaux ; sur
une Raie bouclée mesurant 0^m,79 de longueur totale, ayant
les ovaires peu développés, l'oviducte ne présentait qu'un léger

renflement à la place de la glande. Chez les ovovivipares, la glande joue un rôle moins important, elle reste dans de plus faibles dimensions en général ; chez la Centrine, elle est cependant encore volumineuse, elle porte à son intérieur des plis transversaux bien marqués, elle se termine en arrière par une espèce de bord festonné. Dans l'Aiguillat commun, sa cavité présente quatre ou cinq replis circulaires.

Dans la Pastenague, la glande a la forme d'une olive, elle montre, sur une coupe longitudinale, une partie verdâtre ovale et en dedans une partie blanchâtre plus développée ; ses tubes sont très-visibles.

La distance qui sépare la glande nidamenteuse de l'utérus est, nous l'avons dit, parfois excessivement courte, presque nulle (Pastenague), parfois plus ou moins longue (Émissole, Centrine) ; la partie de l'oviducte qui, dans la Centrine, se trouve entre la glande et la poche incubatrice présente des plis longitudinaux très-marqués.

A partir de la glande nidamenteuse jusqu'à sa terminaison, l'oviducte montre, dans sa structure anatomique, de très-grandes différences, suivant la fonction qu'il doit remplir. Tantôt, en effet, son rôle est de courte durée, il ne sert aux œufs que de passage, c'est un simple canal vecteur ; tantôt au contraire, il se transforme en une espèce d'utérus, ou mieux d'une manière générale, il devient un organe incubateur, dans lequel les œufs doivent séjourner jusqu'à l'éclosion des petits.

Chez les ovipares, la partie postérieure de l'oviducte a des parois généralement assez minces, surtout chez les animaux qui n'ont pas encore pondu, la muqueuse fait quelques replis peu saillants, et la couche musculaire ne prend qu'un faible développement.

L'oviducte d'une Raie bouclée de moyenne taille avait des plis longitudinaux très-marqués, surtout vers la région terminale ; là encore les couches muqueuse et musculeuse avaient acquis un certain développement ; elles mesuraient 2 millimètres d'épaisseur. Chez les Raies qui ont pondu, l'oviducte est beaucoup plus long et beaucoup plus large que chez les autres.

Chez les ovovivipares, la partie dans laquelle se fait l'évolution des fœtus a reçu des noms divers ; elle est appelée *utérus, cavité* ou *poche utérine, incubatrice*. La couche musculaire de cet organe est parfois assez mince (Émissole, Aiguillat, etc.), parfois au contraire, elle devient excessivement épaisse (Pastenague); la muqueuse présente des modifications que nous allons bientôt indiquer.

Les utérus sont généralement allongés et complétement séparés l'un de l'autre (Aiguillat, Émissole, Centrine, etc.); parfois ils sont plus ou moins gobuleux, s'attachent l'un à l'autre, et forment une masse dure, résistante, divisée à l'intérieur par une cloison, qui est en définitive constituée par la soudure de la paroi latérale interne de chacune des poches utérines (Pastenague, Myliobate, et peut-être tous les Céphaloptériens?).

Dans certains Squales (Aiguillat commun), les utérus ne sont pas placés l'un à côté de l'autre, mais en quelque sorte l'un au-dessus de l'autre, du moins quand ils contiennent des petits, ils se croisent pour ainsi dire, celui de droite passant en dessous.

La muqueuse, nous l'avons dit, montre quelques variétés dans sa disposition ; elle forme des plis festonnés, ondulés, assez rapprochés les uns des autres ; ces plis portent, sur leur bord libre, un vaisseau développé très-visible à l'œil nu (Aiguillat); les plis, dans la Torpille marbrée, se terminent parfois en villosités assez courtes ; chez l'Émissole commune, les plis sont excessivement larges, ils s'étalent et constituent des espèces de loges autour des petits. Au lieu d'avoir des plis, la muqueuse est couverte de villosités (Centrine, Myliobate) ; ces villosités prennent des proportions vraiment remarquables, dans l'utérus de la Pastenague, dont nous croyons devoir faire une courte description.

Utérus de la Pastenague commune. — Il est inutile de rappeler que les poches utérines sont soudées entre elles, et qu'elles sont pareilles. La couche musculeuse est extrêmement épaisse, elle a par endroits un centimètre de largeur et parfois plus encore. La muqueuse est complétement cachée par une masse de villo-

sités enduites d'une mucosité très-dense et très-abondante dans
laquelle se trouvent des cellules assez nombreuses. Les villosités

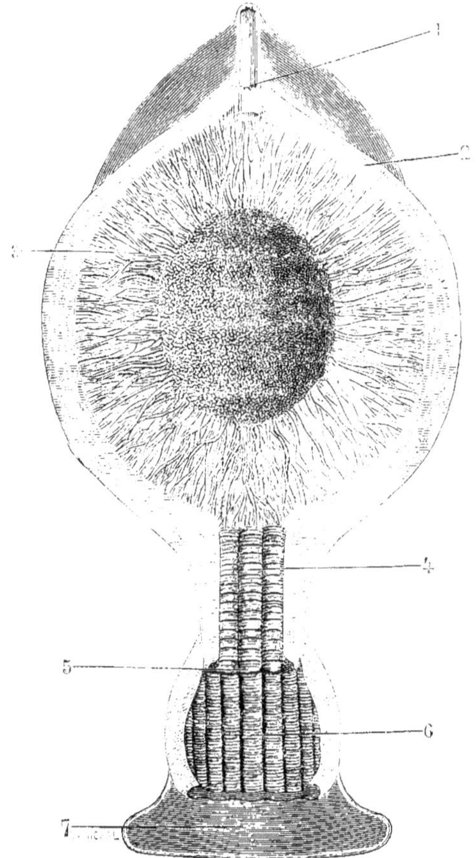

Fig. 32. *Utérus de la Pastenague commune, Trygon vulgaris.*

1, oviducte; 2, coupe de la paroi de l'utérus; 3, villosités; 4, col de l'utérus;
5, colonnes longitudinales; 6, cavité vaginale; 7, cloaque.

acquièrent un développement extraordinaire, elles mesurent jusqu'à 3 centimètres de longueur; elles sont parcourues par deux

vaisseaux sanguins qui, arrivés vers l'extrémité libre et renflée, se divisent en rameaux formant de nombreuses anastomoses. Le sang qui circule dans cette partie est très-rouge. Les villosités, ainsi que la muqueuse pariétale, sont couvertes d'un épithélium prismatique ; elles manquent dans la région antérieure de l'utérus, dans l'endroit où débouche en quelque sorte le canal de l'oviducte, qui est frangé à son pourtour.

La cavité de l'utérus est large, ovoïde, elle est continuée en arrière par une espèce de conduit à parois très-épaisses. Ce conduit porte à l'intérieur des colonnes longitudinales à sillons transversaux. En raison de ses rapports, de ses fonctions, il peut être appelé col de l'utérus ; il donne dans une autre cavité, à parois également épaisses, à colonnes moins fortes, mais plus nombreuses que celles du col. Cette cavité vaginale débouche dans le cloaque. La figure fera beaucoup mieux comprendre qu'une plus longue description, les dispositions et les détails que nous venons d'indiquer.

Dans l'utérus d'un jeune Myliobate, j'ai trouvé des villosités relativement très-développées, très-abondantes ; ces villosités sont très-allongées, renflées à leur extrémité libre, et plus ou moins entortillées les unes avec les autres.

Comment se terminent les oviductes ? comment débouchent-ils dans le cloaque ? D'après Van Beneden, « avant de s'ouvrir dans le cloaque, les deux oviductes se réunissent en donnant naissance à une sorte de vagin. » (V. Van Beneden, *Anat., comp.*, p. 177.) Selon Huxley, postérieurement les oviductes « se dilatent dans des chambres utérines qui s'unissent et s'ouvrent dans le cloaque. » (Huxley, *Anat. comp.*, Anim. vertébr., traduct. franç., p. 141. Texte origin., p. 136.) Dans la Raie bouclée, suivant C. Vogt et Pappenheim, « les deux oviductes s'appliquent étroitement l'un contre l'autre, et finissent réellement par se réunir en un seul canal fort court, qui s'ouvre par un orifice arrondi au même endroit où est situé, dans le mâle, la papille qui porte les orifices séminaux. » (C. Vogt et Pappenheim, *Ann. Sc. nat.*, 1859, t. XII, p. 120, pl. III, fig. 2.)

Edmond Bruch émet une opinion tout à fait différente. « Les deux conduits éducateurs femelles restent indépendants l'un de l'autre dans toute leur étendue. » (ED. BRUCH. Thèse. *Appar. génital. Sélaciens*. Strasbourg. 1860, p. 57.) Quant à moi, je partage complétement cette manière de voir, du moins en ce qui concerne les animaux que j'ai étudiés ; n'y a-t-il pas d'exception ? Je le crois, cependant je ne voudrais pas l'affirmer.

Les oviductes ne sont pas réunis en arrière, comme l'ont supposé différents auteurs ; l'intervalle qui les sépare est même assez large ; il est couvert, ainsi qu'une partie de la vessie urinaire, non-seulement par le péritoine, mais encore surtout par le tissu fibreux, qui forme l'arrière-cavité du cloaque, et se réfléchit sur l'intestin.

Quand on a pris soin d'enlever ces différentes couches de tissu fibreux, on voit les oviductes éloignés l'un de l'autre, et dans l'espace intermédiaire est placée la vessie, qu'il est utile de gonfler pour faciliter la dissection. Chez une Raie bouclée de moyenne taille, qui avait pondu, les oviductes se trouvaient séparés par une distance de plus de 4 centimètres, la vessie urinaire avait 3 centimètres et demi de largeur ; l'orifice cloacal de l'oviducte était très-large, il formait une espèce de pavillon, il était bordé de plis bien dessinés ; la muqueuse s'étalait, en rayonnant, sur les parois, ou plutôt dans l'angle, de l'arrière-cavité du cloaque.

Dans une Raie bouclée qui n'avait pas encore pondu, mais qui était d'assez grande taille, 0^m.79, les oviductes n'avaient pas d'ouverture libre dans le cloaque. Chacun des orifices était fermé par une membrane très-mince et bien transparente, mais assez épaisse et assez forte pour résister à une certaine pression faite avec un stylet. Aucune goutte de liquide n'a pu passer de l'oviducte droit dans le cloaque ; du côté gauche, au moyen d'une forte pression, et probablement en déterminant quelque déchirure, je suis parvenu à faire suinter une très-petite quantité de liquide.

Chez les Raies, l'arrière-cavité du cloaque est occupée, en

grande partie, par une saillie, une papille triangulaire bien développée ; à côté de chacun des angles de la base est l'orifice d'un oviducte. à l'angle du sommet où s'ouvre le canal de l'urèthre, se trouve le méat urinaire. Dans la Centrine, les organes génitaux à leur terminaison présentent à peu près la même disposition que chez les Raies.

Dans la Torpille marbrée, les orifices externes des organes génitaux sont placés sur une espèce de mamelon, ils sont très-rapprochés l'un de l'autre, mais toujours séparés par une cloison, il en est de même chez l'Émissole commune.

Œufs. — Les œufs à leur maturité se détachent de l'ovaire, tombent dans la cavité péritonéale, et s'engagent dans une espèce d'entonnoir formé par le foie, le canal digestif, des replis péritonéaux, et aboutissant au pavillon : ils franchissent l'ouverture du pavillon, qui est très-élargie au moment de la ponte, et pénètrent alternativement, en nombre égal ou peu s'en faut, dans chacun des oviductes.

Ils sont ordinairement peu nombreux, parfois il y en a quatre seulement, dans l'Aiguillat commun ; j'ai du moins toujours trouvé deux œufs ou deux fœtus dans chaque oviducte ; dans certaines espèces, il y en a de seize à trente ; rarement, il y en a plus d'une quarantaine, cependant Risso dit que la femelle du Lentillat (*Mustelus stellatus* ou *vulgaris*, et non *M. punctulatus*, comme l'indiquent plusieurs auteurs), porte « de quarante à soixante petits. » (Risso, *Hist. nat.*, p. 128.) Les Torpilles, d'après le prince de Canino, porteraient quatre à cinq douzaines de petits ; les Torpilles marbrées, que j'ai examinées, en avaient beaucoup moins. Redi a vu une Torpille ayant six œufs dans un oviducte, et huit dans l'autre ; ces œufs, d'une teinte verdâtre, étaient fort gros, ils pesaient chacun environ une once. (Redi, *Opuscoli, Storia naturale*, Firenze, 1858, p. 242.)

La grosseur des œufs, surtout chez les ovovivipares, est en rapport avec leur nombre ; chez les Émissoles, les œufs sont relativement nombreux et beaucoup moins volumineux que chez l'Aiguillat commun et la Centrine, qui n'en portent qu'une

moindre quantité. Dans la Centrine, les œufs atteignent jusqu'à
6 centimètres de diamètre. La grosseur des œufs est aussi en
raison de la taille des sujets, dans une même espèce bien entendu.
Les œufs sont toujours plus ou moins arrondis, ce n'est qu'au
moment de leur passage à travers les oviductes, et surtout à travers la glande nidamenteuse, que leur forme se modifie, du
moins chez les ovipares, comme on peut le voir dans les Raies,
les Roussettes.

Sélaciens ovipares. — En traversant la glande nidamenteuse,
les œufs des Sélaciens ovipares se recouvrent de plusieurs couches
de substance fibreuse, qui a été comparée à une espèce de corne ;
il est facile, sur des coupes obliques ou verticales, de voir, surtout dans les œufs de Roussettes, les différentes couches qui,
disposées en feuilles très-minces et fortement agglutinées, forment une enveloppe, une coque plus ou moins épaisse. Chez
les Roussettes, la coque est de teinte jaunâtre légèrement
transparente ; sa substance est plus compacte, plus dense, plus
lisse que dans les œufs de Raies. En effet, la surface externe des
œufs de Raies n'est pas composée de fibres complètement unies,
mais au contraire faisant une sorte de réseau, à mailles assez
lâches, à filaments entre-croisés ; pour se rendre mieux compte
de la structure de l'enveloppe, il faut en déchirer un morceau,
on sépare ainsi les uns des autres une grande quantité de fils excessivement lisses et soyeux, semblables à ceux d'un cocon. Quand
les œufs de Raies n'ont pas été roulés, quand l'enveloppe n'a
pas été usée par le frottement, les côtés portent des membranes
assez larges et flottantes ; les coques sont d'une teinte sombre,
brunâtre ou d'un brun verdâtre.

Les œufs, surtout ceux des Roussettes, généralement appelés
violons sur la côte de la Méditerranée, présentent des formes différentes. Dans les Scyllidés il y a deux types très-distincts ; chez
le Pristiure l'extrémité postérieure de la coque est à peu près
ovale, assez grosse, avec un sillon médian ou plutôt une échancrure verticale, très-profonde, la partie antérieure est aplatie,
mince, terminée latéralement par une corne pointue, légèrement

courbée en dedans. Nous appelons extrémité antérieure, la partie qui doit d nner passage au petit sortant de l'enveloppe ; elle est toujours plus large que l autre et surtout plus fendue.

Dans les Roussettes, les œufs ont leurs bords latéraux plus ou moins épais, lisses dans la Roussette à petites taches, couverts de stries bien marquées dans la Roussette à grandes taches ; ils ont leur bord postérieur en forme de croissant, et leur bord antérieur presque droit, large et très-mince. Ils sont allongés, légèrement ovales en arrière ; ils sont terminés, à chaque extrémité, par deux appendices très-développés et tournés en vrilles que Rondelet comparait à des « chordes de luth entortillées comme les fléaux de la vigne. » (Rond., p. 299.) Ces appendices servent à suspendre les œufs, à les tenir attachés aux varechs sur lesquels ils ont été déposés.

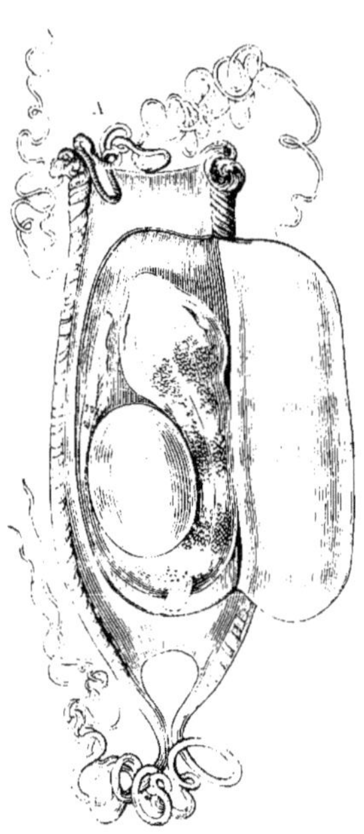

Fig. 33. *Œuf et fœtus de Roussette à grandes taches, Scyllium catulus.*

A, partie antérieure de l'œuf; sur le côté gauche, près du bord, se voit, en avant et en arrière, une ligne noirâtre qui indique la direction de la fente de la coque.

Les œufs de Raies ont la forme d'un carré allongé, finissant par une corne à chacun des angles. Ces cornes sont de longueur variable suivant que les œufs viennent de telle ou telle espèce ; une coque, mesurant $0^m,289$ de longueur, a sa petite corne longue de $0^m,035$ et sa grande, de $0^m.037$ seulement ; la coque d'une autre Raie, mesurant $0^m,35$ de longueur, a l'une de ses cornes longue de $0^m,06$ et l'autre de $0^m,16$, la grande corne est plus longue que le corps de la coque.

Fentes, orifices. — Les coques ne sont pas complétement fermées, elles présentent des ouvertures différemment disposées.

Dans nos Roussettes, les œufs ont quatre fentes, deux d'un même côté et sur la même face ; quand l'œuf est placé l'extrémité élargie ou de sortie en avant, les fentes sont à gauche, c'est du moins ce que j'ai toujours remarqué. Ces fentes sont peu visibles lorsque le fœtus ne s'est pas développé : les fentes postérieures sont toujours séparées ; quant aux fentes antérieures, se rejoignent-elles constamment? D'après Vicq-d'Azyr, A. Daméril, le bord antérieur de l'œuf serait complétement fendu ; suivant Rondelet, le petit devrait rompre la coque pour sortir.

Dans les œufs de Roussette à grandes taches, l'ouverture de l'extrémité antérieure est incomplète, il y a toujours un intervalle entre les fentes. Rien de plus simple que de s'en assurer, il suffit de porter des coupes assez fines sous le microscope : pour rendre les coupes encore plus transparentes, on peut les imbiber de glycérine. Une solution de potasse ne sépare pas les deux lames.

Sur les œufs de Roussette à petites taches le fait est moins évident, les coupes sont assez difficiles à pratiquer en raison du peu de développement de la substance cornée, la fente paraît beaucoup plus longue. Est-elle complète? Je ne voudrais rien affirmer à cet égard. Différents auteurs supposent que c'est l'élasticité de la matière cornée qui maintient les bords de la fente exactement rapprochés. Les lèvres de la fente sont réunies par une substance interposée que Vicq-d'Azyr, d'après Hérissant, appelle *gluten*. C'est une substance élastique, très-résistante.

Les œufs de Raies ont chacune de leurs pointes creusée d'un conduit longitudinal, qui vient s'ouvrir à l'extrémité du bord interne de la corne. Le canal a des parois plus ou moins épaisses ; dans les coques de grande dimension, il fait une saillie très-sensible, et parfois semble sortir du prolongement, sous forme de tube dirigé en dedans.

Quel est l'usage de ces divers orifices? Les fœtus des ovipares, qui se développent dans une coque percée de plusieurs ouvertures, sont-ils en contact direct avec l'eau, comme l'ont supposé certains anatomistes, Ev. Home, Carus, R. Owen. « *In the oviparous Sharks, the branchial filaments react on the streams of wa-*

ter admitted into the egg by the apertures. » (Rich. Owen, *Anat. vertebr.*, t. I, p. 610, fig. 126.)

Il suffit d'examiner un œuf de Roussette, pour voir que les courants d'eau à l'intérieur sont impossibles, qu'ils ne baignent pas les branchies transitoires du fœtus. La coque ne renferme pas seulement le jaune, mais encore une certaine quantité de substance albumineuse, formant des couches plus ou moins épaisses, qui entourent l'embryon et le séparent de l'enveloppe cornée. — De plus, il m'a semblé voir, tapissant la face interne de la coque, une pellicule excessivement délicate, mince, transparente, assez analogue à la membrane qui forme la poche de chaque fœtus dans l'Émissole commune, mais peut-être plus élastique. Cuvier avait constaté que l'ouverture de sortie du fœtus est « fermée d'une membrane. » (Cuv., t. I, p. 338.) J. Müller a confirmé l'opinion de Cuvier; suivant cet anatomiste, écrit A. Duméril, les « fentes sont fermées par une fine membrane. » (V. A. Dumér., t. I, p. 252.)

Les ouvertures de la coque, nous l'avons dit, ne sont pas libres, leurs bords sont maintenus en contact par une substance élastique, résistante. Lorsque l'embryon a pris un certain développement, les lames sont moins adhérentes l'une à l'autre, et alors on peut faire pénétrer dans les fentes un stylet, une soie, mais on déchire la membrane obturatrice, on traverse les couches de la masse albumineuse.

Enfin si, comme nous le pensons, les ouvertures ne sont pas destinées à laisser pénétrer des courants d'eau dans l'intérieur de l'œuf, elles doivent avoir un autre usage. Permettent-elles à l'oxygène de l'air, contenu dans l'eau, d'exercer une influence nécessaire au développement du fœtus ? C'est possible.

Sélaciens ovovivipares. — Chez eux la glande nidamenteuse est très-peu développée en général; elle manque dans les Torpilles, suivant Duvernoy.

Le nombre des petits, qui se développent dans les utérus, est très-variable, suivant les espèces. Chez l'Aiguillat commun, je n'en ai jamais trouvé plus de quatre, deux dans

chaque utérus. Chez l'Émissole commune il y a de six à trente
petits.

Les fœtus sont tantôt enfermés dans une sorte de sac, ils sont
entourés d'une membrane particulière très-mince, appelée
membrane enveloppante; tantôt ils paraissent déposés à même
l'utérus, sans être séparés les uns des autres.

La membrane enveloppante est persistante dans les Squales
à membrane nictitante (Émissole, Marteau); elle est caduque
dans l'Aiguillat, l'Ange, etc.

Les Torpilles ne semblent pas avoir de membrane enveloppante persistante, je n'en ai pas trouvé chez de très-jeunes fœtus,
qui étaient à même l'utérus. — Cependant C. Bonaparte écrit,
à propos des Torpilles : « *Partoriscono figli vivi e svilupatissimi,
portandone quattro o cinque dozzine, avvolto ciascuno in sua pe-
culiar membrana.* » (C. Bonap., *Faun. ital.*, Torped. narce.)

Le développement du fœtus se fait de même soit dans l'œuf,
soit dans l'utérus, excepté chez les Squales cotylophores, qui
présentent certaines particularités.

L'œuf ou le vitellus est enveloppé de deux membranes qui se
continuent, l'une avec la peau, l'autre avec l'intestin du fœtus.
Il est facile de voir cette disposition chez l'Ange. La membrane
interne est très-vasculeuse, elle porte les ramifications de deux
vaisseaux, une veine et une artère.

Le fœtus est uni à l'œuf au moyen d'un cordon, le cordon
ombilical, qui va diminuant de longueur à mesure que le fœtus
se développe, et qui finit par rentrer dans l'abdomen.

Le cordon ombilical contient trois conduits : une artère et une
veine, qui ont été considérées comme les vaisseaux omphalo-
mésentériques des vertébrés supérieurs (V. Rathke, Burdach,
Physiol., Jourd., trad. franç., t. III, p. 154), et le conduit qui
porte dans l'intestin la substance nutritive de l'œuf.

Parfois les fœtus de certains Squales contractent avec la mère
des adhérences placentaires. « Le chien qu'on appelle Lisse
porte ses œufs entre les deux branches de la matrice, de même
que les petits chiens. Ils en garnissent les parois; de là ils des-

cendent dans chacune de ces branches ; alors se forme l'animal, dont le cordon ombilical est adhérent à la matrice de sorte que, quand l'œuf a disparu, il semble que le fœtus soit celui d'un quadrupède. Ce cordon ombilical est long : d'un côté il tient à la partie inférieure de la matrice, et le cordon de chaque fœtus s'y attache dans une cavité particulière. » (V. *Aristote*, traduct. Camus, liv. VI, c. x, p. 349. — Rondel, liv. XIII, c. ii, p. 293-294.)

La membrane externe de l'œuf s'unit à la membrane de l'utérus, et il se forme un placenta fœtal et un placenta utérin. (V. Leydig, *Beiträge zur mikroskop. Anatomie.... der Rochen und Haie*, Fötus von *Mustelus lævis*, p. 111, pl. IV, fig. 5-6.)

J. Müller a publié des travaux très-intéressants sur le sujet qui nous occupe.

Les Squales, suivant qu'ils ont un placenta ou qu'ils en manquent, ont été appelés Squales *cotylophores* ou Squales *acotylédones*.

Le placenta n'est évidemment pas comparable à celui des vertébrés supérieurs, et Cuvier, disant qu'il y a dans les œufs des poissons « absence absolue de l'allantoïde et des vaisseaux ombilicaux, » ajoute : « Il n'y a par conséquent pas non plus de placenta, et toutefois le vitellus fort réduit des fœtus de Requins prêts à naître m'a paru adhérer à la matrice presque aussi fixement qu'un placenta. Son cordon était hérissé d'une quantité de ramifications vasculaires ou d'une espèce de chevelu assez semblable à celui des racines des arbres. » (Cuv. et Valenc., t. I, p. 541.)

Suivant Rich. Owen, l'eau de la mer pénètre dans les utérus des Squales ovovivipares et sert à la respiration du fœtus. « *In the ovoviviparous Sharks the size and the position of the cloacal apertures of the uteri would seem adapted to allow free ingress of sea-water ; so that, whilst the vitellicle, administers to the nutrition of the embryo, the external branchiæ may perform the respiratory function.* » (R. Owen, *Anat. Vertebr.*, t. I, p. 610.)

Quant à l'introduction de l'eau dans les utérus des Sélaciens ovovivipares, elle ne paraît guère possible. Rien ne prouve que ce phénomène s'accomplisse, il y a là une pure supposition. En tout cas admettons l'hypothèse comme vraie ; est-ce que l'eau arriverait toujours au contact des branchies transitoires ? Évidemment non. Les fœtus des Émissoles, par exemple, ne sont pas à même l'utérus, chacun d'eux est enveloppé dans une poche absolument close et remplie de liquide.

De plus comment se fait-il que les branchies transitoires, si vraiment elles remplissent la fonction respiratoire, comme le pense Rich. Owen, n'aient qu'une aussi courte durée ? Elles disparaissent assez vite chez les fœtus d'Émissole. Chez les Roussettes, chez les Anges, que les animaux soient ovipares ou ovovivipares, les branchies transitoires ont cessé leur fonction longtemps avant la naissance des petits.

L'ordre des Sélaciens se divise en deux sous-ordres, se distinguant l'un de l'autre, par la position des ouvertures externes des branchies, qui se trouvent soit sur la partie latérale, soit à la partie inférieure de la région hyoïdienne.

Fentes des branchies placées $\begin{cases} \text{latéralement.... 1. Squales.} \\ \text{en dessous..... 2. Raies.} \end{cases}$

Sous-ordre des Squales, Squali.

Syn. : Pleurotrèmes, C. Duméril.

Corps allongé, généralement arrondi, se continuant avec une queue bien développée.

Tête libre.

Yeux sur les côtés de la tête, excepté chez l'Ange, pourvus, dans certaines familles, d'une membrane ou paupière nictitante.

Appareil branchial; ouvertures des ouïes latérales ; lames de la première branchie portées sur la corne de l'hyoïde et sur le suspenseur commun.

Nageoires; pectorales libres ; ceinture scapulaire incomplète, ne s'articulant ni avec le crâne ni avec le rachis, se composant de deux pièces paires réunies, une pièce supérieure ou *scapulaire*, espèce d'omoplate, assez peu développée en général, ayant son extrémité supérieure perdue dans les chairs, et son extrémité inférieure articulée ou soudée avec une grande pièce appelée *coracoïde.* Coracoïde venant sur la ligne médiane s'unir d'une façon plus ou moins intime à celui du côté opposé et former ainsi un support transversal. Parfois ces différentes pièces, absolument soudées entre elles, constituent un arc assez irrégulier. Sur le coracoïde est une proéminence représentant d'après A. Duméril, le *radius* et le *cubitus* soudés l'un à l'autre. Cette proéminence porte des cartilages qui sont les analogues du *carpe* ou plutôt du *métacarpe*, et soutiennent les rayons de la nageoire. Pièces du métacarpe au nombre de trois : *métacarpien antérieur*, *métacarpien moyen*, *métacarpien postérieur* ou *cartilage antérieur* de la pectorale, *moyen*, *postérieur* (R. Molin, *Scheletro degli Squali*, tav. IX, fig. I, c-d-e) ou *pro-méso-métaptérygien* (Gegenbaur, *Anat. comp.*, p. 645). Ventrales supportées, au moyen de pièces intermédiaires, par une barre transversale inférieure se recourbant et se relevant de chaque côté, tenant « lieu des os innominés ; on pourrait même y voir dans la partie montante l'iléon, dans l'apophyse antérieure le pubis, et dans la barre transverse l'ischion » (Cuv., *Anat. comp.*, t. I, p. 573). Ceinture pelvienne présentant la même conformation que dans les Raies. Dorsale double excepté chez les Notidaniens. Anale manquant dans une tribu entière. Caudale plus ou moins développée.

Les Squales, excepté les Scylliidés, sont tous ovovivipares.

Suivant qu'ils sont pourvus ou privés d'anale, ils peuvent être répartis en deux tribus :

Anale { plus ou moins développée... 1. SQUALES HYPOPTÉRIENS.
{ nulle.................... 2. — ANHYPOPTÉRIENS.

TRIBU DES SQUALES HYPOPTÉRIENS — *SQUALI HYPOPTERII.*

Elle se compose de deux sous-tribus, faciles à distinguer l'une de l'autre en raison du nombre des nageoires impaires et de celui des fentes branchiales.

Dorsale { double ; cinq fentes branchiales. .... 1. SQUALIENS.
{ unique ; six ou sept fentes branchiales. ..... 2. NOTIDANIENS.

SOUS-TRIBU DES SQUALIENS — *SQUALII.*

Appareil branchial ; cinq fentes branchiales.
Nageoires ; deux dorsales ; une anale.

Cette sous-tribu se divise en huit familles :

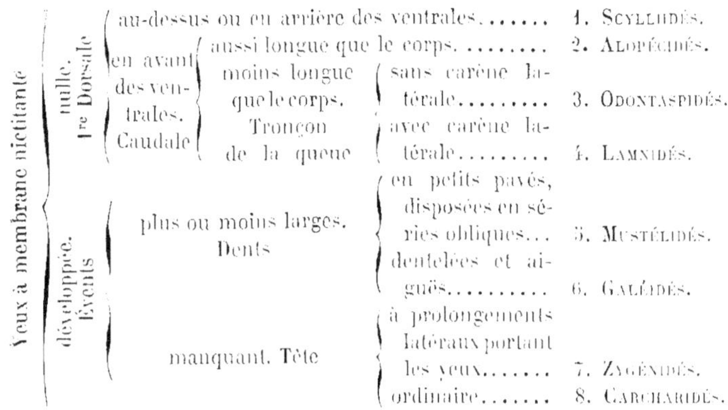

Les évents manquent seulement dans les deux dernières familles. les Zygénidés et les Carcharidés.

Famille des Scylliidés, *Scylliidæ*.

(Σχυλίον, Aristote ; σχύλαξ, chien ; *canicula, scyllium*, chien de mer.)

Syn. : SQUALES ROUSSETTES, *Scylliorhinus*. Blainv., *Fn. franç.*, p. 68. Roussettes.

Corps allongé, plus ou moins arrondi en avant, comprimé en arrière, couvert de petites scutelles à trois pointes. Queue sans fossette.

Tête à profil très-légèrement déclive ; museau de longueur variable ; dents, chez les jeunes, à trois ou cinq pointes, la pointe du milieu est toujours la plus longue. Les dents sont disposées sur plusieurs rangées.

Yeux sans membrane nictitante.

Narines de forme variable, plus ou moins fermées par un repli de la peau.

Évents placés en arrière des yeux.

Appareil branchial ; ouvertures branchiales régulières ; la dernière est au-dessus de la racine de la pectorale.

Nageoires ; première dorsale au-dessus ou en arrière des ventrales ; caudale à extrémité mousse, avec une échancrure en dessous.

Les Scylliidés sont ovipares ; ils sont généralement appelés Chiens de mer.

La famille des Scylliidés se compose de deux genres.

Caudale à bord supérieur { non dentelé. Museau court..   1. ROUSSETTE.
{ dentelé. Museau allongé....   2. PRISTIURE.

GENRE ROUSSETTE — *SCYLLIUM*, Cuv.

Tête aplatie en dessus ; museau court, demi-circulaire ; bouche arquée, dents à trois et même cinq pointes dans les jeunes, la pointe médiane beaucoup plus longue que les autres ; chez les individus âgés, les dents parfois n'ont plus de pointes latérales, petite Roussette ; plis labiaux supérieurs nuls, plis labiaux inférieurs assez longs, dans nos espèces.

Narines ; angle des narines plus près du bord du museau que de la commissure des lèvres ; valvules nasales développées, tantôt éloignées l'une de l'autre, tantôt confondues ensemble, séparées en dedans, sur la ligne médiane, par un simple repli.

Évents assez étroits, s'ouvrant près de l'angle postérieur de l'œil.

Nageoires ; première dorsale sur la deuxième moitié de la longueur du corps, commençant plus en arrière que les ventrales.

Œufs allongés, quadrangulaires ; portant, à chaque extrémité, deux longs filaments qui les soutiennent et les attachent comme les vrilles de certains végétaux.

Ce genre comprend deux espèces :

Valvules nasales { contiguës ; ventrales triangulaires ; taches de la peau petites..   1. GRANDE ROUSSETTE.
{ séparées par un intervalle assez large ; ventrales quadrangulaires ; taches de la peau grandes..   2. PETITE ROUSSETTE.

LA GRANDE ROUSSETTE ou ROUSSETTE A PETITES TACHES, *SCYLLIUM CANICULA*, Cuv.

Fig. 34.

Syn. : GALEUS STELLARIS, major. Bellon, *De Aquatilibus,* p. 73.
DES ROUSSETTES. Rondelet, *Histoire des Poissons,* liv. XIII, c. VI, p. 298.
SQUALUS CATULUS. Linné, *Systema naturæ,* edit. duodecima, p. 400, sp. 10 ; Bloch, *Ichthyologie,* pl. 114.

De la grande Roussette. Duhamel. *Traité des Pêches*, partie 2e, sect. 9, c. iv, p. 304, pl. 22, fig. 1.

Le Squale roussette. Lacépède. *Hist. nat. des Poissons*, édit. Pillot, t. V, p. 373.

Squale Roussette, Squalus Catulus. Risso, *Ichthyologie de Nice*, p. 29 ; Blainville, *Faune française*, p. 69, pl. 17, fig. 1.

Squalus canicula, Roussette à petites taches. Risso, *Hist. nat.*, *Europe méridionale*, t. III, p. 116.

La grande Roussette, Scyllium canicula. Cuvier. *Règne animal*, 1817, p. 124.

The Small-spotted Dog-fish. Yarrel. *British Fishes*, t. II, p. 470.

Rough hound. Couch, *Fishes of the British Islands*, t. I, p. 14.

Scyllium canicula. J. Müller et J. Henle, *Systematische Beschreibung der Plagiostomen*, p. 6, pl. 7 ; C. Bonaparte, *Catalogo dei Pesci Europei*, nº 81, *Fauna italica*, fig. ; Aug. Duméril, *Hist. nat. des Poissons*, t. I, p. 315 ; Barboza du Bocage et G. de Brito Capello, *Poissons Plagiostomes, Ichthyologie du Portugal*, p. 11 ; A. Günther, *Catalogue of the Fishes in the British Museum*, t. VIII, p. 402 ; Canestrini, *Fauna d'Italia*, parte terza, *Pesci*, p. 50.

N. vulg. : Pintou roussou, Nice : Gata roussa, Cette ; Rousse, au Havre.
Long. : 0,70 à 0,80.

Le corps est plus allongé, plus effilé que dans la Roussette à grandes taches.

La tête est assez large, aplatie, le museau est court ; la bouche est très-arquée. La mâchoire inférieure a des plis labiaux assez développés ; la lèvre supérieure est cachée en avant par les valvules nasales. Les narines sont séparées l'une de l'autre par un intervalle très-étroit ; les valvules nasales sont contiguës, elles sont attachées en dedans, sur la ligne médiane, par un frein très-court, qui part de la lèvre supérieure ; elles sont développées, se portent, en arrière, jusqu'au bord antérieur de l'arcade dentaire, elles semblent continuer la courbe de la lèvre supérieure.

La première dorsale commence un peu en arrière des ventrales ; la seconde dorsale est placée immédiatement au-dessus de la fin de l'insertion de l'anale.

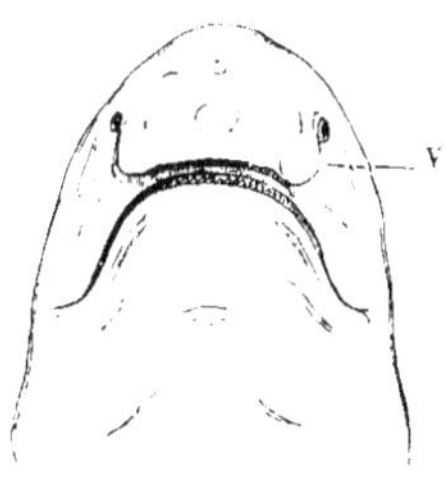

Fig. 35.

V, valvule nasale.

L'anale est assez développée, la longueur de sa base est égale à la distance qui la sépare de la caudale. La caudale est de longueur légèrement variable, sa longueur est, dans les grands individus, comprise au moins quatre fois et demie dans la longueur totale, un peu moins dans les petits. Les ventrales sont triangulaires, étroites; elles sont, chez les mâles, réunies presque complétement par leur bord interne, *pinnis ventralibus concretis*, Arted.

La coloration est sur le dos et les côtés d'un gris roussâtre marqué de nombreuses petites taches de différentes nuances grises, brunes, noires; les parties inférieures du corps sont d'un gris sale et beaucoup moins tachetées. Les taches des nageoires sont parfois très-nettes, bien marquées, foncées; d'autres fois elles paraissent assez pâles.

Habitat. La grande Roussette est plus commune que l'autre ; Méditerranée, commune ; Océan, commune ; Manche, très-commune.

LA PETITE ROUSSETTE ou ROUSSETTE A GRANDES TACHES, *SCYLLIUM CATULUS*, Cuv.

Syn. : Galeus stellaris, minor : vulgo, Roussette. Bellon, *De Aquatilibus*, p. 74.

Du Chat rochier, Canicula saxatilis. Rondelet, *Hist. nat. des Poissons*, liv. XIII, c. vii, p. 300.

Squalus stellaris. Linné, *Systema naturæ*, edit. duodecima, p. 399, sp. 9.

De la petite Roussette ou Chat rochier. Duhamel, *Traité des Pêches*, partie 2e, sect. 9, p. 304, pl. 22, fig. 2-3.

Squalus canicula. Bloch, *Ichthyologie*, pl. 112.

Le Squale rochier, Squalus stellaris. Lacépède, *Hist. nat. des Poissons*, édit. Pillot, t. V, p. 384 ; Risso, *Ichthyologie de Nice*, p. 31 ; Blainv., *Fn. franç.*, p. 71, pl. 17, fig. 2.

Scyllium stellaris, Roussette rouchier. Risso, *Hist. nat.*, t. III, p. 116.

La petite Roussette ou Rochier, Squalus catulus. Cuvier, *Règ. anim.*, 1817, p. 124.

Scyllium catulus. Müll. et Henl., *Plagiost.*, p. 9, pl. 7, tête vue en dessous ; A. Dumér, t. I, p. 316; Bocage et Capello, *Poissons Plagiost.*, p. 11.

The large-spotted Dog-fish. Yarrell, *British Fishes*, t. II, p. 477.

Nurse hound. Couch, *History Fishes of the British Islands*, t. I, p. 11.

Scyllium stellare. CBp., Cat. n° 80, *Fn. ital.*, fig.; Günth., t. VIII, p. 402 ; Canestrini, *Fn. d'Italia*, p. 50.

N. vulg. : Gatta d'Arga, Nice ; Cata Rouquiera, Cette ; Vache, au Havre.
Long. : 0,70 à 1,00.

Le corps est plus épais, plus trapu que dans la grande Roussette, la hauteur qui est égale à la largeur, étant comprise neuf fois dans la longueur totale. La peau est couverte de scutelles plus développées que dans l'autre espèce.

La tête est plus large, plus haute et plus longue que dans la grande Roussette, sa longueur jusqu'à la première fente branchiale est comprise six fois et deux tiers dans la longueur totale. Le museau est court, et la bouche moins arquée que dans l'autre espèce. La mâchoire inférieure a, de chaque côté, un pli labial assez long ; la lèvre supérieure n'est pas cachée en avant par les valvules nasales. Les dents ont cinq pointes, dans les jeunes, aux deux mâchoires ; les pointes latérales peuvent s'user et disparaître plus ou moins sur les dents antérieures, chez les vieux individus, et même parfois sur les dents latérales.

Les yeux sont moins grands que dans l'autre espèce ; le diamètre de l'œil ne fait pas la moitié de l'espace interorbitaire, qui est un peu plus grand que l'espace préorbitaire.

Les valvules nasales ne sont pas confondues sur la ligne médiane, mais, au contraire, elles sont bien séparées par un intervalle faisant le quart de l'espace, qui s'étend de l'un à l'autre angle externe des valvules. Le bord postérieur ou buccal de la valvule n'approche pas de la bouche autant que dans l'autre espèce ; il est libre, il est détaché de l'espace médian par une petite fente, de sorte que la valvule a trois bords libres, un bord externe, un bord buccal, et un bord interne qui est, à la vérité, excessivement court.

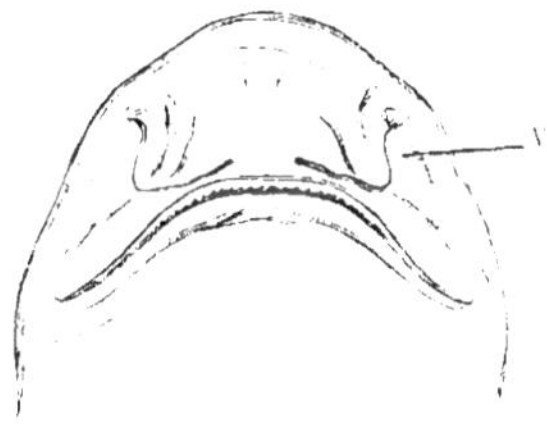

Fig. 36.

V, valvule nasale.

Les évents sont en arrière de l'orbite, un peu au-dessous du prolongement du diamètre longitudinal de l'œil ; ils paraissent un peu plus grands que dans l'autre espèce, et un peu plus éloignés du bord postérieur de l'orbite.

La première dorsale commence très-près du milieu de la longueur totale, elle est plus rapprochée de la seconde dorsale que dans l'autre espèce ; elle est au-dessus de la fin de l'insertion des ventrales ; la seconde dorsale est au-dessus du tiers postérieur de la base de l'anale. L'anale paraît un peu plus reculée que dans l'autre espèce. Sa base est un peu plus longue que l'espace qui la sépare de la caudale ; la nageoire forme un triangle irrégulier, le côté antérieur est beaucoup plus long que le bord postérieur ; dans la Roussette à petites taches, au contraire, l'anale a la figure d'un triangle isocèle, le bord antérieur est semblable au bord postérieur. La caudale est plus longue et surtout plus haute ou plus large que dans l'autre espèce, sa longueur fait le quart de la longueur totale et sa hauteur le tiers de sa longueur. Les ventrales sont larges, quadrangulaires, coupées presque carrément en arrière, le bord antérieur est plus long que le bord postérieur dans la Roussette à grandes taches, il est plus court dans la Roussette à petites taches dont le bord postérieur de la nageoire est très-oblique. Les ventrales sont libres en arrière dans le mâle de la Roussette à grandes taches, soudées dans l'autre espèce ; elles sont plus larges dans la Roussette à grandes taches, la largeur faisant les deux tiers de la longueur.

La coloration est d'un brun cendré, parfois d'un gris jaunâtre ou rougeâtre, avec de grandes taches arrondies d'un violet noirâtre, souvent moins foncé dans le centre ; parmi ces taches, il y en a d'autres moins grandes, et d'un gris cendré, comme celles qu'on remarque dans le *Scyllium albo-maculatum* (Ch. Bon., Doûmet), qui n'est qu'une variété ; le ventre est blanc sale. La tête et les parties antérieures du dos sont marquées de taches noirâtres plus petites et plus nombreuses.

Habitat : cette espèce est moins commune que l'autre, elle se trouve sur toutes nos côtes ; Méditerranée, assez commune, Nice, Cette, Port-Vendres ; Océan, golfe de Gascogne, assez rare ; au-dessus de la Gironde, assez rare ; Manche, rare ; cependant M. Jouan indique cette espèce, comme étant très-commune à Cherbourg (Jouan, *Poissons de mer observés à Cherbourg* en 1858-1859, Soc. imp. sc. natur. Cherbourg, t. VII, 1859) ; mais n'y a-t-il pas confusion, comme le fait supposer la synonymie donnée par l'auteur, qui semble croire que le *Scyllium catulus* de Cuvier est le Chat Rochier de Bonnaterre?

Quant à moi, je n'ai trouvé que rarement la petite Roussette sur nos côtes de la Manche ; en juillet 1875, j'ai vu, au Havre, trois ou quatre de ces poissons. — Pas-de-Calais, Boulogne.

Divers auteurs, Yarrell, Couch, ont cherché à déterminer, chez la Roussette à petites taches, le moment de la ponte et la durée de l'évolution embryonnaire, mais ils n'ont pu arriver à une solution précise. Il y a même une espèce de divergence dans les opinions exprimées par les deux ichthyologistes anglais ; et probablement nous serions encore dans l'incertitude à ce sujet, sans les travaux de Coste. Le professeur du Collége de France a fait à l'Académie des sciences, le 21 janvier 1867, une communication sur la durée de l'incubation des œufs de Roussette. Le maître pilote Guillou mit, au commencement d'avril 1866, dans un des viviers de Concarneau « un couple de petites Roussettes (*Squalus catulus*, Linn.)... La femelle a pondu dix-huit œufs dans le courant du mois. Ces œufs sont éclos dès les premiers jours de décembre. L'incubation dure donc environ neuf mois. Les jeunes sont bien vivants. » (V. *Compt. rend. Acad. scienc.*, séanc. 21 janv. 1867 et *Revue et Magasin. Zoologie*, Guérin-Méneville, 1867, p. 65.)

Les petits de la Roussette à grandes taches paraissent naître, ou plutôt sortir de l'œuf, vers le commencement du printemps. J'ai reçu de Cette, en 1875, un œuf, pêché le 13 mars, contenant un fœtus très-développé, qui allait devenir libre dans quelques jours.

La chair des Roussettes est mangée sur toutes nos côtes ; sans être délicate, elle n'est pas précisément mauvaise ; elle est dure ; elle répand une odeur ammoniacale et musquée, qui se perd plus ou moins par la cuisson. Le foie est généralement enlevé avec les entrailles, et ne sert pas à l'alimentation : il est rejeté plutôt à cause de son goût détestable qu'en raison des accidents que son usage peut, il paraît, déterminer dans certaines circonstances

De Lacépède, en effet, cite un cas d'empoisonnement, dont l'observation, assez curieuse, est empruntée au Mémoire de Sauvage, de Montpellier : « Dissertation sur les animaux venimeux, couronnée par l'Académie de Rouen, en 1743. » (V. Lacép.,

t. V, p. 379.) « Un savetier de Bias, auprès d'Agde,... mangea d'un foie de ce squale (Roussette à petites taches), avec sa femme et deux enfants... En moins d'une demi-heure, ils tombèrent tous les quatre dans un grand assoupissement... et ce ne fut que le troisième jour qu'ils revinrent à eux... » Ils ressentirent une démangeaison universelle, qui se passa lorsque tout l'épiderme se fut séparé en lames plus ou moins grandes.

GENRE PRISTIURE — *PRISTIURUS*, Bp.

(Πριστίς, scie ; οὐρά, queue ; bord supérieur de la caudale hérissé de petites épines.)

Tête ; museau allongé ; bouche arquée ; plis labiaux à chaque mâchoire.

Narines larges, éloignées de la bouche ; valvules nasales petites, distantes l'une de l'autre.

Nageoires ; première dorsale sur la moitié antérieure du corps, au-dessus du tiers postérieur des ventrales ; seconde dorsale au-dessus de l'anale ; caudale longue, à bord supérieur portant une espèce de crête formée de petits écussons épineux.

Œufs ovales, avec une petite échancrure médiane à l'extrémité postérieure, terminés à l'extrémité antérieure par deux petites cornes latérales.

Une seule espèce.

LE PRISTIURE A BOUCHE NOIRE
PRISTIURUS MELANOSTOMUS.

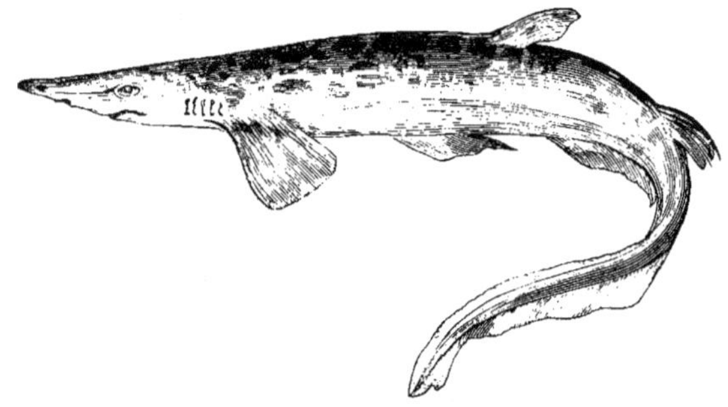

Fig. 37.

Syn. : LAMBARDA, Sq. Roussette, Squalus Catulus. Riss., *Ichthyologie*, p. 30.
SCYLLIUM ARTEDI, Roussette Artedi. Riss., *Hist. nat.*, p. 117, fig. 5.
SQUALE DE DELAROCHE, Squalus Delarochianus. Blainv., *Fn. franç.*, p. 74, pl. 18, f. 2.

Squale mélanostome. Squalus melanostomus. Blainv.. *Fn. franç.*, p. 75, pl. 18, f. 3.
Pristiurus melanostomus. CBp., Cat. n° 78, *Fn. it.*, fig.; Müller et Henle, *Plagiost.*, p. 15, pl. 7, tête vue en dessous : Agass., *Pois. fos.*, t. III, pl. X, fig. 2, dents ; A. Duméril, t, I, p. 325 ; Günther, t. VIII, p. 406 ; Canestrini, *Fn. d'Ital.*, p. 50. The black-mouthed Dog-fish. Yarrell, t. II, p. 479 : Couch, t. I, p. 18. Pristiurus Artedi. Bocage et Capello, *Poissons Plag.*, p. 11.

N. vulg. : Lambarda, Nice, d'après Risso ; Bardoulin, pêcheurs de Nice.
Long. : 0,50 à 0,60 et même 0,90.

Le corps est allongé, la longueur faisant dix à onze fois la hauteur.

La tête, mesurée du museau à la première fente branchiale, fait le cinquième ou le sixième de la longueur totale : le museau est allongé, arrondi, déprimé, sa longueur est plus grande que l'espace interobitaire ; la distance du bout du museau à la mâchoire supérieure est au moins égale à la distance qui sépare la commissure des lèvres de la base de la pectorale. La bouche est très-arquée, à muqueuse noirâtre ; les dents ont cinq pointes dans les jeunes, cinq pointes, quelquefois trois dans les grands ; la pointe médiane est toujours la plus longue. Les plis labiaux sont peu développés.

Les yeux sont assez grands ; le diamètre de l'œil fait un peu plus du cinquième de la longueur de la tête, il fait la moitié et plus de l'espace préorbitaire, qui est d'un septième environ plus grand que l'espace interorbitaire.

Les narines sont loin de la bouche ; les valvules nasales sont petites, éloignées, l'une de l'autre, d'une distance plus grande que la largeur de la narine.

Les évents sont petits ; ils sont en arrière, mais assez près des yeux.

Les dorsales sont à peu près égales ; la première dorsale commence sur la moitié antérieure de la longueur totale, au-dessus du tiers postérieur des ventrales ; la seconde dorsale est au-dessus de l'anale, finissant à peu près au même niveau ou un peu avant. L'anale est très-longue, sa longueur étant égale à la distance qui sépare le bout du museau de l'évent, elle arrive près de la caudale. La caudale est très-développée, sa longueur faisant plus du quart de la longueur totale ; elle est remarquable par une armure particulière qui hérisse son bord supérieur, carène rude ayant de chaque côté une dentelure très-acérée dirigée en arrière ; c'est, dit le prince de Canino, une espèce de bord de lime, formé par trois ou quatre séries de petites pointes tournées en arrière.

La teinte générale est d'un gris rougeâtre sur le dos, grisâtre sur les flancs avec de grandes taches plus ou moins foncées. La bouche, la chambre branchiale et le péritoine sont de teinte noirâtre.

Habitat : Méditerranée ; assez commun, Nice, non inscrit dans le catalogue de Cette. Océan, golfe de Gascogne, excessivement rare ; A. Lafont a vu, pour la première fois sur nos côtes de l'Océan, en 1868, cette espèce, à laquelle il a d'abord donné le nom de *Pristiurus Souverbiei.* « Quatre femelles, dit-il, et un mâle... ont été pris le 18 février au large des passes » du bassin d'Arcachon, « et apportés vivants par les marins des pêcheries de la Gironde..... Ces Squales ont vécu jusqu'au 28 février » dans l'Aquarium. L'un de ces animaux mesurait 0^m,90 de longueur (A. Lafont, *Journal d'observation sur les animaux marins du bassin d'Arcachon,* 1866-1867-1868, p. 19). A. Lafont a trouvé encore une femelle au mois de février 1874. Le Muséum de Paris a reçu un Pristiure des côtes du Finistère. A Nice, la chair du Pristiure dépouillé est vendue, comme celle des autres Roussettes, pour l'alimentation.

Famille des Alopécidés, Alopecidæ.

Corps à peu près fusiforme.
Tête courte.
Yeux sans membrane nictitante.
Nageoires ; caudale excessivement longue, faisant la moitié environ de la longueur totale.

GENRE RENARD — *ALOPIAS*, Rafin.

Syn. : ALOPIAS, RAFINESQUE Schmaltz, *Caratteri di alcuni nuovi generi e nuove specie di animali (pesci) e piante della Sicilia,* p. 12, et *Indice d'ittiologia siciliana,* p. 45, n° 328.

Corps couvert de petites scutelles à pointe mousse.
Tête ; museau conique, court ; bouche arquée ; dents à peu près semblables aux deux mâchoires, assez petites, non dentelées sur les bords ; pas de dent médiane.

Narines petites, beaucoup plus rapprochées de la bouche que du bout du museau.

Évents très-étroits, parfois même difficiles à voir, placés dans une espèce de petite rainure, en arrière et assez loin de l'œil.

Appareil branchial; fentes des branchies peu étendues.

Nageoires; première dorsale en avant des ventrales, grande; seconde dorsale et anale très-petites.

LE RENARD — *ALOPIAS VULPES*, Bp.

Syn. : Simia. Bel., p. 65.

De Renard, Vulpes. Rond., liv. XIII, c. ix, p. 303.

Vulpecula. Salviani, *Historia aquatilium animalium*, p. 134, pl. 42.

Renard de mer. Duham., *Pêch.*, part. 2ᵉ, sect. 9, p. 302, pl. 21, fig. 1-2.

Squale Renard, Squalus vulpes. Lacép., t. VI, p. 25; Riss., *Ichth.*, p. 36; Blainv., *Fn. franç*, p. 94, pl. 24, fig. 1.

Carcharias vulpes, Requin renard. Riss., *Hist. nat.*, p. 120.

La Faux ou Renard. Cuv., *Rég. an.*, p. 126; *Rég. an. ill.*, p. 361.

The Fox Shark Sea-Fox. Yarr., t. II, p. 512.

Thrasher. Sea Fox. Couch. t. I, p. 37.

Alopias vulpes. Müll. et Henl., *Plag.*, p. 74, pl. 35, fig. 1, dents : A. Dumer., t. I, p. 421; CBp., Cat. nº 66, *Fn. it.*, fig.; Bocag. et Capello, *Poissons Plagiost.*, p. 14; Canestr., *Fn. d'Ital.*, p. 46.

Alopecias vulpes. Günth., t. VIII, p. 393.

N. Vulg. : la dimension extraordinaire de la caudale, qui égale ou même dépasse la longueur du corps, a fait donner à ce poisson les noms les plus variés ; Renard ; Singe de mer ; Poisson épée ; Faux ; Fouille à l'épée, côtes du Poitou ; Péi espasu, Cette ; Péi ratou, Nice.

Long. : 2,00 à 5,00.

Le corps est à peu près fusiforme, pas plus long et même très-souvent moins long que la caudale ; la hauteur est comprise de huit à onze fois dans la longueur totale.

La tête est courte, à museau peu développé, conique. La bouche est arquée, peu dilatable ; la dentition est variable suivant l'âge du sujet ; les dents sont en général aplaties, triangulaires, non dentelées sur les bords, paraissant plus nombreuses à la mâchoire supérieure qu'à la mâchoire inférieure. Sur un animal de moyenne taille, je compte $22 + 22$, quarante-quatre dents à la mâchoire supérieure, et $19 + 19$, trente-six à la mâchoire inférieure. Les dents offrent quelques différences dans leur forme et dans leur développement ; sur chaque moitié de mâchoire et en

allant d'avant en arrière, il y a d'abord à la mâchoire supérieure, chez un jeune sujet, une dent excessivement courte, ne
faisant guère que le cinquième de la dent suivante, c'est une es-

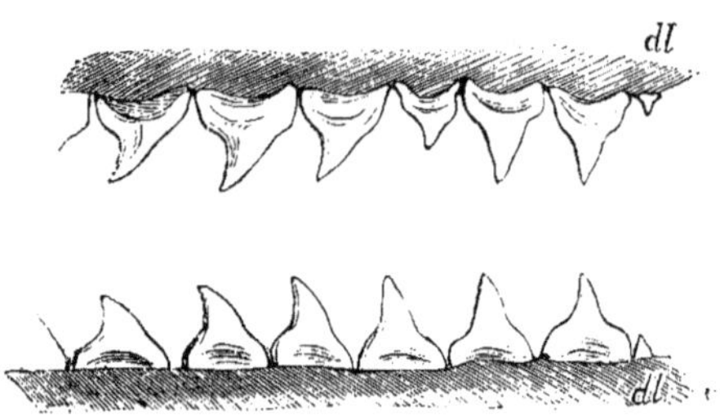

Fig. 38.

dl, dent latérale.

pèce de petit crochet pointu, qui n'a pas encore été signalé par
les ichthyologistes; la deuxième et la troisième dent sont triangulaires, très-pointues; la quatrième dent fait lacune, elle est
beaucoup plus basse que les dents voisines, de moitié environ.
Ces dents sont à peu près verticales, relativement au bord de la
mâchoire. La cinquième dent est de même longueur que la troisième ou peu s'en faut, mais elle a sa pointe légèrement inclinée
en arrière; les dents suivantes sont à peu près semblables, avec
la pointe de plus en plus abaissée en arrière; il résulte de cette
disposition que le bord antérieur devient convexe, et le bord
postérieur légèrement concave ou échancré. Les dents des quatre
ou cinq dernières rangées vont toujours diminuant de longueur.
A la mâchoire inférieure, il y a une première dent excessivement
courte, en crochet pointu, puis des dents triangulaires, à pointe
s'inclinant de plus en plus en arrière; il n'y a pas de lacune, il
n'y pas de dent, comme à la mâchoire supérieure, plus courte
que les deux dents voisines. Dans les grands individus, la première dent ou la petite dent antérieure manque. La valvule buccale supérieure est très-développée.

Les yeux sont assez grands; l'ouverture de la pupille est verticale, un peu ovale; le diamètre de l'œil fait la moitié de l'espace

préorbitaire, qui est d'un sixième ou d'un cinquième moins grand que l'espace interorbitaire, chez un jeune individu.

Les narines sont plus rapprochées de la bouche que du bout du museau; la distance qui les sépare est égale à celle dont elles sont éloignées de la bouche; elles sont placées en dessous, un peu plus en avant que l'œil, sur le tiers postérieur de la longueur du museau; chez une jeune femelle j'ai constaté que l'œil était aussi éloigné de la narine que de l'évent.

Les évents sont très-petits, si petits même, qu'ils ont échappé à l'observation de certains auteurs; leur ouverture se trouve dans une espèce de petite rainure située directement en arrière de l'œil, elle n'est pas, comme le dit Günther, placée immédiatement après l'œil, mais à une certaine distance, qui paraît varier suivant le développement de l'animal. D'après A. Duméril, l'évent est éloigné de l'œil « par un intervalle qui représente une fois et demie environ l'étendue de la fente oculaire. Ainsi, chez un sujet où elle mesure 0^m,035, je trouve une distance de 0^m,050 » (A. Dumér., *loc. cit.*, p. 422). Sur une jeune femelle que j'ai examinée à Cette, et dont l'œil n'avait subi aucune déformation, j'ai constaté que la distance qui séparait l'angle palpébral du spiracule était égale au diamètre longitudinal de l'œil. On pénètre toujours dans l'orifice de l'évent en suivant, avec un stylet très-fin, le fond de la rainure, où il est plus ou moins caché.

Les ouvertures des branchies sont régulières, cependant la cinquième fente est un peu oblique, elle se rapproche de la quatrième, vers son angle inférieur.

La ligne latérale est droite.

La première dorsale s'élève à peu près sur le milieu de la longueur du tronc; elle est beaucoup plus développée que l'autre; son bord postérieur est échancré. La seconde dorsale est très-petite, elle est placée un peu en avant de l'anale, qui présente une forme semblable; elle est deux fois plus près de la base de la caudale que de la base de la première dorsale. L'anale est très-petite, deux fois plus rapprochée de la base de la

caudale que de celle des ventrales. La caudale est excessivement longue, faisant, nous l'avons dit, la moitié de la longueur
totale et parfois même un peu plus. Les pectorales sont falciformes, beaucoup plus longues que larges, à pointe légèrement
arrondie, commençant vers l'angle de la cinquième fente branchiale ; les ventrales sont relativement assez petites, à bord postérieur échancré.

Le système de coloration est gris d'ardoise sur le dos et les
flancs, blanchâtre sous le ventre.

Habitat : le Renard se trouve sur toutes nos côtes : Méditerranée, assez
commun à Nice, Cette ; il est même très-commun à Cette au mois d'août,
il est vendu pour la table sous le nom de Thon blanc. Il a été pêché sur la
côte de Cette, en avril et en mai 1875 et 1876, des Renards de très-grande
taille, mesurant 4 et 5 mètres. — Océan, assez rare, golfe de Gascogne ;
plus rare au-dessus de la Gironde, la Rochelle, Sables-d'Olonne ; Manche
excessivement rare, Normandie, Dieppe ; Picardie, Boulogne.

Un Renard femelle, pris sur la côte de Cette, dans la nuit du
4 au 5 juin 1877, avait les proportions suivantes : longueur, du
bout du museau au lobe inférieur de la caudale, 2,18, du lobe
inférieur de la caudale à l'extrémité de la nageoire 2,12 ; circonférence. 1,45.

Famille des *Odontaspidés*, *Odontaspidæ*.

Corps fusiforme ; tronçon de la queue sans carène latérale. Peau couverte
de scutelles à trois petites carènes pointues.

Tête assez longue ; museau pointu ; bouche large, en croissant, fendue
en arrière jusqu'au niveau de l'évent, armée de dents épaisses avec un ou
deux tubercules de chaque côté. Pas de dent médiane ; pas de plis labiaux.

Yeux sans membrane nictitante.

Narines assez près de la bouche.

Évents très-petits ; au-dessus de l'angle de la bouche.

Appareil branchial ; fentes des ouïes grandes, régulières.

Nageoires ; première dorsale entre les pectorales et les ventrales ; seconde dorsale bien développée, de même forme que la première, seulement
un peu moins grande, placée entre les ventrales et l'anale au-dessus de
laquelle elle se termine. Anale à peu près semblable à la seconde dorsale.
Caudale très-longue faisant près du tiers de la longueur totale, à lobe supé-

rieur très-développé, un peu relevé en arrière, mais ne formant pas de croissant avec le petit lobe. Pectorales de moyenne dimension, commençant vers l'angle inférieur de la dernière fente branchiale.

GENRE ODONTASPIDE — *ODONTASPIS*, Agass.

Dents semblables de forme, mais variables de longueur aux deux mâchoires, ayant une pointe médiane allongée et un ou deux petits cônes de chaque côté ; pas de dent médiane ni en haut ni en bas. A la mâchoire supérieure, deuxième et troisième dents très-grandes, suivies d'une ou plusieurs dents très-petites, faisant lacune ; après cette lacune une longue dent, puis d'autres, à la file, diminuant par degrés.

Ce genre se compose de deux espèces :

Mâchoire supérieure ayant, de chaque côté, une lacune formée par	une ou deux petites dents............	1. Odontaspide taureau.
	quatre dents très-courtes..........	2. Odontaspide féroce.

L'ODONTASPIDE TAUREAU — *ODONTASPIS TAURUS*, Müll. Henl.

Syn. : Squale féroce, Squalus ferox. Riss., *Ichth.*, p. 38 ; Blainv.. *Fn. franç.*, p. 87.

Carcharias ferox, Requin féroce. Riss., *Hist. nat.*, p. 122 ; Guich., *Expl. Alg.*, p. 124.
Carcharias taurus. Rafin., *Caratt.*, p. 10, pl. 14, fig. 1 ; *Ind. itti. sic.*, p. 45, n° 326.
Odontaspis taurus. Müll. et Henle, *Plagiost.*, p. 73, pl. 30, fig..anim., dents ; A. Dumér., t. I, p. 417, pl. 7, fig. 3, dents ; CBp., Cat. n° 60.
Odontaspis americanus. Günth., t. VIII, p. 392.

N. Vulg. : Lamio, Verdoun.
Long. : 2^m,00 et plus.

Le corps est fusiforme ; la longueur fait sept à huit fois la hauteur.

La tête est aplatie ; le museau est également plat en arrière, mais devient conique en avant, il est assez allongé. Il n'y a pas de dent médiane. Les dents, nous l'avons indiqué, sont de même forme aux mâchoires, mais elles sont de grandeur variable, elles ont une longue pointe médiane très-acérée et un petit cône de chaque côté, parfois deux. A la mâchoire supérieure la première dent est généralement assez petite, quelquefois cependant

elle est développée, elle se montre à peine moins grande et
peut-être même aussi grande que la suivante ; la deuxième dent,
presque toujours, et la troisième sont les plus longues ; la quatrième et parfois la cinquième sont beaucoup plus petites que la
première, elles font lacune suivant l'expression de de Blainville ;
la sixième dent est grande, mais un peu moins que la troisième ; les dents suivantes, à partir de la septième, diminuent
graduellement ; c'est bien la formule indiquée par de Blainville ;
parfois, il n'y a qu'une petite dent formant lacune, c'est toujours la quatrième, et la cinquième est alors au moins aussi
haute que la sixième. A la mâchoire inférieure, la première
dent latérale est très-petite ; la deuxième et la troisième sont
les plus grandes, les suivantes vont en décroissant d'une façon
régulière. Les dernières rangées, à chaque mâchoire, sont composées de dents courtes, à bord libre presque tranchant.

Les yeux sont de moyenne grandeur ; l'espace préorbitaire
est à peu près égal à l'espace interorbitaire.

La première dorsale est placée loin de la tête, sur la deuxième
moitié de la longueur du tronc, finissant au-dessus de l'origine
des ventrales, plus près de la seconde dorsale que de la dernière
fente branchiale ; la seconde dorsale est à peu près de même dimension que l'anale, un peu moins grande que la première
dorsale, elle finit au-dessus du tiers antérieur de l'anale.

L'anale se termine très-près de la caudale. La caudale est
très-grande, plus longue que la distance du museau à la pectorale, elle fait près du tiers de la longueur totale.

La coloration est d'un gris jaunâtre ou rougeâtre avec ou
sans taches noires.

Habitat : Méditerranée, Nice, excessivement rare. Le Muséum possède
un Odontaspide taureau mesurant (sept pieds), 2,30, venant d'Alger par les
soins de Guichenot.

Il faut rapporter à cette espèce le Squale féroce de Risso. En
effet, voici ce que de Blainville écrit, *Faune française*, p. 87 :
« Cette espèce... a été découverte dans la mer Méditerranée par

M. Risso. Malheureusement la description qu'il en a donnée est très-incomplète. Nous n'en avons vu que les mâchoires et les dents, ce qui nous a permis de suppléer à l'insuffisance de ce que l'ichthyologiste de Nice en avait dit. »

L'ODONTASPIDE FÉROCE — *ODONTASPIS FEROX*, Agass.

Syn. : Odontaspis ferox. Agass., *Poiss. foss.*, t. III, p. 288-306, pl. G, fig. 1, 1ᵇ, 1ᵈ, pl. P, fig. 1-4. dents ; Müll. et Henle, *Plagiost.*, p. 74 et 191, Sp. 2 (Dubia) ; A. Dumér., t. I. p. 418 ; Günth., t. VIII, p. 393 ; CBp., Cat. nᵒ 61, *Fn. ital.*, fig. Odontaspe féroce.

Triglochis ferox. Canestri., *Fn. d'Ital.*, p. 43.

Long. : 2,00 à 3,00 et même 4 mètres.

Le corps est très-allongé, la longueur faisant au moins huit fois la hauteur.

La tête est légèrement renflée à la région orbitaire ; le museau est court, à peu près conique ; la bouche est armée de dents très-aiguës, à cinq pointes le plus généralement, pointe médiane très-développée. Les dents sont plus nombreuses à la mâchoire supérieure qu'à la mandibule. A la mâchoire supérieure, à partir de la symphyse, la première dent est petite, grêle ; les deuxième et troisième dents sont grandes, avec cônes latéraux simples ou doubles ; les quatrième, cinquième, sixième et septième dents sont très-petites, elles forment lacune, elles ont des cônes latéraux doubles ; la huitième dent est

Fig. 39.

grande, mais moins longue que la deuxième et la troisième dents ; les neuvième, dixième, onzième et douzième dents sont à peu près aussi longues que la huitième ; les treizième et dix-

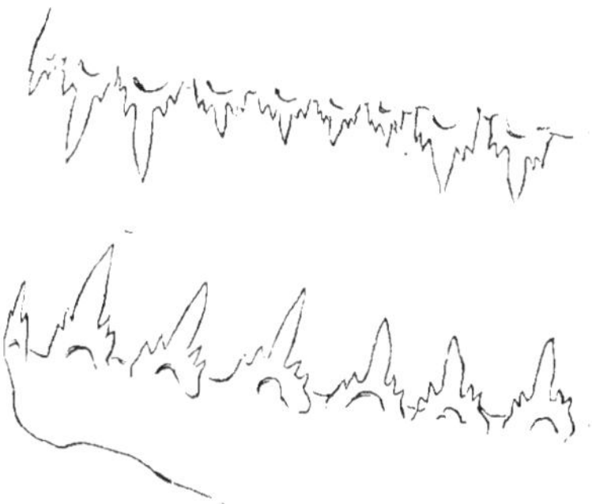

septième dents vont en diminuant progressivement de longueur;
enfin les dents des cinq ou six dernières rangées sont très-basses
avec deux cônes pointus de chaque côté. A la mâchoire inférieure, la première dent est petite, grêle; les deuxième, troisième
et quatrième dents sont les plus grandes; les cinquième,
sixième, etc., vont en diminuant graduellement jusqu'à la dernière; elles ont presque toutes deux petits cônes pointus de
chaque côté. Les dents des dernières rangées, surtout à la
mâchoire inférieure, sont semblables aux autres, elles sont très-
pointues, tandis que, dans l'Odontaspide taureau, elles sont, pour
ainsi dire, coupantes. Le nombre des rangées de dents est variable, j'ai trouvé : à la mâchoire supérieure 23 + 23 = 46 et
à la mâchoire inférieure 18 + 18 = 36; on en compte davantage
dans la figure donnée par Agassiz.

Les yeux sont petits.

La ligne latérale forme une espèce de sillon, d'après le
prince de Canino.

La première dorsale est grande, elle est insérée un peu en
arrière du plan des pectorales; la seconde dorsale est bien développée, elle finit au-dessus du tiers antérieur de l'anale, qui
est un peu moins grande.

Le lobe supérieur de la caudale est très-allongé, beaucoup
moins toutefois que dans le Renard, il fait près du tiers de la
longueur totale.

La coloration est rougeâtre sur le dos avec des taches noirâtres.

Habitat : Méditerranée, Nice? excessivement rare.

J'ai étudié la disposition du système dentaire, sur une très-
belle pièce des collections du Muséum, envoyée d'Algérie par le
Dr Bourjot. Cette pièce est en partie dessinée, fig. 39.

Au Musée de Gênes, j'ai pu examiner un magnifique spécimen
de cette espèce, ♀, mesurant 3,75. Sur cet animal, la formule
dentaire est pareille à celle qui se trouve dans la pièce du Muséum de Paris, seulement la plupart des dents ne portent qu'un

seul cône de chaque côté ; cette disposition tient probablement
à l'âge du sujet.

Les Odontaspidés devraient être placés dans la famille des
Lamnidés.

Famille des Lamnidés, Lamnidæ.

Corps allongé, plus ou moins fusiforme ; tronçon de la queue avec une
carène de chaque côté et une fossette en dessus et en dessous vers la base
de la caudale.

Tête plus ou moins conique ; bouche arquée.

Yeux sans membrane nictitante.

Évents très-petits, en arrière et loin de l'œil.

Appareil branchial ; ouvertures des branchies très-larges et placées
toutes au-devant des pectorales.

Nageoires ; première dorsale très-développée entre les pectorales et les
ventrales ; seconde dorsale et anale très-petites, à peu près semblables,
deuxième dorsale opposée à l'anale ou très-peu en avant ; caudale en croissant ; pectorales plus ou moins falciformes.

Intestin à valvule en spirale.

Cette famille se compose de quatre genres.

<pre>
        ⎧   ⎧ non dentelées ⎧ loin du museau que de la
        ⎪   ⎪   sur   ⎪ caudale ; des cônes laté-
        ⎪ longues et ⎪ les bords.   ⎪ raux à la base des dents.   1. Lamie.
        ⎪   ⎪ 1re dorsale ayant ⎧ près du museau que de la
Dents ⎨   ⎨   la fin   ⎪ caudale ; pas de cônes
        ⎪   ⎪ de son insertion ⎪ latéraux à la base des
        ⎪   ⎪   plus   ⎩ dents ....   2. Oxyrhine.
        ⎪   dentelées sur les bords, triangulaires ...... 3. Carcharodonte.
        ⎪ très-petites, très-nombreuses, non dentelées sur
        ⎩ les bords, crochues.........................   4. Pèlerin.
</pre>

GENRE LAMIE ou TOUILLE — *LAMNA*, Cuv.

Corps fusiforme ; peau couverte de très-petites scutelles lisses.

Tête ; museau pointu, pyramidal ; dents pointues, non dentelées, à bords
lisses, portant un cône pointu, simple ou double, de chaque côté de la base
chez les adultes ; il n'y a souvent, chez les jeunes, à la base de la dent, qu'un
talon plus ou moins prononcé ; pas de dent médiane ; à la mâchoire supérieure, la troisième dent de chaque côté est beaucoup plus petite que les
autres, parfois la quatrième est encore petite, moins longue que la cinquième.

Évents très-étroits, en arrière des yeux.

Nageoires ; première dorsale avancée, au-dessus de l'espace qui sépare les pectorales des ventrales, mais plus rapprochée des pectorales ; seconde dorsale et anale petites, opposées ; caudale en croissant, à lobe inférieur faisant la moitié et plus du lobe supérieur qui est plus grand que la pectorale.

LE LAMIE LONG-NEZ — *LAMNA CORNUBICA*, Cuv.

(Cornubica, de la Cornouailles.)

Syn. : Touille-bœuf, Loutre de mer. Taupe de mer. Duham., *Pêch.*, part. 2ᵉ, sect. 9, p. 298, pl. 20, fig. 4.

Le Squale long-nez. Squalus cornubicus. Lacép., t. V, p. 369 ; Riss., *Ichth.*. p. 29.

Lamia cornubicus, Lamie long nez. Riss., *Hist. nat.*, p. 124.

Squale nez, Squalus cornubicus. Blainv., *Fn. franç.*, p. 96 ; Cuv., *Règn. an.*, p. 127.

Lamna cornubica. Cuv., *Règn. an. ill.*, p. 362, pl. 114, fig. 3, dents ; Agass., *Poiss. foss.*, t. III, p. 86, pl. G, fig. 3, dents ; Müll. et Henl., *Plag.*, p. 67 ; A. Dumér., t. I, p. 405 ; Bocag. et Capel., *Poiss. Plag.*, p. 12 ; Günth., t. VIII, p. 389 ; Canestr., *Fn. d'Ital.*, p. 45 ; CBp., Cat. nᵒ 65, *Fn. ital.*, fig.

The Porbeagle, or Beaumaris Shark. Yarr., t. II, p. 493 ; Couch, t. I, p. 41.

N. Vulg : Nez, Pas-de-Calais, Boulogne ; Taupe, Manche, Cherbourg ; Touille-bœuf, Vendée ; Touille, Charente-Inférieure ; Long-nez, Gironde ; Requin, Arcachon ; Nas Harg, Roussillon ; Melantoun, Nice.

Long. : 1,00 à 3,00 ; quelquefois 20 à 24 pieds, CBp.

Le corps est arrondi, fusiforme ; sa plus grande hauteur, qui est vers le niveau de la dorsale antérieure, est comprise six à sept fois dans la longueur totale. La carène latérale de la queue est longue, elle commence un peu en avant de la deuxième dorsale. La peau n'est presque pas rude, elle est couverte de petites scutelles, terminées en plusieurs pointes à peu près égales, très-peu saillantes. L'anus est placé un peu après la première moitié de la longueur totale.

La tête est conique, légèrement aplatie en dessus ; le museau est relevé en avant, en forme de pyramide quadrangulaire, pointu et arrondi à sa terminaison.

La bouche est grande, arquée, armée de longues dents aplaties, triangulaires, à bords non dentelés, avec cône pointu, simple ou double de chaque côté de la base chez les adultes ; il n'y a, chez les jeunes, qu'un petit talon latéral le plus souvent ;

à la mâchoire supérieure, la troisième dent latérale est plus petite que la deuxième ; pas de dent médiane.

Les yeux sont arrondis, de moyenne grandeur ; l'iris est d'un gris foncé. Le diamètre de l'œil fait à peu près le quart de l'espace préorbitaire ou même un peu moins, et le tiers de l'espace interorbitaire ; ces proportions semblent varier avec l'âge.

Les narines sont beaucoup plus rapprochées de la bouche que du bout du museau.

Les évents sont excessivement petits. Günther prétend même que cette espèce n'a pas d'évents et qu'il vaut mieux classer le genre Lamna avec les genres qui manquent de spiracules.

Les fentes des branchies sont très-grandes, régulières.

La ligne latérale est droite, bien marquée, continuée en arrière par la carène de la queue.

La première dorsale est placée à peu près sur le milieu de la ligne qui va du bout du museau à la base de la caudale. Elle a son bord postérieur échancré et son bord inférieur prolongé en pointe ; la seconde dorsale est très-petite, ne faisant que le sixième de la première dorsale, dont elle est trois fois plus éloignée que de la base de la caudale, elle est opposée à l'anale, qui lui ressemble complétement, sauf par l'angle postérieur, qui est peut-être un peu plus allongé. La caudale est en croissant, à lobe supérieur d'un tiers au moins plus long que le lobe inférieur. Les pectorales sont grandes, triangulaires ou plutôt falciformes, moins longues que le lobe supérieur de la caudale.

Les ventrales sont petites, trapézoïdes ; elles ont le bord externe légèrement échancré et à peine plus long que la base ; elles sont insérées entre les deux dorsales, mais un peu plus rapprochées de la première dorsale.

La teinte est ardoisée sur le dos, blanchâtre sous le ventre.

Habitat : ce Squale se trouve sur toutes nos côtes ; Méditerranée, assez commun, Nice, printemps, été, automne, Risso ; il n'est pas indiqué dans le catalogue des Poissons de Cette, il est probable que les pêcheurs du pays le confondent avec l'Oxyrhine de Spallanzani sous le nom de Lamie ; en tout cas le Long-nez doit être rare à Cette, je ne l'ai jamais trouvé parmi les

Squales nombreux que j'ai eus à ma disposition. Assez commun, Roussillon, d'après le Dr Companyo.

Océan, golfe de Gascogne, assez commun, il entre même dans le bassin d'Arcachon ; il est commun sur toute la côte entre la Gironde et la Loire et vers les îles voisines, île de Ré, île de Noirmoutiers, etc.; il est recherché pour la table dans la Charente-Inférieure et dans la Vendée. Il paraît un peu moins commun au nord de la Loire.

Manche, assez rare, Cherbourg, le Havre, Boulogne.

GENRE OXYRHINE — *OXYRHINA*, Agass.

Corps fusiforme.

Tête ; museau pointu, pyramidal ; dents longues, pointues, sans dentelures sur les bords, ni cône latéral à la base ; pas de dent médiane : à la mâchoire supérieure, la troisième dent de chaque côté est au moins de moitié plus courte que la première et la deuxième, elle est environ d'un cinquième plus petite que la quatrième.

Évents très-petits.

Nageoires ; première dorsale très-avancée, commençant près de la fin de l'insertion des pectorales ; seconde dorsale petite ; caudale en croissant ; pectorales plus longues que le lobe supérieur de la caudale.

L'OXYRHINE DE SPALLANZANI
OXYRHINA SPALLANZANII, Bp.

Syn. : Marrachou. Duham., *Pêch.*, p. 2, sect. 9, p. 329.

Cane di mare (di Messina). Spallanzani, *Voyage dans les Deux-Siciles*, t. IV, p. 232, trad. Toscan.

Oxyrhina gomphodon. Müll. et Henl., *Plag.*, p. 68, pl. 28, fig. anim., dents ; Bocag. et Capel., *Poiss. Plag.*, p. 13, pl. 3, fig. 3, jeune.

Oxyrhina spallanzanii. Agass., *Poiss. foss.*, t. III, p. 276, pl. G, fig. 2. 2ᵃ, 2ᵈ. dents ; A. Dumér., t. I, p. 408 ; Canestr., *Fn. d'Ital.*, p. 45 ; CBp., Cat. n° 64, *Fn. ital.* fig. Lamna spallanzanii. Günth., t. VIII, p. 390.

N. Vulg. : Lamie, Cette.

Long. : 2,00 à 4,00. — Poids, 160 à 250 kil. et plus.

Le corps est fusiforme, allongé ; sa plus grande hauteur, qui est au niveau de la première dorsale, est comprise cinq à sept fois dans la longueur totale. Anus sous la deuxième moitié de la longueur. Le tronçon de la queue porte de chaque côté une carène bien développée. La peau est couverte de petites scutelles à peu près lisses.

La tête est longue. aplatie en dessus; le museau est presque
droit, très-peu relevé, en forme de pyramide quadrangulaire.
plus pointu, plus allongé que dans le Lamie long-nez, sa longueur fait la moitié et plus de la distance séparant son extrémité

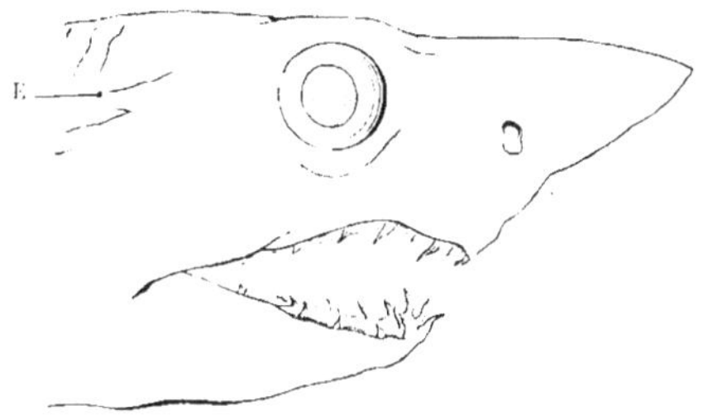

Fig. 40.

E, évent.

de l'angle postérieur de la bouche. La bouche est grande, variable dans ses proportions, suivant l'âge des sujets: dans les
jeunes, elle est plus longue que large; dans les individus plus
développés, de grande taille, elle est à peu près aussi longue que
large. Elle est très-arquée ; elle est armée de fortes dents écar-
tées. Ces dents ressemblent à des espèces de clous, de là vient
le nom de *Gomphodon* que Müller et Henle ont donné à cette
Oxyrhine ; elles sont longues, chez les grands individus, elles
peuvent avoir sur le devant des mâchoires 3 centimètres et
plus de longueur ; elles sont épaisses, un peu ondulées en avant
et en arrière ; leur face externe est aplatie, leur face postérieure
ou plutôt interne est convexe, arrondie, et les bords sont lisses,
tranchants, la base est large, mais sans dentelures, sans cônes ou
appendices pointus ; les dents antérieures sont les plus longues.
La mâchoire supérieure, chez les animaux que j'ai examinés, a
trente-deux dents 16 + 16 ; la troisième dent est plus courte que
les autres ; la mâchoire inférieure a vingt-deux dents 11 + 11 ;
il y a un groupe de dents sur le devant de la mandibule. Pas de
dent médiane ; il y a même un écartement assez prononcé entre

les dents antérieures. La lèvre de la mâchoire supérieure est
très-large en avant.

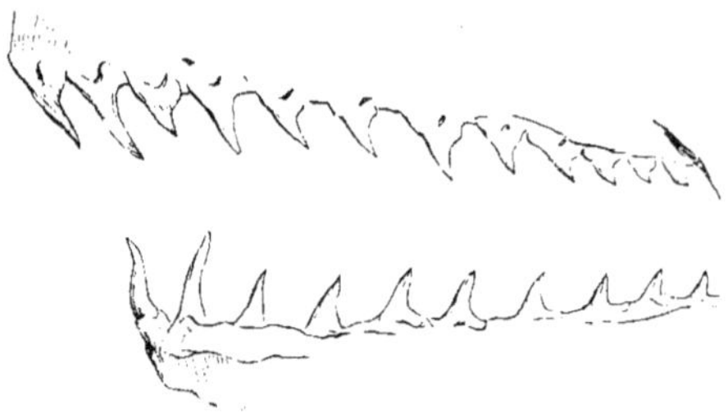

Fig. 41.

Les yeux sont assez grands, ovales ; leur diamètre ne fait pas la
moitié de l'espace préorbitaire qui est plus grand que l'espace
interorbitaire ; les proportions sont très-variables suivant la
taille des individus.

Les narines sont plus rapprochées de la bouche que du bout
du museau.

Les évents sont très-petits, très-étroits, très-éloignés de l'œil,
placés dans une dépression peu marquée ; sur deux jeunes individus, pêchés à Cette, j'ai trouvé que le diamètre de l'évent va-
riait d'un demi-millimètre à un millimètre, et que la distance
qui séparait l'évent de l'angle postérieur des paupières faisait
une fois et demie à deux fois le diamètre de l'œil.

Les fentes des branchies sont grandes, régulières ; la première
fente paraît un peu plus rapprochée de la base de la pectorale
que de l'angle de la bouche.

La ligne latérale est nulle.

La première dorsale est plus près du bout du museau que de
la caudale, commençant un peu en arrière de l'insertion des
pectorales, son bord postérieur est échancré, son bord inférieur
se termine en pointe allongée ; la seconde dorsale et l'anale sont
très-petites, opposées l'une à l'autre, mais l'anale finit légèrement plus en arrière. La caudale est en croissant, à lobe supérieur d'un quart plus long que l'inférieur, moins grand que les

pectorales et que la distance qui sépare sa pointe de la pointe du lobe inférieur. Les pectorales sont falciformes, très-longues, elles font le cinquième au moins de la longueur totale. Les ventrales sont petites, elles sont placées sur la seconde moitié de la longueur totale.

La coloration est d'un gris ardoisé sur le dos et les flancs, blanchâtre sous le ventre.

Habitat : l'Oxyrhine se trouve dans la Méditerranée, elle est assez commune à Cette, sa chair est vendue pour la table ; elle est beaucoup plus rare dans l'Océan. Golfe de Gascogne, très-rare ; en 1871, j'ai pu voir, à Arcachon, une Oxyrhine mesurant à peu près 1,60 de longueur ; les pêcheurs, qui ne connaissaient pas ce poisson, l'ont envoyé à Bordeaux, pour le montrer comme un objet de curiosité. Une autre Oxyrhine plus grande, 2,80, appartenant au Muséum, vient de la Rochelle.

C'est bien l'Oxyrhine que Duhamel a décrite brièvement sous le nom de Marrachou (section 9, p. 329) ; pas de membrane nictitante, pas de ligne latérale, caudale en croissant : « ce Chien se prend assez fréquemment dans les filets de Cap-Breton, mais il entre quelquefois dans l'Adour, et M. de Borda en a vu prendre entre la ville et la citadelle de Bayonne. »

Proportions : Oxyrhine pêchée à Cette au mois d'août 1875, pesant environ 300 kilogrammes.
Longueur du bout du museau à l'échancrure de la caudale, 2,57 ; circonférence en arrière des pectorales, 1,79. Hauteur de la première fente branchiale 0,235 ; distance entre la première et la cinquième fente branchiale, 0,245. Première dorsale, hauteur 0,41. Pectorale, longueur 0,63. Caudale, distance entre la pointe des deux lobes 0,795.

GENRE CARCHARODONTE — *CARCHARODON*

Corps allongé, fusiforme, épais en avant ; tronçon de la queue avec une carène latérale.
Tête forte, grosse : museau assez court ; bouche grande, arquée ; dents longues, larges, aplaties, triangulaires, dentelées sur leurs bords, semblables aux deux mâchoires, toutefois les dents de la mandibule sont un peu moins larges que celles de la mâchoire supérieure ; la troisième dent de la mâchoire supérieure est un peu plus courte que les deux voisines ; pas de dent médiane ; pas de cône pointu latéral.

Évents très-étroits, et loin en arrière de l'œil.

Nageoire; première dorsale avancée, commençant un peu en arrière de l'insertion des pectorales ; seconde dorsale en avant de l'anale, très-petites l'une et l'autre ; caudale en croissant, à lobe supérieur beaucoup plus grand que le lobe inférieur ; pectorales très-développées.

LE CARCHARODONTE LAMIE — *CARCHARODON LAMIA*, Bp.

Syn. : DE LA LAMIE, LAMIA. Rondel., liv. XIII, c. XI, p. 305.
SQUALE REQUIN, Squalus Carcharias. Riss., *Ichth.*, p. 25.
CARCHARIAS LAMIA, Requin lamie. Riss., *Hist. nat.*, p. 119.
CARCHARIAS VERUS, id est, Carcharodon lamia. Agass., *Poiss. foss.*, t. III. p. 91, 215, 216, v. note, pl. F, fig. 3, mâch.
CARCHARODON RONDELETII. Müll. et Henl., *Plagiost.*, p. 70 ; A. Dumér., t. I, p. 411 ; Günth., t. VIII, p. 392 ; Canestr., *Fn. d'Ital.*, p. 45.
CARCHARODON LAMIA. CBp., Cat. n° 63, *Fn. ital.*, fig.

Le Squale requin ou le Requin lamie de Risso est bien le Squale qui a été décrit par Rondelet sous le nom de Lamie, et non pas une espèce à membrane nictitante. Il n'y a pas le moindre doute à cet égard. Les pêcheurs de nos côtes de la Méditerranée donnent le nom de Lamie (Lamea, Nice) à l'Oxyrhine de Spallanzani et au Carcharodonte, mais jamais à un Requin, jamais à un Squale ayant une membrane nictitante.

Le prince de Canino a parfaitement eu raison de conserver la dénomination de Carcharodonte lamie à l'animal que nous allons décrire et de ne pas, comme Müller et Henle, l'appeler Carcharodonte de Rondelet ; d'autant mieux que le nom de Requin de Rondelet avait été déjà donné, par Risso, à un Squale dont l'œil est pourvu d'une paupière clignotante.

N. Vulg. : Lamea, Nice ; Lamie, Cette.
Long. : 3,00 à 5,00 et plus.

Le corps est fusiforme, allongé ; il est renflé en avant de la première dorsale, il est élevé, sa hauteur est comprise environ cinq à six fois dans la longueur totale. Le tronçon de la queue porte une carène latérale. La peau est couverte de scutelles très-petites. L'anus est reculé sous le tiers postérieur du tronc.

La tête est forte, légèrement conique, aplatie en dessus ; sa

longueur fait un peu moins du cinquième de la longueur totale.
Le museau est pyramidal, court, assez obtus, à bord ou plutôt
à face inférieure relevée en avant. Une bouche très-grande occupe la plus grande partie de l'espace compris entre les narines
et les évents ; elle est arquée, armée de dents tranchantes. Les
dents sont excessivement développées, elles atteignent chez les
grands individus jusqu'à 3 ou 4 centimètres de longueur ; elles
sont triangulaires, elles figurent un triangle isocèle régulier à

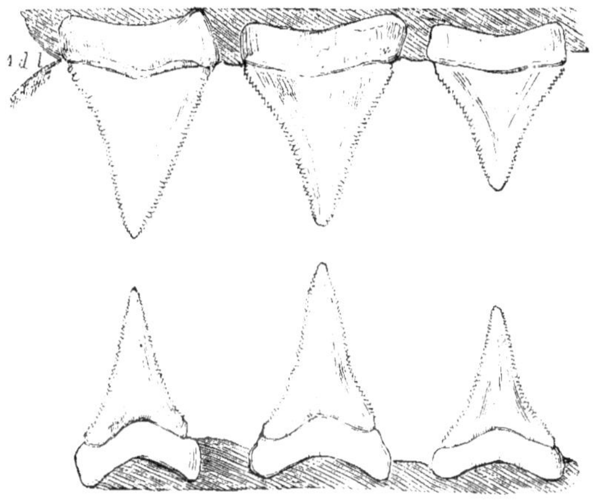

Fig. 42.

Dents, grandeur naturelle : 1*dl*, première dent latérale.

base très-large ; elles sont dentelées sur les côtés, elles ont la
pointe droite ou à peine déjetée en arrière ; elles vont en diminuant de grandeur d'une façon assez régulière d'avant en arrière. Les dents de la mâchoire inférieure sont semblables à
celles de la mâchoire supérieure, elles sont seulement un peu
moins larges.

L'œil est très-petit ; son diamètre longitudinal ne fait guère
que le quart de l'espace préorbitaire, qui lui-même est d'un
cinquième moins grand que l'espace interorbitaire.

Quant aux narines, elles sont plus longues que le diamètre

vertical de l'œil ; elles sont beaucoup plus rapprochées de l'orbite que du bout du museau.

Les évents sont excessivement étroits ; ils sont éloignés du bord postérieur de l'orbite d'une distance à peu près égale à la longueur de l'espace préorbitaire.

Les fentes des branchies sont grandes, régulières ; la cinquième fente se termine devant la base de la pectorale.

La ligne latérale n'est pas marquée.

La première dorsale est assez avancée, elle commence sur la première moitié de la longueur du corps ; elle est plus rapprochée des pectorales que des ventrales ; son bord postérieur, qui est échancré, forme, avec le bord inférieur, une pointe assez longue. La seconde dorsale et l'anale sont très-petites ; l'anale est plus reculée. La caudale est précédée d'une fossette ; elle est en forme de croissant ; son lobe supérieur est une fois et demie environ plus grand que le lobe inférieur. Les pectorales sont grandes, leur longueur faisant à peu près le cinquième de la longueur totale et le double de leur propre largeur ; elles sont falciformes, à bord postérieur très-échancré. Les ventrales sont assez petites, plus rapprochées de la caudale que des pectorales.

La teinte générale est d'un gris bleuâtre ou plutôt brunâtre sur le dos, blanchâtre sous le ventre.

Habitat : Méditerranée, assez commun, Nice, Marseille, Cette.

Proportions : Carcharodonte pris à Cette, 1876. Corps, longueur 2,42 ; diamètre 1,50.
Tête, longueur du bout du museau à première fente branchiale, 0^m,44 ; bouche, longueur, 0^m,144, largeur, 0^m,160, espace préoral ou distance de la bouche au bout du museau, 0^m,138 ; dents, longueur, voy. fig. 42 ; œil, diamètre longitudinal, 0^m,035, diamètre vertical, 0^m,020, espace préorbitaire, 0^m,134, espace interorbitaire, 0^m,165 ; narine, longueur, 0^m,024, espace prénasal, 0^m,089, espace internasal, 0^m,075.

Le Carcharodonte atteint une très-grande taille, jusqu'à vingt-quatre pieds de longueur, suivant le prince de Canino ; celui qu'il a décrit mesurait dix-huit pieds de long, et pesait environ quatre mille livres. D'après Rondelet et C. Bonaparte, il est excessivement dangereux, il peut avaler un homme tout entier.

Un de ces animaux, pêché à Cette au mois d'août 1875, pesait environ six cents kilogrammes ; il avait près de 4 mètres de longueur et 2^m.23 de circonférence.

J'ai vu, au Musée de Gênes, un très-beau spécimen, long de 4^m,20, inscrit sous le nom de *Carcharodon lamia*.

GENRE PÈLERIN — *SELACHE*, Cuv.

Pèlerin, à cause de la ressemblance qu'on a voulu trouver entre les collets des Pèlerins et les replis flottants formés par le bord libre des membranes intrabranchiales de ce grand Squale.

Corps allongé, fusiforme, couvert de petites scutelles épineuses ; tronçon de la queue avec une petite fossette en dessus et en dessous vers la base de la caudale et une carène de chaque côté.

Tête ; museau peu développé, conique ; dents nombreuses, petites, non dentelées sur les côtés, plus ou moins coniques et crochues.

Appareil branchial ; fentes branchiales très-étendues ; bord libre des membranes intrabranchiales formant de grands replis ; bord interne des arcs branchiaux garni de très-longs processus analogues à ceux qui se trouvent chez beaucoup de Poissons osseux, chez certains Plagiostomes, Aiguillats.

Nageoires ; première dorsale insérée à peu près au milieu de l'espace qui sépare les pectorales des ventrales, un peu plus rapprochée cependant des ventrales ; anale un peu plus reculée que la seconde dorsale, ces deux nageoires sont petites, surtout l'anale. L'anale paraît assez fragile, elle manque chez certains individus, chez le Pèlerin qui est au Muséum, et qui a été décrit, par de Blainville, sous le nom de *Squalus peregrinus, pinna anali nulla.* (Blainv., *Journ. Physique,* septembre 1810.)

LE PÈLERIN — *SELACHE MAXIMUS*, Cuv.

Syn : Squalus maximus. Linn., p. 400, sp. 11 ; Agass., *Poiss. foss.*, t. III, p. 87, pl. F, fig. 8, 8″ dents.

Le Squale très-grand, Squalus maximus. Lacép., t. V, p. 360.

Le Squale pèlerin. Blainv., *Ann. Muséum,* 1811, t. XVIII, p. 88. pl. 6, fig. 1.

Le Pèlerin. Cuv., *Règ. anim.*, p. 129 ; Selache maximus, *Règ. an. ill.,* pl. 115, fig. 2, dents.

Selache maxima. Müll. et Henle., *Plag.,* p. 71, CBp., *Cat.* n° 62 ; A. Dumér., t. I, p. 413. pl. 3, fig. 18, dents ; Bocag. et Capel., *Poiss. Plag.,* p. 14 ; Günth., t. VIII, p. 394 ; Canestr., *Fn. Ital.,* p. 44.

20

Squalus elephas. Lesueur, *Journ. Acad. sc. Phil.*, t. II. p. 34?-350, pl. anim., dents.
The Basking Shark. Yarr., t. II, p. 508 ; Couch, t. I, p. 60.
Squale pèlerin. P. et H. Gervais, *Journ. zool*, 1876, t. V, p. 349, pl. 13, tête,
branchies ; pl. 14, dents ; pl. 15, vertèbres.
Long. : 8,00 à 12,00.

Le corps est plus ou moins allongé, la longueur faisant quatre
fois et demie à six fois la hauteur ; il est fusiforme, un peu comprimé vers la queue. Le dos est légèrement aplati en dessus. La
carène latérale de la queue a la base très-large, elle part du
niveau de la racine de l'anale et se prolonge sur la caudale. Les
fossettes sus- et sous-caudales sont assez profondes. La peau est
épaisse, elle est couverte de petites scutelles épineuses formant
des groupes plus ou moins rapprochés et disposés en sens divers
avec des « fendillures irrégulières », ce qui donne à la peau,
suivant la remarque de de Blainville, l'aspect d'une peau d'élé-
phant.

La tête est petite, conique ; le museau paraît de forme un
peu variable, comme on peut facilement le voir en comparant
les figures données par de Blainville, Lesueur, Yarrell, Couch,
Gervais. Le Pèlerin du Musée de Gênes, animal très-bien monté,
a le museau très-allongé, arrondi, terminé en pointe, ce qui lui
a fait donner le nom de *Selache rostrata;* il a le museau semblable à celui du Squale pêché à Concarneau en avril 1876. (V.
Journ. Zool. Gerv., t. V, pl. XIII.) Le Pèlerin étudié par de
Blainville avait : « le museau très-court, assez obtus, relevé à
son extrémité. »

Les mâchoires sont garnies de dents excessivement nombreuses,
petites, non dentelées, presque coniques et crochues. Le nombre
de dents est considérable, il a été estimé à 4,032 au moins par de
Blainville, à 2,700 par A. Duméril ; il y a entre les deux chiffres
une très-grande différence, mais l'animal examiné par A. Duméril est de taille moins longue que celui qui a été décrit par de
Blainville, dans les *Annales du Muséum*. Les dents du Pèlerin
comparées à celles des autres Lamnidés, présentent des caractères
tellement tranchés dans leur forme, dans leur disposition, qu'il

serait, il nous semble, nécessaire de mettre le grand Sélaque dans une famille distincte.

Les yeux sont très-petits, ils sont placés assez bas, assez près du profil inférieur du museau, vers le niveau du bord antérieur de la bouche. L'iris est d'un brun noirâtre.

Les narines sont très-petites, placées en dessous, plus rapprochées de la bouche que du bout du museau.

Quant aux évents, ils sont très-petits et très-reculés, au-dessus du prolongement du diamètre longitudinal de l'œil, au niveau de l'angle de la bouche, en avant du milieu de l'espace (Blainville) séparant l'œil de la première ouverture branchiale.

La première fente des ouïes est à peu près au milieu de la distance qui sépare l'angle de la bouche de l'origine des pectorales. Les fentes des ouïes sont excessivement longues, surtout les antérieures; elles sont rapprochées en dessus et en dessous de celles du côté opposé. Les arcs branchiaux ont leur bord interne ou concave garni de processus excessivement développés.

Sur un squelette très-bien préparé du Musée de Gênes, j'ai pu étudier facilement la disposition de ces processus. A la base des arcs branchiaux, mais dirigés en sens inverse des lames respiratoires, sont placées des lamelles en forme de dents de peigne, assez semblables aux lamelles qui se trouvent chez les Clupes. Ces lamelles sont longues et flexibles, elles correspondent à chaque rangée de lames respiratoires, il y a donc une rangée sur le premier segment branchial ou hyoïdien, deux sur chacun des quatre segments suivants, enfin une dernière rangée se montre sur le sixième et dernier segment ou segment homologue des os pharyngiens chez les Poissons osseux. En résumé, il y a dix séries de lamelles pectinées sur chaque côté de l'appareil hyoïdien, le premier et le dernier segment n'en portent l'un et l'autre qu'une seule rangée.

Le squelette est celui d'un Pèlerin inscrit sous le nom de *Selache rostrata*, qui est un jeune *Selache maximus* ($2^m,94$ de longueur), comme il est facile de le reconnaître en examinant l'animal monté, nous l'avons dit, d'une façon très-remarquable.

La première dorsale est triangulaire, elle est placée sur le milieu de la ligne allant du bout du museau à la base de la caudale; son bord postérieur est échancré ; son bord inférieur est prolongé en pointe; la seconde dorsale est petite, beaucoup plus près de la caudale que de la première dorsale. L'anale est semblable à la seconde dorsale, mais un peu plus petite; elle commence vis-à-vis du milieu de la base de la seconde dorsale. La caudale est développée, elle est en forme de croissant irrégulier : le lobe supérieur est relevé, il est d'un tiers plus long que le lobe inférieur, il porte une échancrure près de l'extrémité de son bord inférieur. Les pectorales sont relativement de moyenne grandeur, elles sont triangulaires, à bord antérieur convexe, à bord postérieur concave. Les ventrales sont petites, triangulaires, concaves en arrière.

La coloration est d'un brun ardoisé ou noirâtre sur le dos, grisâtre sous le ventre.

Habitat. Ce Squale est excessivement rare, il a été pris sur quelques points de nos côtes de l'Ouest ; Manche, Boulogne, Dieppe, Saint-Malo; Océan, Concarneau.

Le Pèlerin que de Blainville a étudié, et dont il a donné la description dans les *Annales du Muséum*, avait vingt-neuf pieds quatre pouces (9^m,52) de longueur et seize pieds (5^m,19) de circonférence. Son poids était estimé à seize milliers (8,000 kilog.). Ce poisson fut pris avec deux autres individus de la même espèce, la nuit du 21 novembre 1810, embarrassé dans des filets à pêcher le hareng ; il fut remorqué dans le port de Dieppe, chargé encore vivant sur un chariot, et transporté à Paris. (V. BLAINV., *loc. cit.*, p. 88.) De Blainville n'a trouvé aucune espèce de résidu d'aliments solides dans le canal digestif de cet animal.

De Lacépède a vu à Paris, en 1788, la dépouille ou plutôt la peau montée d'un Pèlerin qui avait échoué près de Saint-Malo ; ce poisson mesurait, vivant, trente-trois pieds de longueur sur vingt-quatre de circonférence.

Le spécimen du Muséum mesurait, à l'état frais, 8^m,70, il n'a plus que 7ᵐ,71, d'après A. Duméril; il manque d'anale; il vient de la Manche.

Le 27 avril 1876 un Pèlerin long de 3ᵐ,65 et pesant 250 kilogr. a été pris à Concarneau (Finistère). (V. GERVAIS, *loc. cit.*, et *Comp. rend. Acad. sc.*, 1876, t. LXXXII, p. 1237.)

MM. Barboza du Bocage et de Brito Capello nous apprennent que deux très-grands Pèlerins ont été pêchés sur les côtes du Portugal, l'un en 1840, l'autre en 1850; ce dernier mesurait 12 à 13 mètres. (V. *loc. cit.*)

Quelques-uns de ces animaux ont été capturés dans la Méditerranée; le Musée de Gênes possède un jeune sujet long de 2ᵐ,94, très-habilement préparé par le Dʳ Raffaello Gestro.

Couch, il est inutile de le rappeler, a eu l'idée de faire, avec des monstruosités de Pèlerin, un nouveau genre, le genre *Polyprosopus* qui comprend deux espèces. (COUCH, t. I, p. 67.)

Famille des Mustélidés, Mustelidæ.

Corps allongé; dos à peu près droit; ventre légèrement aplati; tronçon de la queue sans carène ni fossette, creusé d'un sillon entre l'anale et la caudale. Peau couverte de très-petites scutelles.

Tête de moyenne longueur, aplatie en dessus; museau avancé, arrondi sur les bords; bouche arquée, avec des plis latéraux bien marqués; cartilages labiaux développés; à l'angle de la bouche un petit lobe se détachant du cartilage labial supérieur; dents nombreuses, en petits pavés serrés, avec l'angle postérieur mousse ou légèrement pointu, disposées par rangées obliques.

Yeux pourvus d'une membrane nictitante, ovales, à diamètre longitudinal plus grand.

Narines sous le museau; valvule nasale triangulaire, s'insérant sur le bord antérieur de la narine.

Évents assez grands; un peu au-dessous, ou sur le niveau de la ligne prolongée, en arrière, du diamètre horizontal de l'œil.

Appareil branchial; fentes des ouïes assez petites, régulières, finissant, l'avant-dernière vers l'origine de la pectorale, la dernière au-dessus de la base de la nageoire.

Ligne latérale saillante.

Nageoires; première dorsale avancée, commençant sur ou peu après le premier tiers de la longueur totale, à base plus rapprochée des pectorales que des ventrales; seconde dorsale semblable à la première, seulement un peu moins grande, en avant et au-dessus de l'anale ; les dorsales sont presque triangulaires, à bord antérieur élevé, à bord postérieur plus ou moins échancré et formant avec le bord inférieur une pointe allongée ; anale à peu près semblable à la seconde dorsale, mais plus petite, finissant un peu plus en arrière ; caudale peu développée, ne faisant pas le cinquième de la longueur totale, à lobe inférieur très-court, peu saillant, lobe supérieur marqué d'une entaille sur son bord inférieur ; pectorales moins longues que la caudale, à bord postérieur très-peu ou pas échancré ; ventrales assez petites, commençant à peu près au milieu de l'espace qui sépare la base des pectorales de l'anale.

Intestin à valvule en spirale.

Un genre.

GENRE ÉMISSOLE — *MUSTELUS.*

Ce genre se compose de deux espèces qui ont été parfaitement reconnues par Aristote et Rondelet, puis confondues par les naturalistes postérieurs à l'ichthyologiste de Montpellier. Enfin l'étude de ces animaux, faite avec plus de soin, au commencement du siècle, par Risso, par Ét. Geoffroy Saint-Hilaire, et de nos jours par C. Bonaparte, par J. Müller, est venue dissiper toute apparence de doute, et montrer qu'il y a réellement, dans nos mers, des Émissoles qui présentent de notables différences, soit dans le développement de leurs pectorales, comme l'a signalé C. Bonaparte, soit dans la forme de leurs dents, comme l'ont indiqué Ét. Geoffroy Saint-Hilaire et J. Müller.

Mais à ces caractères purement physiques s'en ajoute un d'une bien plus grande importance, c'est la disposition physiologique qui se remarque dans le mode de reproduction de l'Émissole lisse si bien décrit par Aristote. (V. Notions générales, Conservation de l'espèce.)

Rondelet a non-seulement confirmé la découverte d'Aristote, mais encore il a donné une figure montrant le moyen d'union qui existe entre la mère et le petit ; il a aussi parfaitement indiqué la position de la première dorsale dans chaque espèce.

Le genre Émissole comprend deux espèces :

Dents { n'ayant pas de saillie pointue sur le côté externe: pectorales s'étendant jusqu'au dessous du quart ou du tiers antérieur de la 1re dorsale........... 1. É. COMMUNE.
portant une saillie pointue sur le côté externe: pectorales atteignant à peine au-dessous de l'origine de la 1re dorsale.................... 2. É. LISSE.

L'ÉMISSOLE COMMUNE — *MUSTELUS VULGARIS*, Müll. et Henl.

Syn. : GALEUS MUSTELUS, Nissole. Bel., p. 71-72.
DU CHIEN DE MER ESTELLÉ. Lentillat en Languedoc. Rondel., liv. XIII, c. III, p. 295.
SQUALE ÉMISSOLE, Squalus Mustelus. Riss., *Ichth.*, p. 33; Blainv., *Fn. franç.*, p. 81, pl. 20, fig. 1.
MUSTELUS STELLATUS, Émissole lentillat. Riss., *Hist. nat.*, p. 126.
? MUSTELUS PUNCTULATUS, Émissole pointillée. Riss., *Hist. nat.*, p. 128.
ÉMISSOLE TACHETÉE DE BLANC OU LENTILLAT. Cuv., *Reg. anim.*, p. 128, note.
SQUALE LENTILLAT, Squalus hinnulus. Blainv., *Fn. franç.*, p. 83, pl. 20, fig. 2.
THE SMOOTH HOUND. Yarr., t. II, p. 395; Couch. t. I, p. 57.
MUSTELUS VULGARIS. Müll. et Henl., *Plagiost.*, p. 64, excl. synon., pl. 27, anim., dents; A. Dumér., t. I, p. 400; Bocage et Capello, *Poiss. Plag.*, p. 16; Günth., t. VIII, p. 386.
MUSTELUS PLEBEIUS. CBp. *Cat.*, n° 77, *Fn. ital.*, fig.; Canestr., *Fn. Ital.*, p. 45.

N. Vulg. : Moutelle, Chien de mer, côtes de Normandie; Doucette, département des Landes; Lentillat, Missola, Nissola, Languedoc, Provence; Mustela de Mar, Roussillon.
Long. : 1,00 à 2,00.

Le corps est allongé, la longueur faisant dix fois à dix fois et demie la hauteur; il est comprimé en arrière. La peau est couverte de petits tubercules pointus.

La tête paraît un peu moins longue que dans l'Émissole lisse, sa longueur prise du bout du museau à la première fente branchiale est contenue sept fois à sept fois et un quart dans la longueur totale; le museau est un peu plus court que dans l'autre espèce. Les mâchoires sont garnies de petites dents, plus ou moins lisses. Les dents qui sont placées sur les côtés des mâchoires sont complétement lisses, elles sont un peu plus longues ou plus larges que celles qui se trouvent près des symphyses: ces dernières sont ordinairement carrées avec leur angle postérieur plus ou moins aigu, quand il n'est pas usé par le frottement,

elles sont plus pointues à la mâchoire supérieure qu'à la mandibule.

Les yeux sont grands, ovales ; le diamètre de l'œil varie un
peu avec l'âge ; dans les jeunes, il fait plus de la moitié de la
longueur de l'espace préorbitaire ; dans les grands, il en fait au
plus la moitié et parfois moins.

Les narines sont deux fois plus rapprochées de la bouche que
du bout du museau.

Les évents sont ovales, placés un peu au-dessous du prolongement du diamètre longitudinal de l'œil.

La première dorsale commence après le quart antérieur de la
longueur totale, plus près du bout du museau que de la seconde
dorsale, bien avant la fin des pectorales : elle est plus longue que
haute ; la longueur de sa base, mesurée sur plusieurs individus,
paraît toujours être contenue deux fois et demie à deux fois et
deux tiers dans la distance qui sépare l'origine de la nageoire
du bout du museau : la seconde dorsale commence un peu plus
près de l'origine de la première que de la fin de la caudale. L'a-
nale est opposée à la seconde dorsale, mais elle finit un peu
plus en arrière. La caudale fait le sixième de la longueur totale.
Les pectorales sont bien développées, à bord postérieur non
échancré, elles atteignent en arrière le niveau du quart et même
du tiers antérieur de la base de la première dorsale. Les ventrales commencent plus loin de l'origine de la première dorsale
que de la seconde.

La coloration est d'un gris brunâtre ou ardoisé sur le dos et
les flancs, gris blanchâtre sous le ventre, parfois d'un gris légèrement jaunâtre. Les parties supérieures du corps n'ont pas
toujours une teinte uniforme, elles portent même souvent plusieurs rangées de taches blanches lenticulaires ; sur les bords de
la Méditerranée, on donne le nom de *Lentillats* aux Émissoles
qui présentent ce système de coloration. Les fœtus, ou les très-
jeunes, sont généralement d'un gris jaune grisâtre très-pâle,
avec les nageoires d'un gris brunâtre.

Habitat. Cette espèce se trouve sur toutes nos côtes ; elle est très-commune dans la Manche, Boulogne, le Tréport, le Havre, Cherbourg ; elle paraît moins abondante dans l'Océan, Sables-d'Olonne, Arcachon, Saint-Jean de Luz. Méditerranée, assez commune, Roussillon : commune, Languedoc, Cette ; Provence, Marseille, etc., Nice, aux mois de janvier, mars, octobre, d'après Risso.

L'Émissole commune arrive à une grande taille ; j'ai vu l'un de ces animaux mesurant 2 mètres de longueur ; il fut apporté vivant dans le bassin du musée d'Arcachon.

Les fœtus n'ont pas de placenta, mais ils ont la *bursa entiana* bien développée. Ils sont plus ou moins nombreux. Il s'en trouve souvent une vingtaine dans une portée et même plus, jusqu'à cinquante-cinq à soixante d'après Risso ; suivant Yarrell, les petits naissent au mois de novembre, ils sont peu nombreux, il n'y en a peut-être pas plus d'une douzaine. (Yarr., t. II, p. 396.) Une fois je n'ai trouvé que six fœtus, trois dans chaque utérus, c'était vers la fin de novembre, et les petits n'avaient pas encore achevé leur développement ; l'œuf était assez volumineux.

L'ÉMISSOLE LISSE — *MUSTELUS LÆVIS*, Riss.

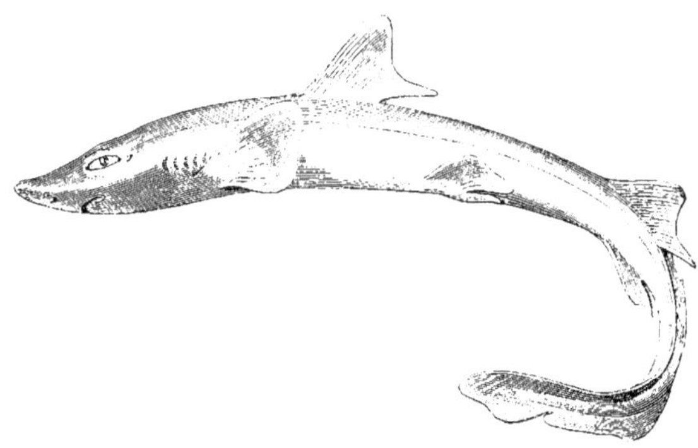

Fig. 43.

Syn. : Γαλεὸς λεῖος. Aristote, trad. Camus, liv. VI, c. x, p. 348.
DE L'ÉMISSOLE, Galeus lævis, Émissole en Languedoc. Rondel., liv. XIII, c. II, p. 293.
SQUALE GLABRE, Squalus lævis. Blainv., *Fn. franç.*, p. 84.

Mustelus lævis. Émissole lisse. Riss., *Hist. nat.*, p. 127.
Mustelus lævis. Müll. et Henle, *Plagiost.*, p. 190, pl. 27, fig. 2, anim., dents;
A. Dumér.. t. I, p. 404, pl. 3, fig. 4-6, dents; Capello, *Catal. peixes Portugal*, p. 11;
Günth.. t. VIII, p. 385 (excl. syn. part.).
Mustelus punctulatus. Müll. et Henle, *Plagiost.*, p. 66.
Mustelus equestris. CBp., *Cat*, n° 76, *Fn. ital.*, fig.; Canestr., *Fn. Ital.*, p. 49.

N. Vulg.: Missola, Cette; Pallouna, Nice.
Long.: 1,00 à 1,50.

Le corps est allongé, la longueur faisant à peu près dix fois la
hauteur; il présente la même forme que dans l'autre espèce. Il
est couvert d'une peau douce au toucher, d'où le nom de lisse,
qui a été donné à cette espèce.

La tête est un peu plus forte, un peu plus longue que dans l'É-
missole commune, sa longueur fait le septième et parfois le sixième
de la longueur totale. La bouche est arquée; les mâchoires sont
garnies de dents, placées par rangées obliques, comme dans
l'autre espèce, mais d'une forme différente, ainsi que le fait remarquer Ét. Geoffroy Saint-Hilaire : « L'Émissole de l'ichthyologie de Nice a les dents un peu plus aiguës que celles de l'É-
missole vulgaire. » (Note sur deux espèces d'Émissole, Ét. Geof.
Saint-Hilaire, *Annales du Muséum*, 1811, t. XVII, p. 160.)

J. Müller, plus tard, appela de nouveau l'attention sur le caractère de la dentition, qu'il est important d'étudier avec soin.
Il est nécessaire, pour bien voir ce caractère, d'examiner les
dents, qui sont rapprochées de la symphyse des mâchoires, et
naturellement celles qui n'ont pas été usées par le frottement.

Ces dents sont triangulaires, elles ont la pointe principale
tournée en arrière et faisant suite à une espèce de petite carène
médiane; sur le côté externe elles
portent une saillie pointue; chez les
jeunes, elles ont parfois encore une
pointe sur le côté interne. A la mâchoire supérieure, presque toutes les
dents sont pointues; mais à la mâ-
choire inférieure, elles sont obtuses vers l'angle de la bouche, elles
sont assez larges transversalement et étroites d'avant en arrière.

Fig. 44.

Dents très-grossies d'un jeune mâle.

L'œil est un peu moins développé que dans l'espèce commune ; son diamètre fait près du tiers de l'espace préorbitaire dans les grands, un peu moins de la moitié dans les jeunes.

Les évents sont en arrière de l'orbite, sur la ligne qui prolonge le diamètre horizontal de l'œil ; ils sont, par conséquent, ouverts un peu plus haut que dans l'Émissole commune.

La première dorsale est un peu plus reculée que dans l'autre espèce ; elle commence vers le milieu de la ligne allant du bout du museau à la seconde dorsale, et parfois même un peu en arrière, à la fin du tiers antérieur de la longueur totale ; il résulte de cette position que l'origine de sa base est à peine vis-à-vis de l'angle postérieur des pectorales. La seconde dorsale est plus rapprochée de la première que dans l'Émissole commune, elle commence à la fin du second tiers de la longueur totale. L'anale est plus reculée que dans l'autre espèce. La caudale fait le septième de la longueur totale. Les pectorales sont un peu moins longues que dans l'Émissole commune, elles ne dépassent pas ou dépassent à peine l'origine de la première dorsale ; leur bord postérieur est très-légèrement échancré. Les ventrales occupent entre la base des pectorales et l'anale la même position relative que dans l'autre espèce, mais elles sont plus rapprochées de la première dorsale ; elles commencent presque vers le niveau de la terminaison de l'angle postérieur de cette nageoire.

La coloration est très-variable. Cette Émissole « a la peau lisse, translucide et comme vernissée ; le dos est d'un gris olivâtre et le ventre blanc ; les flancs sont éclaircis par des lignes ou traits ondulés d'un jaune ocracé à reflets violets. » (Ét. Geof. Saint-Hilaire, *loc. cit.*) Parfois la teinte est d'un gris cannelle sur le dos.

Les jeunes ont quelquefois le bord supérieur de la deuxième dorsale et celui de la caudale teinté de noir.

Habitat : Méditerranée, cette espèce est assez commune, Nice, Cette ; Océan, golfe de Gascogne, très-rare, Arcachon, A. Lafont ; ne paraît pas se rencontrer au-dessus de la Gironde. A. Duméril, *loc. cit.*, p. 402, dit que l'Émissole lisse se trouve dans la Manche, je ne le pense pas ; quant à moi, je ne l'ai jamais vue dans ces parages, ce qui assurément n'est pas une raison suffisante pour juger la question d'une manière absolue ; mais les ichthyologistes anglais ne l'ont pas mentionnée dans leurs ouvrages, ils n'ont décrit et figuré que l'Émissole commune, à laquelle ils donnent, il est vrai, le nom de Smooth Hound, Chien lisse, *Mustelus lævis*, Fleming, etc.

Les fœtus sont pourvus d'un placenta et privés de la *bursa entiana* ; ils sont moins nombreux que dans l'Émissole commune.

Pour terminer l'histoire des Émissoles, il nous faut parler de

L'ÉMISSOLE POINTILLÉE — *MUSTELUS PUNCTULATUS*, Riss.

« La forme du corps de cette espèce est celle de l'Émissole lentillat... le dos et les côtés sont d'un gris sale, parsemés de grandes taches noires... La mâchoire inférieure a cinq rangs de dents en pavé ; celles de la supérieure sont un peu aiguës... Je n'ai pu encore reconnaître la femelle. Long. 0^m,640. » (Risso, *Hist. nat.*, p. 128.)

Cette Émissole est-elle, comme le pense Risso, une espèce nouvelle ? Ce n'est pas notre opinion. Le caractère de la dentition, semblable à celui que j'ai observé, sur des Émissoles communes de moyenne taille, me fait supposer que l'Émissole pointillée de Risso est une variété de l'Émissole commune et non de l'Émissole lisse, ainsi que le croient la plupart des auteurs.

Proportions. — Deux Émissoles, une Émissole commune et une Émissole lisse, ayant à peu près la même taille, donnent les proportions suivantes :

Longueur totale : Émissole commune 0,91 ; Émissole lisse 0,92.

Distance du bout du museau à : première fente branchiale (ou longueur de la tête) : Émissole commune 0,118 ; Émissole lisse 0,130 ; — première dorsale, Émissole commune 0,245 ; Émissole lisse 0,310 ; — deuxième dorsale, Émissole commune 0,570 ; Émissole lisse 0,600 ; — pectorale, Émissole commune 0,165 ; Émissole lisse 0,185 ; — ventrale, Émissole commune 0,430 ; Émissole lisse 0,465 ; — anale, Émissole commune 0,620 ; Émissole lisse 0,650.

Distance entre les dorsales : Émissole commune 0,230 ; Émissole lisse 0,200.

Famille des Galéidés, Galeidæ.

Corps allongé, fusiforme, couvert de petites scutelles.

Tête aplatie ; bouche arquée : dents pointues et dentelées, aplaties, semblables aux deux mâchoires.

Yeux à membrane nictitante.

Évents en arrière des yeux, de grandeur variable.

Nageoires ; première dorsale entre les pectorales et les ventrales : seconde dorsale opposée à l'anale ; caudale à lobe supérieur avec une entaille à son bord inférieur.

Cette famille comprend deux genres :

Genres.

Dents { excepté la dent médiane, dentelées sur le côté externe seulement........................... 1. Milandre.

{ dentelées sur les deux côtés.................. 2. Thalassine.

GENRE MILANDRE — *GALEUS*. Cuv.

Tête ; museau allongé, aplati en dessus ; bouche arquée ; cartilages labiaux assez développés : dents obliques, dentelées en dehors ou sur leur bord externe seulement, lisses sur leur bord interne : à chaque mâchoire, une dent médiane triangulaire à dentelures latérales.

Évents longitudinaux, assez grands.

Appareil branchial ; fentes des ouïes de moyenne grandeur.

Nageoires ; première dorsale commençant en arrière de la base des pectorales. Queue sans fossette ; une entaille sur le bord inférieur du grand lobe de la caudale.

Intestin à valvule en spirale.

LE MILANDRE — *GALEUS CANIS*, Rondel.

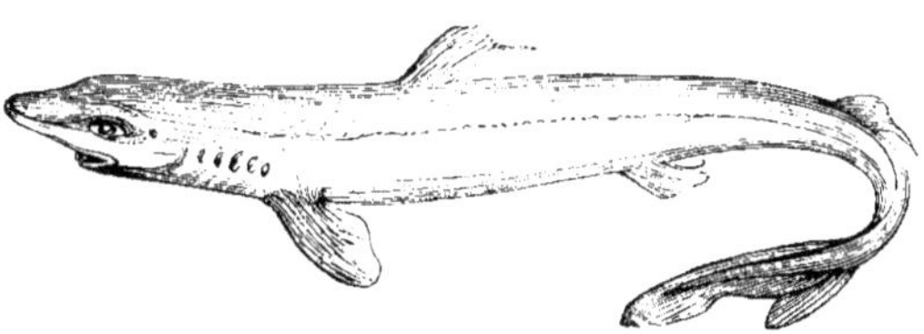

Fig. 45.

Syn. : Du Milandre, Galeus canis. Rondel., liv. XIII. c. iv, p. 295.
Canis galeus. Salvian., p. 130, 132, fig. 41.

MILANDRE. Duham., *Pêch.*, part. 2ᵉ, sect. 9, p. 299, pl. 20, fig. 1-2. (M. F.) ; et auteurs français.

SQUALUS GALEUS. Linn., p. 399, sp. 7 ; Bloch, pl. 118 ; Lacép., t. V, p. 387 ; Riss., *Ichth.*, p. 32 : Blainv., *Fn. franç.*, p. 85 : Cuv., *Règ. anim.*, p. 128.

CARCHARIAS GALEUS, Requin Milandre. Riss., *Hist. nat.*, p. 121.

THE COMMON TOPE. Yarr., t. II, p. 491.

TOPER. Couch, t. I, p. 45.

GALEUS CANIS. Müll. et Henl., *Plagiost.*, p. 64 ; A. Dumér., t. I, p. 390 ; Bocage et Capello, *Poiss. Plagiost.*, p. 18 ; Günth., t. VIII, p. 379 ; CBp., *Cat.*, nᵒ 74, *Fn. ital.*, fig. : Canestr., *Fn. Ital.*, p. 48.

N. Vulg. : Palloun, Nice ; Cagnot, Provence, Languedoc ; Canicule, Marseille ; Milandré, Tchi, Cette ; Touille, Arcachon ; Haut, Cherbourg ; Chien de mer, Calvados, Seine-Inférieure.

Long. : 1,00 à 1,50 et plus.

Le corps est fusiforme, allongé ; il est couvert d'une peau très-peu rugueuse, presque lisse.

La tête est assez longue, sa longueur fait à peu près le septième de la longueur totale. Le museau est allongé, aplati en dessus. La bouche est grande, arquée ; il y a un pli labial à chaque mâchoire. Les dents sont aplaties, triangulaires, obliques, à pointe rejetée en dehors ou plutôt en arrière vers l'angle de la bouche ; elles portent sur le côté externe, vers la base, trois à six dentelures plus ou moins marquées ; la dent médiane est droite, triangulaire, à longue pointe médiane et à une ou deux petites pointes de chaque côté de la base.

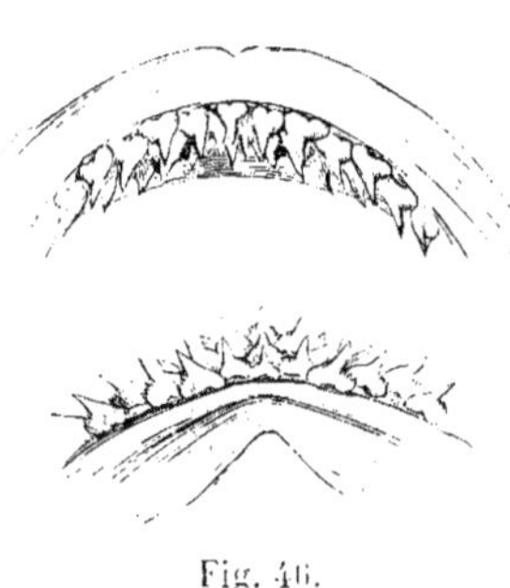

Fig. 46.

Les yeux sont ovales ; la pupille est en losange ; la membrane nictitante est bien développée.

Les narines sont plus rapprochées de la bouche que de l'extrémité du museau ; elles ont une valvule d'assez petite dimension.

Les évents sont assez grands, plus longs que larges ; ils sont placés en arrière des yeux, au-dessous du prolongement longitudinal de l'œil.

La ligne latérale est droite.

La première dorsale est assez basse, un peu plus près des pectorales que des ventrales ; la seconde dorsale est moitié moins grande que la première, elle est au-dessus et à peine en avant de l'anale. La caudale ne fait pas le quart de la longueur totale : le lobe inférieur commence un peu en avant du lobe supérieur dont il mesure près de la moitié de la longueur. Quant au lobe supérieur, il est terminé en pointe, il présente la disposition suivante : le bord postérieur est taillé obliquement, très-légèrement échancré, haut, sa hauteur est comprise deux fois et demie dans la longueur du bord supérieur ; le bord inférieur est marqué d'une entaille peu profonde.

La coloration est d'un gris ardoisé sur le dos, gris moins foncé sous le ventre.

Habitat. Le Milandre est commun sur toutes nos côtes.

Il a deux fois par an, dit Risso, trente ou quarante petits.

Sa chair, quoique de médiocre qualité, est préférée à celle de l'Emissole, au moins dans les départements qui avoisinent la Manche.

GENRE THALASSINE — *THALASSINUS*

Tête ; museau assez pointu ; dents larges à la mâchoire supérieure surtout, triangulaires, dentelées sur les deux côtés, sans talon.

Évents ovales, assez petits.

Nageoires ; première dorsale entre les pectorales et les ventrales ; seconde dorsale opposée à l'anale ; caudale très-longue, faisant à peu près le quart de la longueur totale ; pectorales falciformes.

Intestin à valvule enroulée sur elle-même.

LA THALASSINE DE RONDELET
THALASSINUS RONDELETII.

Syn. : SQUALE RONDELET, Squalus Rondeletii. Riss., *Ichth.*, p. 27.
CARCHARIAS RONDELETII, Requin de Rondelet. Riss., *Hist. nat.*, p. 120.
GALEUS THALASSINUS. Valenc. (Cuv., *Anat. comp.*, t. IV, p. 2, p. 165, note).
ALOPECULA THALASSINA. Valenc., manusc., fig. manq.
THALASSORHINUS VULPECULA. Müll. et Henl., *Plagiost.*, p. 62 ; A. Dumér., t. I, p. 396 ; Günth., t. VIII, p. 378 ; Canestr., *Fn. Ital.*, p. 48 ; CBp., *Cat.*, n° 72.

Ce Squale est à peine connu ; les descriptions qui en ont été faites par les auteurs, Valenciennes excepté, sont incomplètes et même inexactes. Grâce à l'extrême obligeance de M. Desnoyers, le savant bibliothécaire du Muséum, nous avons pu avoir communication du manuscrit de Valenciennes. Le digne collaborateur de Cuvier a laissé de la Thalassine une description que nous croyons utile de reproduire à peu près textuellement. Si pour nom de genre nous n'adoptons pas le mot *Alopecula*, c'est par crainte d'une confusion ; nous préférons le terme de *Thalassinus*, indiqué par l'éminent ichthyologiste comme dénomination de l'espèce ; puis, il ne faut pas l'oublier, il y a un droit de priorité incontestable, on doit conserver ou rendre à l'espèce le nom de *Rondelet*, que lui a donné Risso.

N. vulg. : Pei can, Nice ; Cagnot, Cette.

Long. : 2,111 (six pieds et demi, Valenc.).

Le corps est allongé, fusiforme ; la plus grande hauteur, au niveau de la première « dorsale, est huit fois et deux tiers dans la longueur totale, et la plus grande épaisseur près du ventre, derrière les pectorales, n'est guère plus grande que la hauteur. »

« L'anus est presque à la moitié de la longueur totale. »

« La tête est légèrement renflée à l'occiput, aplatie au bout du museau, sa longueur est six fois et demie dans celle du corps ; le museau est assez pointu. » « L'ouverture de la bouche est parabolique, elle commence sous l'aplomb du bord antérieur de l'œil, et l'angle de la commissure est à moitié de la distance entre l'œil et la première branchie. »

« Les dents de la mâchoire supérieure sont triangulaires, un peu courbes vers l'arrière, sans talon latéral ; les deux bords sont dentelés ; les dents de la mâchoire inférieure sont plus pointues, plus droites, plus étroites et plus finement dentelées. Il y a (vingt-six) 26 dents au rang externe de la mâchoire supérieure, composé de dents alternant en avant et en arrière. Les autres dents sont cachées et recouvertes par un épais bourrelet charnu attaché au palais. Il y a autant de dents à la mâchoire inférieure. »

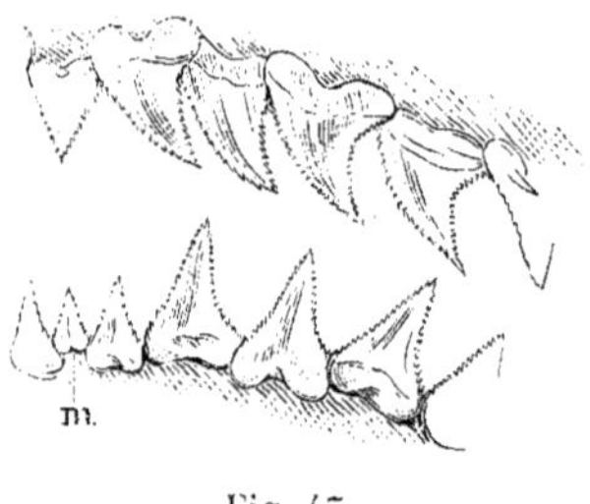

Fig. 47.

m, dent médiane.

La disposition et le nombre des dents indiqués par Valenciennes se retrouvent exactement, on peut dire, sur les mâchoires d'un Squale pêché à Cette. Toutefois, à la mâchoire inférieure, il y a une petite dent médiane, ce qui porte au nombre de vingt-sept les dents de la mandibule. La dent médiane ne se voit pas toujours distinctement, surtout chez les animaux frais, et même elle peut manquer chez certains sujets d'une espèce qui en est habituellement pourvue.

« Il y a un rang de très-gros pores, le long de la mâchoire supérieure, on peut en compter onze ; sous l'œil, il y en a une rangée de six ; dessous le museau, derrière la narine, il y en a un groupe considérable, réuni à celui du côté opposé par une double série qui passe au-dessus de la bouche ; du bout du museau, il en descend un autre groupe en bande allongée presque sur la hauteur de la narine. »

« L'œil est placé au milieu de la longueur de la tête, son diamètre n'a que le dixième de la longueur de la tête. Il y a une très-large paupière montant du bord inférieur de l'œil et pouvant presque le couvrir en entier ; elle est granuleuse comme la peau du corps. »

« La narine est percée sur le bord du museau à la moitié de la distance entre l'extrémité antérieure de la tête et le bord postérieur de l'œil ; la largeur de son ouverture n'égale pas tout à fait le diamètre de l'œil ; il y a un très-court lobule en dessous pour la fermer. »

« Derrière l'œil, à une distance égale à son diamètre, est un évent ovale, n'ayant d'ouverture longitudinale que le tiers du diamètre de l'œil. »

« Derrière la tête est un léger rétrécissement qui marque comme une sorte de cou. » La quatrième fente branchiale est vers l'angle antérieur de la pectorale, et la dernière est au-dessus de la nageoire.

« La première dorsale est attachée aux deux cinquièmes de la longueur totale, la longueur de sa base égale sa hauteur. Le bord supérieur est échancré et l'angle postérieur se prolonge en une pointe aiguë. La distance entre les deux dorsales égale le cinquième de la longueur totale. » La seconde dorsale fait un peu plus de « la moitié de la longueur de la première ; sa hauteur n'égale pas tout à fait la longueur de sa base ; l'angle postérieur se prolonge en une pointe beaucoup plus longue que celle de la première dorsale. L'anale répond à la seconde dorsale et a la même grandeur et la même forme. La caudale égale à peu près le quart de la longueur totale, le lobe supérieur est en faux, et aux deux tiers de sa longueur donne naissance à un petit lobule semblable au grand ; sa plus grande épaisseur a le quart de sa longueur. Le lobe inférieur de la queue est simple, triangulaire, sa hauteur fait plus que le tiers du grand lobe, son épaisseur surpasse un peu la moitié de la hauteur. » La pectorale « est attachée au cinquième antérieur du corps ; sa longueur égale cette même distance, et sa largeur est à peu près le tiers de sa longueur ; elle est coupée en faux. Les nageoires ventrales sont petites, triangulaires, sans angles prolongés. »

Le dos est bleu d'ardoise, le côté est d'un bleu cendré et le dessous est blanc. « Les deux dorsales, la caudale, le dessus de la pectorale sont de la couleur du dos, les ventrales et l'anale sont grisâtres en dessus, le dessous de la pectorale est blanc. »

« L'intestin proprement dit est gros, égal dans son étendue, très-court. A l'intérieur il porte une lame dont l'étendue est considérable et qui est roulée sur elle-même autour d'un gros bourrelet... qui va en s'amincissant vers l'anus. »

Habitat : Méditerranée, rare ; Nice, Cette, rare ; Océan, excessivement rare.

Famille des Zygénidés, Zygænidæ.

Les Marteaux ou Zygénidés ont été et sont encore désignés sous des noms différents. Pourquoi, au lieu d'adopter une synonymie nouvelle, qui ne présente aucun avantage, qui peut même induire en erreur, ne pas revenir à la dénomination la plus ancienne qui ne laisse aucun doute dans l'esprit du lecteur ?

Bélon, donnant la synonymie du poisson, dit, p. 60 : *Zygænam Græci, libellam Latini vocaverunt.* Rondelet (p. 304, décrit le Marteau, ou poisson Juif, Ζύγαινα « pour la figure d'une balance ou la figure d'un joug. » Gesner, Aldrovande, Jonston, Willughby, conservèrent le nom de Zygæna. Cette expression était en quelque sorte consacrée par le temps et par l'usage, quand J. T. Klein eut, en 1742, la malheureuse idée de vouloir la remplacer par le mot composé de Cestracion. Plus tard, Rafinesque, 1810, employa, pour désigner ces Squales, le terme de Sphyrna, σφύρα, Marteau, en 1816, de Blainville celui de Cestrorhinus. Cuvier, 1817, eut raison de conserver la dénomination primitive de Zygæna : il donna le nom de Cestracion à un poisson d'Australie, Cestracion Philippi.

Corps allongé, plus ou moins arrondi, légèrement conique.
Tête remarquable par les prolongements latéraux qui portent les yeux
Yeux à membrane nictitante, à l'extrémité des pédoncules latéraux.
Évents nuls.
Intestin à valvule enroulée suivant sa longueur.

GENRE MARTEAU — *ZYGÆNA*, Cuv.

Corps allongé, couvert de scutelles peu développées, à pointe peu saillante, presque mousse. Tronçon de la queue ayant, en dessus et en dessous, une fossette vers la base de la caudale. Anus ouvert à peu près au milieu de la longueur totale.

Tête aplatie, tronquée en avant, très-développée transversalement : pédoncule à bord postérieur très-mince, cutané ; museau tout à fait tronqué, bouche très-arquée ; dents semblables aux deux mâchoires, à pointe droite ou plus ou moins oblique, plus ou moins dirigée en dehors, avec un talon à la base du côté externe ; les dents ont souvent de très-fines dentelures sur les côtés et principalement sur le talon : dent médiane, droite et pointue.

Narines loin de la bouche, sous le bord antérieur des prolongements latéraux, leur ouverture se continuant de dehors en dedans par un sillon qui suit plus ou moins loin le profil antérieur de la tête ; valvule nasale petite, triangulaire.

Appareil branchial ; fentes des ouïes grandes, régulières.

Nageoires ; première dorsale grande ; entre les pectorales et les ventrales ; seconde dorsale et anale petites, à peu près semblables et opposées ; caudale très-longue, lobe supérieur très-développé avec une échancrure vers l'extrémité de son bord inférieur. Tronçon de la queue portant en dessus et en dessous une fossette vers la base de la caudale.

Ce genre est composé de deux espèces :

Tête
- trois fois aussi large que longue, peu arquée. 1. Marteau.
- deux fois à peu près aussi large que longue, très-convexe en avant.................. 2. Marteau maillet.

La mesure de la tête est évidemment prise sur les prolongements latéraux ; la distance qui sépare le bord postérieur du pédoncule de son bord antérieur ou convexe est la hauteur de la tête, d'après Valenciennes ; c'est la longueur, suivant A. Duméril et la plupart des autres naturalistes.

Peut-être serait-il plus simple de dire que l'espace interorbitaire est double ou triple de la base du pédoncule.

LE MARTEAU — *ZYGÆNA MALLEUS*, Valenc.

Syn. : Libella. Bel., p. 60-61.
De Marteau, ou poisson Juif. Rondel., liv. XIII, c. x, p. 304.
Squalus zygæna. Linn., p. 399, sp. 5 ; Bloch, pl. 117.
De Marteau. Duham., *Pêch.*, part. 2ᵉ, sect. 9, p. 303, pl. 21, fig. 3-8 ; il a reconnu les deux espèces.
Le Squale Marteau, Squalus zygæna. Lacép., t. VI, p. 16 ; Riss., *Ichth.*, p. 34.
Zygæna malleus. Marteau commun. Riss., *Hist. nat.*, p. 125 ; Valencien., Mém. Muséum, 1822, t. IX, p. 223, pl. 1, fig. 1 ; Agass., *Poiss. foss.*, t. III, p. 91, pl. E, fig. 7, dents ; Günth., t. VIII, p. 381.
Sphyrna zygæna. Rafin., *Ind.*, p. 46, nᵒ 349 ; Müll. et Henl., *Plagiost.*, p. 51 ; Bocage et Capello, p. 17 ; CBp., *Cat.*, nᵒ 67, *Fn. ital.*, fig. ; Canestr., *Fn. Ital.*, p. 47.
Cestracion zygæna. A. Dumér., p. 382.
The Hammer-headed Shark. Yarr., t. II, p. 486.
Hammer-head. Couch, t. I, p. 70.

N. Vulg. : Marteau, Marteu, Nice ; Peï lüna, Cette.
Long. : 2ᵐ,00 à 3ᵐ,00 et même plus, Risso.

Le corps est allongé, la longueur faisant neuf à dix fois la hauteur ; il est arrondi et légèrement conique en arrière.

La tête est excessivement large ; sa largeur fait trois fois sa longueur ou plutôt trois fois la largeur de la base du pédoncule, elle fait le quart et parfois même le tiers de la longueur totale, elle est égale, ou peu s'en faut, à la longueur de la caudale. Le bord antérieur est peu arqué, il est échancré en dessous vers l'ouverture des narines ; le pédoncule mesuré soit sur son bord externe ou oculaire, soit d'avant en arrière, au niveau de sa base, présente la même dimension, à peu près, sur les grands individus, il n'y a pas un dixième de différence ; le bord pos-

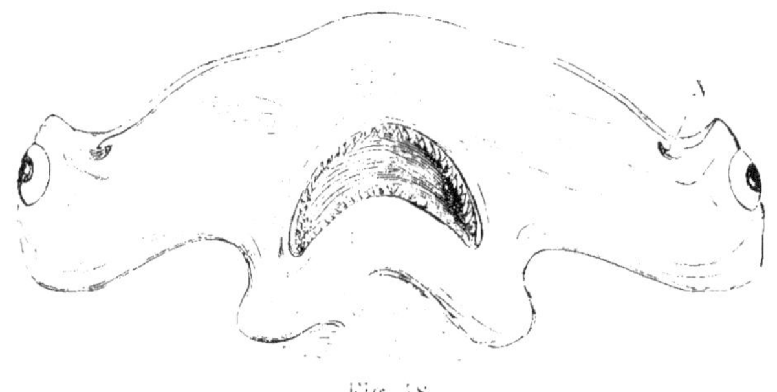

Fig. 18.

S. Varius.

térieur du pédoncule est très-mince, tranchant. Une ligne droite, menée suivant l'axe des yeux, passe un peu en avant de l'arc de la mâchoire supérieure.

La bouche est demi-circulaire. Les dents sont aplaties a leur face antérieure, un peu convexes à leur face postérieure, triangulaires ; la pointe est assez allongée et légèrement portée en dehors ou en arrière, le bord externe de la base se prolonge en talon le plus souvent denticulé ; la dent médiane à chaque mâchoire est beaucoup plus petite que les dents voisines. Les dents sont souvent finement denticulées sur les bords, sur le bord externe principalement ; parfois au milieu des dents à bords denti-

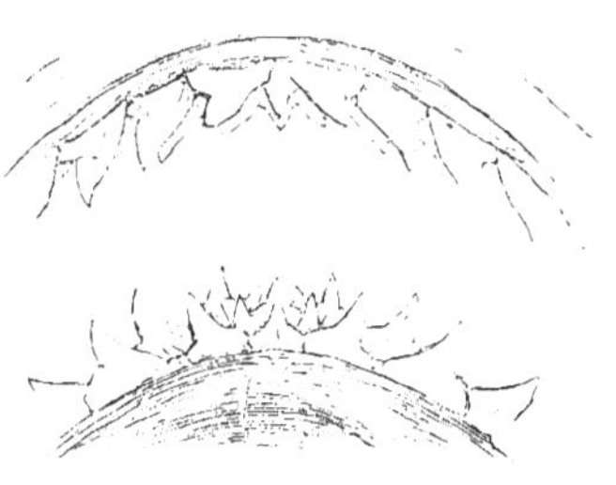

Fig. 49.

culés s'en montrent d'autres qui sont entièrement lisses ; et ces différences, comme le fait remarquer Agassiz, se rencontrent sur les dents d'une même mâchoire. A la commissure de la bouche existe un pli labial excessivement court.

L'œil est assez grand : son diamètre fait à peu près le quart de
la longueur du bord externe du pédoncule.

Les narines sont ouvertes sous le bord antérieur de la tête,
au niveau d'une échancrure qui se trouve près de l'angle antérieur et externe du pédoncule oculaire.

L'orifice nasal se continue, en dehors et surtout en dedans,
par un sillon creusé sur une partie du bord antérieur de la tête ;
il est relativement très-étroit, et peut être fermé, plus ou
moins complétement, par une valvule oblongue, qui se détache
du bord antérieur de la narine.

La première dorsale commence sur le tiers antérieur de la
longueur totale, elle est bien développée, plus haute que longue, à bord postérieur échancré, à bord inférieur prolongé en
pointe très-aiguë ; la seconde dorsale est petite, elle ne fait guère
que le quart de la hauteur de la première ; elle se termine en
pointe allongée ; elle a son origine au-dessus de la fin de l'insertion de l'anale, qui a la même forme ou qui est peut-être un
peu plus longue, avec le bord inférieur un peu plus échancré.
La caudale est très-développée ; le grand lobe porte une échancrure sur le bord inférieur près de son extrémité, il fait le triple
du petit lobe, le quart au moins de la longueur totale. Les pectorales commencent un peu avant le milieu de la ligne allant
du bout du museau aux ventrales ; elles sont triangulaires, à
bord postérieur légèrement échancré. Les ventrales sont petites,
elles commencent un peu après le milieu de la ligne menée de
l'origine de la pectorale à la base de la caudale.

. La coloration est brunâtre sur le dos, d'un gris blanchâtre
sous le ventre.

Habitat : le Marteau se trouve sur toutes nos côtes, mais il est toujours
plus ou moins rare ; Méditerranée, assez rare, Nice, Cette. Océan, excessivement rare, golfe de Gascogne, Bayonne, côtes de Poitou ; Manche, accidentellement, Pas-de-Calais, Boulogne (Bouchard-Chantereaux).

LE MARTEAU MAILLET — *ZYGÆNA TUDES*, Valenc

Syn. : Du Marteau. Duham., *Pêch.*, part 2, sect. 9, pl. 24, fig. 4-5-7.

Le Squale pantouflier, Squalus tiburo. Lacép., t. VI, p. 20 ; Riss., *Ichth.*, p. 35.

Zygæna tudes, Marteau pantouflier. Riss., *Hist. nat.*, p. 126.

Zygæna tudes, Marteau maillet. Valenc., Mém. Muséum, 1822, t. IX, p. 225, pl. 2, fig. 1 ; Cuv., *Règ. anim. ill.*, pl. 117, fig. 1 ; Agass., *Poiss. foss.*, t. III, p. 91, pl. E, fig. 8-8', dents ; Günth., t. VIII, p. 382.

Sphyrna tudes. Müll. et Henl., *Plagiost.*, p. 53 ? ; CBp., *Cat.*, n° 682 ; Canestr., *Fn. Ital.*, p. 47.

Cestracion tudes. A. Dumér., t. I, p. 384.

N. Vulg. : Scrosena, Nice.

Long. : 1m,50 et même 3m,00, Risso.

Le corps paraît un peu plus allongé que dans l'autre espèce, la longueur faisant onze à douze fois la hauteur.

La tête est beaucoup moins large que dans le Marteau, la largeur ne faisant que deux fois la longueur et souvent même un peu moins encore ; elle est près d'un tiers moins grande que la caudale ; le bord antérieur est très-arqué, onduleux, légèrement échancré sur son milieu et sinueux seulement au niveau des narines, il se réunit au bord externe en formant un angle obtus. Une ligne menée transversalement, suivant l'axe des yeux, passe bien en avant de la mâchoire supérieure, dont la symphyse est plus éloignée du bord antérieur que du bord postérieur du pédoncule. Les dents paraissent un peu moins développées que dans l'autre espèce ; elles sont moins longues et elles ont la base proportionnellement plus large ; leur pointe semble un peu plus inclinée en arrière, et le bord interne, plus oblique ; il y a probablement des différences suivant l'âge, car Valenciennes et Risso disent que les dents chez le Maillet sont plus étroites et plus droites que dans le Marteau. Voici du reste ce que j'ai constaté, sur un sujet long de 0m,70 : les dents, à la mâchoire supérieure, sont obliques, à longue pointe dirigée en dehors ou en arrière ; à la mâchoire inférieure, les dents antérieures sont à peu près droites, et les dents latérales ont leur pointe obliquement dirigée en dehors comme celle de la mâchoire supérieure.

Les yeux sont plus petits que dans l'autre espèce.

Les narines sont placées près des yeux, sous le bord antérieur du museau, qui est simplement onduleux, mais non échancré à ce niveau ; leur ouverture se continue en un sillon plus court que dans le Marteau.

La première dorsale est un peu moins développée, un peu plus reculée que dans le Marteau ; elle commence avec le second tiers de la longueur totale, à peu près sur le milieu de la ligne qui va du museau à la seconde dorsale, dont elle est plus rapprochée que dans l'autre espèce ; la seconde dorsale est tout à fait au-dessus de l'anale. La caudale est un peu moins longue que dans l'autre espèce, elle fait le quart de la longueur totale. Les pectorales sont un peu plus reculées que dans le Marteau, un peu plus rapprochées des ventrales.

La coloration est d'un gris plus ou moins foncé sur le dos, gris blanchâtre sous le ventre.

Habitat : Méditerranée, Nice, excessivement rare.

Famille des *Carcharidés*, *Carcharidæ*.

Corps allongé, couvert de petites scutelles à peu près mousses.
Tête plus ou moins aplatie ; bouche très-arquée ; dents de forme variable.
Yeux pourvus d'une membrane nictitante.
Évents nuls.
Appareil branchial ; fentes des branchies assez petites, régulières.
Nageoires ; première dorsale entre les pectorales et les ventrales.
Intestin à valvule médiane enroulée suivant sa longueur.

GENRE REQUIN — *CARCHARIAS*, Cuv.

Corps fusiforme ; tronçon de la queue avec une fossette en dessus et en dessous avant la caudale.
Tête légèrement aplatie en dessus ; museau court, arrondi, ou bien, allongé, conique ; bouche très-arquée, armée de dents plus ou moins aplaties et plus ou moins triangulaires, sans cône latéral, mais à bords généralement

dentelés chez les adultes : une dent médiane, au moins à la mâchoire inférieure.

Narines rapprochées du bord du museau, à valvule triangulaire.

Nageoires; seconde dorsale opposée à l'anale ; caudale à lobe supérieur
très-développé, beaucoup plus grand que le lobe inférieur; pectorales longues
et falciformes.

Ce genre comprend deux espèces :

Museau { long, conique. 1re dorsale reculée, plus près des ventrales que des pectorales.................. 1. Le Bleu.
court, arrondi. 1re dorsale avancée, plus près des pectorales que des ventrales.................. 2. Le Requin a museau obtus.

LE BLEU — *CARCHARIAS GLAUCUS.*

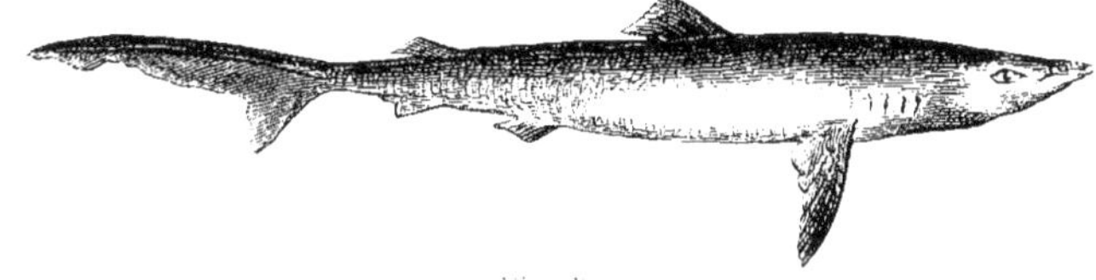

Fig. 50.

Syn. : Du Chien de mer bleu, Galeus glaucus. Rond., liv. XIII, c. v. p. 296.

Du Bleu, ou grand chien bleu, Galeus glaucus. Duham., *Pêch.*, p. 2, sect. 9, p. 298,
pl. 19, fig. 6.

Squalus Glaucus. Lin., p. 401, sp. 14 ; Bloch, pl. 86 ; CBp. *Cat.,* n° 70, *Fn. ital.*, fig.

Le Squale glauque, Squalus glaucus. Lacép., t. V, p. 366 ;? Riss., *Ichth.*, p. 26 ;
Blainv., *Fn. franç.*, p. 92.

Le Bleu. Squalus glaucus. Cuv., *Règ. anim.*, p. 126.

Squale bleu, Squalus cæruleus. Blainv., *Fn. franç.*, p. 90.

Carcharias glaucus. Agass., *Poiss. foss.*, t. III, pl. F. 1, 1ª, 1ᵇ, dents ; Müll. et Henl.,
Plagiost., p. 36, pl. 11, fig. anim., dents, adult., jeun. ; A. Dumér., t. I, p. 353 ; Günth.,
t. VIII, p. 364.

Prionodon glaucus. Bocage et Capello, *Poiss. Plagiost.*, p. 17 ; Canestr., *Fn. Ital.*,
p. 47.

The Blue Shark. Yarr., t. II, p. 482 ; Couch, t. I, p. 28.

N. Vulg. : Peau bleue. Requin bleu, côtes de l'Ouest; Tchi blu, Cagnot,
Cette; Cagnot blau, Languedoc; Verdoun, Nice.

Long. : 1m,50 à 2m,50 et plus.

Le corps est effilé, assez grêle, fusiforme; allongé, la lon-

gueur fait huit à neuf fois la hauteur. La peau est couverte de
très-petits tubercules.

La tête est aplatie en dessus ; elle est beaucoup plus longue
que la hauteur du corps. Le museau est très-allongé, il est
pointu, aplati en dessus, légèrement relevé en dessous d'arrière
en avant. La bouche est très-arquée, les lignes qui joignent les
commissures entre elles et la symphyse de la mâchoire supérieure forment un triangle équila-
téral, au moins dans les jeunes, le
pli de l'angle de la bouche n'est pas
long, mais il est bien marqué. Les
dents ont les bords finement dentelés. Suivant le prince de Canino, les
dents à la mâchoire supérieure sont,
en nombre pair, de vingt-huit à
trente : le fait n'est pas très-exact ;
sur les mâchoires que j'ai examinées,
j'ai toujours trouvé une dent médiane, cette dent est même ordi-

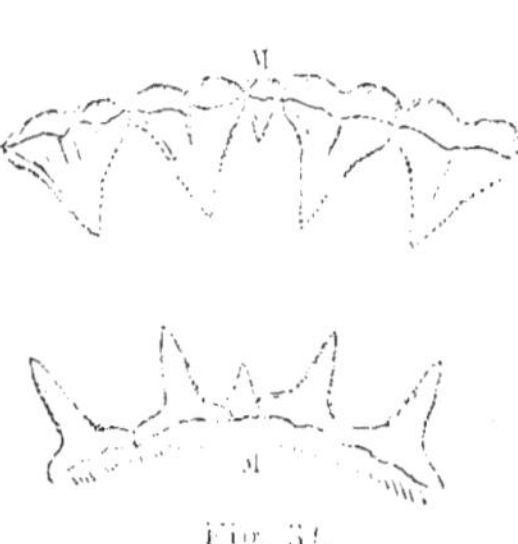

Fig. 54.

Dents antérieures (animal assez
jeune : M. dent médiane.

nairement plus développée que la dent médiane inférieure,
elle est triangulaire. Les dents de la mâchoire supérieure sont
larges, aplaties, triangulaires, mais elles ont la pointe rejetée
en dehors, le bord interne convexe et le bord externe concave ;
en raison de la direction de leurs bords elles ne forment donc
pas un triangle régulier. Les dentelures paraissent plus marquées sur le bord externe que sur l'autre. A la mandibule les
dents sont au nombre de vingt-neuf à trente et une, c'est du
moins ce que j'ai toujours constaté ; la dent médiane est peu
développée ; quant aux autres dents, elles sont plus étroites
et plus droites que celles de la mâchoire supérieure, elles semblent ainsi portées sur une plus large base. Elles sont toujours
dentelées sur les côtés chez les adultes ; elles ont les bords
tranchants, un peu rugueux, à peine dentelés chez les jeunes.

Les yeux sont de grandeur variable ; ils sont placés à peu
près au milieu de la ligne qui va du museau à la première fente

branchiale. Le diamètre de l'œil, chez les jeunes au moins, fait
le septième de la longueur de la tête, le tiers, ou peu s'en faut,
de l'espace préorbitaire, et la moitié de l'espace interorbitaire.

Fig. 52.

Dents latérales, grandeur naturelle animal mesurant 2^m,45 ; E. bord externe.

Les proportions ne restent pas toujours les mêmes ; chez les animaux de grande taille, le diamètre de l'œil ne mesure que le
dixième de la longueur de la tête.

A peu près au niveau des trois septièmes postérieurs de l'espace qui sépare la bouche du bout du museau, s'ouvrent les
narines, qui sont assez éloignées l'une de l'autre ; l'espace internasal fait les deux tiers de l'espace prénasal. Les narines ont
une valvule antérieure triangulaire, très-petite.

Les ouvertures branchiales sont assez petites ; la quatrième
fente est au-dessus du commencement de l'insertion de la pectorale.

La ligne latérale n'est pas nettement dessinée.

Chez le Bleu la première dorsale est reculée, elle est plus rapprochée des ventrales que des pectorales, la différence est surtout marquée dans les grands individus. Le milieu de la base de
la première dorsale est beaucoup plus loin du bout du museau
que de la racine de la caudale ; le bord postérieur de la nageoire
est très-échancré ; la seconde dorsale est opposée à l'anale, mais

elle est beaucoup plus rapprochée de la caudale que de la première dorsale. L'anale a le bord postérieur très-échancré. La caudale est très-développée, elle fait le quart, et parfois plus encore, de la longueur totale ; le lobe supérieur est au moins deux fois plus long que le lobe inférieur. Les pectorales sont falciformes, elles sont deux fois et demie à trois fois aussi longues que larges, elles font près du cinquième de la longueur totale. Les ventrales sont assez petites, quadrilatérales, elles ont le bord postérieur à peu près droit.

Le nom de ce Requin est tiré de son système de coloration ; le dos est bleu foncé ou ardoisé chez les grands individus, les côtés sont d'une teinte plus claire, et le ventre est blanchâtre ; j'ai vu des jeunes ayant le dos bleu clair, presque bleu de ciel ; le ventre d'un blanc très-brillant comme argenté.

Habitat : ce Squale se trouve sur toutes nos côtes. Manche, assez rare, côtes de Picardie et de Normandie ; plus commun, côtes de Bretagne. Océan, assez commun côtes de Bretagne, Audierne ; côtes du Poitou Aunis assez rare, la Rochelle, Musée Fleuriau ; golfe de Gascogne, assez rare Arcachon. Méditerranée, assez commun, Cette ; assez rare, Nice.

Proportions. — Bleu pris à Cette, 1877. Longueur totale 2^m,45.

Tête, longueur du bout du museau à la première fente branchiale 0^m,445 ; bouche, longueur 0^m,435, largeur 0^m,445 ; espace préoral 0^m,22 ; dents, longueur, V. figure 52 ; œil, diamètre longitudinal 0^m,043, vertical 0^m,037 ; espace préorbitaire 0^m,20 ; espace interorbitaire 0^m,16 ; narine, longueur 0^m,045 ; espace prénasal 0^m,128 ; espace internasal 0^m,092 ; distance entre la narine et l'œil 0^m,084, la bouche 0^m,10.

LE REQUIN A MUSEAU OBTUS
CARCHARIAS OBTUSIROSTRIS.

Syn. : Carcharias (Prionodon) lamia. Müll. et Henl., *Plagiost.*, p. 37, pl. 12, fig. anim., dents ; A. Dumér., t. I, p. 356 ; Günth., t. VIII, p. 372.
Prionodon lamia. Bocage et Capello, *Poiss. Plag.*, p. 18 ; Canestr., *Fn. Ital.*, p. 48.

Ce Requin, nous l'avons dit à propos du Carcharodonte lamie, n'est en aucune façon le *Carcharias lamia* de Risso, par conséquent il ne peut conserver le nom de *Lamia* sous lequel il a été décrit par Müller et Henle et la plupart des ichthyologistes. Pour ne pas multiplier les dénominations, toujours trop nom-

breuses, nous avions cru devoir l'appeler Requin à longue pectorale (*Eulamia longimana*, POEY). Mais Poey, après avoir
indiqué les caractères de l'*Eulamia longimana*, ajoute que ce
Requin forme une bonne espèce : c'est pour lui une espèce différente du *Carcharias lamia* de Müller et Henle, opinion, il est
vrai, que ne partage pas Günther. (V. F. POEY. *Repert. fisica-na-
tural de la isla de Cuba*, 1866-1868, t. II, p. 448.) En attendant,
à propos de l'espèce de Cuba, que la question soit complètement résolue, nous avons jugé convenable de donner, au moins
provisoirement, au Squale que nous allons décrire, le nom de
Requin à museau obtus.

N. Vulg. : Souras, Cette.
Long. : 2^m,00 à 4^m,00.

Le corps est fusiforme, assez épais. La peau est couverte de
petites scutelles fines et lisses.

La tête est large, aplatie en dessus : elle est revêtue d'une
peau très-rugueuse et percée de pores très-nombreux. Au niveau
du diamètre vertical de
l'œil, la hauteur de la tête
est égale à la longueur,
chez un jeune individu.
Le museau est court, large,
déprimé : la hauteur du
museau, au niveau des na-
rines, ne fait pas la moitié
de sa largeur, et le contour
est un peu moins arqué
que l'ouverture de la bouche, chez un jeune individu
frais ; la longueur du museau, prise à partir de la
symphyse de la mâchoire
supérieure, est moins gran-

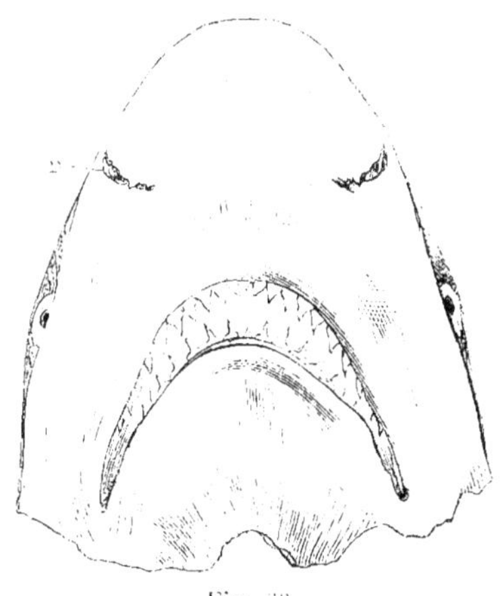

Fig. 53.

n, narine.

de que la largeur de la bouche. Dans le Requin de Milbert,

suivant. A. Duméril, la longueur du museau et la largeur de
la bouche sont égales.

Chez le Requin à museau obtus, la bouche est très-arquée,
plus large que longue. La mâchoire supérieure a douze ou quatorze dents latérales, plus une dent médiane. Ces dents sont
aplaties, triangulaires, dentelées sur leurs bords, à pointe légèrement inclinée en arrière, à bord interne presque droit ou à
peine convexe, plus oblique, et par conséquent plus long que le
bord externe, qui est légèrement concave ou échancré. La dent
médiane est petite, elle montre une pointe bien séparée et des

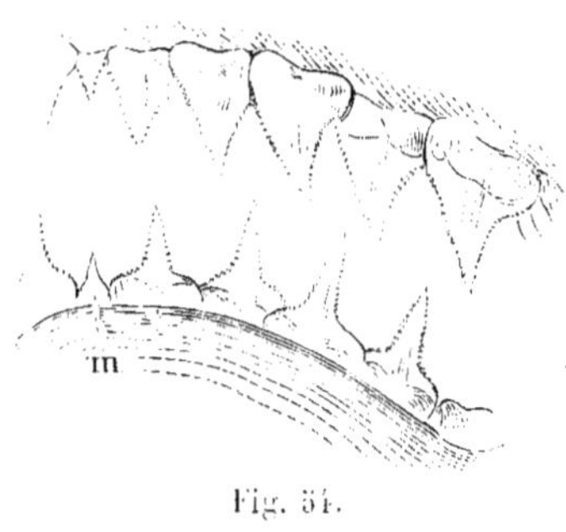

Fig. 54.

m. dent médiane.

dentelures sur les côtés. La
mâchoire inférieure a treize
ou quatorze dents latérales et
une dent médiane ; la dent
médiane a l'aspect d'un crochet pointu et ne paraît pas
dentelée sur les bords ; les
dents latérales sont pointues,
finement dentelées sur les
bords, elles sont beaucoup
plus étroites que celles de la
mâchoire supérieure, elles

sont, en quelque sorte subulées, avec une base d'implantation
assez large : il résulte de cette disposition que l'intervalle
qui sépare les dents, au lieu d'être triangulaire, a la forme
d'un U.

Les yeux sont assez grands ; l'iris est d'un jaune grisâtre ; la
membrane nictitante est bien développée, d'un blanc grisâtre.
Le diamètre de l'œil, sur un jeune individu, fait près du quart
de l'espace préorbitaire, qui est un peu moins grand que l'espace
interorbitaire.

Les narines sont larges, semi-lunaires, placées tout à fait en
dessous, un peu plus près de la bouche que du bout du museau ;
leur angle externe est près du bord du museau. La valvule antérieure est munie d'un petit appendice triangulaire. L'espace

prénasal, mesuré de l'angle interne de la narine au bout du museau, est plus court que l'espace internasal.

La première dorsale est avancée ; elle commence vers la fin de la base des pectorales. L'anale est au-dessous de la deuxième dorsale. La caudale fait à peu près le quart de la longueur totale ; le lobe supérieur est deux fois plus grand que le lobe inférieur. Les pectorales, bien développées, sont deux fois au moins aussi longues que larges. Les ventrales sont assez petites.

La coloration est d'un brun cendré sur le dos, blanchâtre en dessous.

Habitat : Méditerranée, assez commun, Cette ; plus rare, il me semble, à Nice. Océan ?
Je n'ai jamais vu ce Requin sur nos côtes de l'Ouest.

Nous ne voulons pas terminer l'histoire des Requins sans rappeler qu'une troisième espèce a été signalée dans les mers d'Europe, au moins dans la Méditerranée, c'est le Requin de Milbert (*Carcharias Milberti*, VALENCIENNES), le *Squalus plumbeus* (NARDO, CANESTR.). Ce Squale a été pris sur différents points des côtes d'Italie ; d'après Canestrini, il se trouve même dans le fond de l'Adriatique ; il porte, à Trieste, le nom vulgaire de *Cagnizza*.

SOUS-TRIBU DES NOTIDANIENS — *NOTIDANI*
ou SQUALES A UNE SEULE DORSALE.

Syn. : Squalus monopterhinus. Blainv., *Fn. franç.*, p. 77.

Colonne vertébrale non segmentée ; corde dorsale persistante, incomplétement divisée par des diaphragmes régulièrement espacés.
Yeux sans membrane nictitante.
Évents étroits.
Appareil branchial ; six à sept fentes branchiales.
Nageoires ; dorsale unique, en arrière des ventrales.

Une famille.

Famille des Notidanidés, Notidanidæ.

Corps allongé, plus ou moins fusiforme.

Tête aplatie ; museau relevé ; bouche arquée, avec un pli qui paraît continuer la lèvre supérieure en arrière ; dents fortes, dissemblables aux deux mâchoires ; à la mâchoire supérieure en avant, de chaque côté de la symphyse, un petit groupe de longues dents, à base assez large, à pointe unique tournée en arrière ou en dehors ; à la suite, dents latérales denticulées, ayant une longue pointe continuant leur côté interne et une ou deux dentelures externes plus petites ; à la mâchoire inférieure, une dent médiane à bord dentelé, dents latérales larges, à bord libre, hérissé de dentelures régulières qui vont en décroissant du bord interne au bord externe, à partir de la première ou de la seconde dentelure ou plutôt à partir de la grande dentelure.

Yeux sans membrane nictitante.

Appareil branchial ; fentes des branchies au nombre de six ou sept, en avant de la pectorale, diminuant de longueur, d'une façon assez régulière, à partir de la première.

Ligne latérale bien dessinée.

Nageoires ; dorsale unique, très-reculée, en arrière des ventrales ; caudale très-longue, à lobe supérieur coupé carrément et échancré vers son quart supérieur ; pectorales de grandeur moyenne.

Cette famille comprend deux genres :

Fentes branchiales au nombre de $\Big\{$ six..................... 1. HEXANCHE.
sept.................. 2. HEPTANCHE.

GENRE HEXANCHE — *HEXANCHUS*, Rafin.

Appareil branchial ; six fentes branchiales.

LE GRISET ou HEXANCHE — *HEXANCHUS GRISEUS*, Raf.

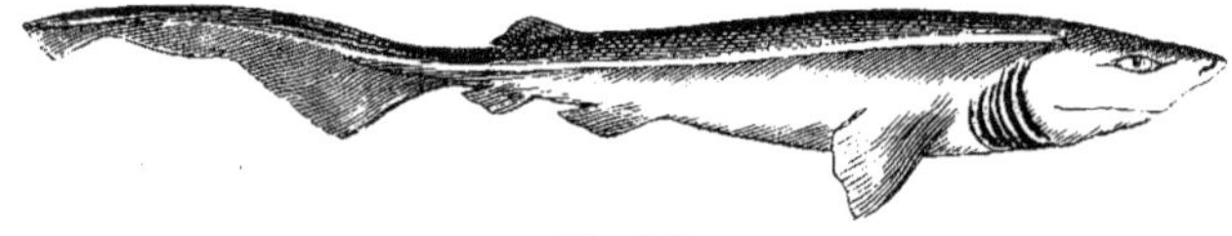

Fig. 55.

Syn. : LE GRISET. Broussonet, *Mém. Acad. sc.*, 1780, p. 663.
SQUALE GRISET, Squalus griseus. Lacép., t. VI, p. 29 ; Risso, *Ichth.*, p. 37 ; Cuv., *Règ. an.* p. 128, *Rég. an. ill.*, p. 364 ; Blainv., *Fn. franç.*, p. 77.

Notidanus monge, Griset monge. Riss., *Hist. nat.*, p. 129.

Hexanchus griseus. Raûn., *Ind. itt. sic.*, p. 47, n° 351, *Cavall.*, p. 14 ; Müll. et Henl. *Plag.*, p. 80 ; A. Dumér., t. I, p. 431, pl. 4, fig. 9-12, dents.

Notidanus griseus, CBp., *Cat.*, n° 58, *Fn. it.*, fig. ; Agass., *Poiss. foss.*, t. III, p. 218, pl. E, fig. 2-4, dents ; Günth., t. VIII, p. 397 ; Canestr., *Fn. Ital.*, p. 42 ; Bocag. et Capel., *Poiss. Plag.*, p. 15.

The Gray Notidanus. Yarr., t. II, p. 515.

Six-gilled Shark, Grey Shark. Couch. t. I, p. 21.

N. vulg. : Mounge, Nice ; Bouca douça, Cette ; ?Arbano, Duham., *Péch.*, part. 2ᵉ, sect. 9, p. 329, Landes, Basses-Pyrénées.

Long. : 2ᵐ,00 à 3ᵐ,00 et même 4ᵐ,00.

Le corps est fusiforme, allongé, la longueur fait environ huit fois la hauteur. La peau est couverte d'un chagrin très-serré, assez fin.

La tête est large, aplatie ; le museau est court, à bord arrondi. La bouche est grande, arquée, beaucoup plus large que longue ; le pli labial supérieur est très-développé, il se prolonge en arrière jusqu'au niveau de l'évent ; il est attaché au pli labial inférieur qui lui forme une espèce de frein. Les dents sont dissemblables aux deux mâchoires ; à la mâchoire supérieure, il n'y a pas de dent médiane, et les deux premières dents latérales sont assez étroites, à une seule pointe ; les dents suivantes ont leur base

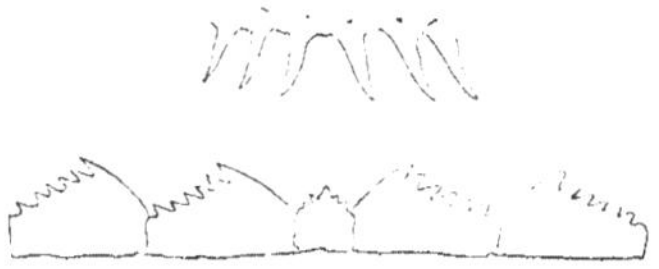

Fig. 56.

plus large et les troisième, quatrième, cinquième et sixième, outre leur pointe terminale, ont une ou deux pointes sur leur bord postérieur ; ces pointes deviennent plus nombreuses sur les dents postérieures, excepté sur les dernières qui forment des espèces de petits pavés. La mâchoire inférieure porte une dent médiane assez large, moins développée, moins haute que les dents voisines, dentelée sur les bords latéraux et plus ou moins tranchante sur le bord supérieur, qui est concave chez les jeunes, et plus ou moins convexe chez les adultes ; les dents latérales sont larges, à bord libre, taillé obliquement d'avant

22

en arrière et dentelé comme une scie ; la première dentelure,
ou dentelure interne, est un peu plus longue que la suivante et
ainsi de suite ; le nombre des dentelures varie avec l'âge, chez
les jeunes on en compte cinq à peu près, et jusqu'à huit à dix
chez les adultes.

Les yeux sont grands ; l'iris est d'un gris argenté. Le diamètre
de l'œil est compris environ trois fois et demie dans la longueur
de la tête ; il fait les deux tiers de l'espace préorbitaire, et la
moitié de l'espace interorbitaire. J'ai trouvé du moins ces proportions sur deux jeunes sujets.

Les narines sont placées près du bord du museau ; elles ont
leur angle interne fermé par une double valvule, l'une antérieure, l'autre postérieure.

Les évents sont à peu près à égale distance de l'orbite et de la
première ouverture branchiale. L'évent est une fente étroite
dirigée de dedans en dehors, mesurant, chez les jeunes individus, le cinquième du diamètre de l'œil ; son bord antérieur
fait en quelque sorte office de valvule, et cache à peu près complétement l'orifice.

Les fentes des ouïes sont rapprochées ; elles sont grandes ;
elles diminuent de longueur d'avant en arrière.

La ligne latérale est bien marquée.

La dorsale est très-reculée ; elle commence un peu en arrière
de l'insertion des ventrales, et finit au-dessus de l'anale, un peu
plus en arrière chez la femelle que chez le mâle ; sa base est
d'un quart environ plus grande que sa hauteur ; son bord postérieur est légèrement échancré. L'anale est un peu moins
développée que la dorsale ; elle est rapprochée de la caudale,
dont elle n'est séparée que par une distance à peine égale à la
longueur de sa base. La caudale est très-développée, elle fait le
tiers, et parfois plus, de la longueur totale ; le grand lobe est
marqué d'une échancrure au bord inférieur près de son extrémité, il porte sur le bord supérieur trois rangées de tubercules
qui commencent après les deux premiers cinquièmes de la
longueur de la nageoire, et finissent un peu avant l'extrémité

de la queue. Les pectorales sont en forme de trapèze. Les ventrales sont un peu plus longues et plus étroites chez les mâles que chez les femelles ; elles sont, chez les femelles, réunies, après l'anus, dans une partie de leur longueur.

La coloration est d'un brun ou d'un gris rougeâtre sur le dos, grisâtre sur les flancs, avec une bande longitudinale blanchâtre allant jusque sur la caudale.

Habitat : Méditerranée, assez commun, Nice ; assez rare, Cette.
Océan, très-rare, golfe de Gascogne, Bayonne, Arcachon ; Charente-Inférieure, la Rochelle, île de Ré. Manche ? (Lennier).

Ce poisson est très-vorace ; il devient très-grand, atteint, d'après Risso, un poids de quatre-vingts myriagrammes. La femelle « met bas des petits vivants plusieurs fois dans l'année. » (Risso, *Hist. nat.*, p. 130.) « La chair a peu de saveur, mais ses intestins sont délicats, selon les pêcheurs. » (Risso, *loc. cit.*, p. 131.) A Cette, la chair de ce poisson est rejetée de l'alimentation ; elle est, d'après certaines personnes, un purgatif très-énergique.

GENRE HEPTANCHE — *HEPTANCHUS*, Müll. et Henl.

Appareil branchial ; fentes des ouïes au nombre de sept.

LE PERLON — *HEPTANCHUS CINEREUS*, Müll. et Henl.

Syn. : CHIEN DE MER PERLON. Brousson., *Mém. Acad. sc.*, 1780, p. 668.
LE SQUALE PERLON, Squalus cinereus. Lacép., t. V, p. 372 ; Riss., *Ichth.*, p. 24 ; Blainv., *Fn. franç.*, p. 80 ; Cuv., *Règ. an. ill.*, p. 364.
HEPTRANCHIAS CINEREUS. Rafin., *Ind. ittiol. sicil.*, p. 45, n° 327, *Caratt.*, p. 13 ; CBp., *Cat.*, n° 59.
HEPTANCHUS CINEREUS, Müll. et Henl., *Plagiost.*, p. 81, pl. 35 ; A. Dumér., t. I, p. 432, atlas, pl. 4, fig. 1-4, dents ; Canestr., *Fn. Ital.*, p. 43.
NOTIDANUS CINEREUS. CBp., *Fn. it.*, fig. ; Günth., t. VIII, p. 398.

N. vulg. : Mounge gris, Nice.
Long. : 2,00 à 3,00 et plus.

Le corps est allongé ; il est couvert de scutelles carénées très-rudes.

La tête est aplatie, elle est moins large que dans le Griset ; le

museau est pointu. La bouche est arquée et aussi longue que
large ; les mâchoires sont armées de dents très-dissemblables, à
pointes aiguës. La mâchoire supérieure a les dents en crochets.

Fig. 57.

La mâchoire inférieure porte
une dent médiane à pointe verticale, beaucoup plus forte et
plus longue que les autres; les
dents latérales ont la deuxième
dentelure plus développée que
les suivantes, et surtout que la
dentelure ou les dentelures internes qui forment une espèce de
petit talon simple, double ou triple.

Les yeux sont très-grands ; le diamètre de l'œil fait à peu près
les trois cinquièmes de l'espace préorbitaire, les deux tiers de
l'espace interorbitaire.

Les narines sont plus rapprochées du bout du museau que de
la bouche.

L'anale commence sous le quart postérieur de la dorsale, plus
loin de la caudale que dans le Griset ; la caudale ne fait pas le
tiers de la longueur totale.

La coloration est grisâtre sur le dos, blanchâtre sous le ventre.

Habitat : Méditerranée, très-rare, Nice, Cette : Océan, golfe de Gascogne,
Bayonne, Cl. Darracq. M. de Brito Capello cite l'Heptanche dans son Catalogue des Poissons du Portugal.

TRIBU DES SQUALES ANHYPOPTÉRIENS — *SQUALI ANHYPOPTERII* ou SQUALES MANQUANT D'ANALE.

Corps de forme variable.
Yeux sans membrane nictitante.
Évents ne manquant jamais; plus ou moins larges, parfois petits
comme dans le Bouclé.
Appareil branchial; fentes des branchies au nombre de cinq et toutes
placées en avant des pectorales.
Nageoires ; deux dorsales, pas d'anale.

Cette tribu comprend trois familles :

Aiguillon à chaque dorsale — plus ou moins développé............ 1. SPINACIDÉS.
Nul. — 1re dorsale — en avant ou au-dessus des ventrales.............. 2. SCYMNIDES.
en arrière des ventrales... 3. SQUATINIDÉS.

Famille des Spinacidés, *Spinacidæ*.

Les Spinacidés sont ainsi nommés à cause de l'aiguillon ou de l'épine dont chacune de leurs dorsales est munie.

Corps plus ou moins allongé.

Tête ; bouche légèrement arquée, avec une entaille de chaque côté ; dents tantôt tranchantes, tantôt pointues à la mâchoire supérieure, tranchantes à la mâchoire inférieure.

Yeux sans membrane nictitante.

Évents de grandeur variable.

Appareil branchial ; fentes des branchies de dimension médiocre, plutôt petites.

Nageoires ; une épine à chaque dorsale ; première dorsale avancée, plus près des pectorales que des ventrales ; pas d'anale.

Cette famille se divise en quatre genres :

2e dorsale — non opposée à la base des ventrales. Dents semblables aux deux mâchoires, tranchantes................... 1. AIGUILLAT.
dissemblables ; à la mâchoire supérieure, dents à plusieurs pointes, pointe du milieu plus longue............ 2. SAGRE.
triangulaires, à une seule pointe .... 3. CENTROPHORE.
opposée à la base des ventrales. Dents dissemblables aux mâchoires................... 4. CENTRINE.

GENRE AIGUILLAT OU ACANTHIAS — *ACANTHIAS*, Bp.

Corps allongé ; couvert de scutelles tridentées, à carène médiane plus ou moins prononcée, généralement plus pointue que les divisions latérales.

Tête aplatie ; bouche peu arquée, avec une entaille de chaque côté ; dents semblables aux deux mâchoires, à bord libre droit ou peu oblique et tranchant, à pointe rejetée en dehors ; pas de dent médiane.

Appareil branchial; fentes des ouïes de moyenne grandeur, régulières ; la dernière fente en avant de la racine de la pectorale.

Ligne latérale bien marquée.

Nageoires ; première dorsale entre les pectorales et les ventrales ; seconde dorsale en arrière des ventrales. Aiguillon des dorsales plus ou moins développé suivant les espèces, à base cachée dans la peau de la nageoire.

Ce genre compte trois espèces :

Aiguillon des dorsales
- sans sillon latéral ; anus placé sous — la deuxième moitié de la longueur totale ; aiguillon de la 2ᵉ dorsale, moins haut que la nageoire.... 1. A. COMMUN.
- le milieu de la longueur totale ; aiguillon de la 2ᵉ dorsale, aussi haut ou plus haut que la nageoire... 2. A. BLAINVILLE.
- avec un sillon de chaque côté ; bouche à muqueuse noire...................... 3. A. CYAT.

L'AIGUILLAT OU ACANTHIAS COMMUN
ACANTHIAS VULGARIS, Riss.

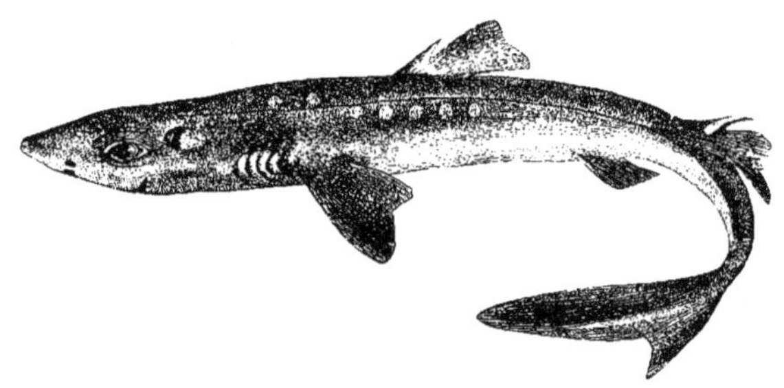

Fig. 58.

Syn. : MUSTELUS SPINAX, Bel., p. 69-70.

DE L'AIGUILLAT. Rondel., liv. XIII, c. I, p. 292.

SQUALUS ACANTHIAS. Linn., p. 397, sp. 1 ; Bloch, pl. 85.

SPINAX AIGUILLAT. Duham., *Pêch.*, p. 2, sect. 9, p. 299, pl. 20, fig. 5-6.

LE SQUALE AIGUILLAT, Squalus acanthias. Lacép., t. VI, p. 30 ; Riss., *Ichth.*, p. 40 ; Blainv., *Fn. franç.*, p. 57.

ACANTHIAS VULGARIS, Aiguillat commun. Riss., *Hist. nat.*, p. 131 ; Müll. et Henl., *Plagiost.*. p. 83 ; CBp., *Cat.*, nᵒ 47, *Fn. ital.*, fig.: A. Dumér., t. I, p. 437 ; Günth., t. VIII, p. 418, Bocage et Capello, *Poiss. Plagiost.*, p. 21 ; Canestr., *Fn. Ital.*, p. 39.

The PICKED DOG-FISH. Yarr., t. II, p. 518.

PICKED DOG. Couch, t. I, p. 49.

N. vulg. : Agugliat, Nice ; Aguïat, Cette ; Bilan, Bayonne ; Chien Broquu ;
Épinette , à l'entrée de la Loire, d'après Duhamel ; Chien de mer ; Chien de
mer épineux.

Long. : 0ᵐ,50, à 0ᵐ,70 et plus.

Le corps est allongé, la longueur faisant neuf à dix fois
la hauteur ; il est légèrement triangulaire en avant, le dos
est assez étroit et le ventre est large. Le tronçon de la queue
est à peu près arrondi, légèrement conique ; il porte deux
sillons longitudinaux, le sillon supérieur est peu marqué,
le sillon inférieur, qui part des ventrales, l'est beaucoup
plus, il est assez profond, surtout en approchant de la caudale. La peau est couverte de scutelles à pointe plus ou moins
acérée. L'anus est placé un peu après le milieu de la longueur
totale.

La tête est assez longue, sa longueur est contenue environ six
fois dans la longueur totale ; elle est aplatie en dessus, plus
large que haute ; le museau est avancé, allongé, triangulaire,
un peu arrondi à son extrémité. La bouche est peu arquée,
pour ainsi dire transversale ; les plis labiaux sont développés,
le pli supérieur est le plus long.

Les dents, qui sont semblables aux deux mâchoires, forment
une espèce de ligne droite ; elles sont tranchantes avec l'angle
externe saillant, très-pointu, dirigé en dehors.

Les yeux sont très-grands ; le fond de l'œil est d'une teinte verdâtre ; l'iris est blanc argenté. Le diamètre de l'œil est compris
trois fois et demie dans la longueur de la tête, il fait près des
deux tiers de l'espace préorbitaire qui est égal à l'espace interorbitaire. L'angle postérieur des paupières se prolonge en un
sillon qui remonte plus ou moins vers l'évent.

Les narines sont placées en dessus, assez près du bord externe
du museau, mais assez loin de sa pointe, un peu avant le milieu
de la ligne allant du bout du museau à la bouche ; la ligne inter-
nasale ou la ligne qui va d'une narine à l'autre est un peu plus
courte que la ligne naso-rostrale ou prénasale. La longueur de
la narine fait à peu près le tiers de l'espace naso-rostral. La

valvule antérieure est triangulaire, la valvule postérieure a la pointe de l'angle coupée.

Les évents sont demi-circulaires, assez grands ; ils sont placés en arrière de l'œil, à une distance égale à leur largeur, au-dessus du diamètre longitudinal de l'œil. Le diamètre de l'évent fait le quart de la longueur de celui de l'œil.

Les aiguillons des dorsales n'ont pas de sillon latéral ; la première dorsale commence généralement au niveau du bord postérieur de la pectorale, après la fin du tiers antérieur de la longueur totale ; elle est plus longue et plus haute que l'autre dorsale ; son aiguillon est assez court, il est d'un tiers moins haut que la membrane de la nageoire ; le bord postérieur de la nageoire est échancré. La seconde dorsale est éloignée de la première ; elle commence au niveau de la fin des ventrales, ou même un peu après ; son insertion se termine ordinairement en arrière sur le milieu d'une ligne allant de la pointe de la caudale à l'aiguillon de la première dorsale, c'est la disposition que j'ai toujours trouvée, sur des individus de moyenne taille ; son aiguillon est un peu plus allongé que celui de l'autre nageoire. La caudale n'a pas d'échancrure au bord inférieur de son grand lobe ; elle est bien développée ; sa longueur est comprise à peu près quatre fois et demie dans la longueur totale, et sa largeur fait plus du tiers de sa longueur. Les pectorales sont larges ; elles commencent sur le quart antérieur de la longueur totale. Les ventrales sont triangulaires, deux fois plus longues que larges ; elles sont insérées un peu en arrière du milieu de la longueur totale ; elles sont généralement un peu plus rapprochées de la base de la caudale que de l'ouverture de la dernière branchie.

La coloration est d'un gris brunâtre ou ardoisé sur le dos et les côtés, blanchâtre en dessous ; le corps est souvent marqué de taches blanchâtres lenticulaires. Chez les jeunes individus, les taches sont d'un blanc de lait qui contraste, d'une façon agréable à l'œil, avec le ton chatoyant du dos et des flancs.

Habitat : L'Aiguillat est très-commun sur toutes nos côtes.

Il a des œufs peu nombreux, mais volumineux ; ces œufs sont
mangés à Nice, d'après Risso. Il y a généralement quatre petits
à chaque portée.

L'AIGUILLAT DE BLAINVILLE — *ACANTHIAS BLAINVILLE*. Riss.

Syn. : Acanthias Blainville, Acanthias de Blainville. Riss., *Hist. nat.*, p. 133,
fig. 6.

Spinax Blainvillei. Agass., *Poiss. foss.*, t. III, p. 62, 93, pl. B, fig. 1. anim ; 2. ép.,
6, mâch.

Acanthias Blainville. Müll. et Henl., *Plagiost.*, p. 84 ; A. Dumér., t. I, p. 438 ;
Bocage et Capello, *Poiss. Plagiost.*, p. 21, pl. 3, fig. 2. e. scutelles : Günth., t. VIII.
p. 419 ; Canestr., *Fn. Ital.*, p. 39.

Acanthias Blainville. CBp., *Cat.*, n° 48. Spinax Blainvillii, *Fn. ital.*, fig.

N. vulg. : Aguïat, Cette ; Mangin, Nice, « à cause qu'il dégarnit avec
adresse l'hameçon qu'on lui jette pour le prendre. » (Risso.)

Long. : 0^m,50 à 0^m,60 et même 0^m,70.

Le corps est allongé, un peu plus épais cependant que dans
l'Acanthias commun. la longueur fait huit fois et demie la hauteur. Le tronçon de la queue est creusé d'un sillon en dessus et
en dessous. L'anus est ouvert au milieu de la longueur totale.

La tête est longue, large, aplatie en dessus ; le museau est
large, aplati, un peu pointu en avant, mais plus fort que dans
l'Aiguillat commun ; la bouche est peu arquee, large ; les dents
sont semblables aux deux mâchoires.

Les yeux sont grands ; l'iris est verdâtre, d'après Risso, mais
il paraît d'un blanc grisâtre sur l'animal conservé. Le diamètre
de l'œil fait plus du quart de la longueur de la tête ; il mesure les
deux tiers de l'espace préorbitaire, qui est à peu près égal à l'espace interorbitaire.

L'angle postérieur des paupières se continue en un sillon très-
marqué, qui se dirige vers l'évent.

Les narines sont plus près du bout du museau que de la
bouche ; l'espace prénasal est égal à l'espace internasal ou à
peine plus petit.

Les évents sont grands, semi-lunaires; ils sont placés en arrière de l'orbite, un peu au-dessus du prolongement du diamètre longitudinal de l'œil.

La première dorsale est grande, elle commence à peu près au dessus du milieu du bord interne de la pectorale, elle est plus avancée que dans l'Aiguillat commun ; la seconde dorsale est plus rapprochée de la première que de la pointe de la caudale, elle a le bord postérieur très-échancré ; l'aiguillon est allongé, il arrive a peu près au niveau de l'angle antérieur et supérieur de la nageoire, parfois même le dépasse. En général, les aiguillons des dorsales paraissent plus allongés que dans l'Aiguillat commun. La caudale est bien développée, elle est longue et large ; le lobe supérieur est légèrement arrondi, sans échancrure à son bord inférieur. Les pectorales sont grandes. Les ventrales, plus avancées que dans l'Aiguillat commun, commencent un peu en arrière de la première dorsale ; elles sont plus près de la dernière fente branchiale que de l'insertion de la caudale.

La coloration est d'un gris ardoisé sur le dos, blanchâtre sous le ventre ; les taches blanches lenticulaires, qui se remarquent souvent dans l'espèce commune, ne paraissent jamais se montrer dans l'Aiguillat de Blainville.

Habitat : Méditerranée, assez commun, Nice, Cette.

Les proportions indiquées par de Blainville pour l'Aiguillat commun, conviennent bien mieux à cette espèce ; l'anus est plus près du bout du museau que de l'extrémité de la queue. Voici les proportions données par l'auteur que nous venons de citer (V. *Fn. franç..* p. 58) : longueur totale 11 pouces 2 lignes (0^m,302) ; distance du museau à l'anus. 5 pouces 1 ligne (0^m,137). Sur un Aiguillat commun, également de petite taille, j'ai trouvé : longueur totale, 0^m,255 ; distance du museau à l'anus, 0^m,133.

L'AIGUILLAT UYAT — *ACANTHIAS UYATUS*, Müll. et Henl.

(Uyatus de uyatu, nom donné à ce poisson par les pêcheurs de Palerme.)

Syn. : SQUALUS UYATUS, Squale uyat. Rafin., *Caratt.*, p. 13, pl. 14, fig. 2, *Ind. ittiol. sicil.*, p. 45, n° 335.
SQUALE D'ENFER, Squalus infernus. Blainv., *Fn. franç.*, p. 59.

ACANTHIAS UYATUS. Mull. et Henl., *Plagiost.*, p. 85; A. Dumér., t. I, p. 439; Günth., t. VIII, p. 419; Canestr., *Fn. Ital.*, p. 40.

SPINAX? UYATUS. CBp., *Cat.*, n° 49, *Fn. ital.*, fig. Sagri comune.

Long. : 0^m,30 à 0^m,50.

Le corps est allongé, il ressemble à celui de l'Acanthias commun, il est peut-être un peu plus épais. La peau est couverte de scutelles à trois divisions; les scutelles ont leur division médiane peu développée et peu pointue, elles sont par conséquent bien différentes de celles que porte l'Aiguillat commun. L'anus est reculé, il est deux fois plus près de la seconde dorsale que de la première.

La tête est large, aplatie, un peu plus longue que dans l'Aiguillat commun; sa longueur, prise du bout du museau à la première fente branchiale, est contenue cinq fois et quart à cinq fois et trois quarts dans la longueur totale. Le museau est un peu plus obtus et un peu plus court que dans l'Aiguillat commun. La bouche est légèrement arquée; les dents sont bien de même forme aux deux mâchoires, mais elles sont plus larges à la mâchoire inférieure; la muqueuse de la bouche est noirâtre.

Les yeux sont très-grands; le diamètre longitudinal de l'œil est à peine moins grand que l'espace préorbitaire. L'angle postérieur des paupières ne se prolonge pas en sillon du côté de l'évent.

Les narines sont un peu plus près du bout du museau que de la bouche.

Les évents sont grands, semi-lunaires; ils sont placés au-dessus du diamètre longitudinal de l'œil.

Les aiguillons des dorsales sont creusés d'un sillon latéral profond. La première dorsale est beaucoup plus développée que la seconde, elle commence un peu en arrière de l'insertion de la pectorale, avant le milieu du bord interne de cette nageoire; elle est armée d'un aiguillon assez court, en partie caché sous la peau. La seconde dorsale commence au-dessus du bord interne des ventrales; elle est munie d'un aiguillon plus grand que celui de la première dorsale, à peine moins haut

que la nageoire elle-même. La caudale est bien développée,
longue, sa longueur est comprise quatre fois et demie dans
la longueur totale ; elle est large ; elle porte une échancrure
en arrière sur le bord inférieur de son grand lobe ; il n'y a
pas de fossette caudale. Les pectorales sont bien développées ;
les ventrales sont reculées sous la deuxième moitié de la longueur totale.

La coloration est brun roussâtre sur le dos et les côtés ; la partie inférieure du corps, des pectorales et des ventrales est d'un
blanc mat.

Habitat : Méditerranée, accidentellement sur nos côtes ; de Blainville
n'indique pas le lieu de provenance, il dit seulement : « Je connais cette
nouvelle espèce d'après deux individus malheureusement mutilés, rapportés
de la Méditerranée par M. Lesueur. »(BLAINV., *Fn. franç.*, p. 60.) Lesueur a-t-il
trouvé ces animaux à Nice? C'est probable. Du reste, ces Squales se pêchent
dans le golfe de Gênes. Le Muséum possède plusieurs exemplaires venant
des environs d'Alger.

GENRE SAGRE — *SPINAX*, Bp.

Corps allongé, couvert de scutelles semblables à des épines très-fines.
Tête aplatie ; museau large, déprimé en avant ; bouche avec une entaille de chaque côté, à plis labiaux assez prononcés ; dents dissemblables
aux mâchoires ; à la mâchoire supérieure, dents à plusieurs pointes, avec la
pointe médiane plus longue ; à la mâchoire inférieure, dents tranchantes.
Nageoires ; seconde dorsale plus grande que la première, armées l'une
et l'autre d'un aiguillon à face latérale creusée d'un canal et à bord antérieur
en forme de carène épaisse.

LE SAGRE — *SPINAX NIGER*, H. Cloquet.

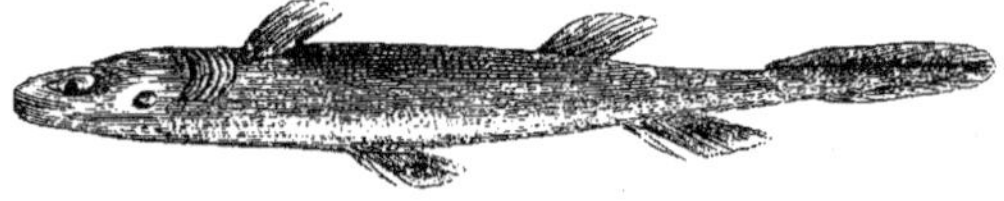

Fig. 59.

Syn. : GALEUS ACANTHIAS SEU SPINAX FUSCUS, Genuœ Sagree. Willughby, *Historia
Piscium*, p. 57.
SQUALUS SPINAX. Linn., p. 398.

Le Sagre. Brousson., *Mem. Acad. des sc.*, 1780, p. 675.

Le Squale sagre. Squalus spinax. Lacep., t. VI, p. 34 ; Riss., *Ichth.*, p. 41 ; Blainv., *Fn. franç.*, p. 60.

Acanthias spinax. Aiguillat sagre. Riss., *Hist. nat.*, p. 132.

Spinax niger. Hip. Cloquet, *Diction. Sc. natur.*, 1818. Suppl. au t. I, p. 93 ; Agass., *Poiss. foss.*, t. III, p. 61, 213, pl. A. fig. 3. coupe d'aiguillon, pl. B. fig. 4. épine, fig. 5, mâchoire ; Müller et Henl., *Plagiost.*, p. 86 ; A. Dumér., t. I. p. 444. pl. 4. fig. 13, aiguil. des appendices génitaux. fig. 14. épines des téguments ; Günth., t. VIII, p. 424 ; CBp., *Cat.*, n° 50. *Fn. ital.*, fig. ; Canestr., *Fn. Ital.*, p. 40.

N. vulg. : Morou, Mora, Nice.

Long. : 0ᵐ,25 à 0ᵐ,35 et même 0ᵐ,50 d'après Risso.

Le Sagre est moins allongé que l'Aiguillat commun. La hauteur du corps, qui est à peu près égale à sa largeur, est contenue huit fois à huit fois et demie dans la longueur totale. Le dos est assez arrondi, les flancs sont légèrement comprimés, le ventre est large. La peau a presque l'aspect de celle d'un chien à poil ras, elle est couverte de spinules simples, molles, coniques, ressemblant à des poils, ou plutôt formant par leur ensemble une espèce de velours ; ces spinules sont légèrement courbes. L'anus, ou plutôt l'ouverture du cloaque, de teinte noirâtre, est sur le second tiers de la longueur totale.

La tête est aplatie ; elle a un tiers de plus en largeur qu'en hauteur ; elle est large surtout au niveau des évents, un peu échancrée ou rétrécie au niveau des yeux, puis elle s'élargit encore vers le museau, de sorte que la ligne de contour est ondulée. Le museau est large, aplati ; son bord antérieur fait un angle obtus, ou bien forme une espèce de spatule très-courte et large. La bouche est faiblement arquée, à lèvres noirâtres ; les plis labiaux sont assez prononcés ; l'intérieur de la bouche est d'un violacé noirâtre. Les dents sont dissemblables aux mâchoires : comme le fait justement remarquer A. Duméril, les dents supérieures sont « semblables à celles des Scylliens, et les inférieures à celles des Acanthias ; » les dents de la mâchoire supérieure ont une pointe médiane très-longue et deux pointes latérales, parfois même trois sur les dents qui sont placées loin de la symphyse ; les dents de la mâchoire inférieure ont leur bord tranchant avec une pointe tournée en dehors.

Les yeux sont ovales, grands ; l'iris est blanchâtre, la pupille est ovale, allongée. Le diamètre de l'œil est contenu trois fois et un tiers dans la longueur de la tête, il est un peu moins grand que l'espace préorbitaire, il fait les trois quarts de l'espace interorbitaire.

Les narines sont allongées, placées loin de la bouche, sous le bord antérieur du museau ; elles sont obliques de dehors en dedans et d'avant en arrière. La valvule interne est petite, triangulaire, la valvule externe ou postérieure a son bord libre plus large, échancré dans son milieu. L'orifice de la narine a sa paroi d'un violacé noirâtre.

Les évents sont grands, ovales, un peu plus larges que longs ; leur diamètre fait le tiers du diamètre de l'œil ; ils sont placés au-dessus du diamètre longitudinal de l'œil, assez loin en arrière de l'orbite ; la distance, qui les sépare de l'œil, est plus grande que la longueur de leur diamètre. L'intérieur de l'évent est d'un violacé noirâtre.

Les ouvertures des branchies sont assez petites, régulières ; la dernière ouverture forme une espèce d'arc au-devant du bord antérieur de la pectorale. Les fentes branchiales sont, comme tous les autres orifices, d'un violacé noirâtre.

La ligne latérale est assez marquée.

La première dorsale est moins développée que la seconde ; elle est placée entre les pectorales et les ventrales, à la fin du tiers antérieur de la longueur totale, ou plutôt sur le commencement du tiers moyen ; elle est assez courte et assez basse ; son bord postérieur est presque droit, mais coupé moins carrément que dans la figure donnée par le prince de Canino. L'aiguillon est court, il ne fait guère que les deux tiers de la hauteur de la nageoire ; il est creusé d'un petit sillon sur chaque côté ; son bord antérieur est épais. La seconde dorsale est beaucoup plus développée que la première ; son bord postérieur est très-échancré, et son bord inférieur se prolonge en arrière en formant un angle ou plutôt une pointe ayant presque la longueur de la base de la nageoire ; l'aiguillon est très-allongé, il est aussi haut que la nageoire elle-même, il est creusé profondément de chaque côté. La caudale est bien développée, longue et large, sa longueur fait à peu près le quart de la longueur totale ; elle est un peu échancrée en arrière sur son bord inférieur. Il y a sur le tronçon de la queue un sillon entre la deuxième dorsale et la caudale, et un autre en dessous à partir de l'anus. Les pectorales sont un peu plus longues que larges, sur un animal long de $0^m.245$, elles mesurent : bord externe, $0^m.020$; bord postérieur, $0^m.017$; bord interne, $0^m.012$; base, $0^m.014$. Les ventrales sont triangulaires, leur longueur fait à peu près le huitième de la longueur totale.

La coloration est d'un ardoisé foncé, noirâtre sur le dos et les flancs, la teinte est complétement noire sous le ventre ; une bande d'un gris blanchâtre s'étale le long des flancs, elle est plus marquée à partir de l'origine des ventrales, sur le tronçon de la queue. Le péritoine est très-noir.

Habitat : Méditerranée, Nice, assez rare. Océan, golfe de Gascogne, Arcachon, très-rare, A. Lafont.

GENRE CENTROPHORE — *CENTROPHORUS*, Müll. et Henl.

Corps allongé, anguleux, plus ou moins prismatique, couvert de scutelles sessiles ou pédonculées.

Tête large, aplatie ; museau plus ou moins arrondi ; bouche largement ouverte, peu arquée, avec une entaille de chaque côté ; pli labial supérieur développé, pli labial inférieur court. Dents tout à fait dissemblables à chacune des mâchoires ; à la mâchoire supérieure, elles sont plus ou moins triangulaires, à peu près droites ou plutôt perpendiculaires au bord de la mâchoire ; à la mandibule, elles sont sécuriformes, elles ont leur pointe plus ou moins oblique et dirigée en dehors ou en arrière, de sorte que le bord interne devient plus ou moins horizontal et forme la partie tranchante de la dent ; au côté externe de la base des dents il y a un talon plus ou moins développé ; pas de dent médiane à la mâchoire inférieure.

Évents en arrière des yeux, au-dessus du prolongement de leur diamètre longitudinal.

Nageoires ; aiguillon des dorsales creusé d'un sillon latéral ; première dorsale plus près des pectorales que des ventrales.

LE CENTROPHORE GRANULEUX
CENTROPHORUS GRANULOSUS, Müll. et Henl.

Syn. : Acanthorinus granulosus. Blainv., *Prodr. nouv. Bull. sc.*, 1816, p. 121. Centrophorus granulosus. Müll. et Henl., *Plagiost.*, p. 89, pl. 33 : Guichenot, *Explorat. scient. Algérie*, Poissons. p. 126 ; A. Dumér.. t. I, p. 447 ; Günth., t. VIII, p. 420 ; Bocage et Capello, *Poiss. Plag.*, p. 25, pl. 1. fig. 3, adulte, pl. 3, fig. 1, jeune ; Canestr., *Fn. Ital.*, p. 40.

Long. : 0ᵐ,70 à 1ᵐ,20 et même 1ᵐ,50.

Le corps est allongé, en forme de pyramide triangulaire jusqu'à l'anus ; le ventre est aplati en dessous ; le tronçon de la queue est en forme de pyramide quadrangulaire, creusé d'un sillon en dessus et en dessous, le sillon inférieur est plus profond que l'autre. La hauteur du corps, qui est un peu plus grande que l'épaisseur, est comprise sept fois et demie à huit fois dans la longueur totale. La peau est couverte de scutelles sessiles. granulations assez rudes chez les jeunes, plus ou moins mousses dans les grands individus ; ce sont des espèces de petits pavés carrés, ayant l'angle antérieur plus ou moins arrondi. ils sont marqués de sept à neuf stries ; ils forment une mosaïque, ils sont disposés par séries obliques et séparés par des lignes plus ou moins distinctes, plus ou moins foncées. L'anus est sur la deuxième moitié de la longueur totale.

La tête est assez longue. sa longueur étant comprise six fois environ dans la longueur totale ; elle est large, triangulaire, plate en dessus ; au niveau des évents, la largeur fait les trois quarts de la longueur. Le museau est assez court, mousse, arrondi. La bouche est peu arquée, large, éloignée des narines ; la distance qui sépare ses angles postérieurs fait les deux tiers de l'espace préoral ; les plis labiaux sont bien marqués. Les dents sont dissemblables aux mâchoires et en général sur deux rangées externes ; à la mâchoire supérieure, les dents paraissent subir quelques modifications suivant l'âge des sujets, elles sont plus ou moins droites et plus ou moins triangulaires ; sur une femelle longue de 0ᵐ,525, elles sont à pointe aiguë, un peu dé-

jetées en dehors et légèrement coniques, elles ont un très-petit
talon au bord externe et supérieur de la base. Le bord interne
de la base est couvert par le bord externe de la dent qui précède.
Sur le milieu de la mâchoire est une dent tout
à fait droite, recouvrant le bord interne de la
base des dents voisines ; cette dent médiane
existe-t-elle constamment? Elle m'a paru manquer dans un très-grand spécimen ; était-ce le
résultat d'un accident? C'est probable ; MM. Barboza du Bocage et de Brito Capello écrivent,
dans leur remarquable travail : « A la mâchoire

Fig. 60.

supérieure une dent médiane impaire. » A la mâchoire inférieure, il n'y a pas de dent médiane ; les dents ressemblent
beaucoup à celles des Acanthias : leur pointe est large, très-
oblique en dehors, de sorte que tout le côté interne forme le
bord tranchant, qui est finement dentelé ; une petite encoche
sépare la base de la dent du bord externe de la pointe.

Les yeux sont très-grands, ovales ; le diamètre de l'œil fait
presque le tiers de la longueur de la tête, il est à peine moins
grand que l'espace interorbitaire, qui est à peu près égal à
l'espace préorbitaire. L'angle postérieur de l'œil est marqué
d'un petit sillon, il est placé au-dessus de la commissure des
lèvres.

Les narines sont assez larges ; elles ont leur angle externe
d'un tiers plus près de l'œil que du bout du museau ; elles sont
placées un peu après le tiers antérieur de la ligne allant du museau à la bouche ; l'espace prénasal est à peine plus grand que
l'espace internasal.

Les évents sont semi-lunaires ; leur diamètre est moins grand
que l'espace qui les sépare de l'orbite. Les spiracules sont assez
éloignés l'un de l'autre, et entre eux se voient parfaitement les
trous auditifs externes, qui sont arrondis et relativement assez
larges.

Les fentes des ouïes sont de moyenne grandeur ; la dernière
fente est un peu plus grande que la précédente, elle contourne

légèrement, en dessus et en dessous, la partie antérieure de la base de la pectorale.

La ligne latérale est droite.

La première dorsale commence sur le tiers antérieur de la longueur totale, un peu en arrière de la base de la pectorale ; elle a le bord supérieur légèrement échancré et le bord postérieur prolongé en pointe ; sa longueur totale fait à peu près le double de sa hauteur. L'aiguillon est assez fort et relativement assez court, il est moins haut que la nageoire ; il est creusé de chaque côté d'un sillon assez profond, et son bord antérieur s'épaissit en une carène forte et saillante ; il est libre dans la moitié de sa longueur à peu près. La seconde dorsale commence un peu avant la fin des ventrales ; elle est séparée de la première dorsale par une distance égale à quatre fois la longueur de sa propre base ; elle est plus courte et moins haute que la première dorsale ; elle forme en arrière une pointe assez longue : son aiguillon est relativement plus développé que celui de l'autre dorsale ; il est aussi haut que la nageoire ; il est fortement cannelé ; il est libre dans les deux tiers de sa longueur. La caudale est bien développée, elle fait le quart de la longueur totale ; elle porte une échancrure en dessous près de son extrémité. Les pectorales sont assez grandes ; le bord postérieur est échancré ; le bord externe est moins long que le bord interne qui forme, avec le bord postérieur, une pointe assez longue. Les ventrales sont insérées sur la seconde moitié de la longueur totale, un peu en avant de la deuxième dorsale ; elles sont triangulaires, à pointe postérieure assez longue, finissant un peu après l'origine de la deuxième dorsale.

Les dorsales et les nageoires paires se terminent en pointe plus ou moins développée.

La coloration est d'un gris jaunâtre avec des lignes noirâtres séparant les petits tubercules et donnant l'aspect d'une très-jolie mosaïque.

Habitat : Méditerranée, excessivement rare sur nos côtes. Le Muséum possède seulement deux Centrophores venant de Nice, l'un par Laurillard, l'autre par Coste.

Ce Squale n'est pas indiqué dans le Catalogue des Poissons de Cette, ni même dans le Catalogue des Poissons d'Europe. Il est assez commun sur la côte du Portugal. « La peau de cette espèce fournit le plus beau galuchat. » (Bocage et Capello, p. 26.)

GENRE CENTRINA — *CENTRINA*, Cuv.

Corps ramassé, prismatique, triangulaire : dos étroit en forme de carène ; ventre large, aplati avec un repli cutané très-saillant des pectorales aux ventrales : peau couverte de scutelles d'une extrême rudesse. Anus très-reculé.

Tête petite, aplatie en dessus : museau court, large, aplati : bouche très-petite avec une entaille de chaque côté : dents dissemblables, à la mâchoire supérieure dents coniques sur plusieurs rangées ; à la mandibule, dents visibles sur une seule rangée, droites, à bord libre triangulaire, une dent médiane.

Narines près du bout du museau.

Appareil branchial ; fentes des branchies étroites, à peu près d'égale dimension.

Nageoires ; seconde dorsale opposée aux ventrales : épines des dorsales enveloppées dans la peau, à peine saillantes, insérées plus ou moins près du milieu de la base de la nageoire. Caudale large, sans échancrure ni sillon.

LA CENTRINE HUMANTIN — *CENTRINA VULPECULA*.

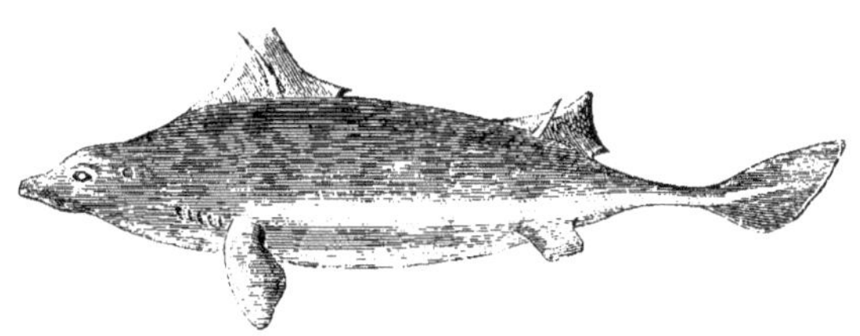

Fig. 61.

Syn. : Vulpecula. Bel., p. 63-64.
Du Porc, Bernardet, Renard, Humantin, Centrina. Rondel., liv. XIII, c. viii, p. 301.
Centrina. Salviani, *Aquatilium animalium histor.*, p. 157.
Squalus centrina. Linn., p. 398, sp. 2 ; Bloch, pl. 115.
Le Humantin. Brousson., *Mém. Acad. sc.*, 1780, p. 675.

Le Squale humantin, Squalus centrina. Lacép., t. VI, p. 36 ; Riss., *Ichth.*, p. 42 ; Blainv., *Fn. franç.*, p. 61, pl. 15, fig. 1.

Centrina Salviani. Humantin de Salviani. Riss., *Hist. nat.*, p. 135 ; Müll. et Henl., *Plagiost.*, p. 87 ; CBp. *Cat.*, n° 51, *Fn. ital.*, fig. ; Bocage et Capello, *Poiss. Plagiost.*, p. 32, pl. 1, fig. 2, anim., a, dents ; Günth., t. VIII, p. 417 ; Canestr., *Fn. Ital.*, p. 41.

Oxynotus centrina. Rafin., *Ind.*, p. 45, n° 336 ; A. Dumér., t. I, p. 444.

N. vulg. : Puore marin, Nice ; Porc, Provence, Languedoc ; Peï porc, Cette ; Coffre, Arcachon ; Cochon de mer, côtes du Poiton.

Long. : 0.70 à 1,00 et plus. Risso indique 2 mètres de longueur.

Le corps est épais, trapu, prismatique, triangulaire ; il est couvert de scutelles épineuses excessivement rudes, qui rendent l'animal très-désagréable à manier. L'anus est reculé sur le tiers postérieur du corps.

La tête est aplatie ; le museau est court, obtus. La bouche est avancée, légèrement arquée, très-petite ; elle a des dents fort dissemblables aux mâchoires. La mâchoire supérieure porte une plaquette de dents en crochets coniques, à pointe très-fine ; ces dents, placées sur trois, quatre ou cinq rangées, forment une espèce de carde. La mandibule n'a qu'une seule rangée de dents relevées, au nombre de neuf ; ces dents sont aplaties, pentagonales, à bord libre triangulaire et dentelé ; la dernière dent a la pointe dirigée plus ou moins obliquement en arrière.

Les yeux sont très-grands ; l'iris est verdâtre. Le diamètre de l'œil est un peu moins grand que l'espace préorbitaire, il fait la moitié de l'espace interorbitaire, qui est très-large.

Les narines sont très-avancées, presque terminales, très-larges ; elles sont séparées l'une de l'autre par un espace assez étroit.

Les évents sont très-larges, presque triangulaires ; leur diamètre longitudinal est un peu au-dessus du diamètre longitudinal de l'œil.

Les fentes branchiales sont très-petites.

Il n'y a pas de ligne latérale marquée.

La première dorsale est très-développée : elle commence au-dessus des pectorales ; elle est traversée par une épine qui n'est pas inclinée suivant le sens de la nageoire, comme dans les autres Spinacidés, mais qui, au contraire, se porte d'arrière en avant, pour sortir sur le bord antérieur de la nageoire. Cette épine forme ainsi le côté postérieur d'une espèce de triangle isocèle dont la base est plus large que le reste de l'insertion de la dorsale. La seconde dorsale est opposée aux ventrales. La caudale n'a pas d'échancrure ; elle est large, triangulaire, à bord postérieur coupé obliquement et plus large que le bord supérieur. Les pectorales sont bien développées, triangulaires ; les ventrales ne sont pas très-grandes, elles sont à peu près carrées.

La coloration est noirâtre sur le dos, brunâtre en dessous ; parfois la teinte générale est d'un rougeâtre tacheté de noir.

Habitat : Méditerranée, assez rare, Nice, Cette. Océan, golfe de Gascogne, assez rare, Arcachon ; excessivement rare au nord de la Gironde, la Rochelle. Je ne crois pas que ce poisson ait été signalé au-dessus de l'embouchure de la Loire.

J'ai reçu d'Arcachon, par les soins de mon ami, le regretté A. Lafont, deux Humantins d'assez grande taille. L'un de ces animaux, une femelle, portait seize œufs très-volumineux, mesurant $0^m,06$ de diamètre ; les œufs n'étaient pas encore arrivés dans les oviductes.

Famille des Scymnidés, *Scymnidæ*.

Corps allongé, parfois comprimé.
Tête ; bouche armée de dents plus ou moins aiguës ou tranchantes.
Yeux sans membrane nictitante.
Évents de grandeur variable.
Appareil branchial ; fentes des branchies assez petites.
Ligne latérale généralement bien dessinée.
Nageoires ; première dorsale en avant ou au-dessus des ventrales ; pas d'anale.

Cette famille se compose de trois genres :

Boucles sur le corps	nulles. 1re dorsale en avant des ventrales. Dents de la mâchoire inférieure à pointe	droite et dentelées.....	1. Scymne.
		oblique, non dentelées..	2. Laimargue.
	nombreuses. 1re dorsale très-reculée, au-dessus des ventrales........................		3. Échinorhine.

GENRE SCYMNE — *SCYMNUS*.

Corps allongé, couvert d'une peau dure et rude.

Tête aplatie en dessus ; museau court, épais ; bouche à peu près transversale, avec une entaille de chaque côté : dents dissemblables aux mâchoires ; à la mâchoire supérieure, dents étroites, pointues ; à la mâchoire inférieure, dents à base assez large, terminées en pointe triangulaire droite, une dent médiane.

Narines loin de la bouche, près du bout du museau.

Évents larges, au-dessus du diamètre longitudinal de l'œil.

Appareil branchial ; fentes des branchies de moyenne grandeur.

Nageoires ; deux dorsales, la première un peu plus rapprochée des pectorales que des ventrales. Pas d'anale ; pas de fossette sur la queue.

LA LICHE OU SCYMNE COMMUNE — *SCYMNUS LICHIA*.

Syn. : Liche. Brousson., *Mém. Acad. sc.*, 1780, p. 677.

Liche ou Gatte. Duham., *Pêch.*, part. 2e, sect. 9, p. 328.

Squalus americanus. Linn., édit. Gmel., p. 1503.

Le Squale liche, Squalus americanus. Lacép., t. VI, p. 38 ; Blainv., *Fn. franç.*, p. 63, pl. 15, fig. 2.

Squale nicéen, Squalus nicæensis. Riss., *Ichth.*, p. 43, fig. 6.

Scymnus nicæensis, Liche de Nice. Riss, *Hist. nat.*, p. 137, fig. 4.

La Leiche ou Liche. Scymnus. Cuv., *Règ. anim.*, p. 130.

Scymnus lichia. Müll. et Henl., *Plagiost.*, p. 92 ; Agass., *Poiss. foss.*, t. III, p. 94, pl. F, fig. 7, dents, mâch. inf. ; A. Dumér., t. I, p. 452 ; Bocage et Capello, *Poiss. Plagiost.*, p. 34, pl. 3, fig. 2, i, dent ; Günth., t. VIII, p. 425 ; CBp., *Cat.*, n° 54, *Fn. ital.*, fig. ; Canestr., *Fn. Ital.*, p. 41.

N. vulg. : Gatta causiniera, Nice ; Gatte, Biarritz ; Liche, Basses-Pyrénées, Landes.

Long. : 1,00 à 1,50, quelquefois plus.

Le corps est allongé, arrondi ; il est couvert de tubercules égaux, assez petits, pointus, excessivement rudes.

La tête est aplatie, elle n'est pas très-grande. La bouche est loin des narines, elle est coupée en arc de cercle perpendiculairement à l'axe de la tête ; les lèvres sont développées, surtout la lèvre inférieure, qui porte de grandes papilles ; les cartilages labiaux sont de grande dimension, le cartilage inférieur est large, aplati.

A la mâchoire supérieure, les dents sont placées sur plusieurs rangées ; elles ont une base échancrée ; elles sont allongées, minces, étroites, à pointe très-longue, à peine rejetée en dehors.

La mâchoire inférieure porte une ou deux rangées de dents redressées suivant que la rangée hors de service est ou n'est pas tombée ; la rangée externe, quand elle existe, cache, en lui servant de contre-fort, la base de la rangée nouvelle, qui est en rapport avec la mâchoire supérieure. Il y a une dent médiane qui recouvre le bord interne de chaque première dent latérale. Ces dents sont au nombre d'une quinzaine ; elles ont la forme d'une plaque quadrilatérale allongée, dont le côté supérieur ou libre est surmonté d'une pointe triangulaire à bords latéraux

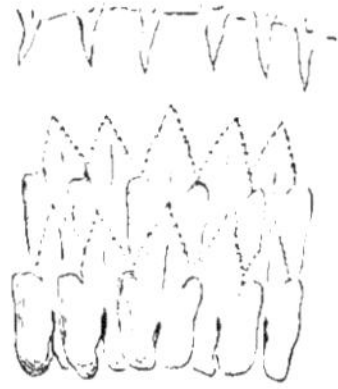

Fig. 62.

dentelés ; une petite carène va de la base à la pointe de la dent, elle passe en dedans du canal dentaire. Le bord interne de chacune des dents est recouvert par la dent voisine ; la base de la dent est un peu échancrée et creusée d'un sillon, qui se prolonge vers le canal dentaire. Les dents internes ou non relevées sont disposées sur six rangées ordinairement.

Les yeux sont très-grands, ovales ; l'iris est d'un blanc jaunâtre. Un tapis blanc verdâtre, brillant d'un éclat très-vif, donne un aspect effrayant aux yeux de ces animaux.

Les narines sont ouvertes très en avant, près du bout du museau.

Les évents sont larges, en arrière et au-dessus des yeux.

Sur les côtés se voit une ligne latérale bien marquée.

La seconde dorsale est plus grande que la première ; elle est reculée, elle commence au-dessus de la fin de l'insertion des ventrales. La caudale est bien développée, sans petit lobe distinct ; son bord inférieur est marqué d'une échancrure vers la terminaison de la colonne vertébrale.

La teinte générale est d'un brun violacé avec des taches noirâtres mal définies.

Habitat : Méditerranée, la Liche est assez commune à Nice, rare à Cette Océan, golfe de Gascogne, commune à Saint-Jean de Luz ; excessivement rare au-dessus de la Gironde, la Rochelle.

Ce Squale a été signalé pour la première fois à Duhamel par son correspondant, de Borda, qui le lui indiqua sous les noms de Liche et de Gatte ; il avait même été décrit sous le premier nom, l'année précédente, 1780, par Broussonnet, ou plutôt Broussonet, dans les *Mémoires de l'Académie des sciences*. C'est par suite d'une méprise qu'il parut dans la treizième édition de Linné sous la dénomination de *Squalus americanus* ; Gmelin, comme le fait remarquer Cuvier, a confondu « Cap Breton près de Bayonne avec le cap Breton près de Terre-Neuve. » (Cuv., *Règn. anim.*, p. 130.) Duhamel dit que les femelles, beaucoup plus grosses que les mâles, sont appelées *Doubles*, qu'elles ont quatre ou six petits.

La peau des Scymnes est très-recherchée par les ébénistes ; la chair est vendue pour la table sur les marchés de Saint-Jean de Luz et de Bayonne. Les pêcheurs de Socoa rapportent souvent une grande quantité de Liches, qu'ils vont prendre le plus ordinairement près des côtes d'Espagne.

GENRE LAIMARGUE — *LÆMARGUS*.

Le nom du genre devrait être Somniosus, Lesueur, et non Læmargus, Müll. et Henl.

Corps allongé, couvert de petits tubercules.

Tête à profil assez arrondi ; museau plus ou moins allongé ; bouche avec une entaille de chaque côté ; dents dissemblables aux mâchoires ; à la mâchoire supérieure, des dents étroites, triangulaires, à pointe un peu rejetée en dehors ; à la mandibule, des dents en forme de plaquettes allongées, à base parfois échancrée, à bords latéraux parallèles, à bord libre tranchant, terminé en pointe très-oblique tournée en dehors ; le bord latéral interne de chaque dent est couvert par la dent qui précède ; pas de dent médiane, de sorte que le bord libre des deux premières dents latérales forme une espèce d'échancrure.

Appareil branchial ; ouïes peu fendues.

Nageoires ; première dorsale en avant des ventrales.

Ce genre se compose de deux espèces :

Longueur de la pectorale { beaucoup moins grande que la distance qui sépare la pectorale de l'angle de la bouche............ } 1. L. A COURTES NAGEOIRES.

{ égale au moins à la distance qui s'étend de l'insertion de la pectorale à l'angle de la bouche...... } 2. L. A LONG MUSEAU.

LE LAIMARGUE A COURTES NAGEOIRES
LÆMARGUS BREVIPINNA.

Syn. : SOMNIOSUS BREVIPINNA. Lesueur, *Journ. Acad. sc. nat.*, Philad., 1818, t. I.
p. 222, Squalus brevipinna, fig.

?LE SQUALE DE NORWÈGE, Squalus Norwegianus. Blainv.. *Fn. franç.*, p. 61.

LE LEICHE MICROPTÈRE, Scymnus micropterus. Valenc.. *Nouv. Ann. Museum*, 1832,
t. I. p. 458, pl. 20, fig. anim.. dents. scutelles.

?SCYMNUS Læmargus, borealis. Müll. et Henl., *Plagiost.*, p. 93.

?THE GREENAND SHARK. Yarr., t. II. p. 524 : Couch. t. I. p. 57.

SCYMNUS Læmargus brevipinna. A. Dumér., t. I. p. 456. pl. 5. fig. 3-4. dents.

LÆMARGUS BOREALIS. Günth., t. VIII, p. 426 ; CBp.. *Cat.*, n° 55.

Long. : 3,00 à 4,00.

Le corps est comprimé, raccourci, assez semblable, dit Valenciennes, à celui de la Centrine humantin.

La tête est comprimée surtout dans sa partie rostrale, qui est assez longue. La bouche est, en avant, fendue au delà de l'œil.
Les dents de la mâchoire supérieure sont assez allongées, assez fortes, étroites, triangulaires; elles portent sur leur face antérieure une espèce de carène assez prononcée; leur pointe est déjetée en dehors; elles sont, d'après Valenciennes. sur huit rangées, comptant chacune quarante-deux dents, ce qui donne le nombre de trois cent trente-six dents pour la mâchoire supérieure. Les dents de la mâchoire inférieure sont généralement sur dix, parfois neuf rangées; il y a huit rangées internes et une ou plus souvent deux rangées externes, à dents relevées; chacune des rangées se

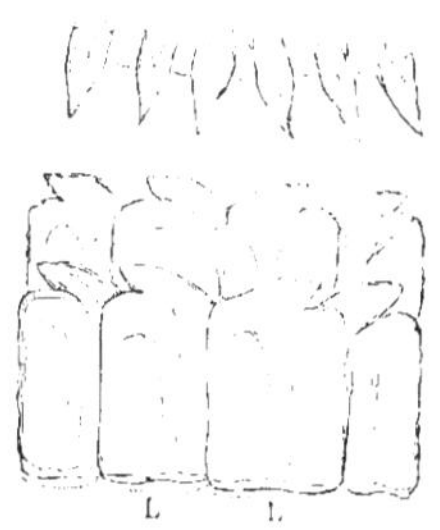

Fig. 63.

L, première dent latérale.

composé de cinquante-deux dents. Une carène s'élève sur la
face antérieure de chaque dent ; elle est étroite au niveau de
l'échancrure de la base ; elle est plus forte vers le bord supérieur.

Les yeux sont petits, ovales, placés très-bas, un peu au-dessus
de la lèvre supérieure, comme le fait remarquer Valenciennes.
L'iris est bleuâtre.

Les narines sont d'un tiers plus rapprochées du bout du museau que de l'œil ; elles sont pourvues d'une grande valvule.

Les évents sont grands ; ils sont assez loin en arrière de l'œil,
et un peu au-dessus.

Les fentes branchiales sont petites, loin de la bouche ; elles
finissent avant l'insertion de la pectorale ; la première fente est
placée vers le dernier tiers de l'espace compris entre le bout du
museau et la pectorale.

La ligne latérale est bien marquée, un peu sinueuse dans la
figure gravée par Lesueur.

Toutes les nageoires sont petites ; la première dorsale est très-
petite, très-basse, elle est placée plus loin du bout du museau
que de la base de la caudale ; sa longueur ne fait, d'après Valenciennes, que la vingt-troisième partie de la longueur totale ; elle
paraît à peu près à la même distance des ventrales que des pectorales. La seconde dorsale est aussi très-petite, elle commence
au-dessus de la fin des ventrales. La caudale est peu développée,
elle n'a pas d'échancrure à son lobe supérieur. Les pectorales
sont très-petites, leur longueur est comprise quatorze fois dans
la longueur totale sur l'animal étudié par Valenciennes, et dix-
sept fois et demie sur un Laimargue plus petit (2^m,66), rapporté
par Gaimard « des mers du Nord » (A. Duméril) ; elles font,
d'après la figure donnée par Lesueur, à peu près le seizième de
la longueur totale ; elles sont placées très-bas. Les ventrales sont
très-petites, elles sont insérées vers la fin du second tiers de la
longueur totale. La teinte est grisâtre.

Habitat : Océan, Manche, accidentellement.

Le Leiche microptère, décrit par Valenciennes, est venu,
en 1832, échouer à l'embouchure de la Seine, au Havre, du
côté de l'Eure ; c'est un mâle, il mesure 4 mètres de longueur
(Muséum). La figure donnée par Yarrell, d'après une esquisse
de J. Hutchinson, ressemble beaucoup plus au dessin de Valenciennes qu'à celui de Lesueur ; l'esquisse a été prise sur un
animal capturé, en 1840, sur la côte du comté de Durham.

LE LAIMARGUE LONG-MUSEAU — *LÆMARGUS ROSTRATUS*.

Syn. : Scymnus rostratus, Liche long-museau. Riss., *Hist. nat.*, p. 138, pl. 3, fig. 7.
Læmargus rostratus, Müll. et Henl., *Plagiost.*, p. 95 ; A. Dumér., t. I, p. 458 ;
Canestr., *Mem. Accad. sc., Torino*, 1865, t. XXI, p. 364, pl. 2, fig. 2, anim., 3, bouche,
4, dents. *Fn. Ital.*, p. 42, Capello, *Cat., Peix... Portugal...* 1869, p. 16, pl. IX, fig. 2,
anim., 2a, tête vue en dessous ; Günth., t. VIII, p. 427 ; CBp., *Cat.*, n° 56.

N. vulg. Les pêcheurs de Nice n'appellent pas ou n'appellent plus ce
Laimargue, Bardoulin de fount, comme l'indique Risso dans son *Histoire
naturelle*, mais ils lui donnent, d'après MM. Gal, le nom de Moure plat, Museau plat.
Long. : 0,31, Risso ; 0,82, Canestrini ; 0,832, Capello.

Ce Laimargue a le corps allongé, prismatique-triangulaire,
couvert de petites scutelles presque lisses.

Sa tête est grande ; il a le museau allongé, aplati en dessus,
obtus en avant ou légèrement arrondi. La bouche est large, peu
arquée ; les plis labiaux sont bien marqués. A la mâchoire supérieure les dents sont subulées, très-aiguës, à pointe tournée en
arrière ; elles sont disposées sur plusieurs séries, sept à huit,
d'après M. de Brito Capello. A la mâchoire inférieure elles sont
larges, sécuriformes, à bord tranchant terminé en pointe dirigée
en dehors ; elles sont disposées sur deux séries externes ; il y a
en outre, d'après M. Capello, six ou sept rangées de dents postérieures appliquées sur la face interne de la mandibule.

Les yeux sont assez petits, ovales ; le diamètre de l'œil est
compris cinq fois dans l'espace préorbitaire, et six fois dans
l'espace interorbitaire, d'après M. Canestrini.

La narine est à peu près au milieu de l'espace qui sépare l'œil du bout du museau, mais un peu plus voisine de la bouche; elle est rapprochée du bord externe du museau.

Les évents sont à une certaine distance en arrière de l'orbite, au-dessus du prolongement du diamètre longitudinal de l'œil.

Les fentes branchiales sont petites, régulières; elles sont reculées; la première ouverture branchiale est deux fois plus loin du bout du museau que l'angle postérieur de l'orbite. (V. fig. Capello.)

Il n'y a pas de ligne latérale indiquée dans la figure donnée par M. Capello. La ligne latérale est visible, chez certains individus, et paraît droite.

La première dorsale est, pour ainsi dire, au milieu de la longueur totale, elle est à peine un peu plus rapprochée du bout du museau; elle est basse; la seconde dorsale est semblable à la première, elle est seulement un peu moins développée; les deux nageoires ont leur angle antérieur arrondi ou peu prononcé, et leur angle postérieur prolongé en pointe. Comme le fait remarquer M. Capello, la seconde dorsale finit sur le milieu de la ligne allant de la première dorsale à la pointe du lobe inférieur de la caudale. La caudale est large; son lobe supérieur est d'un tiers, ou peu s'en faut, plus long que le lobe inférieur, il fait le sixième ou le septième de la longueur totale. Les pectorales sont assez peu développées, les ventrales commencent à peu près vers le milieu de la ligne allant de la base de la pectorale à celle de la caudale. (V. Capello.) La coloration est « d'un beau gris bleuâtre uniforme », d'après Risso.

Habitat: Méditerranée, rare et même très-rare, Nice. Océan, côtes du Portugal.

Le professeur Canestrini a vu un seul individu de cette espèce, mal monté; il est impossible, dit-il, d'indiquer la coloration ni la hauteur de l'animal qui a été pris dans le golfe de Gênes. La meilleure des figures du Laimargue long-museau est assurément celle qui a été donnée par M. de Brito Capello, la figure est réduite au quart de la grandeur naturelle. MM. Gal, naturalistes à Nice, ont préparé, au mois de mars 1874, une femelle de Laimargue qui avait douze petits.

GENRE ÉCHINORHINE — *ECHINORHINUS*, Blainv.

Corps allongé, plus ou moins fusiforme. Peau hérissée de boucles à base large, striée, plus ou moins circulaire, à pointe en crochet.

Tête aplatie ; bouche arquée, près de chaque commissure un sillon en fer à cheval assez profond ; dents semblables aux deux mâchoires, à bord libre, oblique et tranchant, à bords latéraux avec une ou deux dentelures obliques ou transversales.

Nageoires ; première dorsale reculée, au-dessus des ventrales, et par conséquent très-rapprochée de la seconde dorsale.

LE BOUCLÉ — *ECHINORHINUS SPINOSUS*, Blainv.

Syn. : Le Bouclé. Brousson., *Mém. Acad. sc.* 1780, p. 672.
Chien bouclé. Broquillon. Duham., *Pêch.*, part. 2e, sect. 9, p. 329.
Le Squale bouclé. Squalus spinosus. Lacép., t. VI, p. 11 ; Riss., *Ichth.*, p. 42.
Scymnus spinosus, Liche bouclé. Riss., *Hist. nat.*, p. 136.
Echinorhinus spinosus. Squale bouclé . Blainv., p. 66 ; Müll. et Henl., *Plagiost.*, p. 96, pl. 60, boucles ; A. Dumér., t. I, p. 459, pl. 12. fig. 16-20, épines ; Bocage et Capello, *Poiss. Plagiost.*, p. 35 ; Günth., t. VIII, p. 428 ; CBp., *Cat.*, nº 57, *Fn. ital.*, fig. ; Canestr., *Fn. Ital.*, p. 42.
Goniodus spinosus. Agass., *Poiss. foss.*, t. III, p. 94, pl. E, fig. 13, dents.
The Spinous Shark. Yarr., t. II, p. 529 ; Couch, t. I, p. 54.

N. vulg. : Mounge clavelat, Nice ; Broucu, Landes et Basses-Pyrénées ; Bilan, Bayonne ; Chenille, Gironde, Charente-Inférieure, Vendée.
Long. : 1,00 à 2,00.

Le corps est allongé, légèrement fusiforme, un peu comprimé en arrière. La queue est forte. La peau est parsemée de place en place, mais sans aucune espèce de régularité, de petites épines et de boucles ou de boutons épineux très-remarquables. Le bouton est aplati, c'est un disque plus ou moins fort, déprimé au centre quand il est épais, saillant au contraire quand il est mince, de grandeur très-variable, mesurant de $0^m,005$ à $0^m,018$ de diamètre ; il porte dans le milieu une épine crochue à pointe dirigée en arrière. De la base de l'épine partent des stries radiées assez profondes, qui se divisent en approchant de la circonférence, et rendent le pourtour plus ou moins denticulé. Ces boucles sont tantôt isolées, tantôt réunies en groupes ; elles sont parfois tellement rapprochées que plusieurs disques se soudent entre eux, en perdant plus ou moins de leur forme arrondie.

La tête est épaisse, aplatie ; le museau est large, assez long et assez arrondi ; la bouche est arquée, large ; les dents sont semblables aux deux mâchoires. Ces dents, comme le fait remarquer Agassiz, peuvent être comparées à celles qui, chez certains Squales, ont quatre à cinq pointes. En effet la pointe du milieu s'est fortement inclinée sur le bord externe, et le bord interne forme la partie tranchante en devenant horizontal ; les pointes latérales sont obliques ou même transversales au lieu d'être verticales ;

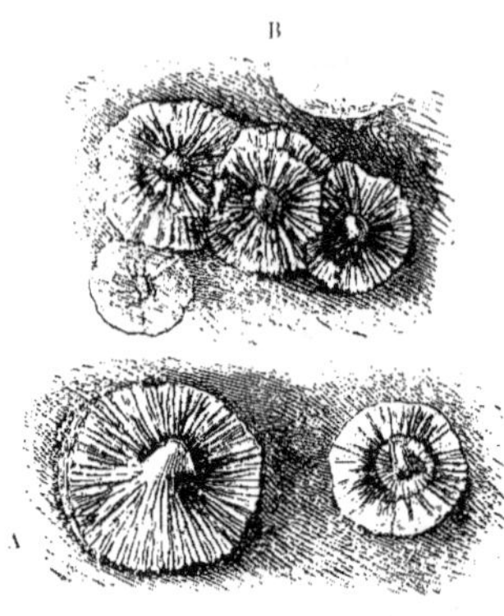

Fig. 64.

Boucles, A, isolées, B, soudées.

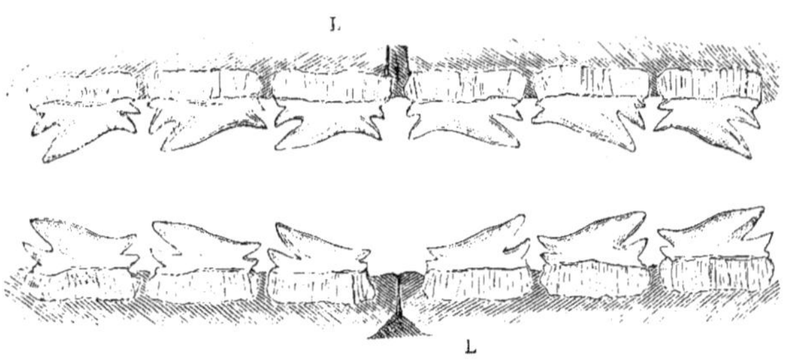

Fig. 65.

L, première dent latérale.

il y a généralement deux pointes sur le bord interne de la dent, et une ou deux sur le bord externe ou postérieur ; ces pointes latérales manquent sur la dernière et quelquefois sur l'avant-dernière dent.

Les yeux sont grands, ovales ; l'iris est jaunâtre, la pupille, à peu près circulaire. Le diamètre de l'œil fait le tiers de l'espace préorbitaire et le quart de l'espace interorbitaire ; il est un peu moins grand que la distance qui sépare l'orbite de l'évent.

Les narines sont placées en dessous, assez près du bord externe du museau.

Les évents sont petits ; ils sont situées en arrière des yeux et immédiatement au-dessous du prolongement de leur diamètre longitudinal.

Les ouvertures des branchies sont régulières, légèrement obliques ; elles sont de moyenne grandeur.

La ligne latérale est bien marquée ; elle est rapprochée du profil supérieur.

Ce Squale a les dorsales petites, à peu près de même hauteur ; la première dorsale est opposée aux ventrales ; la seconde dorsale est à peu près sur le milieu du tronçon de la queue. La caudale est bien développée, à lobes non séparés, sans échancrure. Les pectorales sont assez larges, elles ont les angles arrondis. Les ventrales sont relativement grandes, elles sont trapézoïdes ; elles sont opposées à la première dorsale ; elles commencent à peu près au milieu de l'espace qui sépare l'insertion de la pectorale de la base de la caudale.

La teinte générale est d'un brun violacé, moucheté de taches irrégulières plus foncées, parfois d'un brun olivâtre.

Habitat. Le Bouclé se trouve sur nos côtes méridionales et occidentales. Méditerranée, Nice, assez rare, apparaît au printemps (Risso) ; Cette, rare. Océan, golfe de Gascogne, commun entre la Bidassoa et l'Adour, au moins en été, je l'ai vu en assez grande abondance à Saint-Jean de Luz : il est envoyé à Bayonne et même expédié au loin, il est vendu pour la table ; Arcachon, assez rare ; très-rare au-dessus de la Gironde, la Rochelle (Musée Fleuriau) ; Vendée. Un de ces animaux a été pris à Roscoff, Finistère.

Famille des Squatinidés, Squatinidæ.

Syn. : RHINÆ. A. Dumér.
RHINIDÆ. Günth.

Les Squatinidés présentent un type très-distinct qui s'éloigne
sensiblement de la forme générale des Squales pour se rapprocher de celle des Raies. En effet, chez l'Ange, le corps est déprimé et très-large ; sa largeur paraît encore être augmentée
par l'expansion des pectorales et des ventrales qui semblent,
à leur insertion, continuer le plan latéral du tronc dans toute
son épaisseur.

Corps aplati, déprimé, beaucoup plus large que haut, couvert d'une peau
rude ; queue arrondie, sans fossette.

Tête déprimée, demi-circulaire sur son bord libre, et comme logée en
arrière dans l'échancrure formée par les pectorales ; museau court, un peu
échancré en avant, à tentacules frangés ; bouche ouverte au bout du museau,
très-grande ; cartilages labiaux très-développés ; dents semblables aux mâchoires, pointues, à base assez large, disposées par rangées symétriques
espacées les unes des autres ; pas de dent médiane.

Yeux très-petits, placés en dessus, sans membrane nictitante.

Narines sur le bord antérieur du museau, à valvules plus ou moins
frangées.

Évents assez grands, semi-lunaires, situés en dessus, en arrière des yeux.

Appareil branchial ; fentes branchiales ouvertes sur les parties latérales
et inférieures de la région hyoïdienne, en partie cachées par le bord interne
des pectorales.

Nageoires ; dorsales en arrière des ventrales, tout à fait sur la queue,
assez rapprochées l'une de l'autre ; caudale à deux lobes assez larges, mais
courts ; pectorales larges, très-avancées, à bord antérieur concave formant
une échancrure dans laquelle s'enfonce la partie postérieure latérale de la
tête ; ventrales développées en forme de trapèze, larges, rapprochées des
pectorales.

Appendices copulateurs peu développés.

Un seul genre.

GENRE SQUATINE — *SQUATINA* vel *RHINA*.

Y a-t-il plusieurs espèces de Squatines sur nos côtes ? Nous ne
le croyons pas. La Squatine à ocelles de C. Bonaparte n'est

qu'une variété de la Squatine commune ou de l'Ange, elle ne
présente pas de différences spécifiques nettement déterminées.
Quant à la grandeur des yeux dont le diamètre, suivant le prince
de Canino, est plus long que l'espace qui sépare l'orbite du bord
du museau, quant à leur rapprochement réciproque ou à la
moindre largeur de l'espace interorbitaire, il faut bien reconnaître que ce sont des caractères de très-peu de valeur, comme
j'ai pu m'en convaincre d'une façon positive.

J'ai examiné deux fœtus d'une même portée, l'un mâle,
mesurant 0ᵐ.232 et l'autre femelle mesurant 0ᵐ.222 ; j'ai
trouvé, sur la femelle, non-seulement le système de coloration indiqué par C. Bonaparte, mais encore les proportions
anatomiques formulées dans la diagnose de la Faune italienne
« *Oculis grandiculis, proximulis, a capitis margine minus proprio
diametro distantibus.* » Voici les proportions chez la femelle :
œil, diamètre, 0ᵐ,008 ; espace préorbitaire, 0ᵐ,008 ; espace interorbitaire, 0ᵐ,016 ; évent. diamètre, 0ᵐ,006. Chez le mâle, les
proportions étaient différentes : œil, diamètre, 0ᵐ,007 ; espace
préorbitaire, 0ᵐ,008 ; espace interorbitaire, 0ᵐ,017 ; évent. diamètre, 0ᵐ,007 ; le mâle avait les caractères donnés par le prince
de Canino dans la diagnose de l'Ange. L'œuf du mâle avait :
grand diamètre, 0ᵐ,048 ; petit diamètre, 0ᵐ,035 ; l'œuf de la femelle était plus volumineux, il avait : grand diamètre, 0ᵐ,056 ;
petit diamètre, 0ᵐ,038.

L'ANGE — *SQUATINA ANGELUS.*

Syn : 'Πίνα. Arist., trad. Camus, p. 254.
Squatina. Bel., p. 77 ; Salvian., p. 152.
De l'Ange, Rondel., liv. XII, c. xx, p. 289 ; Duham., *Pêch.*, p. 2. sect. 9, p. 294, pl. 14.
Squalus Squatina, Linn., p. 398, sp. 4 ; Bloch, pl. 116.
Le Squale Ange, Squalus squatina, Lacép., t. VI, p. 54.
Squatina vulgaris, Riss., *Ichth.*, p. 45 ; Müll. et Henl., *Plagiost.*, p. 99, pl. 35,
fig. 4, museau ; Bocage et Capello, *Poiss. Plagiost.*, p. 36.
Squatina angelus, Riss., *Hist. nat.*, p. 139 ; Blainv., *Fn. franç.*, p. 53 ; CBp., *Cat.*
nᵒ 14, *Fn. ital.*, fig. ; Canestr., *Fn. Ital.*, p. 54.
Rhina Squatina, A. Dumér., t. I, p. 464 ; Günth., t. VIII, p. 430.
The Angel, Yarr., t. II, p. 536.
Monkfish, Couch, p. 73.

N. vulg. : Ange de mer, Angelot. — Mordacle, Vendée ; Bourget, Bourgeois, Charente-Inférieure ; Martranne, Arcachon, Gironde ; Angel, Roussillon ; Antjou, Cette.

Long. : 1,00 à 1,50, quelquefois 2.00.

Le corps est déprimé, large ; ses dimensions transversales sont augmentées en raison du mode d'insertion des pectorales ; sa largeur, prise à l'angle externe des pectorales, fait un peu plus de la moitié de la longueur totale, elle est relativement plus grande chez les adultes que chez les jeunes. La queue est grosse, assez arrondie en dessus, aplatie dans sa région inférieure. La peau est rude en dessus, plus ou moins lisse en dessous. Les aiguillons de la rangée médiane du dos sont en général assez petits : ils disparaissent ordinairement chez les vieux individus.

La tête est portée sur une espèce de cou ; elle est aplatie, en forme de disque ; sa largeur, qui est à peine plus grande que sa longueur, fait un peu moins du quart de la longueur totale. La bouche est terminale, elle est très-large ; il y a trois cartilages labiaux qui sont très-développés, les deux cartilages supérieurs

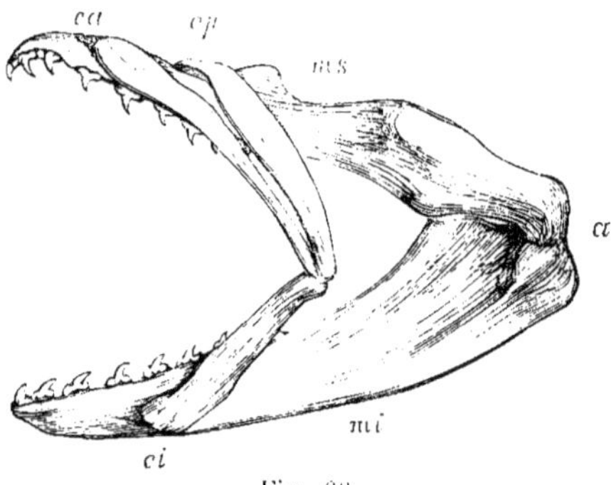

Fig. 66.

a, articulation ; ms, mâchoire supérieure ; mi, mâchoire inférieure ; ca, cartilage labial antérieur et supérieur ; cp, cartilage labial postérieur ci, cartilage labial inférieur.

viennent s'articuler avec le cartilage inférieur, et former, avec lui, l'angle de la bouche. Les dents sont triangulaires, à base large, renforcée dans la partie médiane par une espèce de petite crête ou saillie verticale ; elles sont disposées par rangées symétriques, espacées les unes des autres ; elles sont ordinairement au nombre de cinq dans chaque rangée verticale ; le nombre des rangées est en général plus grand à la mâchoire supérieure qu'à la mandibule. Chez un individu de forte taille, je compte, sur chacune des moitiés des mâchoires, dix rangées à la mâchoire supérieure, et huit seulement à la mandibule. Le nombre des rangées de dents peut varier, de Blainville en a trouvé vingt à la mâchoire inférieure, autant qu'à la mâchoire supérieure. Les deux ou trois rangées internes de la mâchoire supérieure sont plus rapprochées que les autres, elles ont des dents plus petites, et surtout à base moins large.

L'Ange a les yeux très-petits. L'iris est d'une teinte grisâtre. Le diamètre de l'œil est assez variable, il fait environ le septième de la longueur de la tête ; dans les jeunes individus il est à peu près égal à l'espace préorbitaire, dans les vieux individus il ne fait parfois que les deux tiers de l'espace préorbitaire ; il mesure à peu près la moitié de l'espace interorbitaire.

Les narines s'ouvrent en avant, sur le bord libre du museau ; elles ont les valvules découpées en franges plus ou moins nombreuses. Chez l'Ange, les valvules seraient moins divisées que chez la Squatine aiguillonnée ou ocellée ; ce caractère, indiqué par la plupart des auteurs modernes, n'a réellement pas une grande valeur. Il n'y a rien de fixe, dans le plus ou moins grand nombre de franges que présentent les valvules nasales ; plusieurs fois j'ai vu des individus ayant les valvules nasales très-frangées mêlés à d'autres qui ne montraient pas cette disposition. Enfin, j'ai examiné quatre fœtus d'une même portée, et, chez l'un d'eux, j'ai trouvé les valvules nasales plus développées et surtout plus divisées que chez les trois autres.

Quant aux évents, ils sont semi-lunaires, et leur angle interne est en dehors du prolongement du diamètre longitudinal de l'œil ; leur diamètre est variable, il est généralement plus grand que celui de l'œil chez les animaux adultes, parfois plus petit chez les jeunes.

Les fentes des ouïes sont de grandeur moyenne ; elles sont cachées par un repli de la peau et par le bord interne des pectorales ; elles ne sont pas visibles chez l'animal étendu sur le ventre. L'appareil hyoïdien est très-développé ; l'arc antérieur est surtout excessivement robuste.

Les dorsales sont à peu près de même dimension ; la seconde dorsale est un peu plus rapprochée de la première que de la caudale, au moins chez les jeunes. La caudale est aussi large que longue. Les pectorales sont en forme de quadrilatère irrégulier, à bord antérieur fort échancré se réunissant, sous un angle très-aigu, au côté externe qui est allongé et dirigé obliquement en dehors et en arrière ; le bord postérieur est légèrement échancré ; l'angle postérieur est arrondi ; la distance de l'angle antérieur à l'angle externe est d'un septième environ moins grande que la distance qui sépare l'angle antérieur de l'angle postérieur. Les ventrales sont trapézoïdes ; leur angle postérieur est allongé et finit, à peu près, au niveau de l'origine de la première dorsale.

La teinte générale, en dessus, est d'un vert brunâtre avec de petites taches plus ou moins foncées, et souvent chez les jeunes, avec des taches blanches plus ou moins nettement ocellées. Parfois, chez les jeunes encore, on voit sur chacune des pectorales deux taches noirâtres plus ou moins limitées, la tache qui est à l'angle postérieur de la nageoire est plus grande que l'autre ; il y a de plus sur les côtés de la queue des macules noirâtres. En dessous la coloration est blanchâtre.

Habitat. L'Ange se trouve sur toutes nos côtes, mais il paraît plus commun dans l'Océan que dans la Méditerranée, il est même assez rare à Cette.

La femelle porte treize à vingt petits ; d'après Aristote, elle produit deux fois par an.

Ce poisson est souvent apporté sur nos marchés ; sa chair, en général, n'est pas estimée. La peau, suivant Canestrini, est employée pour la confection des fourreaux, des étuis, et surtout pour le polissage du bois, de l'ivoire.

LA SQUATINE OCELLÉE — *SQUATINA OCULATA*. Bp.

Syn. : Squatina fimbriata. Müll. et Henl., *Plagiost.*, p. 101, pl. 35, museau. Squatina oculata. CBp., *Cat.*, n° 15, *Fn. Ital.*, fig.; Canestr., *Fn. Ital.*, p. 52. Rhina aculeata. A. Dumér., t. I, p. 485.

C'est une simple variété de l'espèce commune.

Les yeux ont leur diamètre égal au moins à celui de l'évent, et plus grand que l'espace préorbitaire.

Les valvules des narines ont leurs prolongements latéraux divisés en franges plus ou moins nombreuses.

La teinte générale est rougeâtre pâle avec des taches blanchâtres; suivant le prince de Canino. il y a sur les pectorales quatre taches noirâtres et six autres taches sur le tronc après les ventrales.

Sous-ordre des Raies, Raiinæ.

Syn. : Hypotrèmes, C. Duméril,

Corps de forme variable, le plus souvent en disque aplati; ceinture scapulaire généralement complète; premières vertèbres soudées entre elles et ne faisant qu'une seule pièce.

Tête de forme variable; bouche en dessous.

Yeux n'ayant jamais de paupière nictitante, mais pourvus le plus ordinairement d'une espèce de palmette frangée qui, en s'abaissant, diminue l'ouverture de la pupille.

Narines en dessous.

Évents constants, plus ou moins larges.

Appareil branchial; ouvertures des branchies placées à la région inférieure du corps, et toujours au nombre de cinq; lames de la première branchie portées sur la corne de l'os hyoïde.

Nageoires; dorsales variant dans leur nombre et dans leur position, manquant parfois; anale nulle; caudale de forme très-variable, manquant dans certains genres; pectorales bien développées.

Le sous-ordre des Raies se divise en trois tribus :

<pre>
         ⎧   ⎧ grosse, continuant le tronc sans
         ⎪   ⎪   ligne de démarcation........ 1. Squatinoraies.
Dorsale ⎨ double. Queue ⎨ distincte du tronc qui est tou-
         ⎪   ⎩   jours discoïde.............   2. Batides.
         ⎩ unique ou nulle....................   3. Céphaloptériens.
</pre>

TRIBU DES SQUATINORAIES — *SQUATINORALE*.

Queue grosse, charnue, faisant suite au tronc, avec lequel elle est confondue, ne présentant à son origine aucune ligne de démarcation sensible.

Nageoires ; deux dorsales ; caudale plus ou moins développée.

Cette tribu n'est composée que d'une famille, la famille des Pristidés.

Cependant je dois rappeler que différents auteurs ont signalé le Rhinobate parmi les Poissons qui vivent sur nos côtes de la Méditerranée.

De Blainville a décrit, d'après l'auteur du *Traité des Pêches*, sous le nom de Rhinobate de Duhamel, la *Raia djiddensis* de Forskal, le *Rhynchobatus lævis* de Müller et Henle, poisson qui habite la mer Rouge et la mer des Indes. (Blainv., *Fn. franç.*, p. 48.)

Duhamel, à propos du Rhinobate, dont il donne la description et la figure, dit seulement : « On m'a envoyé ce poisson sous le nom d'*Ange de mer*, à corps allongé. » Mais il n'indique pas le lieu d'où lui vient cet animal, qu'il croit de même espèce que le Rhinobate de Naples. (Duham., *Pêch.*, part. 2, sect. 9, p. 292, pl. XV, fig. 1-2.)

Enfin, d'après Companyo, la Raie rhinobate se trouve sur la côte du Roussillon. « On la porte très-communément sur nos marchés. Elle est recherchée pour la bonté de sa chair. C'est l'espèce qui, par sa forme, se rapproche le plus de l'Ange. » (D' L. Companyo, *Hist. natur. du départ. des Pyrénées-Orientales*, t. I, p. 363.) Quel peut être ce poisson indiqué sous le nom de Raie rhinobate ?

Il n'est pas impossible que le Rhinobate de Colonna se rencontre par hasard sur nos côtes.

Famille des Pristidés, Pristidæ.

Le mot πρίστης se trouve dans Aristote ; il a été employé pour désigner non pas un poisson, mais un cétacé.

Corps assez semblable à celui des Squales, allongé, déprimé en avant, plus ou moins arrondi en arrière ; queue grosse, continuant le tronc sans ligne de démarcation distincte ; peau couverte de petites scutelles.

Tête ; museau déprimé, prolongé en lame aplatie, portant de chaque côté une série de pièces osseuses, de dents pointues, espacées, plus ou moins nombreuses suivant les espèces ; bouche transversale ; dents petites, plates ; pas de cartilages labiaux ni de plis cutanés.

Yeux latéraux.

Narines en dessous ; valvule nasale antérieure triangulaire.

Évents larges, en arrière des yeux.

Appareil branchial ; fentes des ouïes assez petites, en dedans de la base des pectorales.

Nageoires ; première dorsale au-dessus, ou peu s'en faut, de la base des ventrales ; pectorales libres, séparées des cartilages de la tête, éloignées des ventrales.

GENRE SCIE — *PRISTIS*, Latham.

Ce genre se compose de deux espèces qui se distinguent, l'une de l'autre, par la différence dans le nombre des dents que porte la scie ou le prolongement rostral.

Dents au nombre de | vingt paires au plus............ 1. S. DES ANCIENS.
| vingt-quatre paires au moins... 2. S. PECTINÉE.

Avant d'indiquer le caractère appartenant à chacune de ces espèces, il nous semble nécessaire de faire connaître la disposition du prolongement rostral.

Scie. Ce prolongement singulier, qu'on a comparé, en raison de sa forme, à une lame de scie dentelée sur les deux bords, acquiert un grand développement ; il mesure environ le tiers ou le quart de la longueur du corps ; il est muni latéralement d'appendices osseux, pointus, enfoncés comme des dents, et maintenus, au moyen de racines plus ou moins grosses, dans des espèces d'alvéoles.

Suivant Agassiz : « La position de ces dents donne une assez grande vraisemblance à l'opinion qui envisage le bec comme formé par l'ethmoïde, bordé par les intermaxillaires et les maxillaires supérieurs, et les mâchoires comme formées par les palatins. » (Agass., *Poiss. foss.*, t. III, p. 382 *, pl. 41.) Cuvier considère, il est vrai, la mâchoire supérieure, chez les Plagiostomes, comme étant constituée par les palatins, mais il a, sur la composition de la scie, une opinion complétement différente de celle d'Agassiz, opinion basée sur les faits anatomiques. « Cet énorme prolongement de museau semble n'être, dit-il, comme celui de certaines Raies, que l'exagération de ces productions vomérienne et ethmoïdale que nous avons observées dans les Squales. » (Cuv., *Anat. comp.*, t. II, p. 670.)

La manière de voir de Cuvier est parfaitement juste ; il est facile de le constater, en examinant d'abord ces prolongements cartilagineux du museau, dans les Squales, l'Oxyrhine, le Bleu par exemple, puis en étudiant les mêmes parties dans certaines Raies à long bec, telles que la Raie batis et surtout la Raie macrorhynque. Ces cartilages sont très-variables dans leur forme et dans leur disposition ; chez les Squales, ils représentent les arêtes d'une pyramide triangulaire ; chez les Raies, ils ne font plus une pyramide, mais une lame aplatie, constituée en dessous par la production vomérienne et en dessus par les productions ethmoïdales ; enfin dans les Pristidés, ils sont enroulés en tubes qui vont, en s'effilant, jusqu'à l'extrémité du bec ; ils sont enfermés dans une enveloppe cartilagineuse très-résistante, plus ou moins ossifiée, ou plutôt solidifiée par le dépôt de sels calcaires, principalement à la surface et au voisinage des alvéoles.

Le professeur A. Duméril a donné une coupe de prolongement rostral qui fait parfaitement comprendre l'arrangement des divers cartilages. (V. A. Duméril, t. I, pl. 9, fig. 7. Coupe transversale du bec de la Scie des anciens.)

Les Scies sont ovovivipares.

LA SCIE DES ANCIENS — *PRISTIS ANTIQUORUM.*

Syn. : Pristis antiquorum, Latham, *Transact., Linn. Soc.*, 1794, t. II, p. 217, pl. 26, fig. 1 ; Blainv., *Fn. franç.*, p. 50 ; Müll. et Henl., *Plagiost.*, p. 106, pl. 60 ; A. Dumér., t. I, p. 473, pl. 9, fig. 1, scie ; CBp., *Cat.*, n° 43 ; Günth., t. VIII, p. 438 ; Canestr., *Fn. Ital.*, p. 51.

Long. : 2,00 à 4,00.

Il est inutile de rappeler la forme générale du poisson qui a, nous le savons, du rapport avec celle des Squales.

Chez cet animal, la scie ou le prolongement rostral est beaucoup plus large que dans l'autre espèce ; la largeur, mesurée à la base de la scie, fait à peu près le cinquième de la longueur. Le bec est assez épais ; il est armé de chaque côté de seize à vingt dents qui se correspondent d'une façon à peu près régulière ; il y a parfois une dent en plus d'un côté ; sur deux grandes scies ayant l'une 1^m,30 et l'autre 1^m,31 de longueur, je compte à droite dix-sept et dix-huit dents et à gauche dix-huit et dix-neuf. Les dents sont épaisses à la base surtout, elles sont fortes et assez longues ; la dent la plus développée avait dans l'une des scies 0^m,094 de longueur en dehors de l'alvéole. Le bord antérieur des dents est mince et légèrement convexe ou courbé en arrière ; le bord postérieur est plus épais, il est droit, il est creusé d'un sillon qui devient plus profond chez les adultes, et qui est parfois peu marqué chez les jeunes.

La première dorsale commence à peu près au même niveau que les ventrales.

La teinte est d'un gris plombé ou brunâtre en dessus, gris jaunâtre en dessous.

Habitat : Méditerranée, accidentellement. « La Scie se voit rarement sur nos côtes ; elle se tient dans la haute mer ; cependant, en poursuivant les Poissons voyageurs, elle vient se faire prendre quelquefois dans les filets tendus non loin du rivage. » Dr L. Companyo, *Hist. nat., Pyrén.-Orient.*, t. III, p. 362.) Cette espèce serait, d'après l'auteur que nous venons de citer, la « *Pristis antiquorum*, Lath. »

LA SCIE PECTINÉE — *PRISTIS PECTINATUS*, Latham.

Syn. : Vivelle ou Scie, *Serra, Pristes* de Rondelet. Duham.. *Pêch.*, part. 2e, sect. 9, p. 331, pl. 25, fig. 3-5. Dents, 24 à 25 paires.
Pristis sive Serra piscis. Willugh., p. 61, pl. B. 9, fig. 5, mauv.
? Squalus pristis. Bloch, p. 37, pl. 120.
Pristis pectinatus. Latham, *Transact.. Lin.. Soc.* Lond., 1794, t. II, p. 278, pl. 26, fig. 2.
Le Squale Scie, Squalus pristis. Lacép., t. VI, p. 13, pl. 65, fig. 1.
? Scie pectinée, Pristis pectinata. Blainv.. *Fn. franç.*, p. 51 ; Riss., *Hist. nat.*, p. 141.
Pristis pectinatus. Müll. et Henl., *Plagiost.*, p. 109 ; A. Dumér.. t. I. p. 475 ; Günth., t. VIII, p. 437 ; CBp.. *Cat.*, n° 41.

Long. : 2,00 à 4,00.

Le bec est relativement plus étroit que dans l'autre espèce, sa plus grande largeur étant comprise sept à huit fois dans sa longueur ; il est aussi plus long et plus mince ; il est armé de dents plus nombreuses, plus grêles, plus courtes et beaucoup moins cannelées sur leur bord postérieur. Le nombre des dents varie de vingt-quatre à trente et même trente-quatre paires; il y a rarement vingt-quatre paires de dents. Sur une scie longue de $0^m,92$ la dent la plus développée mesurait $0^m,038$, c'était la cinquième du côté gauche. La coloration est d'un gris brunâtre en dessus, d'un gris plus ou moins jaunâtre en dessous.

Habitat : Méditerranée, Nice. Duhamel a positivement trouvé cette espèce dans la Méditerranée. « On prend de ces poissons fort petits ; j'en ai un dans mon cabinet que j'ai apporté de Provence, dont le corps n'a que deux pieds de longueur, et son espadon ou sa scie sept pouces et demi ; elle a vingt-cinq dents ou crochets. » (DUHAMEL, *loc. cit.*, p. 331.)

TRIBU DES BATIDES — *BATIDES.*

Corps ou plutôt partie antérieure du corps et pectorales formant une espèce de disque ; queue distincte du tronc, à carène latérale ou repli cutané.

Nageoires; dorsales sur la queue ; pectorales développées, s'étendant jusqu'aux ventrales.

Cette tribu renferme deux familles :

	grosse, nue ; caudale bien développée ; ventrales entières....................................	1. TORPÉDIDÉS
Queue	grêle, armée d'épines ; caudale nulle ou peu développée ; ventrales divisées en deux lobes.	2. RAIIDÉS.

Famille des Torpédidés, Torpedidæ.

Corps ayant la forme d'un disque ; queue courte, grosse, charnue, avec un repli de chaque côté ; peau lisse et nue.

Tête; museau non proéminent.

Narines; valvules nasales internes ou antérieures larges, confluentes, attachées en dedans par un frein médian, et formant en dehors un lobe unique, à bord postérieur à peu près complétement libre vers la mâchoire supérieure.

Nageoires; ceinture scapulaire non soudée au rachis ; pectorales grandes, allant jusqu'aux ventrales.

Appareil électrique très-développé.

GENRE TORPILLE — *TORPEDO*, C. Dumér.

Corps; disque généralement plus ou moins arrondi, à bord antérieur quelquefois droit ou un peu échancré.

Tête; bouche peu fendue; mâchoires garnies de petites dents aiguës.

Yeux petits; espace interorbitaire plus ou moins large.

Évents petits; rapprochés du bord postérieur des yeux, et placés à peu près sur la même ligne; nus ou pourvus de petites franges sur leur contour.

Nageoires; deux dorsales; la première, qui est la plus développée, est à peu près au-dessus ou très-peu en arrière des ventrales; caudale développée, triangulaire et presque symétrique; ventrales arrondies, entières.

Le genre Torpille se compose de trois espèces :

Évents	circulaires ou ovales. Sur le disque une ou plusieurs grandes taches arrondies et le plus souvent ocellées............................	nulles.........	1. T. MARBRÉE.
		très-visibles, au nombre de cinq le plus souvent.....	2. T. A TACHES.
	réniformes, grands, sans tentacules...............		3. T. DE NOBILI.

Il est inutile de rappeler que les Torpilles sont ovovivipares, qu'elles sont pourvues d'un appareil folliculaire nerveux, découvert par Savi (V. p. 74); mais il nous semble nécessaire de donner une courte description de l'appareil électrique, avant de faire l'histoire des espèces.

Appareil électrique. — Il est des plus curieux à étudier; il a été, il est, il sera probablement longtemps encore un sujet de recherches intéressantes, mais difficiles, pour le physicien, pour le physiologiste et pour l'anatomiste.

L'organe électrique est pair, réniforme, épais; il est entouré d'une membrane fibreuse, et logé, de chaque côté du corps, dans un espace circonscrit par la tête, par les pectorales et par les branchies; il est recouvert, en dessus et en dessous, par la peau seulement.

Il est composé de nombreuses colonnettes verticales, prismatiques, pentagonales ou hexagonales. Chacune de ces colonnettes est divisée en cellules par des membranes transversales, ou plutôt par des espèces de diaphragmes. Ces diaphragmes sont isolés les uns des autres par une humeur transparente; ils sont excessivement nombreux, Pacini en compte environ cinquante dans un millimètre de hauteur.

Les prismes électriques sont indépendants, séparés les uns des autres par des cloisons auxquelles ils ne sont pas adhérents, excepté vers les angles, comme le fait observer Pacini. Les points d'adhérence, d'après cet anatomiste distingué, semblent constitués par les vaisseaux et les nerfs qui des cloisons pénètrent dans les colonnettes. De sorte qu'avec un peu d'attention on peut enlever un prisme de la loge qu'il occupe.

L'organe électrique est pourvu de cinq troncs nerveux. Ces nerfs viennent : le premier de la cinquième paire, les suivants du pneumogastrique. Ils ont, de Blainville l'a démontré, des propriétés semblables à celles que possèdent les nerfs moteurs; chez eux la direction du courant est centrifuge. Ils envoient dans les prismes électriques des rameaux, qui, après s'être divisés et subdivisés en ramuscules très-déliés, vont se terminer, en formant des réseaux excessivement fins, à la face inférieure des diaphragmes.

Quelle est la disposition du réseau nerveux terminal? Le problème n'est pas encore complétement résolu. Et cependant il y a plus de trente ans que Matteucci faisait appel à la science des histologistes; l'anatomie microscopique, disait-il, peut rendre un grand service à la physique, en étudiant l'organe électrique des poissons et surtout en indiquant d'une manière précise la distribution des filets nerveux dans l'organe.

Depuis cette époque de nombreux travaux ont été publiés sur l'appareil électrique des Torpilles ; il nous est impossible d'exposer le résultat des recherches faites par de très-habiles anatomistes, parmi lesquels nous citerons P. Savi, R. Wagner, Pacini, Kölliker, M. Schultze, Remack, Boll, Ciaccio, Rouget, Ranvier.

Suivant le Prof. Ciaccio, chaque diaphragme est formé de deux lames qui sont intimement unies sur les pièces fraîches, mais qui deviennent séparables sur les pièces soumises à une longue macération dans la glycérine. La lame supérieure ou dorsale est assez solide, assez résistante, elle porte les vaisseaux sanguins; la lame inférieure ou ventrale est très-finement granuleuse, très-facile à déchirer, et c'est seulement sur ou dans cette lame que se distribuent et se terminent les fibres nerveuses. De sorte que, suivant l'opinion de l'auteur, l'une de ces lames pourrait justement s'appeler *vasculaire* et l'autre *nerveuse*... La distribution des fibres nerveuses dans chaque diaphragme est représentée par une série de réseaux nerveux, dont le plus superficiel est constitué par des fibres nerveuses médullaires ; les autres réseaux sont composés entièrement de fibres pâles, et le réseau vraiment terminal est intimement uni à la substance granuleuse particulière dont est formée la lame ventrale de chacun des diaphragmes des prismes électriques. Cette lame ventrale, en raison de ses parties constituantes, en raison de ses rapports avec le réseau final des fibres nerveuses pâles, doit être regardée comme une grande plaque nerveuse terminale, semblable à la plaque excito-motrice qui se trouve dans la fibre musculaire striée de la Torpille. (V. G. V. Ciaccio, *Int. fin. distrib. nerv. org. elett. torped. Archiv. zool. anat.* ; Canestr. 1870, sér. 2, t. II, p. 6-9.)

Quel est l'état électrique de ces lames ou de chacune des faces des diaphragmes?

Dans la Torpille, le courant électrique a une direction verticale avec le pôle positif en haut ou à la face dorsale et le pôle négatif en bas ou à la face ventrale : la face supérieure du diaphragme est *positive*, tandis que la face inférieure, à laquelle se rendent les fibres nerveuses, est *négative*. PACINI, *Sperim. org. elett. Gimn.... Pese. elett.*, 1852, p. 9.

D'après Matteucci, c'est Walsh qui le premier, vers 1773, démontra, mais d'une manière incomplète, que le dos et le ventre ou les deux faces de l'organe ont un état électrique contraire. M. Becquerel, en 1835, a fixé, avec précision, la direction du courant qui forme la décharge. MATTEUC... *Traité phén. électro-physiol.*, 1844, p. 112-113.)

Matteucci a comparé la commotion que peut faire ressentir une Torpille « à celle d'une pile à colonne de cent à cent cinquante couples, chargée avec de l'eau salée. » *Loc. cit.*, p. 113. Il a modifié, d'une façon ingénieuse, l'appareil de Faraday, pour obtenir l'étincelle de la décharge de la Torpille.

Le D. Arm. Moreau a fait également, sur la Torpille, des expériences très-intéressantes dont il a publié le résultat dans les *Annales des sciences naturelles* (1862, t. XVIII). Notre savant confrère a constaté un phénomène des plus remarquables; les nerfs électriques, bien qu'ayant des propriétés semblables à celles des nerfs moteurs, s'en distinguent sous un rapport : « Dans la Torpille empoisonnée par le curare, les nerfs électriques conservent leur activité physiologique longtemps encore après que les nerfs musculaires ont perdu leur propriété d'exciter le tissu musculaire. » *Loc. cit.*, p. 21.

Malgré leur appareil électrique, les Torpilles ne sont pas à l'abri des attaques de certains animaux, en quelque sorte parasitaires. Bien souvent, nous avons vu des branchellions fixés, en grand nombre, aux téguments de la Torpille marbrée que nous allons décrire.

LA TORPILLE MARBRÉE — *TORPEDO MARMORATA*, Riss.

Syn. : TORPEDO. Bel., p. 89, 90, 91.

TORPILLE, troisième, quatrième espèce. Rondel., liv. XII, c. XVIII, p. 287.

DE LA TORPILLE. Duham., *Pêch.*, part. 2ᵉ, sect. 9, p. 286, pl. 13, fig. 1-3.

TORPILLE MARBRÉE. Torpedo marmorata. Riss., *Ichth.*, p. 20, fig. 4, *Hist. nat.*, p. 143, fig. 9; Blainv., *Fn. franç.*, p. 15, pl. 9, variété; Cuv., *Règ. an. ill.*, pl. 116, fig. 1, anim., fig. 2-3, app. électriq.

TORPILLE DE GALVANI, Torpedo Galvani. Riss., *Ichth.*, p. 21, fig. 5, *Hist. nat.*, p. 144.

TORPEDO MARMORATA. Müll. et Henl., *Plagiost.*, p. 128; A. Dumér., t. I, p. 588; Günth., t. VIII, p. 450.

TORPEDO GALVANII. CBp., *Cat.*, n° 35, *Fn. ital.*, fig.; Canestr., *Fn. Ital.*, p. 53.

THE OLD BRITISH TORPEDO. Yarr., t. II, p. 539.

RAIA TORPEDO. Linn., p. 395, sp. 1; Blainv., *Fn. franç.*, p. 44; Torpedo. Couch. t. I, p. 119; ces auteurs considèrent la Torpille marbrée et la Torpille à taches comme ne formant qu'une seule espèce.

N. vulg. : Tremble, Tremblard, Tremblant et quelquefois Trembleux, Vendée, Charente-Inférieure; Arounce-Bras, Biarritz; Galina, Endourmidounjda, Cette; Dourmiglioua, Tremoulina, Nice.

Long. : 0,35 à 0,50 et même 1,00.

Cette Torpille, je l'ai constaté bien souvent, a des formes assez variables. Le disque est le plus ordinairement à peu près circulaire, avec le bord antérieur soit rectiligne, soit légèrement concave; parfois il est ovale, et les bords latéraux sont peu convexes. le diamètre transversal est relativement moins grand; cette disposition se rencontre souvent sur les Torpilles des côtes de la Vendée, et surtout des Sables-d'Olonne. Dans la plupart des cas la longueur du disque, prise du bout du museau à l'origine de la première dorsale est un peu plus grande que la largeur. elle fait environ les deux tiers de la longueur totale. Le disque est légèrement convexe.

La bouche est médiocrement fendue; sa largeur dans les grands sujets est d'un quart moindre que l'espace préoral. Les mâchoires sont garnies de petites dents triangulaires à pointe très-acérée.

Les yeux sont petits; le diamètre de l'œil fait le tiers à peu près. quelquefois seulement le quart de l'espace préorbitaire et la moitié de l'espace interorbitaire ou même un peu moins.

À leur angle antérieur, les narines sont séparées, l'une de l'autre. par une distance égale ou peu s'en faut à la largeur de la bouche; leur valvule confluente est maintenue par un frein médian.

En arrière des yeux se trouvent les évents, qui sont ovales; leur grand diamètre est égal au diamètre de l'œil, il est ordinairement un peu plus long que l'espace qui sépare l'œil de l'évent. Sept à huit tentacules sont attachés sur le bord du spiracule.

La première dorsale est au-dessus, quelquefois un peu en arrière de l'insertion des ventrales; sa largeur à la base n'est pas ordinairement tout à fait la moitié de sa hauteur; la seconde dorsale est un peu moins développée que la première, mais sa largeur fait la moitié et plus de sa hauteur. La caudale est à peu près régulière, elle est bien développée, elle est, ou peu s'en faut, aussi large que longue; elle est rapprochée de la seconde dorsale. Les ventrales sont assez longues, elles finissent au niveau de l'espace qui sépare les dorsales.

La teinte est très-variable, il nous semble inutile de longuement décrire les différents systèmes de coloration ; tantôt il n'y
a pas de taches sur la peau, qui est d'un jaune rougeâtre en dessus et d'un blanc légèrement roussâtre en dessous ; tantôt la
peau est en dessus d'un gris assez clair avec des marbrures si-
nueuses brunâtres, des taches brunes plus ou moins nombreuses, quelquefois encore avec des taches blanches, la face ventrale est d'un blanc rougeâtre.

La Torpille ou plutôt la variété sans taches est plus commune
que l'autre aux Sables-d'Olonne ; elle répond à la Torpille de
Galvani de Risso.

Habitat. Cette Torpille est excessivement rare dans la Manche, elle a été
trouvée dans le Pas-de-Calais, Boulogne, dans la baie de Somme, sur quelques points de la côte de Normandie, le Havre ; elle n'est pas signalée dans le
catalogue des Poissons de mer observés à Cherbourg en 1858 et 1859, par
M. Jouan. Elle est assez rare dans le nord de la Bretagne. Elle devient moins
rare dans l'Océan sur les côtes de Bretagne ; elle est assez commune à partir
de la Loire, elle est même relativement très-commune dans la Vendée, aux
Sables-d'Olonne, commune dans la Charente-Inférieure ; elle est assez souvent
pêchée dans le golfe de Gascogne ; elle est commune dans la Méditerranée,
Roussillon, Languedoc, Provence.

Proportions : Torpille femelle : long. totale 0,50 ; disque, larg. 0,325, long.
du museau à première dorsale 0,34.

Bouche, larg. 0,030, espace préoral 0,040 ; œil, diamètre 0,011, espace préorbit. 0,035, esp. interorbit. 0,024 ; évent, grand diam. 0,011, distance qui le
sépare de l'œil 0,008.

LA TORPILLE A TACHES — *TORPEDO OCULATA*, Bel.

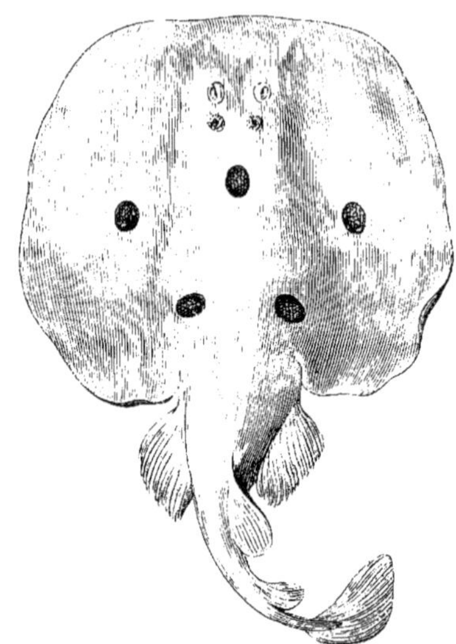

Fig. 67.

Syn. : Torpedo oculata. Bel., p. 92-93 ; Müll. et Henl.. *Plagiost.*, p. 127 ; A. Dumér., t. I, p. 506.

Torpille. première. deuxième espèce. Rondel.. liv. XII. c. xviii, p. 285-286.

Torpedo. Salvian.. p. 142-144.

Raia torpedo. Bloch. pl. 122.

Torpille vulgaire. Torpedo Narke. Riss.. *Ichth.*. p. 18. *Hist. nat.*, p. 142.

Torpille a cinq taches (var.). Blainv.. *Fn. franç.*. p. 45. pl. 10, fig. 2.

Torpille a une tache. Torpedo unimaculata. Riss.. *Ichth.*. p. 19, fig. 3, *Hist. nat.*, p. 143. fig. 8 ; Blainv., *Fn. franç.*. p. 45. variété.

Torpedo Narce. CBp.. *Cat.*, n° 34. *Fn. ital.*. fig.; Günth.. t. VIII. p. 449 ; Canestr., *Fn. Ital.*, p. 53.

N. vulg. : Galina, Cette ; Tremoulina, Dourmigliousa, Nice.

Long. : 0,35 à 0,60.

La Torpille à taches présente des formes à peu près semblables à celles de la Torpille marbrée, et de Blainville regardait
ces deux Torpilles ainsi que la Torpille à une tache comme étant
des variétés d'une même espèce. Le nombre des taches ne suffit
pas assurément pour faire, comme le pensait Risso, des espèces

particulières ; mais, d'un autre côté, il nous semble que certains caractères, parfaitement définis, à part le système de coloration, distinguent nettement la Torpille à taches de la Torpille marbrée.

Le disque de la Torpille à taches est à peu près arrondi, excepté sur le bord antérieur, qui est droit ou légèrement échancré : son diamètre transverse est un peu plus long que la distance qui sépare le bout du museau de la fin des pectorales, il est égal à la longueur de la ligne menée du museau à la première dorsale. Il paraît, en général, plus régulier, moins variable que celui de la Torpille marbrée.

La bouche est assez large et les mâchoires sont garnies de petites dents très-pointues.

Les yeux sont peu développés. Le diamètre de l'œil fait un peu moins du tiers de l'espace préorbitaire ; il est un peu plus grand que celui de l'évent.

Quant aux évents, ils sont à peu près circulaires, ils ne sont pas munis de tentacules chez les individus de grande taille ; ils ont chez les jeunes sept à huit tentacules excessivement réduits. Ces tentacules sont placés sur les bords latéraux et sur le bord postérieur de l'évent ; au bord antérieur du spiracule est attaché un petit repli valvulaire. La distance qui sépare l'œil de l'évent est égale au diamètre de l'œil.

La première dorsale est d'un tiers environ plus développée que la seconde ; la caudale est d'un tiers plus longue que large, c'est du moins la proportion que j'ai trouvée chez un jeune mâle.

La teinte générale est jaunâtre ou brun rougeâtre en dessus, avec de larges taches, et d'un blanc grisâtre en dessous, excepté sur les bords qui montrent la coloration de la face supérieure. Il y a beaucoup de variétés tant dans le nombre que dans la disposition des taches. Ainsi, parmi les Torpilles de cette espèce, les unes, et ce sont les plus communes, ont cinq taches, d'autres en montrent six, sept ; d'autres ne portent qu'une seule tache, il en est même qui ne sont marquées d'aucune tache, mais c'est une exception fort rare, et assurément le système de coloration n'est pas suffisant pour donner des caractères spécifiques bien déterminés, d'une grande valeur. Les taches sont presque toujours ocellées, le centre est d'un bleu plus ou moins foncé avec un cercle plus clair (V. Bélon, p. 93, première espèce de Rondelet, p. 285); ou bien les taches sont d'une teinte uniforme (comme dans la deuxième espèce de Rondelet, p. 286). Outre ces taches foncées, il y en a souvent d'autres plus petites, blanchâtres, plus ou moins arrondies.

Habitat : Océan, excessivement rare, golfe de Gascogne, Bayonne ; Lennier, dans le catalogue des Poissons de la Manche, cite la Torpille à taches et non la Torpille marbrée, il y a probablement confusion. Méditerranée, la Torpille à taches est beaucoup plus rare que l'espèce précédente ; rare, Cette ; assez rare, Nice.

TORPILLE DE NOBILI — *TORPEDO NOBILIANA*, Bp.

Syn. : Torpedo Walshii. Thompson. *Ann. and Magaz. nat. hist.*. 1840, t. V, p. 292.
Torpedo nigra. Guichenot. *Explor. scient. Algér. Poissons*, p. 131. pl. 8.
Torpedo nobiliana. CBp., *Cat.*, n° 36, *Fn. ital.*, fig.; A. Dumér., t. I, p. 512 ;
Canestr., *Fn. Ital.*, p. 50.
Torpedo hebetans. Günth.. t. VIII. p. 449.
The New British torpedo. Yarr., t. II. p. 544.

Long. : 0,50 à 1,00 et plus.

Cette espèce, que le prince de Canino a dédiée au professeur Nobili, est facile à distinguer des deux autres.

Le disque présente une particularité que l'observateur constate immédiatement ; il est échancré sur les côtés, vis-à-vis des yeux, en sorte qu'il paraît formé de deux portions de disques inégaux ; une ligne horizontale passant par les yeux est la ligne de jonction de ces deux segments.

Les yeux sont petits, ils sont généralement entourés d'une bande d'un blanc sale.

Les évents sont réniformes, ils sont plus grands que les yeux, ils ne montrent, à leur pourtour, ni franges ni tentacules.

La première dorsale est deux fois plus développée que la seconde.

Quant au système de coloration, il paraît aussi varier, comme

dans les autres espèces, il est ordinairement d'un rouge noirâtre
en dessus, d'un blanc rosé en dessous.

Habitat : Méditerranée, très-rare ; Océan, Manche, accidentellement.

Famille des Raiidés, Raiidæ.

Corps rhomboïdal, aplati, très-large ; queue grêle, déprimée, ayant de
chaque côté un repli cutané, et portant presque toujours une ou plusieurs
rangées d'aiguillons plus ou moins développés ; peau rarement tout à fait
nue, le plus souvent couverte d'aspérités, d'épines de forme et de grandeur
variables.

Tête ; museau formant un angle plus ou moins allongé ; bouche en dessous, sans cartilages labiaux, armée de dents nombreuses, mousses ou pointues, suivant les espèces et même suivant l'âge et le sexe.

Yeux pourvus d'une palmette frangée, qui peut diminuer, plus ou moins
le champ de la pupille.

Narines en dessous ; valvules nasales réunies.

Évents en dessus ; larges, très-rapprochés des yeux, servant surtout à
l'inspiration.

Nageoires ; pectorales très-grandes, s'avançant de chaque côté de la
tête, mais n'atteignant pas l'extrémité du museau, se prolongeant en arrière
jusqu'aux ventrales ; ceinture scapulaire soudée au rachis et formée de trois
pièces paires : 1° *surscapulaire*, cette pièce est en forme de quadrilatère, elle
est soudée sur le rachis à celle du côté opposé ; 2° *scapulaire* souvent confondu avec le surscapulaire ; 3° *coracoïdien* (ou *furculaire* Ét. Geof.-Saint-
Hilaire ; *humérus*, Cuvier), il est soudé sur la ligne médiane à celui du côté
opposé, faisant ainsi une barre transversale. Le scapulaire et le coracoïdien
se divisent chacun en trois prolongements qui s'articulent entre eux et forment, par leur jonction, des espèces d'arcades supportant les pièces cartilagineuses analogues des pièces du carpe ou plutôt du métacarpe.

Les métacarpiens sont au nombre de trois ou plutôt de quatre : 1° métacarpien antérieur, il se compose de trois pièces, une pièce basilaire ou métacarpien proprement dit et deux ou trois pièces ou métacarpiens surnuméraires ;
la pièce basilaire s'articule avec le prolongement antérieur du scapulaire et
du coracoïdien, elle constitue avec une partie du premier métacarpien surnuméraire la paroi externe de la chambre branchiale, le second métacarpien
surnuméraire est peu développé, il s'articule avec le cartilage latéral de la
tête ; 2° métacarpien moyen, il est articulé avec le prolongement médian du
scapulo-coracoïdien, et en avant avec la pièce basilaire du métacarpien antérieur ; 3° métacarpien postérieur, il est composé de deux pièces : sa pièce
basilaire est articulée avec le prolongement postérieur du scapulo-coracoïdien, elle est longue, développée ; l'autre est courte, assez faible. — Entre le
métacarpien moyen et le métacarpien postérieur, se trouve une traverse

cartilagineuse, espèce de métacarpien intermédiaire, qui unit le prolongement moyen au prolongement postérieur scapulo-coracoïdien, et fait une espèce d'arcade sur laquelle viennent s'articuler quelques rayons de la pectorale. — Les autres rayons de la nageoire sont insérés sur la longue chaîne des métacarpiens.

Ventrales bien développées, divisées en deux lobes, à rayons portés sur deux pièces qui s'articulent avec les apophyses de la ceinture pelvienne, la pièce antérieure est un cartilage « qui a la forme générale d'un fémur, et qui ne porte que deux ou trois rayons, » la pièce postérieure « ressemble un peu à un tibia et porte par son extrémité et par son bord antérieur une vingtaine de rayons qui constituent la nageoire... C'est à ce dernier os long (pièce postérieure) que s'articule de chaque côté, dans les mâles, l'os de la verge, qui prend la place du rayon interne. » (Cuv., *Anat. comp.*, t. I, p. 573.)

Deux dorsales reculées vers l'extrémité de la queue; caudale nulle ou peu développée, et n'atteignant pas toujours la pointe de la queue, ressemblant plutôt à une troisième dorsale qu'à une vraie caudale, elle est formée par un simple repli de la peau.

GENRE RAIE — *RAIA*, Cuv.

Tête; museau ayant son extrémité complétement libre, non enveloppée par le prolongement des pectorales.

Nageoires; ventrales divisées en deux lobes.

Les Raies sont ovipares; les œufs sont en forme de quadrilatère allongé avec les angles terminés en cornes développées; cette disposition les a fait comparer, par les pêcheurs de la côte de Cumberland, à des civières, ils portent en effet dans le pays le nom de *Skate-barrows*. Ces productions cornées, qui se trouvent souvent sur les plages, et qui sont appelées *coussinets*, *châtaignes de mer*, et même parfois *rats de mer*, ne sont autre chose que des coques d'œufs de Raies.

Les mâles adultes portent généralement plusieurs rangées d'aiguillons sur le côté du museau et vers l'angle externe des pectorales; ils ont des appendices copulateurs qui présentent des modifications dans leur forme et même dans le nombre de leurs pièces constituantes.

La longueur de la queue est ordinairement, proportion gardée, plus grande chez les jeunes individus que chez les individus adultes.

Le professeur Ch. Robin a découvert, dans la queue des Raies, un organe fusiforme qu'il a comparé à un appareil électrique. (Robin, Thèse de zool., *Recherch. sur un appareil qui se trouve sur les... Raies,* 1847.)

Cet appareil est constitué par un assemblage de disques prismatiques. Il ne reçoit pas de rameaux du pneumogastrique. Ses nerfs lui viennent de la moelle épinière; ils lui sont exclusivement destinés: ils ne donnent jamais de filets ni aux muscles, ni à la peau. (*Loc. cit.*, p. 57, 67.)

Le crâne des Raies est déprimé; en arrière il a la forme d'un parallélipipède irrégulier rétréci dans sa partie moyenne; en avant il se termine par une lame rostrale plus ou moins prolongée. Il présente, à sa région supérieure, un espace très-large fermé seulement par une membrane; c'est une sorte de fontanelle qui est séparée, par une traverse cartilagineuse, d'une autre fontanelle limitée latéralement par les processus ethmoïdaux. Les capsules nasales font de chaque côté une saillie prononcée. Le rostre est formé par les processus ethmoïdaux et par le processus vomérien.

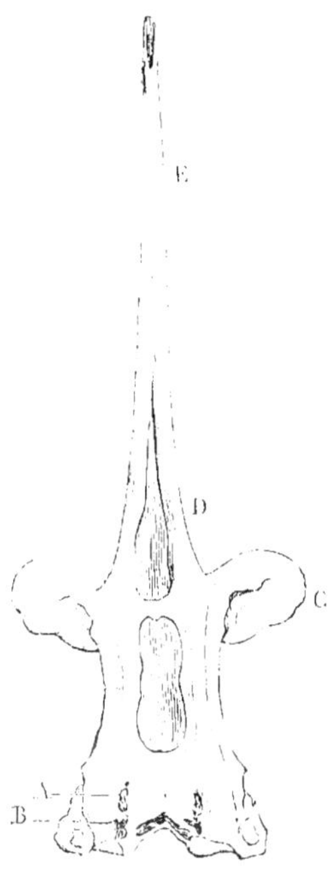

Fig. 68. — *Crâne de Raie à bec allongé.*

A, orifice du labyrinthe membraneux; B, orifice du labyrinthe cartilagineux; C, capsule nasale; D, processus ethmoïdal; E, lame rostrale.

Le genre Raie compte un assez grand nombre d'espèces, que nous allons déterminer dans le tableau suivant:

Boucles sur la peau

plus ou moins nombreuses et à base en forme de....
bouton................................. 1. R. BOUCLÉE.
cône radié............................. 2. R. RADIÉE.

nulles. Milieu de la queue portant des aiguillons. Museau

nu. Aiguillons de chaque côté de la queue sur....
deux rangées......................... 3. R. CIRCULAIRE.
une seule rangée. .... 4. R. CHAGRINÉE.

à peine plus grande que l'espace préorbitaire. 5. R. OXYRHYNQUE.

allongé ; la ligne, menée du bout du museau à l'angle externe de la pectorale, passe en dehors du bord antérieur du disque. Dents pointues. Orifices des tubes de Lorenzini, à la face ventrale,

marqués de noir. Largeur du museau au niveau du bord antérieur de l'orbite l'espace préorbitaire. Dents d'un quart au moins plus grande que
très-serrées, à base plus large que longue................. 6. R. MACRORHYNQUE.
espacées, assez étroites, à base plus longue que large....... 7. R. BATIS.

non marqués de noir. Pectorales
non bordées de noir.................... 8. R. BLANCHE.
bordées de noir........................ 8'. R. bordée.

très-petit, beaucoup moins grand que l'évent. Dents sur
35 à 60 séries......................... 9. R. A PETITS YEUX.
80 séries.............................. 10. R. A QUEUE COURTE.

assez court, la ligne menée du bout du museau à l'angle de la pectorale coupe le bord antérieur du disque. Œil

aussi grand ou plus grand que l'évent. Museau

coupé carrément; dents obtuses; tache ocellée sur la pectorale................... 11. R. RAPE.

pointu. Tache ocellée sur la pecto-rale
bien dessinée, à centre rougeâtre ;
nulle....... 12. R. MIRAILLET.
autre tache une....... 13. R. A QUATRE TACHES.
noirâtre.................... 14'. R. miroir.

nulle. Bandes ondulées sur le disque
nulles........ 60 au plus.. 14. R. PONCTUÉE.
Aiguillons formant une ligne sur le sourcil
Dents au nombre de 70 au moins. 15. R. ESTELLÉE.
non. bien développés.... 16. R. CHARDON.
très-marquées chez les jeunes. 17. R. MOSAÏQUE.

Pour rendre plus facile l'étude des Raies, nous allons indiquer brièvement la disposition du système dentaire chez les diverses espèces, ou dans les sexes quand il y a des différences.

Les dents sont :

1° Pointues dans les deux sexes, chez les Raies... radiée ; circulaire ; chagrinée ; oxyrhynque ; macrorhynque ; batis ; blanche ; queue courte ; estellée ; mosaïque, adulte.

2° Mousses dans les deux sexes, chez les Raies... râpe ; chardon (je ne connais pas le mâle de cette espèce, C. Bp., indique dents mousses).

3° Pointues chez les mâles adultes, toujours mousses chez les femelles, dans les Raies... bouclée ; à petits yeux ; miraillet ; à quatre taches ; ponctuée.

Les Raies peuvent être placées dans quatre groupes distincts.

A. Raies ayant des boucles sur la peau (1-2).

B. Raies ayant le milieu de la queue nu, sans aiguillons (3-4).

C. Raies ayant le bec allongé ; la ligne, menée du bout du museau à l'angle externe de la pectorale, ne touche pas le bord antérieur du disque (5-8).

D. Raies ayant le bec assez court ; la ligne, menée du bout de museau à l'angle externe de la pectorale, coupe plus ou moins le bord antérieur du disque (9-17).

A. Raies ayant des boucles sur la peau (1-2).

LA RAIE BOUCLÉE — *RAIA CLAVATA*, Rond.

Syn. : Raia proprie dicta. Bell., p. 79.

De la Raie bouclée. Raia clavata. Rond., liv. XII. c. xii. p. 279 ; Lacép., édit. in-12, p. 174, édit. in-8, t. V. p. 277 ; Riss., *Ichth.*, p. 11. *Hist. nat.*, p. 146 ; Blainv., *Fn. franç.*, p. 33.

Raia clavata. Müll. et Henl., *Plagiost.*, p. 135 ; A. Dumér., t. I. p. 528 ; Günth., t. VIII. p. 456.

Dasybatis clavata. CBp., *Cat.*, nᵒ 12. *Fn. ital.*, fig. ; Canestr., *Fn. Ital.*, p. 57.

The Thornback. Yarr., t. II, p. 581 ; Couch. t. I. p. 99.

La plupart des auteurs citent dans la synonymie de la *Raia clavata* la *Raia rubus*, Lacép. Mais c'est une erreur, la Raie ronce de Lacépède a deux aiguillons sur chaque côté de la queue, dont le milieu est nu, etc., elle est donc une *Raia falsavela ;* voir la figure, qui ne laisse aucun doute.

N. vulg. : La Bouclée, Clouée, Raieton, la jeune, côtes de l'Ouest ; Clavelada, côtes de la Méditerranée.

Long. : 0,80 à 1,00 et plus.

Le disque est ondulé sur son bord antérieur ; il est large ; sa largeur fait presque les deux tiers de la longueur totale, elle est ordinairement d'un cinquième plus grande que la longueur du disque et d'un septième plus longue que la distance du bout du museau à la fin des ventrales. Le corps est en dessus couvert d'aspérités, au milieu desquelles se trouvent des boucles plus ou moins nombreuses et plus ou moins développées; parfois les boucles manquent complétement, les anciennes étant alors tombées et les nouvelles n'étant pas encore poussées à la surface de la peau. En dessous les aspérités sont moins prononcées, et parfois peu abondantes; elles sont placées sur le devant du disque et près des fentes branchiales; les boucles sont aussi moins nombreuses qu'à la face supérieure, elles manquent sur quelques sujets. Le dermosquelette montre d'assez

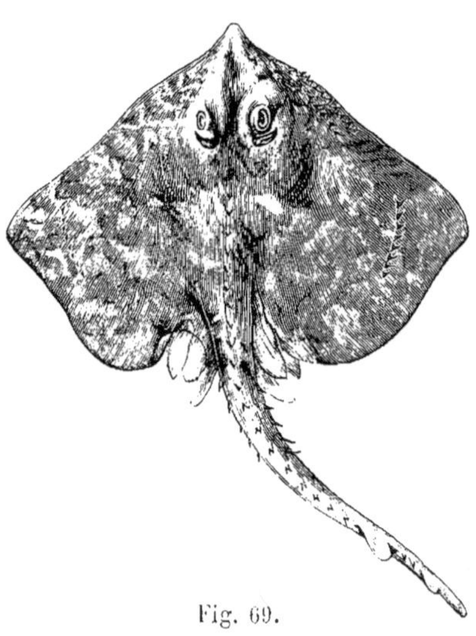

Fig. 69.

Mâle sans boucles (mesurant, longueur : 0,80).

grandes différences dans son développement.

Le milieu du dos, à partir de la nuque, porte une rangée d'aiguillons qui se continue sur la queue, dont elle forme la série médiane. Chacune des rangées latérales d'aiguillons commence vers la fin de l'insertion des ventrales et ne va pas ordinairement aussi loin que la rangée médiane. Les aiguillons ne présentent rien de régulier dans leur dimension ; parfois, surtout à la rangée latérale, ils deviennent très-gros, ils ont une base très-développée et forment ainsi des espèces de boucles ; ils sont plus ou moins crochus avec la pointe dirigée en arrière. La queue est de longueur assez variable ; sa longueur, mesurée à partir de la fin de l'insertion des ventrales, ne fait généralement pas tout à fait la moitié de la longueur totale. Les dorsales ont à peu près la même dimension, ou bien la première nageoire est un peu plus grande que la seconde ; il y a souvent une épine ou deux sur le milieu de l'espace qui les sépare ; la seconde dorsale est ordinairement libre en arrière, éloignée même, relativement, de la petite caudale.

La longueur de la tête est comprise cinq fois à cinq fois et un quart dans la longueur totale, elle fait le tiers au moins de la longueur du disque. Le museau est couvert d'aspérités ; il porte souvent des boucles qui parfois sont rangées d'une façon symétrique ; la pointe du museau est arrondie, peu avancée. La bouche est sur le tiers postérieur de la longueur de la tête, elle est arquée, assez large ; les mâchoires sont garnies de dents assez grosses, relativement peu nombreuses, différentes chez les femelles et chez les mâles adultes. Les femelles ont les dents rangées par séries obliques, et semblables à des têtes de clous carrées ; les dents du milieu sont plus fortes et plus larges que celles des rangées externes ; la mâchoire supérieure porte vingt à vingt-sept rangées de dents et la mâchoire inférieure, de vingt-quatre à vingt-huit rangées. Les jeunes mâles ont les dents plates comme les femelles. Les mâles adultes présentent une disposition et une conformation différentes dans leur système dentaire, chez eux les dents sont placées en séries verticales variant de trente-six à quarante-cinq à la mâchoire inférieure ; ces dents affectent deux formes particulières : sur les rangées externes elles sont très-rapprochées les unes des autres, taillées en losange, à bord libre légèrement tranchant ; sur les rangées internes, elles sont très-pointues, elles ressemblent à des crochets à pointe acérée et tournée en arrière.

Les yeux sont assez grands ; le diamètre de l'œil est compris quatre fois à quatre fois et quart dans l'espace préorbitaire et une fois et demie à une fois et deux tiers dans l'espace interorbitaire. Il y a ordinairement une ou deux épines vers l'angle antérieur de l'orbite et une autre à l'angle postérieur.

La distance qui sépare l'un de l'autre les angles antérieurs des narines, ou l'espace internasal, est à peu près égale à la distance qui s'étend de l'angle antérieur de la narine à la pointe du museau, ou à l'espace prénasal ; quelquefois cependant l'espace internasal est un peu plus grand, surtout dans la variété appelée *Raie de corde*.

Le diamètre de l'évent est un peu moins grand que le diamètre de l'œil. Il y a généralement une épine vers l'angle interne du spiracule.

La coloration est variable ; la partie supérieure est le plus souvent gris verdâtre ou gris jaunâtre avec des taches brunes et des taches blanches plus ou moins arrondies ; quelquefois sur les pectorales apparaît une tache ocellée, blanche, bordée de noir. La variété qui porte cet ocelle est probablement la première espèce des Raies piquantes de Rondelet (V. p. 278) ; elle n'est pas rare sur les côtes du Poitou, de l'Aunis ; je l'ai vue sur le marché de la Rochelle.

Habitat. La Raie bouclée est commune sur toutes nos côtes.

La Raie Cuvier, *Raia Cuvieri* (Lacép., t. V, p. 290, fig.), ne mérite pas une description particulière ; c'est tout simplement un individu monstrueux de la Raie bouclée qui porte une nageoire sur le milieu du disque.

Cuvier trouva en Normandie une de ces Raies dont il envoya le dessin à de Lacépède : il crut d'abord à une supercherie de la part de la personne qui avait préparé la pièce, mais après un examen attentif il ne reconnut rien d'artificiel. Ainsi que nous l'avons dit, il y a, dans ce cas, une monstruosité qui n'est pas très-rare ; nous en avons vu plusieurs spécimens au Musée Fleuriau, à la Rochelle.

LA RAIE RADIÉE — *RAIA RADIATA*, Donov.

Syn. : Raia radiata. Donovan, *Natur. hist. british fishes*, t. V, pl. 114 ; Müll. et Henl., *Plagiost.*, p. 137 ; A. Dumér., t. I, p. 531, pl. 12, fig. 15, boucles ; Günth., t. VIII, p. 460.

Dasybatis radiata. CBp., *Cat.*, n° 13.

The Starry Ray. Yarr., t. II, p. 587 ; Couch, t. I, p. 103, fig. 23 d'après Donovan.

Long. totale : 0,50 à 0,60.

La Raie radiée ne paraît jamais acquérir une grande dimension ; elle présente une forme rhomboïdale assez régulière.

Le disque est plus large que long ; sa largeur est d'un quart plus étendue que sa longueur, elle est aussi plus grande que la distance qui sépare le bout du museau de la fin des ventrales. Le bord antérieur est d'un tiers plus long que le bord postérieur, il est ondulé, il dépasse la ligne menée du museau à l'angle externe des pectorales qui est arrondi. Le disque est très-rude en dessus, il est plus ou moins couvert de petites aspérités ou de spinules et de boucles ressemblant à des cônes radiés. Ces boucles sont différentes de celles de la Raie bouclée ; elles n'ont pas une base en forme de bouton ; elles présentent plutôt l'aspect de tubercules qui, avec une base étoilée, sont coniques, marqués de stries profondes ou de cannelures, et se terminent par un aiguillon à pointe recourbée en arrière. Les tubercules sont de grosseur variable, les plus développés se trouvent sur la ligne médiane : il y en a une quinzaine entre la nuque et la première dorsale. Sur chaque côté de la ceinture scapulaire s'élèvent encore deux grosses boucles, qui font, avec celles du milieu, une espèce de triangle un peu arrondi latéralement. Des tubercules assez forts se voient ordinairement sur les cartilages postérieurs, qui soutiennent la base des pectorales. Le dessous du corps est en général complétement lisse. La queue est de longueur variable ; chez les individus de moyenne taille, elle est plus courte que le disque ; outre les boucles dont elle est armée sur la région médiane, elle porte, de chaque côté, une rangée de tubercules beaucoup plus petits que les autres, ayant une pointe très-acérée et complétement tournée en arrière.

La longueur de la tête fait le tiers à peu près de la longueur du disque. Le museau est court ; il est lisse en dessous et très-rude en dessus ; chez le mâle, il y a sur le bout du museau deux ou trois rangées d'aiguillons très-rapprochés les uns des autres et très-crochus ; chez la femelle, ils sont relativement moins développés. La bouche est, ou peu s'en faut, transversale, presque droite ; sa largeur est à peu près égale à l'espace prénasal ; elle est armée de dents assez fines et assez longues, rangées par séries verticales au nombre d'une quarantaine à chaque mâchoire. Les dents sont très-pointues dans les deux sexes, et nous ne savons pour quel motif Günther écrit que les dents sont pointues chez le mâle.

Les yeux sont assez grands; l'iris est bleuâtre. Le diamètre de l'œil est compris environ trois fois et demie dans l'espace préorbitaire, il fait les trois quarts de l'espace interorbitaire qui est concave et plus ou moins rugueux. A l'angle antérieur de l'orbite s'élève un fort aiguillon radié; deux autres tubercules, également développés, sont placés le premier à l'angle postérieur de l'orbite et le second vers l'angle interne de l'évent.

Les narines ont leur angle antérieur moitié plus près de l'angle de la bouche que du bout du museau. L'espace prénasal est d'un cinquième environ plus grand que l'espace internasal, il est à peu près égal à la distance qui sépare l'un de l'autre le bord externe des narines.

Quant aux évents, ils sont beaucoup moins grands que les yeux; leur diamètre ne fait guère que les trois cinquièmes du diamètre de l'œil.

Sur les animaux frais, le système de coloration est, paraît-il, assez joli, les teintes sont assez vives; chez les animaux conservés, la partie dorsale est brunâtre; le ventre est blanchâtre.

Habitat. Cette espèce est excessivement rare sur nos côtes; elle a été signalée dans la Manche, Calvados ; Océan, elle descend assez bas, jusque dans le golfe de Gascogne, Arcachon, pendant l'hiver, A. Lafont.

Proportions : Raie radiée fem.; long. totale 0,570 ; disque, larg. 0,400, long. 0,331. Queue, long. mesurée à la fin de l'insertion des ventrales, 0,255.

Tête, long. 0,105, larg. au niveau des orbites 0,185 ; œil, diamètre 0,0195, espace préorbit. 0,070, espace interorbit. 0,026 ; évent, diamètre 0,012.

B. Raies ayant le milieu de la queue nu, sans aiguillons 3-4.

LA RAIE CIRCULAIRE — *RAIA CIRCULARIS*, Couch.

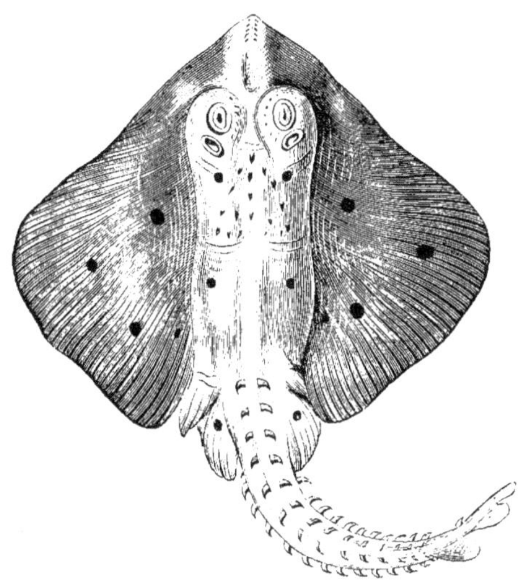

Fig. 70.

Syn. : LA RAIE RONCE, Raia rubus. Lacép., t. V, pl. 52, fig. 1.
RAIA CIRCULARIS, Couch, in Loud., *Magaz. natur.*, *hist.*, Charlesworth, 1838, t. II,
p. 71, fig., *Hist. Fish.*, t. I, p. 115 ; A. Dumér., t. I, p. 536 ; Günth., t. VIII, p. 462.
RAIA NÆVUS, Müll. et Henl., *Plagiost.*, p. 138 ; A. Dumér., t. I, p. 549.
RAIA FALSAVELA, CBp., *Cat.*, n° 26, *Fn. ital.*, fig. ; A. Dumér., t. I, p. 550 ; Canestr.,
Fn. Ital., p. 56.
THE SANDY RAY. Yarr., t. II, p. 574, excl. syn. ; Couch, t. I, p. 115.
CUCKOO RAY. Couch, t. I, p. 22, excl. syn.

Cette espèce devrait porter le nom de Raie ronce, qui lui a été donné primitivement par de Lacépède. Les figures gravées dans l'ouvrage de ce naturaliste sont très-exactes, malheureusement la description est des plus défec-
tueuses.
Long. : 0,70 à 1,20.

Le disque est large ; sa largeur fait les trois cinquièmes de la
longueur totale, elle est égale à la distance qui sépare le bout

du museau de la fin des ventrales. Le bord antérieur du disque est d'environ un tiers plus long que le bord postérieur, il est généralement plus ondulé chez les mâles que chez les femelles. La partie supérieure du corps est tantôt rugueuse, tantôt plus ou moins lisse, excepté au niveau et en avant de la ceinture scapulaire ; il n'y a souvent que de très-legères scabrosités à peine sensibles sur le milieu des pectorales ; vers le pourtour du disque les aspérités sont un peu plus développées, les plus fortes se trouvent sur le bord antérieur des ailes ; la peau, de chaque côté de la colonne vertébrale, est couverte de scabrosités.

La partie antérieure et médiane du dos porte un groupe d'aiguillons placés ordinairement sur cinq rangées couvrant un espace qui figure une espèce de triangle isocèle assez régulier. Le sommet du triangle est immédiatement après la tête et la base repose sur le bord postérieur de la ceinture scapulaire dont elle occupe toute la largeur, elle est formée par une rangée transversale de cinq aiguillons le plus souvent, un sur le milieu du dos et deux sur les côtés : la ligne médiane des aiguillons est comme une perpendiculaire menée de la base au sommet du triangle, elle est régulière ainsi que la ligne externe de chaque côté, la ligne latérale interne est moins régulière et plus courte évidemment que les autres ; cet ensemble de rayons ainsi disposés représente à peu près la figure d'une petite herse.

Le milieu du dos ne porte pas d'aiguillons à partir de la ceinture scapulaire ; en arrière, un peu en avant de la ceinture pelvienne, commence, de chaque côté du rachis, une ligne d'aiguillons d'abord peu développés ; ces aiguillons sont espacés, au niveau du milieu des ventrales ils deviennent plus gros, ils se continuent sur la queue d'une façon assez régulière. Le disque est lisse en dessous ; le bord antérieur des ailes porte seulement de très-petites scabrosités, à peine sensibles au doigt.

La queue, mesurée à partir de la fin de l'insertion des ventrales, fait, comme longueur, un peu plus des deux cinquièmes de la longueur totale ; elle est grosse et large, surtout à son origine. Le milieu de la queue est concave, creusé en gouttière peu pro-

fonde bordée par les grands aiguillons ; il est complétement nu,
c'est à peine s'il y a parfois deux ou trois aiguillons hors rang.
Les parties latérales de la queue portent deux lignes principales
de gros aiguillons et une ou deux lignes d'aiguillons plus petits,
ce qui fait de chaque côté trois et même quatre séries d'aiguillons ; un peu en arrière des ventrales il n'y a plus, de chaque
côté, que deux rangées d'aiguillons jusqu'au niveau de la première dorsale où cesse la rangée externe ; il n'y a plus d'aiguillons à la base de la seconde dorsale. En dessous la queue est
couverte de petits points rugueux. Les dorsales sont arrondies,
également développées, elles sont rugueuses. La base de la première dorsale s'étend jusque sur le commencement de la seconde. Les ventrales ont le lobe externe assez court, le lobe
interne est large et allongé, sa longueur fait le sixième de la
longueur totale. L'ouverture du cloaque est au milieu de la longueur totale ; les orifices des canaux péritonéaux m'ont paru
plus larges que dans la plupart des autres espèces.

La tête est assez longue ; sa longueur est comprise trois fois et
trois quarts à quatre fois dans la largeur du disque ; sa largeur
au niveau de l'angle antérieur des narines est d'un tiers environ
plus grande que sa longueur. Le museau est légèrement proéminent, il forme, en avant, un petit lobe en pointe arrondie un
peu moins longue que large à sa base ; il porte en avant, sur le
milieu, deux ou trois rangées de petits aiguillons, qui ne vont
pas au delà des deux cinquièmes antérieurs de l'espace préorbitaire ; le museau est légèrement rugueux en dessous. La bouche
est à peine arquée, à peu près horizontale ; elle est plus éloignée
que l'œil du bout du museau ; elle est armée de petites dents
pointues dans les deux sexes, disposées par rangées verticales ;
la mâchoire supérieure en a soixante-dix rangées, et la mâchoire
inférieure soixante-six à soixante-huit rangées ; le nombre des
rangées n'est pas absolument invariable, j'indique celui que j'ai
trouvé le plus ordinairement. Les dents sont fines, excessivement pointues ; elles ont beaucoup de ressemblance avec les
dents de la Raie estellée, mais elles sont plus fines et moins nom-

breuses. La valvule interne de la mâchoire supérieure est bien développée.

Les yeux sont placés au commencement du tiers postérieur de la longueur de la tête, ils sont grands. Le diamètre de l'œil est chez l'adulte d'un quart environ moins grand que l'espace inter-orbitaire ; il est compris trois fois et demie dans la longueur de l'espace préorbitaire ; chez les jeunes, l'œil est relativement plus grand. Le bord antérieur ainsi que le bord interne de l'orbite et le bord interne de l'évent portent une rangée semi-circulaire d'aiguillons semblables à ceux qui se trouvent sur la ceinture scapulaire et sur les côtés de la queue ; il y a dans la rangée environ une douzaine d'aiguillons, parfois le nombre en est moindre.

L'espace internasal est d'un tiers plus court que l'espace pré-nasal ; la distance qui sépare l'un de l'autre le bord externe des narines fait presque le tiers de la largeur du museau au même niveau. La valvule nasale externe est assez grande ; la valvule interne, ou longue valvule, est relativement assez peu développée, elle ne va pas tout à fait jusqu'au bord de la mâchoire supérieure.

La spiracule a son diamètre d'un quart moins grand que le diamètre de l'œil ; son angle antérieur est plus en dehors que dans la plupart des autres Raies, il n'arrive pas au niveau du bord postérieur de l'œil.

La teinte générale est une teinte chamois sur la face dorsale ; le disque est marqué de taches arrondies, blanchâtres, foncées sur le bord, disposées d'une façon symétrique au nombre de six à huit de chaque côté. Il y a ordinairement une tache vis-à-vis le côté du triangle épineux, une autre en arrière de la base de ce triangle, deux ou trois autres sur les ailes et une dernière sur les ventrales. En dessous le disque est blanchâtre dans le milieu, d'un blanc rosé sur les bords. Les dorsales sont d'un gris assez foncé avec deux ou trois petites taches d'un blanc jaunâtre pâle.

Habitat. La Raie circulaire est assez rare sur nos côtes, Manche ; Océan, Arcachon, A. Lafont ; Méditerranée.

J'ai trouvé plusieurs fois cette espèce sur le marché de Paris.

La variété Nævus a été prise dans la baie de Somme, Abbeville ou plutôt Saint-Valery, Tréport ; je l'ai vue au Havre ; A. Lafont l'a signalée à Arcachon ; enfin je l'ai trouvée plusieurs fois sur nos côtes de la Méditerranée, à Cette, à Toulon.

La variété Fausse-voile paraît plus rare que les autres.

Proportions : Raie circulaire femelle. Long. tot. 1,10 ; disque, larg. 0,687, long. 0,58. Queue, long. mesurée à la fin de l'insertion des ventrales, 0,48.

Tête, long. 0,176, larg. au niveau des orbites 0,310 ; œil, diamètre 0,032 ; espace préorbit. 0,115 ; espace interorbit. 0,042 ; évent, diamètre 0,025.

Les Raies circulaire, nævus et fausse-voile ne sont évidemment que des variétés d'une même espèce ; elles ne présentent vraiment que certaines différences dans le système de la coloration, différences que nous allons rappeler en peu de mots.

Raie fausse-voile : le disque est d'une teinte uniforme, il n'a pas de taches particulières.

Raie nævus : une grande tache à fond noirâtre, avec des lignes assez larges de teinte jaune blanchâtre, marque la base de la pectorale.

Raie circulaire : le disque porte plusieurs petites taches arrondies placées d'une façon symétrique.

Parfois, sur le même individu, se voient les grandes taches de la Nævus et les petites taches symétriques de la Circulaire, comme le montre la figure *Sandy-Ray*, donnée par Yarrell, qui regardait avec raison l'espèce décrite par lui comme étant très-probablement la Raie circulaire de J. Couch.

LA RAIE CHAGRINÉE — *RAIA CHAGRINEA*, Pennant.

Syn. : Raia aspera nostras, the White Horse *dicta*. Willugh., p. 78.

Raia toto dorso aculeato, duplici ordine aculeorum in cauda. Arted., *ed. Walb.*, gen., p. 528, sp. 6, *syn.*, p. 101.

Raia fullonica. Lin., p. 396, sp. 5 ; Ascanius, *Icon.*, pl. 43 ; Müll. et Henl., *Plagiost.*, p. 145 ; Günth., t. VIII, p. 467 ; Riss., *Ichth.*, p. 6.

Shagreen Ray. Pennant, *Brit. Zool.*, 1re éd., t. III, p. 87, éd. 1812, p. 117 ; Yarr., t. II, p. 577 ; Couch, t. I, p. 117.

Raia chagrinea. Montag., *in Wern. Mem.*, 1818, t. II, p. 420, pl. 21 b, fig. ; A. Dumér., t. I, p. 560, pl. 6, fig. 11.

La Raie chagrinée, Raia coriacea. Lacép., t. V, p. 230.

Raia flossada, Raie flossade. Riss., *Hist. nat.*, p. 145.

Dasybatis aspera (*potius* Ascanii?). CBp., *Cat.*, n° 20.

N. vulg. : Flossade, Nice.

Long. : 0,80 à 1,20.

La Raie chagrinée présente dans la forme de son disque, dans la disposition des aiguillons sur la queue, des caractères qui la font nettement distinguer des autres espèces.

26

Le disque a le bord antérieur échancré et le bord postérieur légèrement arrondi ; une ligne menée du bout du museau à l'angle externe des pectorales ne touche en aucun point le bord antérieur des ailes. Le disque est environ d'un cinquième plus large que long, sa largeur est égale, ou peu s'en faut, à la distance qui sépare le bout du museau de la fin des ventrales ; il est couvert en dessus et en dessous d'aspérités, ou plutôt de petites épines très-pointues. Une rangée de sept à huit aiguillons est placée sur la ligne médiane du dos entre la nuque et la ceinture scapulaire ; en arrière de chaque côté du rachis se montre une série d'aiguillons, qui commence ordinairement un peu en avant de la ceinture pelvienne. Des épines plus fortes que les autres se trouvent souvent sur le bord antérieur des ailes. La queue est plus courte que le disque, elle est, comme dans la Raie circulaire, nue sur sa partie médiane, mais elle ne porte de chaque côté qu'une seule rangée d'aiguillons continuant la série latérale du disque. Les dorsales sont rapprochées l'une de l'autre, elles sont arrondies, elles ont la même dimension ; la caudale est réduite à un repli de la peau.

Le museau est allongé, proéminent, assez étroit; ses côtés font, avec une ligne passant un peu en avant des orbites, un triangle équilatéral ; le museau est plus ou moins rude, il porte sur les côtés et sur la pointe quelques épines plus développées. Les dents sont pointues dans les deux sexes, elles sont longues, rangées par séries verticales au nombre d'une soixantaine environ.

Les yeux sont grands ; l'orbite est bordée en avant et en dedans par une série de neuf à douze aiguillons, allant du bord antérieur de l'œil à l'évent. Le diamètre de l'œil est compris quatre fois et demie à cinq fois dans la longueur de l'espace préorbitaire qui fait trois fois à trois fois et demie l'espace interorbitaire.

Les spiracules sont à peu près aussi grands que les yeux.

Sur le dos la coloration est d'un brun jaunâtre avec quelques taches noirâtres ; le dessous du corps est blanchâtre.

Habitat. Méditerranée, rare, Nice ; la Raie chagrinée n'est pas citée dans le catalogue de Cette. Océan, golfe de Gascogne, très-rare, A. Lafont.

C. Raies ayant le bec allongé ; la ligne, menée du bout du museau à l'angle externe de la pectorale, ne touche pas le bord antérieur du disque (5-8).

LA RAIE OXYRHYNQUE ou RAIE AU BEC POINTU
RAJA OXYRHYNCHUS.

Syn. : D'UNE AUTRE RAIE AU BEC POINTE, Flassade. Rond.. liv. XII. c. VII, p. 275, mauv. fig.   .

LÆVIRAJA, mucosa, bavosa. Salv., p. 149, fig. 52.

RAIA OXYRHYNCHUS. Lin.. p. 395, sp. 3.

RAIA ROSTRATA. Raie à museau pointu. Riss.. *Ichth..* p. 7 : *Hist. nat.*, p. 156.

RAIA OXYRHYNCHUS. Raie oxyrhynque. Blainv.. *Fn. franç.*, p. 18, pl. 3, fig. 1 ; Günth., t. VIII. p. 469.

RAIA SALVIANI. Müll. et Henl., *Plagiost..* p. 133, part.: A. Dumér.. t. I, p. 569 ; Capello, *Cat. Peix. Portug.*, n° 6. p. 22.

LÆVIRAJA OXYRHYNCHUS. CBp.. *Cat..* n° 22, *Fn. ital.* ; Canestr., *Fn. Ital..* p. 54.

? RAIA VOMER. Fries, *Vet. Akad. Handl. Stock.*, 1838, p. 161 ; A. Dumér., t. I, p. 571 ; Günth., t. VIII, p. 468.

? THE LONG-NOSED SKATE. Yarr., t. II, p. 548 ; Couch, p. 93.

N. vulg. : Alène, Flossade, Languedoc ; Capoutchou, Cette ; Fumâ, Nice.
Long. : 0,80 à 1,10.

Le disque est seulement un peu plus large que long ; son bord antérieur est très-creusé, très-échancré ; la ligne menée du museau à l'angle externe des pectorales est très-éloignée du bord du disque ; le bord postérieur est arrondi, beaucoup plus court que le bord antérieur ; l'angle externe de la pectorale est légèrement pointu, il est d'un tiers plus éloigné du bout du museau que de l'angle postérieur de la nageoire. Dans les femelles, le disque est en dessus, absolument lisse dans la plupart des cas ; chez les mâles il est lisse au milieu, mais plus ou moins rude sur les bords ; en dessous le disque est assez âpre. Il n'y a pas d'aiguillons sur le milieu du dos. La queue est courte, sa longueur étant comprise deux fois et quart à deux fois et demie dans la longueur totale ; elle est rugueuse, elle porte sur le milieu une rangée d'aiguillons commençant vers la fin des ventrales ; ces aiguillons sont assez éloignés les uns des autres. Les dorsales sont assez développées.

La tête est longue, elle fait environ la moitié de la longueur du disque, et parfois plus encore. Le museau est très-pointu, très-allongé, sa largeur, prise au niveau du bord antérieur de l'orbite, est à peu près égale à sa longueur dans les jeunes, un peu plus grande chez les adultes.

Le museau est rude, surtout en dessous. Les dents sont pointues dans les deux sexes, au nombre de quarante-deux à cinquante à chaque mâchoire ; elles sont crochues avec une base assez large, elles ressemblent un peu à celles de la Raie macrorhynque, mais elles sont relativement moins développées. La bouche est, chez les jeunes, plus rapprochée de l'anus que du bout du museau, mais chez les adultes elle est plus près du museau. Les yeux sont de moyenne grandeur; le diamètre de l'œil est un peu moins grand que l'espace interorbitaire ; l'espace préorbitaire est compris à peu près deux fois et demie dans la longueur du disque, il fait environ six à sept fois l'espace interorbitaire. Il n'y a pas ordinairement d'aiguillons près des yeux, comme l'a fort bien indiqué Rondelet, excepté chez les jeunes, qui ont parfois un seul aiguillon très-peu développé.

L'espace internasal fait le tiers, ou à peine un peu plus du tiers de l'espace prénasal.

Le diamètre de l'évent est moins grand que celui de l'œil ; l'évent est placé, chez les jeunes, au milieu de la longueur du disque. La coloration est assez variable, elle est en dessus d'un brun noirâtre ou légèrement violacé, ou bien encore d'un jaune chamois avec quelques taches blanchâtres, parfois il y a des taches noirâtres très-marquées dans la variété Capoutchou ticassat (Cette) ; le dessous du corps est jaunâtre, les orifices des tubes de Lorenzini sont noirâtres.

Habitat. Méditerranée, assez commune, Nice, Cette. Océan ? Manche, baie de Somme, Abbeville.

Proportions : *Mâle.* — Long. totale, 0,80 ; disque, larg. 0,530, long. 0,470. Queue, long. à partir de l'insertion des ventrales, 0,315.

Tête, long. 0,240, larg. au niveau du bord antérieur de l'orbite 0,210 ; œil, diam. 0,025, esp. préorbit. 0,190, esp. interorbit. 0,028.

Femelle. — Long. totale, 0,495 ; disque, larg. 0,300 ; queue, long. 0,205.

Tête, long. 0,148, larg. au niveau du bord antérieur de l'orbite 0,125 ; œil,
diam. 0,016, esp. préorbit. 0,123, esp. interorbit. 0,018.

LA RAIE MACRORHYNQUE ou RAIE AU LONG BEC
RAIA MACRORHYNCHUS, Rafin.

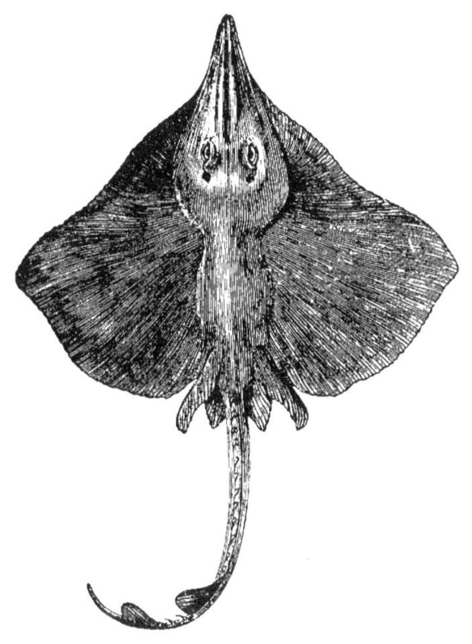

Fig. 71.

Syn. : De la Raie au long bec, Lentillade. Rond., liv. XII, c. vi, p. 274, mauv. fig.
Raia macrorhynchus. Rafin., *Ind. ittiol. sicil.*, p. 47, n° 358 ; Günth., t. VIII, p. 468.
Raia macrorhyncha. A. Dumér., t. I, p. 566.
? Raia oxyrhynchus. Raie oxyrhynque. Riss., *Ichth.*, p. 4, *Hist. nat.*, p. 156.
Raie museau pointu. Raia rostrata. Blainv., *Fn. franç.*, p. 30.
Læviraja macrorhynchus. CBp., *Cat.*, n° 23, *Fn. ital.*, fig. ; Canestr., *Fn. ital.*,
p. 54.
? Raia intermedia. Parnell, *Transact. R. Soc. Edinb.*, 1839, t. XIV, p. 148 ; Yarr.,
t. II, p. 557.

N. vulg. : Alène, Lentillat, Fumat, Languedoc ; Augustine, Cette ; Pis-
sova, Nice ; Raie grise, Tire, marché de Paris.
Long. : 1,50 à 2,00.

La Raie au long bec acquiert une très-grande taille.

Le disque est d'un quart plus large que long; le bord antérieur est très-échancré, il reste toujours éloigné de la ligne menée du bout du museau à l'angle externe de la pectorale, le bord postérieur est arrondi. La distance qui sépare du museau l'angle externe de la pectorale est plus grande que la distance qui existe entre l'angle externe et l'angle postérieur du disque. Ordinairement il n'y a pas d'aiguillons sur le milieu du dos, qui est plus ou moins rude chez les grands individus et à peu près lisse dans les jeunes; le bord antérieur du disque et le milieu de sa partie inférieure sont couverts de petites aspérités. La queue n'est pas très-développée; elle est généralement assez grêle; sa longueur prise à partir de la fin de l'insertion des ventrales ne fait ordinairement pas la moitié de la longueur totale, elle est un peu moindre que la longueur du disque, mais il n'y a rien d'absolument régulier dans ces proportions, il ne faut pas y attacher grande importance; le prince de Canino écrit bien que la queue est plus longue que le corps, mais il n'indique pas à quel point exact il prend la mesure. La queue porte une ou trois rangées d'aiguillons; la rangée du milieu, qui est constante, commence ordinairement après la fin de l'insertion des ventrales. Les dorsales sont assez développées; il y a presque toujours un aiguillon dans l'espace qui les sépare. Les ventrales sont assez grandes, le lobe externe est souvent plus long que le lobe interne.

La tête est longue; sa longueur est comprise quatre fois et un cinquième dans la longueur totale; elle fait un peu plus du tiers de la largeur du disque. Le museau est allongé, pointu, rude en dessus et en dessous chez les grands, lisse en dessus chez les jeunes; sa largeur au niveau du bord antérieur des orbites est d'un quart environ plus grande que sa longueur ou que l'espace préorbitaire, elle est un peu plus grande que la longueur de la tête. La bouche est très-peu arquée, presque droite, un peu moins large que la distance qui la sépare du bord correspondant de la pectorale; elle est placée un peu avant le milieu de la ligne allant du bout du museau à l'anus; la dis-

tance entre le bout du museau et la bouche est un peu plus
grande que l'espace préorbitaire. Les dents sont disposées, suivant l'âge, d'une façon différente; chez les jeunes, mâles ou femelles, elles sont rangées par séries obliques ; chez les grands,
elles sont rangées par séries verticales; chez les jeunes mâles,
elles sont grosses, épaisses, avec une très-petite pointe dirigée en
arrière, elles paraissent cordiformes. Chez les femelles très-jeunes, les dents ont l'angle postérieur à peine plus prononcé que
les angles latéraux ; la pointe est à peine sensible. Dans les
adultes, elles ont une couronne à base beaucoup plus développée
transversalement que d'avant en arrière, à bord antérieur à peu
près convexe, légèrement anguleux dans sa
partie médiane, à bord postérieur moins large
que le bord antérieur et caché par la dent
suivante. De l'angle postérieur de la couronne
part généralement une petite arête qui se
continue sur la pointe de la dent ; cette pointe
est courte, elle est moins longue que le dia-
ertèm transversal de la base de la couronne.
Les dents des dernières rangées externes ont
leur pointe très-peu marquée. La largeur de
la base de la couronne a déterminé une disposition très-nette dans le rangement des dents ;
chacune des dents est placée entre six dents,
deux de chaque côté, une en avant, une autre

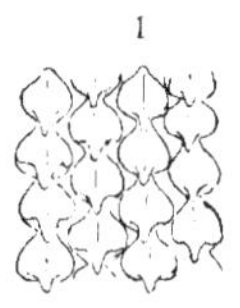

Fig. 72.

1. Dents placées en
séries verticales. — A,
dent isolée vue de face;
B, dent vue de côté.

en arrière. La forme des dents permet de reconnaître facilement cette espèce, et de la distinguer de la Raie batis avec
laquelle elle a beaucoup de ressemblance. Les auteurs anglais
n'ont pas nettement déterminé les deux espèces. Si les caractères
de la dentition indiqués par Parnell, dans la description de la
Raie intermédiaire, sont exacts, ils ne conviennent pas absolument à la Raie au long bec adulte ; suivant Parnell, les dents de
la Raie intermédiaire sont petites, elles ne sont pas aussi fortes
ni aussi pointues que celles de la Raie batis; la Raie au long bec
a les dents beaucoup plus larges que celles de la Batis. Le nom-

bre des dents augmente avec l'âge; chez une jeune femelle, je compte quarante dents à la mâchoire supérieure et trente-huit à la mâchoire inférieure; chez une très-grande femelle, je trouve quarante-sept dents à la mâchoire supérieure et quarante-cinq à la mandibule. Enfin chez un mâle, dont le disque mesurait environ 1,50 de largeur, la mâchoire supérieure avait cinquante et une dents et la mâchoire inférieure cinquante-six.

La Raie au long bec a les yeux assez petits. Le diamètre de l'œil varie suivant la taille des animaux; dans les jeunes, il fait le cinquième de l'espace préorbitaire, il en fait le sixième dans les animaux de grande taille, et un peu plus d'un septième dans les individus très-développés. Les proportions de l'espace interorbitaire sont aussi très-différentes suivant la taille des Raies. Sur une tête mesurant $0^m,0883$ l'espace interorbitaire fait le quart de l'espace préorbitaire; sur une tête ayant $0^m,272$ de longueur, il est compris trois fois et demie dans l'espace préorbitaire; enfin sur une tête de très-grande dimension, longue de $0^m,42$, l'espace interorbitaire est compris deux fois et demie seulement dans l'espace préorbitaire. A l'angle antérieur de l'orbite il y a ordinairement un ou deux aiguillons chez les jeunes; ces aiguillons manquent le plus souvent chez les grands individus.

L'espace internasal ne fait, dans les jeunes animaux, que la moitié de l'espace prénasal, il en fait les deux tiers dans les sujets de très-grande taille.

Les évents sont de grandeur assez variable, mais leur diamètre est presque toujours moindre que celui de l'œil.

Le système de coloration est différent selon l'âge; chez les jeunes la teinte est plus foncée, elle est brunâtre en dessus et en dessous; à la face inférieure des points noirâtres indiquent les ouvertures des tubes de Lorenzini. Chez les grands, la teinte est d'un gris cendré ou d'un gris brunâtre sur le dos et d'un blanc grisâtre ou d'un jaune cendré sous le ventre avec les points noirâtres, marquant les tubes de Lorenzini, beaucoup plus visibles que chez les jeunes. Le dos est parfois d'une teinte uniforme.

parfois il est moucheté de taches lenticulaires plus ou moins
nombreuses, plus ou moins nettes ; ces taches sont d'un blanc
grisâtre ou d'un blanc laiteux. Les animaux qui sont ainsi mou-
chetés sont parfois appelés *miraillets*, à Cette.

Habitat. Cette espèce se trouve sur toutes nos côtes ; Méditerranée, assez
rare, Nice ; assez commune, Cette. A Cette les grands individus sont désignés sous le nom d'Augustine. Océan, golfe de Gascogne, A. Lafont ; j'ai vu
dans la baie d'Audierne de très-grands individus : Manche, assez commune,
Bretagne, Normandie, bien qu'elle ne soit pas signalée dans les catalogues
d'ichthyologie. Elle est apportée assez fréquemment sur le marché de Paris.

La Raie intermédiaire (*Raia intermedia*) des ichthyologistes anglais, doit
être la Raie macrorhynque, et non, comme le suppose Günther, la Raie batis
ou bien une variété de cette espèce, ou peut-être encore un hybride de la
Raie batis et d'une autre Raie à museau allongé ; cette dernière hypothèse
n'est guère admissible. Dans une description très-incomplète d'ailleurs,
Günther indique, pour habitat à la Raie macrorhynque, la Méditerranée et la
partie voisine de l'Atlantique. Mais la Raie au long bec remonte vers le
nord ; elle est, nous l'avons dit, assez commune dans la Manche, elle doit
par conséquent se pêcher sur la côte d'Angleterre, et tout fait croire que
cette Raie et la Raie intermédiaire ne forment qu'une seule et même espèce.

LA RAIE BATIS — *RAIA BATIS*, Linn.

Syn. : Raia batis. Linn., p. 395, sp. 2 ; Bloch, pl. 79 ; Blainv.. *Fn. franç.*, p. 13 ;
Müll. et Henl., *Plagiost.*, p. 146, excl. syn. part. ; A. Dumér., t. I, p. 563 ; Günth.,
t. VIII, p. 463.

The skate. Yarr., t. II, p. 560, fig. de la Raie chagrinée ; Couch, t. I, p. 87.

Dasybatis batis. CBp., *Cat.*, n° 18, non *Fn. ital.*

N. vulg. : Raie cendrée ; Raie commune ; Coliart ; Guillaume ; quelquefois
Tire, côtes de l'Ouest ; Augustine, Cette.

Long. : 1,30 à 2,00.

La Raie batis ressemble beaucoup à la Raie au long bec ; souvent ces deux espèces sont confondues sous un même nom.

Le disque est rhomboïdal, plus large que long ; le bord antérieur est sinueux, doublement échancré ; une ligne menée de la
pointe du museau à l'angle externe de la pectorale ne touche
pas le bord antérieur du disque, elle s'en rapproche seulement
au niveau de l'évent ; le bord postérieur est convexe et d'un
tiers moins long que le bord antérieur ; la largeur du disque est

à sa longueur, prise du bout du museau à l'angle postérieur de la pectorale, comme 5 est à 4.

Dans les femelles, le disque en dessus est lisse dans sa partie moyenne et postérieure ; il porte des aspérités ou des spinules sur le museau, sur la tête et sur le bord antérieur des pectorales ; il n'a pas d'aiguillons sur le milieu du dos ; en dessous, il est assez âpre, plus ou moins garni de fines scutelles ou de petites pointes. Chez les mâles, le disque est à peu près lisse, il y a seulement quelques épines sur le bord antérieur des pectorales et à l'angle externe, comme il arrive, du reste, chez les mâles dans les autres espèces. Chez les jeunes, le disque est généralement lisse. Il ne faut pas du reste accorder une grande importance à l'état des téguments ; il est nécessaire encore de faire remarquer que la peau a toujours un aspect plus lisse chez l'animal frais, non desséché.

La queue est beaucoup plus courte que le corps ; sa longueur, mesurée à partir de l'insertion des ventrales, est contenue deux fois et demie dans la longueur totale ; et sa largeur prise dans cette région fait le huitième de sa longueur. La queue porte le plus ordinairement trois rangées d'aiguillons ; la rangée du milieu, qui est constante, commence au niveau de la fin de l'insertion des ventrales, quelquefois un peu avant, elle est formée de petits aiguillons ; de chaque côté, il y a une rangée qui manque parfois, elle est irrégulière, elle commence assez loin de l'origine de la queue, elle est composée d'aiguillons qui ne sont pas généralement très-développés ; ces aiguillons affectent une disposition assez remarquable ; leur pointe, au lieu d'être dirigée en arrière, est horizontale ou même tournée en avant.

La tête est allongée, elle mesure à peu près le quart de la longueur totale ; elle est couverte d'aspérités, de petits tubercules épineux, mais elle ne porte pas ordinairement de gros aiguillons. Le museau est allongé, il est généralement plus large dans les femelles que dans les mâles ; sa largeur prise au niveau du bord antérieur de l'orbite est d'un cinquième environ plus grande que la longueur de la tête. La bouche est à peu près horizontale,

elle est largement fendue ; sa largeur fait près de la moitié de la
longueur de la tête dans les grandes femelles, un peu moins dans
les mâles et les femelles de moyenne taille. La valvule buccale
est excessivement développée, elle occupe tout le bord interne
de la mâchoire supérieure ; elle est à peine échancrée au niveau
de la symphyse maxillaire.

Les dents sont pointues dans les deux sexes, mais elles présentent quelques différences chez le mâle et chez la femelle. Elles
sont placées par rangées verticales par rapport à l'axe des mâchoires ; ces rangées sont bien distinctes, bien séparées les unes
des autres ; elles sont au nombre de quarante-huit à cinquante-
trois à la mâchoire supérieure et de quarante-quatre à cinquante-
deux à la mâchoire inférieure ; mais le nombre
de rangées peut varier et aller parfois à cinquante-cinq ou cinquante-six. La base de la
couronne est toujours plus longue que large,
ce caractère est d'une grande importance, il
sert à faire distinguer les dents de la Raie batis
de celles de la Raie au long bec. Le docteur
Ch. Lütken a justement appelé l'attention sur
les différences dans la dentition que présentent, selon les sexes, certaines Raies et la
Raie batis en particulier (V. *Meddelt i det
Skandinaviske Naturforskermodes Zoologiske
Sektion*, 1873). Dans le mâle adulte la couronne de la dent a la base beaucoup plus dé-

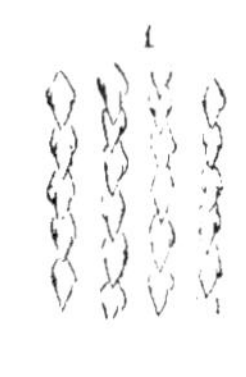
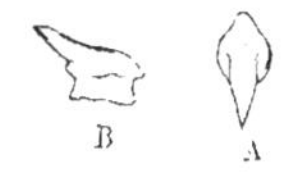

Fig. 73.

1. Dents rangées en
séries verticales. — A,
dent isolée vue de face;
B, dent vue de côté.

veloppée que dans la femelle, et la pointe est beaucoup plus
longue, plus aiguë et plus courbe, elle recouvre naturellement
davantage la dent qui vient après. Il résulte de cette disposition
que les espaces qui séparent les dents, ou plutôt les rangées
verticales, sont évidemment plus larges dans les femelles que
dans les mâles.

En général les yeux paraissent un peu moins grands chez les
femelles que chez les mâles. Le diamètre de l'œil est compris
sept fois et demie dans l'espace préorbitaire chez les femelles et

sept fois dans les mâles, il ne fait pas tout à fait le tiers de l'espace interorbitaire. Il y a souvent chez les jeunes une épine au bord antérieur de l'orbite.

L'espace prénasal est au moins d'un tiers plus grand que l'espace internasal. Au niveau des narines, la largeur de la tête est égale à sa longueur chez les femelles, et beaucoup plus petite chez les mâles ; c'est du moins ce que j'ai souvent constaté.

Le diamètre de l'évent est en général moins grand que le diamètre de l'œil.

Le système de coloration est assez variable, il est en dessus gris ou gris jaunâtre assez pâle, parfois brunâtre avec des bandes grises; en dehors de l'œil se montre souvent une bande demi-circulaire formée de points noirâtres. Le dessous du corps est d'un gris ou d'un blanc sale tacheté de points noirs.

Il ne faut pas oublier que dans la Raie au bec pointu, dans la Raie au long bec et dans la Raie batis les orifices des tubes de Lorenzini ont une bordure noire.

Habitat. La Batis se trouve sur toutes nos côtes ; Manche, commune ; Océan, commune, jusqu'à la Gironde ; golfe de Gascogne, moins commune ; Méditerranée, assez commune à Cette, où, nous l'avons dit, elle est connue ainsi que la Raie au long bec sous le nom d'Augustine.

Est-ce bien la Raie batis que Risso a décrite sous le nom de Raie batis? (*Ichthyologie*, p. 3.)

Le prince de Canino ne paraît pas avoir connu cette espèce; dans son *Catalogue*, il lui donne comme habitat les mers du Nord.

LA RAIE BLANCHE — *RAIA ALBA*, Lacép.

Syn. : De la grande Raie blanche, lisse, dite particulièrement à Boulogne, Tiremagne, Raia lævis, major. Duham., *Pêch.*, p. 2, sect. 9, p. 285, pl. 11, fig. 3-4.
La Raie blanche, Raia alba. Lacép., t. V, p. 231 ; Blainv., *Fn. fr.*, p. 14.
Raia bicolor. Raie bicolore. Riss., *Hist. nat.*, p. 155.
Læviraja bramante. Sassi, Canestrini, *Mem. Accad. sc. Torino*, 1862, sect. 2, t. XXI, p. 361, pl. 1, ♀ , fig. 2, fig. 3, mâch. dents, fig. 4, dent isolée, ♂ fig. 5, *Fn. ital.*, p. 55.
? Raia lintea. A. Dumér., t. I, p. 557, V. Raie blanche, id., note p. 564.
The Sharp-nosed Ray. Yarr., t. II, p. 555.
Burton Skate. Couch, t. I, p. 97.

N. vulg. : Raie blanche ; Blanquetta, Cette.
Long. : 1,50 à 2,00.

La Raie blanche, ainsi que le fait observer de Lacépède, est très-épaisse.

Le disque est rhomboïdal, plus large que long, à bord antérieur ondulé ou doublement échancré ; une ligne menée du bout du museau à l'angle externe de la pectorale ne rencontre pas le bord antérieur du disque. Le bord postérieur est convexe et sensiblement moins allongé que le bord antérieur. Le disque a le plus souvent sur le milieu de la région dorsale une rangée d'aiguillons peu développés, allant de la ceinture scapulaire à la ceinture pelvienne. Chez les femelles il ne présente en dessus et en avant que de très-petites aspérités ; chez les mâles il porte, vers le bord externe des pectorales vis-à-vis des yeux, plusieurs rangées d'épines assez fortes, et vers l'angle externe il a trois ou quatre rangées d'épines plus longues et plus fortes, ces rangées d'épines, on le sait, se montrent dans les mâles des autres espèces. En dessous le disque est lisse, excepté vers le bord antérieur des pectorales, où se trouvent, chez les mâles surtout, une bande assez large d'aiguillons mêlés à des épines moins développées.

La queue est large, grosse, déprimée, elle se termine brusquement, elle paraît tronquée à son extrémité. Elle est courte, sa longueur prise à la fin de l'insertion des ventrales est contenue deux fois et deux tiers dans la longueur totale. Elle porte trois rangées d'aiguillons. La rangée médiane commence au niveau de la ceinture pelvienne, elle se compose d'aiguillons assez gros ; chacune des rangées latérales a des aiguillons en général plus rapprochés, mais moins développés. Il n'y a rien de bien régulier dans la disposition des épines ou des aiguillons. Les dorsales sont très-rapprochées l'une de l'autre et placées vers l'extrémité de la queue ; la seconde dorsale va jusque près de la fin de la queue dont la pointe semble coupée.

L'anus est ouvert bien en arrière du milieu de la longueur totale.

La tête est allongée, sa longueur fait près du quart de la longueur totale; elle est couverte de petites aspérités, ou de spinules qui sont plus nombreuses, plus rapprochées en dessous qu'en dessus. Le museau est très-long; il présente une forme particulière, en quelque sorte caractéristique; il est étroit, assez épais jusqu'au niveau du tiers antérieur de l'espace préorbitaire, puis il s'élargit subitement, de sorte que son bord externe fait une courbe très-prononcée; toute la partie rétrécie du museau est en dessous garnie d'aiguillons assez forts, arrondis, à pointe tournée en arrière, ressemblant à une carde; ces aiguillons sont plus développés que ceux de la partie supérieure du bec.

Loin de l'extrémité du museau s'ouvre une bouche large, peu arquée, elle est armée de dents pointues dans les deux sexes. Les dents sont disposées par séries verticales bien séparées, au nombre de quarante-deux à quarante-cinq environ à la mâchoire supérieure, de quarante-quatre à la mâchoire inférieure. Les dents sur les rangées internes ont leur couronne étroite et la pointe très-allongée; sur les cinq ou six dernières rangées, ou sur les rangées externes, elles ont la couronne plus large, plus plate, et la pointe excessivement courte.

Les yeux sont grands; l'iris est blanc à reflets dorés. Le diamètre de l'œil fait le cinquième, à peu près, de l'espace préorbitaire, et un peu plus de la moitié de l'espace interorbitaire. L'espace préorbitaire est presque trois fois plus grand que l'espace interorbitaire, il mesure un peu plus des deux tiers de la longueur de la tête. Il y a souvent un aiguillon à l'angle antérieur de l'orbite, et un ou deux autres sur le bord interne, mais il n'y a rien de fixe sous ce rapport; parfois il se trouve un aiguillon d'un côté et pas de l'autre.

L'espace prénasal est d'un tiers au moins plus grand que l'espace internasal; la valvule des narines est très-longue, et la distance qui sépare l'angle nasal de l'extrémité libre de la valvule, fait plus de la moitié de l'espace prénasal.

Les spiracules sont larges, mais leur diamètre est moins grand que celui des yeux.

En dessus, le corps est de couleur cendrée, ou d'un gris uniforme sans taches, ou bien avec des taches arrondies d'un gris blanchâtre; en dessous, il est d'un blanc laiteux sans aucune tache aux ailes, sans mouchetures noirâtres. Les orifices des tubes de Lorenzini n'ont pas de bordure noire, et ce caractère suffirait à lui seul pour faire distinguer la Raie blanche des trois espèces précédentes qui ont aussi le museau allongé. Les pectorales ne sont plus ordinairement bordées de noir chez les animaux complétement adultes.

Habitat. La Raie blanche est assez commune dans la Manche pendant le mois d'été; elle paraît moins commune dans l'Océan. Elle se trouve aussi dans la Méditerranée, Cette; elle est assez rare à Nice, d'après Risso.

Cette espèce est assez souvent apportée sur le marché de Paris; elle est désignée, par les marchandes, quelquefois sous le nom de Raie à nez pointu, à cause de la forme de son museau, et plus ordinairement sous le nom de Raie blanche, parce qu'elle n'est pas tachetée en dessous comme la Batis, etc. Elle est plus estimée que la Raie batis et que la Raie au long bec, car elle a les pectorales beaucoup plus charnues.

Canestrini dans la *Faune d'Italie* donne une courte description de la *Læviraja bramante*. Le mâle, écrit-il, présente des différences qui pourraient le faire regarder comme étant d'une autre espèce. Les lobes postérieurs de ses ventrales sont beaucoup plus allongés que dans la femelle; et les pectorales portent sur leur face supérieure trois séries de forts aiguillons tournés en dedans. Il n'y a cependant là rien d'extraordinaire, ainsi que paraît le supposer Canestrini; les rangées d'aiguillons sur les pectorales se trouvent aussi chez les mâles adultes des autres espèces.

Au musée de Gênes j'ai examiné le squelette très-bien préparé de deux sujets ♂ et ♀, de très-grande taille, inscrits sous le nom de *Raia bramante*, et je puis assurer que cette *Raia bramante* est la Raie blanche de nos côtes et nullement une espèce nouvelle.

D'après Günther, la *Lœviraja bramante*, Sassi, peut être de même espèce que la *Raia maroccana*. Si l'opinion de Günther est juste, il faut rayer la Raie du Maroc du cadre ichthyologique. On le voit, l'histoire des Raies est loin d'être faite, elle laisse beaucoup à désirer sous le rapport de la précision.

La Raie blanche jeune ou la Raie bordée, *Raia marginata*, a été pendant longtemps, et même elle est encore souvent aujourd'hui considérée comme une espèce particulière ; elle présente en effet, avec l'adulte, certaines différences qu'il est nécessaire de signaler.

Syn. : La Raie bordée. Raia marginata. Lacép., t. V. p. 231 : Blainv., *Fn. franç.*, p. 19, pl. 3. fig. 2 ; Riss., *Hist. nat.*. p. 118.
Raia marginata. Müll. et Henl.. *Plagiost.*, p. 140 ; A. Dumér., t. I, p. 568 ; Günth., t. VIII. p. 465 ; CBp., *Cat.*. nº 24. *Fn. ital.*. fig. ; Canestr., *Fn. ital.*, p. 55.
Raie petit museau, Raia rostellata. Riss., *Ichth.*. p. 8. fig. 1-2.
The Bordered Ray. Yarr.. t. II. p. 564 ; Couch. t. I. p. 110.

N. vulg. : Rat, Normandie ; Fumat, Mirayet, Cette ; Miragliet, Nice.
Long. : 0,30 à 0,40.

Le disque chez la Raie bordée est d'un quart environ plus large que long ; le bord antérieur est à peine ondulé, il ne touche pas, mais, vis-à-vis du milieu de l'espace préorbitaire, il approche de très-près la ligne menée du museau à l'angle externe de la pectorale. Le disque est complétement lisse en dessus et en dessous. Le milieu du dos est nu, il ne porte aucun aiguillon. La queue est large, aplatie, sa longueur, à partir de la fin de l'insertion des ventrales, fait à peu près la moitié de la longueur totale ; elle a trois rangées d'aiguillons crochus à pointe tournée en arrière, cependant les aiguillons latéraux qui sont au niveau des dorsales ont leur pointe tournée en dehors et parfois même en avant ; les aiguillons des rangées latérales sont moins nombreux, mais plus développés que ceux de la région médiane.

La longueur de la tête est comprise quatre fois et demie dans la longueur totale. Le museau est allongé, sa largeur au niveau du bord antérieur de l'orbite fait le double de l'espace préorbitaire ; sa pointe est un peu plus longue qu'elle n'est large, et mesure le tiers de l'espace préorbitaire ; le museau est lisse en dessus, mais en dessous il est hérissé d'aspérités. La bouche est relativement un peu plus en arrière dans la Raie bordée que dans la Raie blanche : elle est placée, chez l'animal jeune, un peu après le tiers antérieur de la ligne allant du bout du museau à l'anus ; elle est au contraire plus en avant chez l'animal adulte. Les dents sont petites, fines et pointues dans les deux sexes.

Les yeux ont à peu près les mêmes proportions que dans l'animal adulte ; le diamètre de l'œil fait le cinquième de l'espace préorbitaire, qui mesure les deux tiers de la longueur de la tête. Un aiguillon assez fort, à pointe recourbée en arrière, s'élève à l'angle antérieur de l'orbite.

En dessus le disque est d'une teinte chamois : les pectorales sont bordées de noir, elles présentent le plus souvent deux taches circulaires inégales ; les ventrales sont aussi bordées de noir et sont généralement marquées de deux taches arrondies. En dessous le disque est d'un blanc rosé dans le milieu, il porte à la périphérie, surtout vers l'angle externe, une large bande noirâtre. La queue, en dessous, est à peu près complétement noire à partir de la fin des ventrales, en dessus elle est noire dans sa partie médiane et d'un gris jaunâtre sur les côtés ; les dorsales sont d'un brun foncé.

D. Raies ayant le bec assez court ; la ligne menée du bout du museau à l'angle externe de la pectorale coupe plus ou moins le bord antérieur du disque (9-15).

LA RAIE A PETITS YEUX — *RAIA MICROCELLATA*, Montag.

Syn. : Raia microcellata. Montagu, in *Mem. Werner. Nat. hist. Soc.*, t. II, p. 30 Edinb., 1818 ; Müll. et Henl., *Plagiost.*, p. 142 ; A. Dumér., t. I, p. 538 ; CBp., *Cat.* n° 30.
Small-eyed Ray. Yarr., t. II, p. 567.
Painted Ray. Couch, t. I, p. 107.
? Raia maculata. Günth., t. VIII, p. 458, excl. syn.

N. vulg. : Rat, Raie mêlée ou bâtarde, marché de Paris.
Long. : 0,60 à 0,90.

La Raie à petits yeux est très-large. Les proportions varient suivant la taille des animaux. La largeur du disque fait chez les grands individus les trois quarts de la longueur totale et un peu plus des deux tiers dans les jeunes; elle est d'un quart plus longue que la distance qui sépare le bout du museau de l'angle postérieur des pectorales. La distance de l'angle externe de la pectorale à la pointe du museau est d'un tiers plus longue que la distance du même angle à l'angle postérieur de la nageoire. Le bord antérieur du disque est légèrement ondulé, je ne l'ai jamais vu aussi échancré que le représentent les figures données par Yarrell et par Couch; une ligne menée du museau à l'angle externe de la pectorale coupe le disque sur une assez grande longueur; le bord postérieur est convexe.

Parfois le disque est complétement lisse, parfois il est couvert d'aspérités comme les dents d'une râpe assez fines et assez courtes. Il n'y a pas, excepté chez les jeunes, de véritables aiguillons sur le dos en arrière de la tête, ni au niveau de la ceinture scapulaire, il s'y trouve seulement des aspérités assez fortes. Au milieu de l'espace, qui sépare la ceinture scapulaire de la ceinture pelvienne, commence une rangée d'aiguillons qui, d'abord assez petits, deviennent un peu plus forts après la ceinture pelvienne; ces aiguillons se continuent sur le milieu de la queue et ne sont jamais très-développés. Les ventrales sont assez grandes; la distance qui sépare la ceinture pelvienne de l'extrémité des ventrales fait le quart de la longueur du disque.

La queue est courte; sa longueur, à partir de la fin de l'insertion des ventrales, est comprise deux fois et un quart dans la longueur totale; elle est large à sa base, aplatie; elle porte sur la partie médiane une rangée d'aiguillons assez faibles, allant à peine à la première dorsale, souvent même finissant moins en arrière. Il y a de chaque côté une autre rangée d'aiguillons qui commence à peu près vers la fin de l'insertion des ventrales et se termine plus tôt que la rangée médiane, elle n'est composée que d'aiguillons encore plus faibles que les autres. La queue est en dessus garnie d'aspérités un peu plus fortes et plus acérées que celles du corps; elle est bordée de chaque côté par une membrane assez large, blanchâtre, qui commence en arrière des ventrales et se continue jusqu'à l'extrémité de la petite caudale. La seconde dorsale est ordinairement un peu plus longue, mais un peu moins haute que la première.

La longueur de la tête est comprise cinq fois et quart dans la longueur totale, et quatre fois dans la largeur du disque. Le museau est assez court, légèrement arrondi; il est couvert de petites aspérités. La bouche est assez peu arquée. Les dents sont rangées par séries verticales; elles sont mousses chez les jeunes et chez les femelles; elles sont pointues, chez les mâles adultes, sur le milieu des mâchoires, elles sont taillées en biseau sur les rangées latérales; dans les femelles adultes, les dents sont à peu près rondes vers la symphyse des mâchoires, elles sont oblongues à grand diamètre transversal sur les rangées latérales. Le nombre des dents est assez variable; chez les mâles, j'ai trouvé à la mâchoire supérieure de quarante-cinq à cinquante-quatre dents ou plutôt rangées de dents, et cinquante à la mâchoire inférieure; chez les femelles j'ai compté à la mâchoire supérieure cinquante-cinq dents, et à la mâchoire inférieure de cinquante et une à soixante dents.

Montagu a donné avec raison à cette espèce le nom de Raie aux petits yeux. Le diamètre de l'œil ne fait pas le cinquième de l'espace préorbitaire, il mesure à peu près le tiers de l'espace interorbitaire chez les grands individus, le quart seulement chez les jeunes; il est, dans les grands, d'un tiers plus petit que le diamètre de l'évent, d'un cinquième seulement plus petit dans les jeunes. Le sourcil est à peine indiqué, il n'y a pas d'épines, il y a seulement au niveau de l'angle antérieur de l'orbite quelques tubercules à peine plus gros, à peine plus saillants que les autres. L'espace interorbitaire est large, et légèrement concave; l'espace préorbitaire fait les trois quarts de la longueur de la tête.

L'espace prénasal est d'un tiers plus grand que l'espace internasal. La membrane externe des narines est assez développée.

Il est inutile de rappeler que le diamètre de l'évent est plus grand que celui de l'œil.

Le système de coloration varie suivant l'âge ; dans les jeunes le dessus du corps est d'un jaune brunâtre avec des raies blanches sur les bords du disque ; il y a le plus souvent trois bandes ou raies blanches sur le bord antérieur des ailes et deux sur le bord postérieur ; ces bandes sont parfois arquées, à convexité tournée en dedans ; sur le disque il y a souvent, de chaque côté. près de la région vertébrale, sept à huit taches blanchâtres assez mal dessinées. Dans les grands individus, la teinte est uniforme. elle est d'un gris jaunâtre ; les ventrales sont parfois bordées de blanc : les raies ou bandes latérales du disque ont disparu complétement, ou ne sont plus que très-peu visibles. Je n'ai jamais vu le système de coloration indiqué par Günther ; ce n'est pas la Raie à petits yeux qui porte de nombreuses taches noires ou d'un brun foncé.

Habitat. Océan. golfe de Gascogne, cette Raie est assez commune à Arcachon : Lorient. Manche. assez rare ; elle est apportée quelquefois sur le marché de Paris.

Proportions : long. totale 0,880 ; disque. larg. 0,660, long. 0,480. Queue, long. mesurée à la fin de l'insertion des ventrales 0,385.

Tête, long. 0,168 ; œil, diam. 0,021, espace préorbit. 0,127, esp. interorbit. 0,058 ; évent. diam. 0,030 ; narine, esp. prénasal, 0,10 esp. internas. 0,066.

La Raie à petits yeux paraît pondre au commencement du printemps. Ses œufs. autant que je puis le croire d'après plusieurs examens comparatifs, sont plus grands que ceux de la Raie bouclée. Voici les dimensions de l'un de ces œufs : longueur totale de pointe en pointe 0,20, longueur entre les échancrures 0,102, largeur 0,058 ; grande corne, longueur 0,075.

LA RAIE A QUEUE COURTE — *RAIA BRACHYURA*, Lafont.

Syn. : RAIA BRACHYURA. A. Lafont, *Soc. Linn. Bordeaux*, t. XXVIII, pl. 25.

N. vulg. : Raie blanche, Raie lisse, Arcachon.
Long. : 0,80 à 1,10.

Je ne connais pas cette espèce ; je donne la description que m'a communiquée l'auteur.

Le disque forme un parallélogramme à peu près régulier, à

bords antérieurs ondulés, à angles latéraux mousses; il est couvert d'aspérités, excepté sur la tête qui est presque lisse; il y a sur le dos une rangée d'aiguillons qui se continue avec la rangée médiane de la queue, qui est large, aplatie, portant trois rangées d'aiguillons, et bien plus courte que le corps: pas d'épines ou d'aiguillons ni en dessus ni en dessous du corps.

Le museau est un peu arrondi. Les mâchoires portent quatre-vingt-cinq rangées de dents à peu près pareilles aux dents latérales de la Raie batis jeune, mais plus courtes que celles des rangées moyennes de cette espèce.

Le diamètre de l'œil est plus petit que celui de l'évent. Il y a un petit aiguillon sur le bord de l'orbite.

La couleur générale est chamois sur le frais, puis un peu plus tard cendrée, avec des taches étoilées noirâtres, nombreuses, et cinq ou six taches jaunâtres ou blanchâtres, de chaque côté; le dessous du corps est blanc.

Habitat. Océan, au large des côtes de la Gironde; « de janvier à septembre elle est assez commune, je n'ai pu constater sa présence de septembre à janvier. »

Observation. « Nos pêcheurs la confondent avec la *Raia asterias* et la *Raia batis*, sous le nom de Raie blanche et de Raie lisse. »

Cette Raie, sous le rapport du système dentaire, est très-voisine de la Raie estellée.

LA RAIE RÂPE — *RAIA RADULA*, Delaroche.

Syn. : Raie a bandes, Raia virgata, Geof. Saint-Hilaire. *Descrip. Égypte.* édit. in-8, p. 337, pl. 26, fig. 2-3.

Raja radula, Raie râpe. Delaroche, *Ann. Muséum.* 1809. t. XIII, p. 321. *Mém.*, p. 35.

Raia radula. Cuv., *Rég. an.*, note, p. 135; Blainv. (R. ratissoire, comme variété de la Raie chardon), *Fn. franç.*, p. 25; Riss., *Hist. nat.*, p. 151 ?; Müll. et Henl., *Plagiost.*, p. 133; Guichenot. *Expl. Algér. Poiss.*, p. 133; A. Dumér., t. I, p. 534; Günth., t. VIII. p. 461.

Batis radula. CBp.. *Cat.*, n° 11. *Fn. ital.*, fig.; Canestr.. *Fn. ital.*, p. 58.

N. vulg. : Miraiet, Nice ?
Long. : 0,28 à 0,35 et même 0,725 ? Risso.

Cette espèce est peut-être la plus petite des Raies qui vivent sur nos côtes ; elle ne devient probablement jamais aussi grande que Risso l'indique. D'ailleurs Risso a-t-il bien connu la Raie râpe ? Dans la description qu'il en fait d'une manière assez confuse, il lui donne, quant au système de coloration et surtout quant à la disposition des épines rangées en quatre séries sur la queue, il lui donne, disons-nous, des caractères qui conviennent parfaitement à la Raie circulaire.

La Raie râpe est d'une forme spéciale. Le disque présente la figure d'un rhombe dont l'angle antérieur est enlevé, et dont les angles externes sont légèrement arrondis ; sa largeur est à sa longueur dans la proportion de 3 à 4 ; le bord antérieur est presque droit, il n'est pas ondulé, ni creusé comme dans les autres espèces ; l'angle externe est à peu près aussi loin du museau que de l'anus, des lignes menées par les trois points indiqués formeraient un triangle isocèle.

Le disque est très-âpre en dessus, il est couvert d'une quantité de petites épines, à pointe tournée en arrière, qui lui donnent une grande rudesse, surtout dans la partie centrale, où les épines sont plus fortes que sur les bords ; le dessous du corps est généralement lisse, excepté sur la région centrale. Le dos porte une série médiane d'aiguillons qui commence plus ou moins en avant, qui ne part souvent que du niveau de la ceinture pelvienne, et se continue sur la queue d'une façon assez régulière.

La queue est moins longue que le disque, elle fait à peu près les trois septièmes de la longueur totale ; elle a trois rangées d'aiguillons régulières, la rangée médiane et les rangées latérales ; puis des épines ou des aiguillons moins forts que les autres se dressent çà et là, sans la moindre symétrie. Les dorsales sont fréquemment séparées par un ou deux aiguillons.

Le museau est très-court, à peine saillant ; l'extrémité antérieure du disque paraît seulement un peu ondulée. La bouche est relativement étroite, elle est légèrement arquée. Les dents sont mousses.

Les yeux sont assez grands. Le diamètre de l'œil fait les deux cinquièmes de l'espace interorbitaire, et un peu plus du quart de l'espace préorbitaire, qui est d'un tiers plus grand que l'espace interorbitaire.

L'espace prénasal est égal à l'espace internasal.

Quant au diamètre du spiracule, il est un peu moins grand que celui de l'œil.

En dessus la teinte est d'un gris jaunâtre avec des bandes brunes plus ou moins irrégulières et des points blancs et bruns, ou d'un gris brunâtre avec une grande quantité de petites taches jaunâtres. Une grande tache ocellée se remarque, de chaque côté du rachis, sur la pectorale, à peu près au milieu de la longueur du disque ; cette tache circulaire a le centre brunâtre entouré de blanc ou de jaunâtre avec une bordure plus ou moins foncée. Il y a parfois en avant et en dedans de l'ocelle une tache plus petite, arrondie et d'une teinte blanchâtre uniforme.

Habitat. Méditerranée, Nice, excessivement rare : la Raie râpe n'est pas signalée dans le catalogue de Cette. Il faut dire qu'en raison de sa petite taille et de la mauvaise qualité de sa chair, suivant Canestrini, elle doit être ordinairement rejetée par les pêcheurs.

Proportions d'une Raie râpe apportée d'Algérie par Guichenot : longueur totale 0,281 ; disque, larg. 0,20, long. 0,16 ; distance du bout du museau à la fin des ventrales 0,175 ; queue, long. 0,125 ; œil, diamètre, 0,008, espace préorbitaire 0,030, espace interorbitaire 0,020 ; évent, diamètre 0,007. L'animal décrit par Delaroche avait : longueur totale 0,23 ; disque, largeur 0,135.

LA RAIE MIRAILLET — *RAIA MIRALETUS*, Rond.

Syn. : Læviraia miraletus. Bell., p. 81.

Miraillet. Rondel., liv. XII, c. viii, p. 276.

Raia miraletus. Linn., p. 396, sp. 4 ; Müll. et Henl., *Plagiost.*, p. 141 ; A. Dumér., t. I, p. 547 ; Günth., t. VIII, p. 460 ; CBp., *Cat.*, n° 31, *Fn. ital.* fig. ; Canestr., *Fn. ital.*, p. 56.

La Raie miralet, Raia miraletus. Lacép., t. V, p. 224 ; Riss., *Ichth.*, p. 4, *Hist. nat.*, p. 149 ; Blainv., *Fn. franç.*, p. 27.

? The Homelyn Ray. Yarr., t. II, p. 570.

Long. : 0,50.

Dans cette Raie le disque est d'un cinquième environ plus large que long ; sa largeur est un peu plus grande que la distance qui sépare le bout du museau de la fin des ventrales, ou bien encore sa largeur est plus grande que sa longueur ajoutée à la longueur de l'espace préorbitaire. Le bord antérieur du disque est peu ondulé et dépasse la ligne menée du bout du museau à l'angle externe de la pectorale. Le disque est à peu près lisse; chez les mâles adultes, il y a des aiguillons vers l'angle des ailes comme dans les autres espèces. Il n'y a généralement pas, ou il n'y a que peu d'aiguillons sur la ligne médiane du dos. La queue porte trois à cinq rangées d'aiguillons.

Le museau est pointu, légèrement avancé; il montre de faibles aiguillons chez le mâle, il est à peu près lisse chez la femelle. La bouche est garnie de dents pointues chez les mâles, et mousses, plates chez les femelles.

Les yeux sont assez grands. L'espace préorbitaire fait plus de deux fois la grandeur de l'espace interorbitaire. L'angle antérieur et l'angle postérieur de l'orbite portent ordinairement deux ou trois aiguillons.

L'espace prénasal est un peu plus long que l'espace internasal.

Quant au système de coloration, il est d'un brun cannelle en dessus, avec de petites taches d'une teinte brunâtre et une tache ocellée sur la base des pectorales. Cette tache est ronde ou ovale; elle est purpurine dans sa partie centrale, marquée de noir et entourée d'une bordure jaunâtre. En Provence, dit Rondelet, cette Raie est nommée « *Miraillet*, pour la similitude de ces marques (ocelles) avec de petits miroirs. » Le dessous du corps est blanchâtre.

Habitat. La Raie miraillet est assez commune dans la Méditerranée, Nice, Cette; elle se trouve parfois dans la région méridionale de l'Océan, golfe de Gascogne, rare, Arcachon, A. Lafont.

LA RAIE A QUATRE TACHES — *RAIA QUADRIMACULATA*, Riss.

Syn. : Raia quadrimaculata. Raie à quatre taches. Riss., *Hist. nat.*, p. 150: CBp., *Cat.*, n° 32, *Fn. ital.*, fig. ; Canestr., *Fn. ital.*, p. 57.

N. vulg. : Miraglict, Nice ; Pelouzéla. Cette.
Long. : 0,45 à 0.60.

La largeur du disque fait les trois cinquièmes de la longueur totale ; elle est égale à la distance qui sépare le bout du museau de la fin des ventrales ; elle est moindre que la longueur du disque augmentée de la longueur de l'espace préorbitaire. Le milieu du dos est nu ou n'est muni que d'aiguillons peu nombreux chez l'adulte. La queue porte trois à cinq rangées d'aiguillons, quelquefois une seule dans les jeunes ; sa longueur fait une fois et un quart la distance qui sépare le bout du museau de l'ouverture du cloaque.

Le museau est pointu, assez court, sa longueur ne mesure pas tout à fait la moitié de sa largeur, prise au niveau du bord antérieur des orbites ; il est couvert d'aspérités en dessus et en dessous. Les dents sont plates chez les femelles, elles sont pointues chez les mâles adultes.

L'espace préorbitaire est deux fois et demie plus grand que l'espace interorbitaire. Il y a deux ou trois aiguillons vers le bord antérieur de l'orbite, et deux ou trois autres entre le bord postérieur de l'orbite et l'angle interne de l'évent.

Le système de coloration ressemble beaucoup à celui de la Raie miraillet ; il est, à la partie supérieure du corps, jaune clair avec de petites taches noirâtres. Sur chaque pectorale, un peu en arrière de la ceinture scapulaire, se voit une grande tache à centre rougeâtre entouré de noir avec une bordure d'un blanc jaunâtre ; à l'extrémité postérieure de la nageoire, il y a parfois une tache non ocellée, noirâtre, plus ou moins marquée ; cette dernière tache est loin d'être constante, elle manque généralement chez les femelles. Le dessous du corps est d'un blanc grisâtre.

Habitat. Méditerranée assez rare, Nice ; peu commune à Cette, où elle est, sous le nom de *Pelouzéla*, distinguée de la Raie miraillet. Océan, golfe de Gascogne, très-rare, Arcachon, A. Lafont.

Proportions : Raie à quatre taches, femelle. Long. tot. 0,525 ; disque, larg. 0,320, long. 0,270. Queue, long. mesurée à la fin de l'insertion des ventrales, 0,255.

Tête, larg. au niveau du bord, antérieur de l'orbite 0,145 ; espace préorbit. 0,065 ; espace interorb. 0,025. Distance du museau à l'anus 0,235.

La Raie à quatre taches et la Raie miraillet forment-elles réellement des espèces distinctes? Ou bien la Raie à quatre taches n'est-elle qu'une variété de la Raie miraillet? Ces diverses manières de voir ont leurs partisans. Le prince de Canino admet les deux espèces, il donne de chacune d'elles une figure qu'il a fait dessiner d'une façon très-exacte. Il y a bien en effet entre les deux Raies une assez grande différence dans les proportions ; la largeur du disque est évidemment plus petite dans la Raie à quatre taches que dans la Raie miraillet. Nous ne voulons pas rappeler ici les rapports que nous avons indiqués précédemment.

C. Bonaparte, et Canestrini adopte cette opinion, C. Bonaparte, disons-nous, signale encore comme un caractère spécifique le plus ou moins de longueur des appendices copulateurs, qui, suivant lui, sont dans la Raie miraillet plus courts que les ventrales, et plus longs au contraire chez la Raie à quatre taches. Malheureusement il n'y a pas, dans le plus ou moins de développement de ces organes, le signe d'un caractère ayant une grande valeur; on peut le reconnaître sans peine en examinant les Raies qui viennent communément sur nos marchés, Raie bouclée, Raie estellée, etc. ; dans ces espèces, il n'est pas rare de voir des sujets de même taille avec les appendices d'un développement très-inégal.

LA RAIE PONCTUÉE — *RAIA PUNCTATA*, Riss.

Syn. : Asteria, sive Stellata raia. Bell., p. 83-84.

De la raie piquante estellée. Rondel., liv. XII, c. xi. p. 278.

Raia asterias. Delaroche, *Ann. Muséum*, 1809, t. XIII, p. 322, fig. 1 ; Blainv. *Fn. franç.*, p. 25.

Raie ponctuée. Raia punctata. Riss., *Ichth.*, p. 12, *Hist. nat.*, p. 153 ; Günth., t. VIII, p. 458.

Raia Schultzii. Müll. et Henl., *Plagiost.*, p. 138, pl. 46 ; A. Dumér., t. I, p. 541.

Dasybatis asterias, CBp., *Cat.*, n° 14, *Fn. ital.*, fig. ; Canestr., *Fn. ital.*, p. 57.

Variété à grande tache sur la pectorale.

Raie miroir. Raia speculum. Blainv., *Fn. franç.*, p. 29, pl. 4. fig. 1.
Raia oculata, Raie ocellée. Riss., *Hist. nat.*, p. 149.

N. vulg. : Miraiet, Nice ; Raie douce, marché de Paris, et quelquefois Demoiselle.
Long. : 0,40 à 0,70.

La Raie ponctuée et la Raie miroir ne forment qu'une seule espèce.

Le disque est large, sa largeur est d'un quart plus grande que sa longueur; le bord antérieur est sinueux, il est coupé en avant par la ligne menée de l'angle externe des pectorales au bout du museau. L'angle externe est arrondi, il est d'un tiers environ plus rapproché de l'angle postérieur que du bout du museau.

En dessus, le disque est lisse chez les mâles adultes, excepté dans la région dorsale, qui porte de petites épines, et vers l'angle externe des pectorales; il est rude, généralement couvert de petites scabrosités chez les femelles et surtout chez les jeunes des deux sexes; il n'est cependant pas rare de trouver des femelles adultes avec le corps à peu près lisse. En dessous le disque est lisse, parfois cependant au niveau de la ceinture scapulaire se rencontrent de petites aspérités, occupant une étendue plus ou moins grande. Le milieu du dos porte une rangée d'aiguillons à base assez large; il y a souvent, et surtout chez les jeunes, un aiguillon de chaque côté de la ceinture scapulaire.

La queue est de longueur variable ; elle est, dans les jeunes, plus longue et souvent beaucoup plus longue que le disque, tandis que chez les animaux adultes elle est, mesurée à partir de la fin de l'insertion des ventrales, moins longue que le disque. Elle porte une rangée médiane d'aiguillons assez forts, continuant la rangée du dos ; chez les jeunes, elle a ordinairement sur le côté une autre série d'aiguillons moins développés. Les dorsales sont assez grandes chez l'adulte, et relativement moins éloignées l'une de l'autre que chez le jeune.

La tête est bien développée, sa longueur fait un peu plus du tiers de la longueur du disque. Le museau est plus large dans les jeunes que dans les adultes, sa largeur au niveau des orbites fait chez les jeunes près de trois fois sa longueur ; il se termine par une proéminence plus ou moins arrondie ; il est très-âpre chez les jeunes, il porte chez les adultes de petites épines sur la carène et sur les côtés. La bouche est assez petite, elle est arquée. Les dents présentent des différences marquées dans leur nombre, dans leur disposition et dans leur forme suivant le sexe des animaux, elles ne sont pas toujours obtuses, comme le suppose Günther. Chez les femelles, les dents sont mousses, aplaties, en forme de petits pavés, au nombre de quarante à cinquante sur chaque mâchoire ; elles sont toujours disposées par rangées obliques. Chez les mâles adultes les dents, au contraire, sont pointues ; sur les rangées médianes elles ressemblent à de petits crochets à pointe très-acérée et tournée en arrière ; sur les rangées latérales ou externes, elles sont un peu plus larges avec la pointe moins prononcée et tournée en arrière et en dehors ; elles sont rangées par séries verticales, en nombre variable de trente-cinq à cinquante-huit. Chez un mâle long de 0^m,425, dont les organes copulateurs sont très-développés, la mâchoire supérieure n'a que trente-six rangées de dents, et la mâchoire inférieure trente et une seulement ; chez un autre mâle, la mâchoire supérieure porte cinquante-huit dents et la mandibule cinquante-deux.

Les yeux sont relativement plus grands chez les jeunes ; chez les adultes le diamètre de l'œil fait le quart de l'espace préorbitaire et les trois quarts de l'espace interorbitaire. L'espace interorbitaire est couvert de petites scabrosités, surtout chez les jeunes. Il y a ordinairement un, quelquefois deux aiguillons vers l'angle antérieur de l'orbite, et un autre vers l'angle postérieur, près de l'évent ; chez les jeunes le bord interne de l'orbite porte souvent une rangée d'épines ou d'aiguillons, commençant et finissant par un aiguillon beaucoup plus fort que les autres.

L'espace prénasal est d'un quart plus grand que l'espace internasal ; chez les animaux adultes, le diamètre de l'évent est moins grand que celui de l'œil, il est à peu près aussi grand

chez les jeunes. A l'angle postérieur du spiracule il y a souvent
un, quelquefois deux aiguillons.

Le système de coloration est très-variable ; dans la majorité
des cas, le dessus du corps est d'un gris jaunâtre avec de petites
taches brunes et d'autres plus grandes d'un blanc jaunâtre, souvent ocellées, entourées d'une bordure noirâtre plus ou moins
régulière, parfois comme dentelée. Chez certains sujets qu'on
a placés dans l'espèce Raie à miroir, il y a, de chaque côté de la
ceinture scapulaire, une tache arrondie tantôt aussi grande,
tantôt plus grande que le diamètre de l'œil ; cette tache est à
fond jaunâtre avec une bordure d'un brun foncé, en arrière il
peut se trouver une autre tache semblable, seulement plus petite ; parfois encore la tache des pectorales est entourée de cinq
ou six taches plus petites, rangées avec une espèce de symétrie ;
souvent ces taches disparaissent, ou deviennent moins nettes
quand les animaux grandissent. Il n'y a d'ailleurs rien de régulier dans la forme et dans la disposition des taches ; il ne faut pas
chercher de caractère spécifique dans le système de coloration.

Le dessous du corps est blanchâtre ou plutôt d'un blanc rosé.

Habitat. Cette Raie est assez commune sur toutes nos côtes.

LA RAIE ESTELLÉE ou ÉTOILÉE — *RAIA ASTERIAS*, Rond.

Syn. : De la Raie estellée. Raia asterias. Rondel., liv. XII. c. ix. p. 277.
Raia maculata. Montag., *Engl. fish. mem. Wern. Soc.*, Edinb., t. II, p. 426, part. ;
Blainv. Raie mignonne), *Fn. franç.*, p. 15 ; CBp., *Cat.*, nº 25 (Raia batis, *Fn. ital.*,
fig. ; Canestr., *Fn. ital.*, p. 55.
Raia asterias, Müll. et Henl., *Plagiost.*, p. 139 et 194, pl. 46, fig. 2, excl. syn. ;
A. Dumér., t. I, p. 543 ; Günth., t. VIII, p. 460.
Spotted Ray. Couch. t. I, p. 104, excl. syn.

N. vulg. : Raie douce.
Long. : 0,70 à 1,00.

La Raie estellée a été et même est encore souvent confondue
avec la Raie ponctuée, et cependant les deux espèces présentent
dans la disposition de leur système dentaire des caractères qui
permettent de les distinguer facilement l'une de l'autre.

Chez la Raie estellée, le disque est d'un cinquième environ plus large que long; sa longueur fait à peu près les trois quarts de la longueur totale dans les jeunes, fréquemment un peu moins dans les grands individus. Le bord antérieur du disque est légèrement onduleux, il dépasse la ligne menée du bout du museau à l'angle externe de la pectorale ; le bord postérieur est arrondi ; l'angle externe est un peu arrondi, il est à la même distance que l'anus du bout du museau.

Le disque est à peu près lisse en dessus, il n'a que de faibles spinules sur le bord antérieur des pectorales, sur leur région postérieure et sur leur partie interne près de la ceinture scapulaire ; il y a encore des scabrosités sur la ceinture scapulaire et à la région dorsale. En dessous la peau est lisse à peu près complétement, le bord antérieur du disque est cependant rugueux jusqu'au niveau de l'angle externe des narines. Sur le milieu du dos est une seule rangée d'aiguillons, qui manque parfois chez les grands individus ; il existe généralement une petite épine de chaque côté de la ceinture scapulaire.

La queue est de longueur variable, dans les jeunes, dans les femelles surtout elle ne fait pas la moitié de la longueur totale, dans les mâles adultes elle en fait ordinairement plus de la moitié, mais il n'y a rien de régulier dans ces proportions. La queue est lisse en dessous; elle est, en dessus, hérissée de petites spinules, elle porte sur le milieu une rangée d'aiguillons faisant suite à la rangée du dos ; ces aiguillons ne sont pas très-développés; il se trouve parfois de chaque côté une autre série d'aiguillons plus petits. Les dorsales sont bien séparées, entre elles on voit souvent un ou deux aiguillons.

La tête est large, plus large, proportion gardée, chez les grands individus que chez les petits ; sa longueur fait un peu plus du tiers de la longueur du disque. Elle est à peu près lisse, elle porte deux petites épines vers l'angle antérieur de l'orbite et une ou deux autres assez petites vers le bord postérieur de l'évent ; ces épines disparaissent parfois chez les individus qui ont acquis une certaine taille. Le museau est légèrement échancré sur le

bord, près de sa pointe qui est arrondie mais courte, ne faisant
pas la moitié du diamètre de l'œil ; il est à peu près lisse, il n'a
que de très-petites épines sur le milieu et sur la pointe. La
bouche est grande, sa largeur fait la moitié et plus de la longueur de la tête ; elle est garnie de dents rangées par séries
verticales très-nombreuses variant de soixante-dix-huit chez les
jeunes à quatre-vingt-douze chez les grands individus ; il y a généralement quelques séries de plus à la mâchoire supérieure
qu'à la mandibule. Les dents sont toujours pointues dans les
deux sexes, même chez les jeunes ; et Günther commet une
erreur en écrivant que les dents sont obtuses chez les femelles,
il confond évidemment les caractères appartenant à des espèces
distinctes. La pointe des dents est lisse, aiguë, tournée en
arrière.

Les yeux sont de moyenne grandeur ; l'iris est doré. Le diamètre de l'œil fait à peu près le sixième de la longueur de la
tête, le quart de l'espace préorbitaire et les deux tiers de l'espace
interorbitaire.

La valvule externe de la narine se prolonge en un petit lobe
arrondi ; l'espace prénasal est d'un tiers plus grand que l'espace
internasal.

Les évents sont ovales ; leur diamètre est un peu plus petit
que celui de l'œil.

Dans cette espèce le système de coloration est aussi variable
que dans la Raie ponctuée ; en dessus le fond est gris ou brun
jaunâtre avec des taches noirâtres arrondies, nombreuses ; souvent au milieu de ces taches noirâtres se montrent des taches
d'un gris jaunâtre plus larges, mais moins nombreuses que les
taches foncées ; quelquefois il n'y a que des taches noirâtres avec
une seule tache claire, arrondie et large sur la base de la pectorale. Montagu a confondu la Raie estellée avec la Raie ponctuée et surtout avec la variété Raie miroir ; il indique, comme
livrée de la Raie estellée, une tache noire bordée de blanc et
entourée de cinq taches unies, c'est une erreur. En dessous
la teinte est d'un blanc légèrement rosé.

Habitat. Cette Raie se trouve sur toutes nos côtes; elle est assez commune dans la Méditerranée; elle est très-commune dans l'Océan, dans la Manche; elle est apportée tous les jours sur le marché de Paris. Il est étonnant de voir Günther donner les côtes méridionales de l'Europe pour habitat à cette espèce, qui est loin d'être rare en Angleterre.

LA RAIE CHARDON — *RAIA FULLONICA*, Rond.

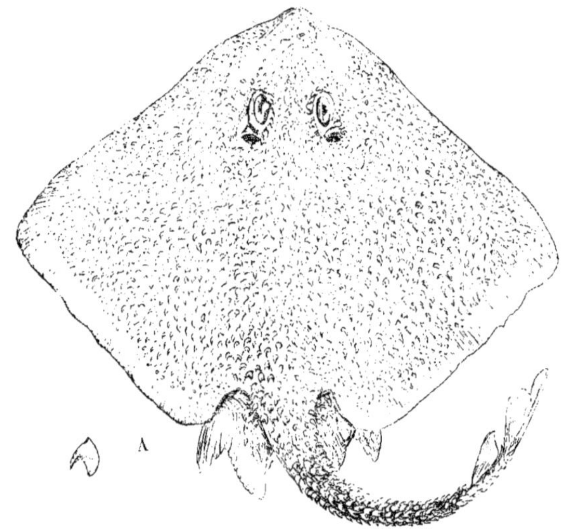

Fig. 74.

A. aiguillon isolé.

Syn. : DE LA RAIE NOMMÉE FULLONICA. Rondel., liv. XII, c. XVI, p. 283.
RAIA FULLONICA (Raie chardon). Blainv., *Fn. franç.*, p. 23, excl. syn. ; Riss., *Hist. nat.*, p. 152 ; A. Dumér., t. I, p. 554, pl. 6, fig. 12 ; Capello, *Cat. peix. Portug.*, n° 6, p. 22.
DASYBATIS FULLONICA. CBp., *Cat.*, n° 16, *Fn. ital.*, fig. ; Canestr., *Fn. ital.*, p. 58.

N. vulg. : Cardaira, Nice ; Clavélada, Cette.
Long. : 0,50 à 0,70.

La Raie chardon a des formes variables, suivant la taille des sujets, d'après les figures données par le prince de Canino. Sur un animal long de $0^m,47$ le disque a $0^m,305$ de largeur et $0^m,245$ de longueur, sa longueur est donc à sa largeur : : 4 : 5.

L'angle externe des pectorales est arrondi ; le bord antérieur est
un peu onduleux, il reste, si ce n'est vers le museau, en dehors
de la ligne menée du rostre à l'angle externe des ailes ; le bord
postérieur est légèrement convexe et l'angle postérieur est assez
arrondi. Somme toute, le disque représente un rhombe assez régulier. Le dessus du corps est couvert d'épines ou plutôt d'aiguillons à pointe recourbée en arrière ; en dessous il y a des
scabrosités vers le bord antérieur du disque, vers les fentes branchiales, des épines sur la ceinture scapulaire et à la région postérieure de l'abdomen.

Le dos, à partir de la nuque, porte sur la région médiane une
ou plusieurs séries d'aiguillons, qui se continuent sur la queue.

La longueur de la queue paraît beaucoup varier ; d'après de
Blainville, la queue serait « très-longue, presque double du corps
proprement dit ; » selon C. Bonaparte, la queue est un peu plus
longue que le diamètre longitudinal du disque. Sur un animal
ayant 0^m,47 de longueur totale, la queue mesure 0^m,243 à partir
de l'anus et 0^m,216 à partir de la fin de l'insertion des ventrales.
La queue a de chaque côté une série d'aiguillons semblables à
ceux qui forment la rangée médiane, souvent encore elle est
armée d'autres épines plus petites qui sont placées en séries
moins régulières. Enfin, comme l'a dit Rondelet : « les aiguillons
de la queue sont courbes, disposés par trois rangs. » Cette indication si précise aurait dû empêcher de confondre cette espèce
avec la Raie chagrinée, qui a le milieu de la queue nu. Les dorsales sont assez éloignées l'une de l'autre ; il y a souvent une
épine dans l'espace qui les sépare ; la seconde dorsale paraît un
peu plus longue que la première.

La longueur de la tête est comprise deux fois et demie à deux
fois et deux tiers dans la longueur du disque. Le museau est
large, à pointe peu saillante ; il est, en dessus, couvert d'aspérités, d'épines qui sont plus développées sur la partie médiane ; en dessous, il ne porte que de petites spinules. La bouche
n'est pas très-grande ; elle est légèrement arquée. Les dents, au
moins chez les femelles, sont mousses, oblongues, à surface

convexe : elles sont disposées par séries obliques au nombre de vingt-cinq à vingt-six sur chaque mâchoire.

Les yeux sont de moyenne grandeur; le diamètre de l'œil fait le quart de l'espace préorbitaire, parfois un peu moins, et les deux tiers de l'espace interorbitaire. L'espace interorbitaire est très-rugueux, il est hérissé de petites épines à pointe excessivement acérée. Une série d'aiguillons, commençant vers le bord antérieur de l'orbite, forme, en passant sur le sourcil, une ligne courbe qui se termine près de l'angle postérieur de l'évent.

L'espace prénasal est d'un quart ou d'un cinquième plus grand que l'espace internasal : la distance qui sépare l'angle de la narine de l'angle de la bouche fait à peu près la moitié de l'espace internasal.

Les évents sont assez petits; leur diamètre mesure les deux tiers environ du diamètre de l'œil.

En dessus le corps est d'un vert ou d'un gris jaunâtre marqué le plus souvent d'une grande quantité de petites taches arrondies noirâtres. La face ventrale est blanchâtre.

Habitat : Méditerranée, assez rare, Nice, Cette ; Océan, excessivement rare, la Rochelle. Un des exemplaires du Muséum vient de la Rochelle.

Proportions : Raie ♀, venant de Cette ; longueur totale 0,466 ; disque, largeur 0,332, longueur 0,264. Queue, longueur à partir de : l'anus 0,240, la fin de l'insertion des ventrales 0,210.

Tête, longueur 0,099, largeur au niveau du bord antérieur de l'orbite 0,192. — Œil, diamètre 0,016, espace préorbitaire 0,063, espace interorbinaire 0,024. — Évent, diamètre 0,011.

LA RAIE ONDULÉE ou MOSAÏQUE
RAIA UNDULATA VEL MOSAICA.

Syn. : De la Raie undée ou cendrée. Rond., liv. XII, c. v, p. 273.
Raie mosaïque, Raia mosaica. Lacép., t. V, p. 306, fig. ; Blainv., *Fn. franç.*, p. 32, pl. 4, fig. 2 ; Riss., *Hist. nat.*, p. 154.
Raia undulata, Raie ondulée. Lacép., t. V, p. 306-307, fig. ; Müll. et Henl., *Plagiost.*, p. 134 ; A. Dumér., t. I, p. 537; CBp., *Cat.*, n° 27 ; Günth., t. VIII, p. 459, excl. syn. ; Canestr., *Fn. Ital.*, p. 56.
La Raie ondée « qui diffère peu ou point de la mosaïque. » Cuv., *Règ. an.*, p. 135, note ; *Règ. an. ill.*, pl. 118.

N. vulg. : Razza, Nice ; Blanqueta, Cette ; Brunette, Cherbourg ; Rat, marché de Paris.

Long. : 0.50 à 1.2 .

Dans la Raie mosaïque, le disque a les angles externes arrondis et les bords antérieurs à peine échancrés, à peine ondulés ; il est d'un sixième environ plus large que long ; sa largeur est seulement un peu plus grande que la distance qui sépare le bout du museau de l'extrémité des ventrales. Le disque est complétement lisse en dessus et en dessous chez les jeunes ; il porte, chez les adultes, de petites aspérités sur le dos et sur les bords antérieurs : dans les mâles, il y a deux rangées d'aiguillons vers l'angle de la pectorale, et trois rangées d'épines assez fortes, vers le bord antérieur, vis-à-vis de l'intervalle qui s'étend du bord antérieur de l'orbite à l'angle postérieur de l'évent : tout à fait sur le bord de l'aile se trouvent encore deux ou trois rangées de petites aspérités.

Un peu en arrière de la nuque commence, sur le milieu du dos, une rangée d'épines qui se continue sur la queue. Les aiguillons ne sont pas très-nombreux sur le dos, surtout chez les adultes, ils manquent souvent même dans l'intervalle qui sépare la ceinture scapulaire de la ceinture pelvienne, et la rangée médiane de la queue ne commence qu'au niveau de la fin de l'insertion des ventrales. Il y a souvent de chaque côté de la ceinture scapulaire un ou deux aiguillons.

La queue, mesurée depuis la fin de l'insertion des ventrales, a une longueur égale, ou peu s'en faut, à la moitié de la longueur totale ; elle est aplatie, assez large ; elle porte toujours sur le milieu une rangée d'aiguillons assez forts, elle a parfois, chez les adultes, une rangée latérale d'aiguillons moins développés ; cette rangée latérale est courte, elle commence à l'extrémité des ventrales et finit en avant de la première dorsale. Il y a ordinairement un ou deux aiguillons entre les dorsales qui sont assez développées.

Les ventrales ont une certaine longueur, surtout le lobe interne, qui fait presque le double du lobe externe.

La tête est légèrement rugueuse ; sa longueur, chez un mâle de grande taille, fait la moitié de sa largeur prise a univea udu bord antérieur de l'orbite. Le museau n'a que de très-faibles spinules ; sa pointe est courte, elle mesure à peine la moitié du diamètre de l'œil. La bouche est un peu plus rapprochée que l'œil du bout du museau ; elle est ordinairement plus large dans les mâles que dans les femelles ; mesurée chez deux sujets de grande taille, sa largeur fait plus de la moitié de la longueur de la tête chez le mâle, un peu moins dans la femelle. Les mâchoires sont plus ou moins arquées. Les dents sont, chez les jeunes, mousses, de forme ovalaire ou plutôt hexagonale, à bords obliques plus longs que les bords horizontaux, avec les angles arrondis ; les dents qui se trouvent vers le milieu des mâchoires sont plus petites, plus étroites, elles sont disposées par séries obliques, tandis que les autres sont par rangées verticales ; chaque mâchoire en porte trente-six à quarante séries. Dans les grands individus mâles et femelles, les dents changent de forme et de disposition, elles sont toutes par rangées verticales, elles ressemblent tout à fait aux dents des mâles adultes de la Raie bouclée ; les dents du milieu sont aiguës, coniques, pareilles à des crochets à pointe tournée en arrière ; les dents des rangées externes sont plus larges, à bord oblique, un peu tranchant et terminé en pointe à son angle externe, la pointe est, en général, moins prononcée chez les femelles ; il faut dire que l'évolution dentaire se fait plus tôt et plus vite chez les mâles. Dans les adultes le nombre des séries varie de quarante-quatre à quarante-sept à la mâchoire supérieure et de trente-neuf à quarante-deux à la mandibule. La formule dentaire indiquée par Günther est inexacte : « Dents petites, obtuses, sur soixante séries environ à la mâchoire supérieure. » (Günth., t. VIII, p. 459.)

Les yeux sont assez grands. Le diamètre de l'œil est variable suivant la taille des sujets ; dans les jeunes, il fait souvent un peu plus des deux tiers de l'espace interorbitaire, tandis qu'il n'en fait que la moitié chez les adultes ; la largeur de l'espace interorbitaire est comprise deux fois et un tiers à deux fois et demie dans la longueur de l'espace préorbitaire. A l'angle antérieur de l'orbite il y a deux aiguillons qui disparaissent parfois chez les grands individus; l'angle postérieur de l'orbite est armé d'une épine chez les jeunes.

L'espace internasal est un peu moins grand que l'espace prénasal; la ligne transversale qui passe par l'angle antérieur des narines est placée avant le milieu de la longueur de la tête.

Le diamètre de l'évent est plus petit que celui de l'œil; il y a un aiguillon vers le milieu du bord interne du spiracule ou vers l'angle postérieur.

De Lacépède, tenant compte uniquement du système de coloration, a fait de cette Raie deux espèces différentes, qu'il a nommées, l'une Raie mosaïque, l'autre Raie ondulée.

La Raie mosaïque a le dessus du corps d'une teinte jaunâtre tirant sur le rouge, parfois châtain avec des bandes ondulées brunâtres, bordées de taches laiteuses, assez petites, plus ou moins arrondies; d'autres taches semblables sont disséminées sur la tête, le dos, les ventrales et l'angle des pectorales; sur chaque pectorale, en arrière de la ceinture scapulaire, se montre ordinairement une grande tache blanchâtre mal circonscrite, elle est entourée mais non limitée par une bande brunâtre.

Dans la Raie dite ondulée, la teinte générale est d'un jaune rougeâtre, acajou, avec des bandes ondulées brunâtres, mais sans taches laiteuses. J'ai rencontré assez souvent cette variété aux Sables-d'Olonne.

Parfois, chez les grands individus, les bandes ondulées sont plus ou moins effacées, plus ou moins fondues dans la teinte générale, et les taches laiteuses, quand elles existent, deviennent d'un blanc grisâtre. Chez les animaux adultes la coloration peut encore être d'un ton chamois tirant sur le brun.

Le disque est blanchâtre en dessous chez les adultes, quelquefois d'un blanc jaunâtre dans les jeunes. Un jeune mâle, venant de Cette, avait la partie inférieure du disque complétement noirâtre.

Habitat. La Raie mosaïque se trouve sur toutes nos côtes. Méditerranée, assez commune, Nice, Marseille, Cette. Océan, commune, golfe de Gascogne, côtes du Poitou, moins commune au nord de la Loire, Bretagne, Lorient. Manche, assez rare à Cherbourg, d'après Jouan ; elle paraît moins rare dans les autres ports de la Manche ; elle est apportée sur le marché de Paris, surtout pendant l'hiver.

Cette espèce n'est pas indiquée par les auteurs anglais ; Couch l'a confondue avec la Raie aux petits yeux, et l'a décrite comme une variété de cette dernière.

Günther pense que cette Raie ne se trouve pas dans la Manche, ni sur nos côtes de l'Océan ; il lui donne pour habitat, la Méditerranée et les parties voisines de l'Atlantique. De Lacépède avait dit cependant qu'elle habite « entre les rivages si fréquentés de la France et de l'Angleterre. »

TRIBU DES CÉPHALOPTÉRIENS — *CEPHALOPTERI.*

Corps ; partie antérieure du corps formant avec les pectorales un disque plus ou moins développé et généralement lisse ; queue mince, très-distincte du tronc, armée le plus souvent d'un, quelquefois de deux aiguillons ou dards à dentelures latérales.

Tête portant sur les côtés des nageoires faisant suite aux pectorales, parfois en paraissant distinctes et formant des espèces de cornes.

Nageoires ; dorsale unique ou nulle, pas de caudale (dans nos espèces) ; ventrales non divisées en deux lobes.

Les animaux compris dans cette tribu sont ovovivipares.

La tribu des Céphaloptériens se compose de trois familles :

Tête à prolongements latéraux	en forme de cornes ou d'oreilles.		1. CÉPHALOPTÉRIDÉS.
	nuls. Dents	larges ; une dorsale..........	2. MYLIOBATIDÉS.
		étroites ; pas de dorsale........	3. TRYGONIDÉS.

Famille des Céphaloptéridés, Cephaloptéridæ.

La singulière conformation de la tête de ces Poissons leur a fait donner les noms de *Céphaloptères*, C. Duméril, de *Raies cornues*, de Blainville. Les nageoires pectorales s'avancent sur les côtés de la tête, et forment à droite et à gauche un grand prolongement. la nageoire céphalique des auteurs. une espèce de corne qui rend ces animaux d'un aspect très-bizarre.

La famille des Céphaloptéridés comprend un seul genre dont nous allons indiquer les caractères :

GENRE CÉPHALOPTÈRE — *CEPHALOPTERA*, C. Dumér.

Syn. : Raies cornues. *Dicerobatis*. Blainv.. *Fn. franç.*, p. 40.

Corps déprimé, couvert d'une peau à peu près complétement lisse ; queue grêle, effilée, au moins aussi longue que le disque, armée d'un aiguillon dentelé sur les côtés.

Tête large, portant de chaque côté une corne enroulée à concavité externe ; bouche en dessous, à fente horizontale ; mâchoires garnies de petites dents tuberculeuses.

Yeux latéraux.

Narines à valvules confluentes, bordant la fente de la bouche.

Évents latéraux.

Nageoires ; une dorsale au-dessus des ventrales ; pectorales très-développées, à bord postérieur plus ou moins concave.

Le genre Céphaloptère compte seulement une ou deux espèces :

Prolongements céphaliques	de teinte uniforme. Queue lisse dans sa partie antérieure........................ C. Giorna.
	noirs à leur extrémité. Queue garnie dans toute sa longueur de plusieurs rangées de tubercules (Riss.)...................... C. Masséna.

LE CÉPHALOPTÈRE GIORNA — *CEPHALOPTERA GIORNA*.

Espèce dédiée par de Lacépède au professeur Giorna, qui la décrivit le premier dans les *Mémoires de l'Academie des sciences* de Turin, 1805-1808, p. 4.

Syn. : La Raie Giorna, Raia Giorna. Lacép., t. V, p. 298.
Céphaloptère Giorna, Cephalopterus Giorna. Riss., *Ichth.*, p. 14.
Céphaloptera Giorna. Riss., *Hist. nat.*, p. 163, fig. 10 ; Cuv., *Règn. an.*, p. 138 ;
Müll. et Henl., *Plagiost.*, p. 184 ; CBp., *Cat.*, nº 1 ; A. Dumér., t. I, p. 653, pl. 6,
fig. 6-7, dents ; Canestr., *Fn. Ital.*, p. 61.
Raie mobular, Raia mobular. Blainv., *Fn. franç.*, p. 41.
The horned Ray. Yarr., t. II, p. 600.
Ox Ray. Couch, t. I, p. 139.
Dicerobatis Giornæ. Günth., t. VIII, p. 496.

N. Vulg. : Vacchetta, Nice.
Long. : disque, 0,50 ; enverg. 1,45, Riss.

Le disque est un peu bombé ; la queue est longue, mince, effilée,
lisse dans son quart antérieur, tuberculée dans le reste de son
étendue, armée d'une longue épine dentelée sur les côtés. Les
pectorales sont très-étendues, à bord antérieur légèrement convexe, à bord postérieur concave, avec l'angle externe très-pointu
et très-allongé ; la dorsale est avant l'aiguillon, elle est « petite,
triangulaire, d'un bleu foncé, liséré de blanchâtre au sommet. »
(Riss.) Ventrales peu développées.

La bouche est largement fendue ; les mâchoires sont garnies
de dents excessivement petites, disposées en séries très-nombreuses.

La coloration est « d'un bleu indigo à reflets glauques et violets en dessus, d'un blanc mat en dessous. » (Riss.)

Habitat : Méditerranée, très-rare, Nice ; Océan?
Proportions : Animal détérioré, queue cassée ; disque, largeur 1,42,
longueur prise du museau à l'angle postérieur de la pectorale 0,57. — Distance du milieu du museau à : l'angle externe de la pectorale 0,81, la fin de
la ventrale 0,57, la nageoire caudale 0,52 ; pectorale, longueur bord antérieur 0,64, bord postérieur 0,68 ; ventrale, longueur 0,063, largeur 0,020. —
Corne, longueur 0,093, hauteur 0,045 ; distance de l'extrémité de la corne
à l'œil 0,10, à l'évent 0,162. — Œil, diamètre 0,030 ; évent, grand diamètre
0,013.

LE CÉPHALOPTÈRE MASSÉNA
CEPHALOPTERA MASSENA, Riss.

Syn. : Céphaloptère Masséna, Cephalopterus Massena. Riss., *Ichth.*, p. 15.
Céphaloptera Massena. Riss., *Hist. nat.*, p. 164 ; A. Dumér., t. I, p. 654.
N. Vulg. : Vacca, Nice.
Long. : disque, longueur 1,80, envergure 3,49, Riss.

Le corps est presque elliptique, relevé en carène au milieu du dos. (Riss., *Hist. nat.*, p. 164.) La queue est garnie dans toute sa longueur de trois rangées de tubercules.

La coloration est brun noirâtre en dessus, argentée sur les côtés et d'un blanc mat en dessous avec une infinité de petits points noirs. (Riss.)

Habitat : Méditerranée, Nice, excessivement rare.

Si les proportions données par Risso sont exactes, on voit qu'il y a une grande différence entre les deux espèces ; dans le Céphaloptère Giorna la longueur du disque fait à peu près le tiers de la largeur ou à peine moins, tandis que dans le Céphaloptère Masséna la longueur du disque fait plus de la moitié de la largeur. C'est au Céphaloptère Masséna qu'il faudrait probablement rapporter la Raie cornue pêchée, en 1723, à Montredon, près de Marseille ; cet animal pesait environ six quintaux et mesurait six pieds de longueur totale. (V. Duhamel, *Pêches*, part. II, sect. IX, p. 293.)

Les fœtus sont très-peu nombreux ; les femelles, d'après Risso, mettent bas en septembre un ou deux petits ; dans la Raie cornue prise à Montredon, on a trouvé un petit en vie, rapporte Duhamel.

Famille des Myliobatidés, Myliobatidæ.

Corps ; disque très-large ; queue longue, effilée, armée d'un ou de deux aiguillons dentelés.

Tête bombée, paraissant libre à partir des évents ; museau plus ou moins avancé, bordé par le prolongement des pectorales ; bouche transversale, plaques dentaires occupant une longue surface d'avant en arrière ; dents plates, beaucoup plus larges que longues sur la rangée médiane, formant une espèce de mosaïque.

Yeux latéraux.

Narines ; valvules nasales confluentes, ayant l'apparence d'un lobe quadrangulaire, maintenu par un frein médian, à bord postérieur frangé ou dentelé.

Évents placés en arrière des yeux, sur les côtés de la tête.

Nageoires; dorsale petite, en avant de l'aiguillon; pectorales ayant leur angle externe très-allongé.

GENRE MYLIOBATE ou MOURINE — *MYLIOBATIS*, C. Dumér.

Syn. : RAIES AIGLES, *Aetobatis*. Blainv., *Fn. franç.*, p. 38.

Tête; museau terminé par la réunion des rayons antérieurs des pectorales; mâchoires à bord antérieur à peu près droit; dents médianes formant des hexagones irréguliers, à côtés antérieur et postérieur beaucoup plus longs que les autres qui sont en rapport avec la première série de dents latérales; les dents latérales sont disposées sur plusieurs séries, elles sont beaucoup moins développées que les dents médianes, elles ressemblent à de petits pavés.

Ce genre comprend deux espèces :

Museau { large et court.......................... 1. MYLIOBATE AIGLE.
{ pointu, allongé........................ 2. MOURINE VACHETTE.

LE MYLIOBATE AIGLE — *MYLIOBATIS AQUILA*, C. Dumér.

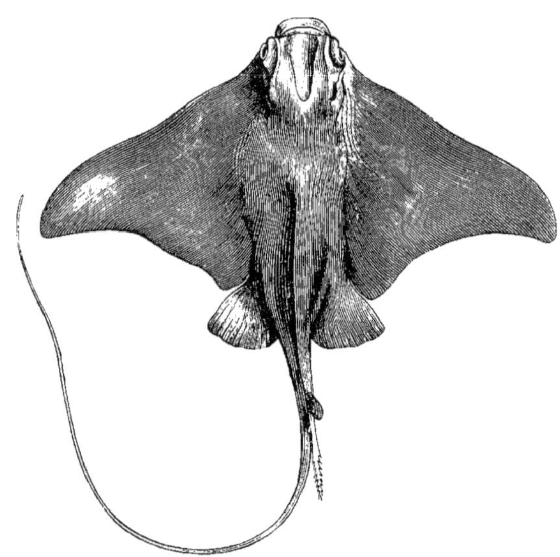

Fig. 75.

Syn. : AQUILA MARINA. Bell., p. 96-97.
DE LA GLORIEUSE, seconde espèce de Pastenague. Rondel., liv. XII, c. II, p. 268.

Aquila. Salvian., p. 147, pl. 50.

Raia aquila. Linn., p. 396, sp. 6 ; Bloch. pl. 81, fig. mauv.

Mourine, Rate-penade, ou Aquila de Provence. Duham.. *Péch.*, part. II, sect. IX, p. 283, pl. 10, fig. 1-2.

La Raie aigle, Raia aquila. Lacép., t. V, p. 252 ; Riss., *Ichth.*, p. 9 ; Blainv., *Fn. franç.*, p. 38, pl. 7, fig. 1-2.

Myliobatis aquila. C. Dumér. ; Cuv., *Régn. an. ill.*, pl. 118. fig. 4. dents. 5°, aiguillon ; Riss. (Mourine aigle), *Hist. nat.*, p. 162 ; Müll. et Henl.. *Plagiost.*, p. 176 ; Guichen., *Expl. Alg.*, p. 138 ; A. Dumér., t. I, p. 654 ; Capello, *Peix. Portug.. Cat..* n° 6, p. 23 ; Günth, t. VIII. p. 489.

Myliobatis noctula. CBp., *Cat.*, n° 4, *Fn. ital.*, fig. : Canestr., *Fn. Ital.*, p. 60.

Eagle Ray. Yarr., t. II, p. 595 ; Couch, t. I, p. 135.

N. Vulg. : Mourine, Aigle de mer; Terre ou Tare. Vendée, Sablesd'Olonne ; Madame, Charente-Inférieure, la Rochelle ; Terrefauche ou peutêtre Terrefranche, île de Ré ; Épervier, Gironde, Arcachon ; Mourine, Aigla de mar, Cette : Lancette? Marseille ; Ferraza, Nice.

Long. : 0,80 à 1,50 et même plus.

Le disque est assez variable dans ses proportions ; sa longueur. prise du bout du museau à l'angle postérieur des pectorales. ne fait pas ordinairement la moitié de l'envergure. Le dos est bombé au niveau de la ceinture scapulaire. Les parties latérales ou plutôt les pectorales ont le bord antérieur légèrement convexe et le bord postérieur échancré ; elles sont très-développées, falciformes, triangulaires, semblables à des ailes. La queue est trèslongue. elle fait parfois les deux tiers de la longueur totale et même plus ; elle est mince, après l'aiguillon elle devient à peu près arrondie et de plus en plus grêle ; elle est filiforme à son extrémité ; elle est excessivement flexible et peut s'enrouler facilement autour des corps que le Myliobate veut atteindre. La peau est complétement nue et lisse.

La tête présente une conformation assez extraordinaire qui l'a fait comparer à celle d'un crapaud ; elle est bombée, large, aplatie à sa région supérieure ; elle est élevée au-dessus du corps et paraît dégagée à partir de l'angle postérieur de l'orbite, sur un peu plus de la moitié de sa longueur. Le museau est large, déprimé, à bord antérieur convexe et très-mince. La bouche est horizontale, elle est relativement assez large, sa largeur fait les deux cinquièmes environ de celle du museau ; la lèvre supéricure est peu développée, elle est cachée en grande partie par la valvule nasale ; la lèvre inférieure est assez épaisse vers l'angle de la bouche, elle vient se fixer sur le bord antérieur de la mandibule, et paraît ainsi divisée en deux moitiés. Les mâchoires sont fortes ; la mâchoire inférieure, surtout, est très-développée;

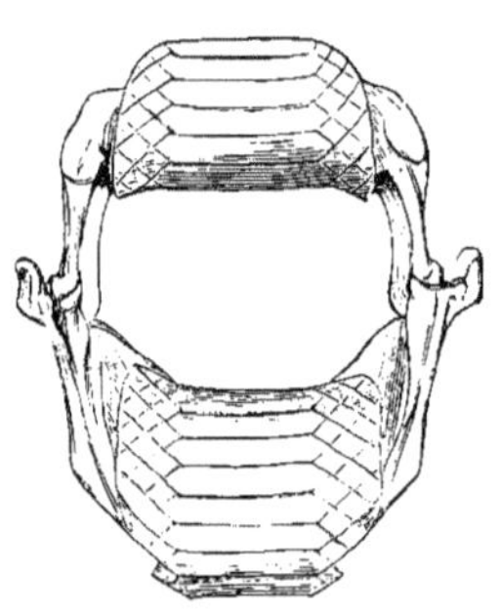

Fig. 76. — *Mâchoires d'un jeune Myliobate (grandeur naturelle).*

les plaques dentaires sont prolongées en arrière, elles garnissent une très-grande partie de la face interne des mâchoires. Les dents sont généralement disposées sur sept rangées ; la série médiane est composée de dents en forme d'hexagones très-développés en travers, de quatre à six fois plus larges que longs, occupant un espace égal au moins à celui que couvrent les autres séries ; aux deux séries moyennes ou intermédiaires les dents sont à peu près carrées chez les jeunes, elles deviennent plus ou moins hexagonales chez les grands individus ; l'angle interne des dents de la première série latérale s'enfonce dans un angle correspondant, formé par le côté des dents médianes ; à la série externe les dents sont parfois triangulaires, mais le plus souvent pentagonales, leur côté externe est droit, non anguleux, leur angle interne est en rapport avec un côté de deux dents appartenant à l'autre rangée. Les dents des trois séries externes sont, ou peu s'en faut, de même dimension et font une mosaïque régulière surtout chez les jeunes ; dans les grands individus elles sont parfois moins égales.

Les yeux sont grands, latéraux ; ils sont placés près du profil supérieur de la tête. L'iris est d'un gris verdâtre ou jaunâtre. Le diamètre de l'œil varie légèrement suivant la taille des animaux ; dans les jeunes, il mesure la moitié de l'espace préorbitaire, qui est à peine moins grand que l'espace interorbitaire ; dans les vieux individus, il fait moins de la moitié de l'espace préorbi-

taire, qui parfois est plus grand que l'espace interorbitaire. Le
sourcil porte quelquefois, chez les mâles adultes, une espèce de
corne assez développée.

Quant aux narines, elles sont très-rapprochées l'une de l'autre; leurs valvules sont confluentes, elles sont réunies en un
seul lobe trapéziforme dont le bord postérieur, plus allongé que
les autres, est complétement libre, il est garni de petites franges
et forme une espèce de voile au-devant de la bouche.

Les spiracules sont grands, latéraux; ils sont placés en arrière
et très-près de l'œil; ils sont munis d'une large valvule insérée
en avant et en haut sous une espèce de repli de la peau. L'ouverture de l'évent, qui est oblongue, est dirigée obliquement d'arrière en avant et de haut en bas. La paroi antérieure du spiracule ne porte pas de branchie.

La dorsale est unique, elle est très-petite, elle est placée sur la
queue en arrière de la fin des ventrales, un peu en avant de
l'aiguillon; les pectorales sont très-développées, pointues, elles
ont été comparées aux ailes des oiseaux; les ventrales sont courtes et coupées à peu près carrément.

L'aiguillon, ou le dard plutôt, est une espèce de lame étroite,
pointue, assez épaisse, triangulaire; la face supérieure est à peu
près lisse, légèrement arrondie, la face inférieure est saillante,
dans la partie médiane elle est renforcée par une carène, une
arête longitudinale, qui augmente la force de l'aiguillon; les
côtés portent des dentelures à pointe tournée en avant.

Il n'y a rien de fixe dans le système de coloration; la teinte
varie suivant les localités et suivant la taille des animaux. Le
plus souvent le dessus du corps est bronze cuivré, parfois jaunâtre; le dessous, d'un gris blanchâtre, est brunâtre ou d'un
brun jaunâtre. Il n'y a pas sur le corps de bandes transversales
bien marquées; parfois chez les jeunes on voit des taches blanchâtres.

Habitat. Le Myliobate se trouve sur toutes nos côtes; Manche, assez rare,
il n'est pas cité dans le Catalogue des Poissons du Boulonnais; côtes de Normandie, Fécamp, le Havre. Océan, Bretagne, assez commun; Poitou, com-

mun; golfe de Gascogne, commun pendant l'été, Arcachon. Méditerranée, assez commun, Cette, Nice.

Les Myliobates et les Pastenagues sont loin d'être recherchés par les pêcheurs; ils donnent une chair qui n'est pas estimée, qui même, sur certains points de nos côtes, est rejetée de l'alimentation peut-être plutôt par habitude que pour tout autre motif.

Leur aiguillon ou leur dard, avec ses nombreuses dentelures latérales à pointe dirigée d'arrière en avant, est une arme des plus dangereuses et des plus redoutées. Aussi les pêcheurs prennent-ils soin, le plus ordinairement, de couper la queue de l'animal dès qu'ils l'ont amené à bord.

Le Myliobate semble plutôt voler que nager; bien souvent, à l'aquarium d'Arcachon, nous avons observé, avec notre ami Lafont, les évolutions d'un individu très-développé qui tantôt nageait lentement au milieu du bassin, tantôt s'approchait du bord qu'il frappait de l'une de ses ailes. Toutes les fois que cet animal était retiré de l'eau, il faisait entendre un mugissement assez fort.

D'après Couch, le Myliobate est ovipare, c'est une erreur; à défaut de nombreuses raisons qu'il est inutile de développer, on peut citer le fait suivant. Il y a quatre ou cinq ans, un pêcheur de Roscoff prit une Mourine qui mit bas sept petits quelques instants après avoir été déposée dans la barque.

LA MOURINE VACHETTE — *MYLIOBATIS BOVINA*, Geof. St-Hil.

Syn. : MOURINE VACHETTE, Myliobatis bovina. Geoffr. St-Hil., Descript. Égypte, *Hist. nat.*, t. I, p. 336, Atlas, pl. 26, fig. 1.
MYLIOBATIS EPISCOPUS, Mourine évêque. Valenc., Sab. Berthelot, *Péch. côte occident. Afrique*, p. 115.
MYLIOBATIS AQUILA. CBp., *Cat.*, n° 3, *Fn. ital.*, fig.; Canestr., *Fn. Ital.*, p. 60.
MYLIOBATIS BONAPARTI. A. Dumér., t. I, p. 635.
MYLIOBATIS BOVINA. Günth., t. VIII, p. 490.

Long. : 0,80 à 1,50.

Le disque a les bords postérieurs plus échancrés que dans le Myliobate aigle.

La peau est lisse chez les jeunes, parfois rugueuse, chez les grands individus, vers la nuque et sur le dos en arrière.

Le museau est plus avancé, plus rétréci que dans l'autre espèce; les dents médianes sont aussi proportionnellement plus larges, leur dimension transversale est huit et même dix fois, suivant A. Duméril, plus grande que leur étendue en longueur ou d'avant en arrière.

Dans la Vachette, la dorsale est plus avancée que dans l'Aigle, elle n'est pas complétement opposée aux ventrales, mais elle est insérée en arrière de la base de ces nageoires.

La teinte est d'un brun verdâtre, quelquefois d'un brun assez foncé.

Habitat : Méditerranée; M. Doûmet inscrit, avec un point de doute, l'une des deux espèces, dans son Catalogue des Poissons de Cette.

Famille des *Trygonidés*, *Trygonidæ*.

Corps ; disque plus ou moins large, ayant l'extrémité antérieure ou rostrale formée par la jonction des pectorales; queue sans carène latérale, armée le plus souvent d'un, parfois de plusieurs aiguillons à bords dentelés.

Évents larges, en arrière des yeux.

Nageoires; pas de dorsale ni de caudale (dans nos espèces); ventrales entières.

GENRE PASTENAGUE ou TRYGON
PASTINACA VEL TRYGON.

Corps ; disque à peu près rhomboïdal, assez semblable à celui des Raies ; queue aussi longue ou plus longue que le corps, mince, très-grêle, armée d'un ou de plusieurs aiguillons, pourvue en dessus et en dessous d'un repli cutané qui cesse après un assez court trajet, ou qui, du moins, ne va pas jusqu'à l'extrémité de la queue.

Tête non dégagée; bouche à peine arquée, presque transversale; mâchoires garnies de dents assez petites, rangées par séries régulières.

Yeux en dessus.

Narines à valvules confluentes, maintenues par un frein médian, à bord postérieur dentelé ou plutôt frangé.

Le genre Pastenague forme deux espèces :

Extrémité antérieure du disque { anguleuse............. 1. P. COMMUNE.
{ tronquée, sinueuse...... 2. P. VIOLETTE.

LA PASTENAGUE COMMUNE — *TRYGON VULGARIS*, Riss.

Syn. : PASTINACA MARINA. Bell., p. 94-95 (part. lœvis).
DE LA PASTENAGUE. Rondel., liv. XII, c. I, p. 265.
PASTINACA, Bruco. Salvian., p. 144, pl. 49.
RAIA PASTINACA. Linn., p. 396, sp. 7 : Bloch, pl. 82.
La RAIE PASTENAGUE, Raia pastinaca. Lacép., t. V, p. 260; Riss., *Ichth.*, p. 10; Blainv., *Fn. franç.*, p. 35, pl. 7, fig. 1-2.
La PASTENAGUE COMMUNE, Raia pastinaca. Cuv., *Rég. an.*, p. 136 ; *Rég. an. ill.*, pl. 118, fig. 3, dents, M.
TRYGON VULGARIS, Pastenague commune. Riss., *Hist. nat.*, p. 160.
TRYGON PASTINACA. Müll. et Henl., *Plagiost.*, p. 161 ; A. Dumér., t. I, p. 600; Günth., t. VIII, p. 468; CBp., *Cat.*, n° 9, *Fn. ital.*, fig.; Canestr., *Fn. Ital.*, p. 59.
STING RAY. Yarr., t. II, p. 591 ; Couch, t. I, p. 130.

N. vulg. : Terre, Lorient; Terre, Tonare, Touare, Poitou; Tère, Arcachon; Pasténaga, Cette; Pastenaiga, Nice.
Long. : 1,00 à 1,40 et quelquefois plus.

Le disque est de forme rhomboïdale, d'un cinquième environ plus large que long ; il a les côtés antérieurs à peu près droits, et un peu plus longs que les côtés postérieurs, qui sont en général légèrement convexes; l'angle antérieur est obtus, et les angles latéraux ou externes sont mousses. La queue porte en dessus et en dessous un petit repli cutané qui commence, l'inférieur au-dessous de la base de l'aiguillon, le supérieur, un peu en arrière ; elle est de longueur variable ; chez les grands individus, elle est tantôt plus courte, tantôt seulement un peu plus longue que le disque, chez les jeunes animaux, elle est d'un tiers et même de moitié plus longue ; elle est armée d'un aiguillon dentelé sur les côtés, à peu près semblable à celui du Myliobate, mais paraissant plus allongé et plus étroit; sur des animaux de moyenne taille, le dard fait à peu près le quart de la queue, il n'y a rien de bien exact dans cette proportion.

La peau est lisse et nue; parfois il y a de petits tubercules pointus sur la ceinture scapulaire et sur le milieu du dos.

La tête est engagée dans le disque ; le museau est très-court. Les mâchoires sont garnies de petites dents qui sont légèrement pointues chez les mâles, et qui chez les femelles sont squamiformes, avec le bord postérieur convexe.

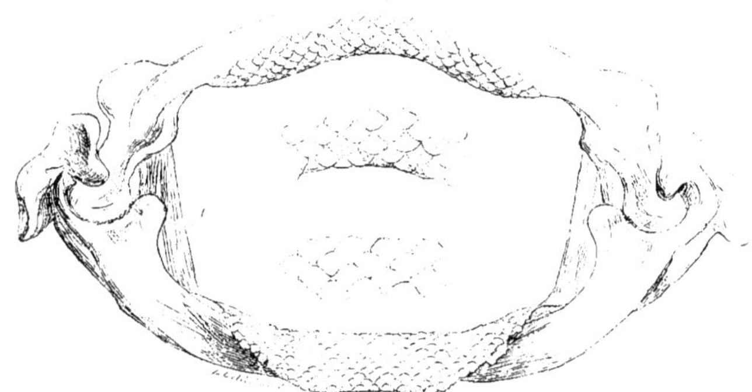

Fig. 77. — *Mâchoires de Pastenague femelle grandeur natur.*

Entre les mâchoires des dents grossies ; *l*, ligament.

Les yeux sont de moyenne grandeur ; l'iris est doré ; le tapis est d'une teinte cuivrée tirant sur le rouge.

Les évents sont dépourvus de lamelles branchiales.

Il est inutile de rappeler que la dorsale manque toujours ; les ventrales sont assez développées et coupées à peu près carrément.

En dessus, le disque est d'un gris bleuâtre généralement uniforme, quelquefois d'un gris rougeâtre, assez rarement il est marqué de taches bleuâtres et grisâtres mal dessinées qui s'étalent en marbrures ; en dessous il est d'un blanc grisâtre ou rosé avec le contour plus ou moins sombre chez les jeunes.

Habitat. La Pastenague se trouve sur toutes nos côtes ; Manche, assez rare, Boulogne, Saint-Valery en Caux, le Havre, etc. Océan, assez rare, côtes de Bretagne ; plus commune au sud de la Loire, commune île de Ré ; golfe de Gascogne, assez commune, Arcachon. Méditerranée, assez rare, Cette, Nice.

LA PASTENAGUE VIOLETTE — *TRYGON VIOLACEA*, Bp.

Syn. : Trygon violacea. CBp., *Cat.*, n° 7, *Fn. ital.*, fig. ; Müll. et Henl., *Plagiost.*, p. 162 et 200 ; A. Dumér., t. I, p. 602 ; Günth., t. VIII, p. 477 ; Canestr., *Fn. ital.*, p. 39.

Long : 0,60 à 0,80.

Le disque de la Pastenague violette forme un rhombe assez régulier, sa longueur fait environ les deux tiers de sa largeur; l'extrémité antérieure est coupée à peu près carrément, elle est légèrement sinueuse. La queue porte en dessus et en dessous un repli cutané; elle est très-longue, elle fait les deux tiers de la longueur totale et même parfois beaucoup plus; elle est mince, grêle surtout à partir de l'aiguillon, elle devient presque filiforme vers sa terminaison; elle est armée d'un aiguillon dentelé sur les deux côtés. La peau est lisse; il y a seulement, sur le milieu du dos, quelques aiguillons formant une petite rangée qui va jusqu'au commencement de la queue.

Le museau est très-court, obtus, il est logé dans l'espèce de retrait, de sinus que forme le bord antérieur du disque; la bouche est assez petite, les mâchoires sont garnies de dents obtuses, relativement assez développées, qui sont, dit le prince de Canino, plus grandes que dans les autres espèces.

Les yeux sont assez grands.

En dessous comme en dessus le disque est d'une teinte violette plus ou moins foncée.

Habitat : Méditerranée, Nice, excessivement rare. MM. Gal, naturalistes, ont trouvé, en 1876, sur le marché de Nice, un de ces curieux animaux qu'ils ont préparé pour le Musée de la ville. D'après les renseignements que je dois à l'obligeance de MM. Gal, cette Pastenague pesait 4 kilogrammes et avait les dimensions suivantes :

Proportions : Longueur totale 0,80; disque, largeur 0,54, longueur 0,35; distance du museau à l'anus, 0,30.

Risso, dans son *Histoire naturelle*, indique la Pastenague d'Aldrovande, *Trygon Aldrovandi*, comme une espèce assez commune dans la mer de Nice; il y a certainement une erreur de la part du naturaliste que nous venons de citer.

Ordre des Chimères, Chimæræ.

Syn. : Holocéphales. *Holocephala*. J. Müll. ; C. Bonap.

Corps. — Il est allongé ; il est couvert d'une peau lisse, presque toujours complétement nue. La corde dorsale est persistante ; elle ne présente aucune trace de segmentation ; elle est enfermée dans un long cylindre terminé en pointe à ses extrémités, formé d'anneaux cartilagineux très-étroits réunis par du tissu fibreux ; ces anneaux cartilagineux, bien que certains anatomistes supposent le contraire, persistent sur l'extrémité antérieure de la gaîne de la notocorde.

La partie antérieure de la colonne vertébrale est formée par un cartilage très-développé qui se compose en quelque sorte de deux pièces principales, l'une inférieure, l'autre supérieure. La pièce inférieure enveloppe l'extrémité de la corde dorsale, lui fait une espèce d'étui ; elle représente une suite de corps vertébraux complétement soudés ; elle s'articule au crâne par une surface assez large. La pièce supérieure paraît constituée par la réunion des cartilages impairs ; en raison de sa configuration

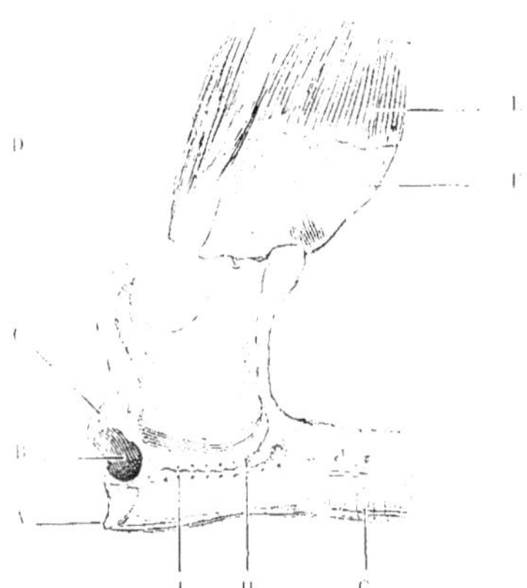

Fig. 78. — *Partie antérieure de la colonne vertébrale de la Chimère monstrueuse.*

A, pièce inférieure de la colonne vertébrale s'articulant au crâne par sa facette antérieure ; B, canal rachidien ; C, pièce supérieure ; D, aiguillon de la dorsale écarté en bas du cartilage F, et coupé en haut ; E, 1re dorsale coupée près de la base ; F, cartilage supportant la 1re dorsale ; G, anneaux cartilagineux enveloppant la corde dorsale et se continuant dans la pièce inférieure ; H, I, orifices pour la sortie des nerfs rachidiens.

elle a été comparée à une espèce de selle ; elle est relevée en avant et en arrière, elle est concave dans sa région moyenne ;

de chaque côté, elle est en rapport avec le crâne par une surface articulaire ; c'est à son bord postérieur et supérieur que
s'articule le cartilage qui porte la première dorsale. En arrière
de cette pièce, les parois du canal neural sont, en partie,
formées, d'une façon distincte, par les cartilages cruraux,
intercruraux et surcruraux montrant une disposition analogue à celle qu'ils présentent dans la colonne rachidienne des
Sélaciens.

Tête. — Elle est libre ; elle est en rapport avec la colonne
vertébrale par trois facettes articulaires, nous venons de le dire.
Le museau est saillant. La bouche est petite, ouverte en dessous :
la lèvre supérieure est fendue ; les mâchoires sont garnies de six
plaques dentaires, quatre à la mâchoire supérieure, deux à la
mandibule. La mâchoire supérieure, l'appareil maxillo-palatin,
ou, si l'on veut plus simplement, la pièce portant les dents
supérieures est soudée au crâne, et la mâchoire inférieure est
articulée directement à une proéminence crânienne que l'on a
comparée à l'os carré ou bien au temporal et au jugal intimement unis au crâne. D'après Cuvier, les cartilages labiaux des
Chimères représentent l'intermaxillaire, le maxillaire et l'arcade
palatine (Cuv., *Mém. mâch. sup.*, *Poissons*, *Mém. Muséum*, 1815,
t. 1, p. 127).

Yeux. — Les yeux sont latéraux ; ils sont pourvus de procès
ciliaires.

Narines. — Elles sont très-rapprochées l'une de l'autre ; elles
s'ouvrent au-dessus de la bouche.

Oreilles. — Elles communiquent avec l'extérieur ; le labyrinthe cartilagineux n'entoure pas complétement l'oreille interne.

Appareil branchial. — Les branchies sont, de chaque côté, au
nombre de cinq, elles forment à leur partie interne ou profonde
quatre poches distinctes, mais incomplètes, elles sont libres à
leur partie externe. Les fentes branchiales sont au nombre de
quatre seulement ; elles donnent dans une cavité commune qui
est recouverte uniquement par la peau et débouche au dehors par

une seule ouverture. La première branchie est portée sur la corne
de l'hyoïde. Cette branchie est l'homologue de la branchie
hyoïdienne des Sélaciens, elle ne correspond nullement à la
branchie accessoire des Ganoïdes, ainsi que le supposent divers
anatomistes (MECKEL, *Anat. comp.*, t. X, p. 219; LEREBOULLET,
Anat. comp., *App. respirat.*, p. 132; CLAUS, *Traité zoolog.*, trad.
franç., p. 797); il est facile de le démontrer en examinant la
composition de l'os hyoïde de la Chimère. Le corps de l'hyoïde ou
le basihyal est bien développé; la corne est formée de deux pièces,
l'hypostégal qui porte des lames branchiales et l'épistégal; par
son extrémité supérieure l'épistégal est en rapport avec un
petit stylohyal. La branche montante de l'hyoïde présente jusqu'ici une disposition normale, mais vers l'articulation de l'hypostégal à l'épistégal se montre une petite pièce triangulaire qui
soutient des lames respiratoires; elle s'appuie sur le bord postérieur de l'hypostégal et s'articule à l'angle postérieur de
l'épistégal. Cette pièce a été considérée, mais bien à tort suivant
nous, comme un rudiment d'opercule, rien ne peut justifier une
semblable manière de voir; il n'y a aucune espèce d'analogie
entre ce cartilage et un opercule ni dans les rapports anatomiques, ni dans le rôle physiologique; cette pièce est comparable
seulement au cartilage assez développé qui, chez les Raies, se
trouve placé sur l'articulation de l'hypobranchial et de l'épibranchial.

CONSERVATION DE L'ESPÈCE. — Il est inutile de rappeler que la
fécondation est interne et qu'il existe une certaine analogie entre
les organes génitaux des Chimères et ceux des Sélaciens. Les
mâles, outre les appendices copulateurs attachés aux ventrales,
en portent d'autres qui sont placés, en avant de ces nageoires,
dans une petite poche, d'où ils peuvent sortir au gré de l'animal; ils ont encore, sur la tête, une espèce d'organe particulier, plus ou moins épineux qui est dans une dépression, en
avant des yeux, sur la ligne médiane. Nous décrirons ces
différents appendices lorsque nous ferons l'histoire de la Chimère monstrueuse.

Les femelles sont ovipares, elles pondent des œufs couverts d'une enveloppe cornée plus ou moins épaisse.

L'ordre des Chimères se compose d'une seule famille.

Famille des Chiméridés. Chimæridæ.

Tête à système canaliculé très-développé, rangées de pores disposées d'une façon symétrique ; crâne sans trace de divisions.

Nageoires : pectorales libres ; ceinture scapulaire non attachée au crâne ; ventrales abdominales, entourant l'ouverture de l'anus ; ceinture pelvienne formée à la région inférieure ou abdominale de deux pièces distinctes, articulées l'une à l'autre, et non confondues en une barre transversale comme dans les Sélaciens ; deux dorsales, la première placée au-dessus des pectorales, munie d'un aiguillon développé ; seconde dorsale plus ou moins longue ; anale de forme variable.

Évent nul.

Vessie natatoire nulle.

GENRE CHIMÈRE — *CHIMÆRA.*

Corps nu, comprimé, terminé en prolongement filiforme.

Tête : museau proéminent, mou, sans cartilages ; bouche petite ; plaques dentaires développées, plus ou moins striées, deux paires à la mâchoire supérieure, une seule paire à la mâchoire inférieure.

Appareil branchial : première et cinquième branchie n'ayant qu'une rangée de lamelles respiratoires.

Ligne latérale bien marquée soutenue par une série de pièces solides, de petits arcs fibro-cartilagineux.

Intestin : canal digestif allant presque directement du pharynx à l'anus, pourvu d'une valvule en spirale, mais n'ayant pas de dilatation stomacale bien marquée, manquant d'appendice digitiforme, non maintenu par un repli mésentérique. L'anus ne donne pas dans un cloaque, ainsi qu'on le dit généralement, il s'ouvre directement au dehors. Le tube digestif est de teinte noirâtre.

Cavité abdominale ne communiquant pas avec l'extérieur ; chacun des orifices placés près de l'anus est l'entrée d'une espèce de cul-de-sac ou de trou borgne.

LA CHIMÈRE MONSTRUEUSE — *CHIMÆRA MONSTROSA*, Linn.

Fig. 79.

Syn. : CHIMÆRA MONSTROSA, Linn., p. 401, sp. 1 ; Bloch, pl. 124 ; A. Dumér., t. I, p. 686, pl. 13, fig. 3-4, tête, pl. 14, fig. 1-1° ; CBp., *Cat.*, n° 82, *Fn. ital.*, fig. ; Capello, *Cat. Peix. Portug.*, n° 6, p. 8 ; Günth., t. VIII, p. 349 ; Canestr., *Fn. ital.*, p. 62.

LA CHIMÈRE ARCTIQUE, Chimæra monstrosa, Lacép., t. VI, p. 140 ; Riss., *Ichth.*, p. 53 ; Cuv., *Règ. an.*, p. 140.

CHIMÆRA MEDITERRANEA, Chimère méditerranéenne, Riss., *Hist. nat.*, p. 168.

THE NORTHERN CHIMÆRA, Yarr., t. II, p. 464.

ARCTIC CHIMÆRA, Couch, t. I, p. 145.

N. Vulg. : Rat de mer ; Roi des harengs ; Cat. Nice.
Long. : 0,60 à 1,00.

L'aspect bizarre de cet animal lui a fait donner le nom de Chimère, sa conformation paraît des plus extraordinaires.

Le corps est allongé, il a neuf ou dix fois plus en longueur qu'en hauteur ; il présente en avant des ventrales la forme d'un tronc de pyramide ou plutôt d'un prisme dont l'une des arêtes serait le profil du dos ; il est comprimé après les ventrales et se

termine par une queue grêle, très-longue. excessivement effilée.
La queue est complétement nue.

La tête est grande. pyramidale. elle est comprimée, allongée ;
sa longueur. qui est double de sa largeur, est comprise environ
huit fois dans la longueur totale ; le profil supérieur est presque
droit, le profil antérieur est oblique de haut en bas et d'avant en
arrière. La tête se termine par un museau non cartilagineux,
mou, pointu, triangulaire ou légèrement conique et comprimé.
La bouche est en dessous, elle est transversale, moins large que
le diamètre de l'œil. De chaque côté de la bouche est un repli
de la peau qui se dirige d'arrière en avant. de bas en haut, et
vient au niveau supérieur des narines s'unir à la peau du museau. qui forme une espèce de bourrelet en avant et au-dessus des
fosses nasales. Les replis latéraux et le bourrelet du museau des-
sinent une espèce de fer à cheval bordant sur les côtés et en
avant la bouche et les narines.

La mâchoire supérieure porte en avant et de chaque côté une
plaque dentaire creusée de stries verticales et terminée sur son
bord libre par des dentelures assez prononcées. Chacune de ces
plaques semble composée de cinq incisives soudées qui dépassent la mâchoire inférieure. En arrière et sur les côtés, se montre
une autre plaque marquée de stries longitudinales et dont le
bord externe mince et tranchant continue le bord libre de la
mâchoire ; cette plaque est développée, elle se réunit par sa face
interne à celle du côté opposé. La mâchoire inférieure est reculée ; elle est armée d'une paire de plaques dentaires bien développées ; en dehors la partie de la plaque dentaire qui correspond à la plaque antérieure de la mâchoire supérieure paraît
excessivement peu striée, mais la partie qui est opposée à la
plaque postérieure est marquée de sept à huit stries profondes,
dirigées obliquement de bas en haut et un peu d'arrière en avant ;
au dedans les plaques dentaires ont deux reliefs prononcés qui
en augmentent la solidité et la surface et qui, venant se mettre
en opposition avec les plaques postérieures de la mâchoire supérieure, permettent à l'animal de broyer avec facilité les corps

résistants. La lèvre inférieure et le lobule labial supérieur portent de nombreuses papilles.

Les yeux sont grands, ovales : l'iris est argenté. Le diamètre de l'œil fait le tiers de la longueur de la tête ; il est d'un quart plus petit que l'espace préorbitaire et d'un tiers plus grand que l'espace interorbitaire.

Les fosses nasales sont rapprochées l'une de l'autre, elles sont séparées seulement par une cloison assez mince : leur ouverture est ovale, à grand diamètre perpendiculaire, elle est limitée en dedans par la cloison, en bas et un peu en dehors par la lèvre supérieure, en dehors par le cartilage nasal, enfin en dehors et en haut par le repli naso-labial. Le cartilage nasal fait une petite saillie sur la paroi externe de la narine, il vient se mettre en contact avec le bord supérieur et externe de la lèvre supérieure.

Les branchies d'un même côté donnent dans une cavité qui communique avec l'extérieur par une seule ouverture. La fente des ouïes est placée à la partie latérale inférieure de la gorge ; elle est ovale, moins longue que le diamètre de l'œil ; elle finit supérieurement au niveau du bord externe de la pectorale ; elle est séparée de celle du côté opposé par un isthme ayant à peu près la même dimension que la fente elle-même. La peau qui borde en avant l'orifice branchial se continue en formant un bourrelet sur l'isthme et va se réunir à la peau de l'autre orifice. La première branchie est insérée sur la corne de l'os hyoïde ; elle est, quant à ses rapports anatomiques, l'analogue de la première branchie des Sélaciens et non l'analogue de la branchie accessoire de l'Esturgeon ; il est inutile d'insister sur ce point et de rappeler la disposition de l'os hyoïde ; elle est composée d'une seule rangée de lamelles respiratoires fixées à la paroi de la cavité par leur face externe ou antérieure ; les deuxième, troisième et quatrième branchies sont libres dans une partie de leur étendue, la membrane intrabranchiale ne dépassant les lamelles respiratoires qu'à chaque extrémité de l'arc branchial. Le cinquième arc branchial ne porte qu'une série de lamelles qui sont attachées par leur face postérieure sur la paroi de la chambre branchiale; il n'existe pas d'ouverture après la cinquième branchie, de sorte qu'il y a seulement quatre fentes interbranchiales et non cinq comme dans la plupart des Sélaciens.

Les lamelles respiratoires présentent des plis très-marqués et assez gros à leur extrémité libre. Sur le bord externe des arcs branchiaux se trouve une rangée de petits cartilages qui mesurent à peine le cinquième de la longueur des lamelles respiratoires; ces cartilages sont les analogues de ceux qui soutiennent le diaphragme branchial des Sélaciens. Le côté interne des arcs branchiaux est pourvu de tubercules rangés sur deux séries; les tubercules de la série antérieure paraissent un peu plus développés; ils sont légèrement denticulés. Ces tubercules, on le voit, ne sont pas particuliers aux Poissons osseux, ils se rencontrent chez un certain nombre de Plagiostomes, le Bleu, l'Aiguillat, etc.

La muqueuse de la chambre branchiale est d'un lilas assez foncé, presque brunâtre, de même teinte, au reste, que la muqueuse de la bouche.

Nous n'étudierons pas les tubes et les ampoules de *Lorenzini* qui montrent la même structure chez les Chimères que chez les autres Plagiostomes (V. p. 71); nous examinerons seulement la disposition du système canaliculé latéral. Les conduits qui forment l'ensemble de ce système, nous l'avons dit à propos de la ligne latérale, ont leurs parois soutenues par des pièces solides; ces pièces, il est facile de le voir à la tête, sont étroites, elles font les trois quarts d'un cercle, la section répondant à la peau, elles sont simples dans leur partie profonde, mais à leurs extrémités elles se divisent en rameaux dichotomiques qui soutiennent les téguments. Ces pièces sont réunies par deux ou trois séries au niveau des anastomoses.

Pour rendre l'étude plus facile et plus claire, nous prendrons d'abord la principale division du système canaliculé, celle qui porte spécialement le nom de *ligne latérale*, et nous la suivrons depuis son point d'origine (V. fig. 80, B) en arrière de l'œil jus-

qu'à sa terminaison sur la queue. La ligne latérale est saillante,
c'est une espèce de cordon qui va directement à peu près jusqu'au commencement de la caudale ; elle est rapprochée du dos,
elle en suit le profil, puis en arrière, au niveau de la caudale,
elle change de direction, elle s'abaisse doucement et vient descendre vers le lobe inférieur de la nageoire qu'elle accompagne
jusqu'à sa terminaison ; elle finit ou semble finir en même
temps que les derniers rayons de la caudale.

En avant la ligne latérale se divise, B, au niveau de la fente
branchiale, en deux branches, une branche ascendante ou
crânienne et une branche
descendante ou *faciale*.
— 1° La branche crâ-
nienne, BA, forme une
légère courbure à con-
vexité postérieure, elle
monte jusqu'au-dessus du
niveau supérieur de l'œil
et se termine par une
bifurcation en donnant
une branche *occipitale* et
une branche *sus-orbi-
taire* ; la branche occipitale suit la direction pri-

Fig. 80. — *Système canaliculé de la tête.*

P, appendice sus-céphalique.

mitive ou ascendante et se partage en deux rameaux dont
l'un vient sur la nuque s'anastomoser avec celui du côté
opposé et dont l'autre, plus petit, se porte jusqu'à la dorsale ;
la branche sus-orbitaire, AF, se dirige d'arrière en avant, elle
passe très-près du bord supérieur de l'orbite, et va se terminer dans les cryptes du bout du museau ; 2° la branche faciale,
BC, descend en arrière de l'œil ; au niveau du tiers postérieur de
l'orbite, elle se divise en trois branches, une branche inférieure,
une branche moyenne et une branche sous-orbitaire ; la branche inférieure, CJ, qui est en même temps postérieure, descend
se perdre dans la peau vers la fente branchiale ; la branche

moyenne, **CD**, se bifurque à l'aplomb du diamètre vertical de l'œil; le rameau inférieur, **DK**, va près de la bouche et peut être appelé rameau buccal; le rameau supérieur ou naso-rostral, **DM**, se porte dans les cryptes, il se subdivise en deux rameaux, le rameau nasal, **MEN**, qui va au-dessus de la narine se réunir à celui du côté opposé, et le rameau rostral, **MI**, qui s'anastomose sur le milieu du museau avec celui de l'autre côté et par un rameau impair, **IIG**, avec la branche sous-orbitaire; la branche sous-orbitaire, **CG**, suit le bord inférieur de l'orbite, se porte en avant, puis elle décrit une courbe à convexité antérieure, descend un peu et se continue par une ligne de cryptes allant à l'extrémité du museau, là elle s'anastomose, **GII**, nous l'avons vu, avec le rameau rostral, et plus haut, **GF**, avec les cryptes de la branche sus-orbitaire.

Les rangées de cryptes sont au nombre de cinq ou plutôt de neuf, quatre rangées symétriques et une rangée impaire.

La première dorsale est avancée, elle commence après la nuque au-dessus de la base des pectorales; elle est portée sur une plaque cartilagineuse qui est articulée dans la dépression du bord supérieur et postérieur de la grande pièce vertébrale; elle est triangulaire, elle est placée dans un sillon assez profond; quand elle est rabattue, elle présente une sorte de carène formée par son premier rayon qui est une épine longue, forte, pointue, dentelée en arrière sur chacun de ses bords, ayant un bord antérieur mince, tranchant, avec une espèce de cannelure de chaque côté. L'épine chez les mâles est à peine plus haute que les rayons mous, elle me paraît, chez les femelles, les dépasser d'un quart environ de sa longueur. Les rayons mous sont au nombre d'une quinzaine. La première dorsale est près de quatre fois plus élevée que la suivante. La seconde dorsale est très-rapprochée de l'autre, elle commence à peu près à la moitié de la distance qui sépare la base des pectorales de celle des ventrales; elle est très-longue, elle se porte en arrière jusqu'au lobe supérieur de la caudale à laquelle elle s'unit par la base, elle en est séparée en haut par une échancrure: elle est arrondie à sa termi-

naison, elle a les derniers rayons beaucoup plus allongés que
ceux de la caudale; en avant elle est engagée dans une base
épaisse, repli de la peau qui fait à peu près les deux tiers de la
hauteur de la nageoire. L'anale est courte, elle commence par
un repli assez loin des ventrales, sous le tiers postérieur de la
seconde dorsale; elle est basse en avant; elle est enfoncée dans
un sillon qui part en arrière des ventrales; elle se termine un peu
avant la seconde dorsale; elle est unie à la caudale par sa membrane; ses rayons postérieurs sont plus allongés que les autres,
ils sont séparés de la caudale par une légère échancrure et forment une espèce de petit lobe pointu. La caudale semble être
le prolongement de la dorsale et de l'anale, ses lobes restent
complétement séparés; le lobe supérieur est moins allongé que
le lobe inférieur, il se termine d'une manière plus brusque; le
lobe inférieur va en diminuant peu à peu de hauteur, ses derniers rayons sont excessivement réduits, ils paraissent une bordure du filament terminal.

La ceinture scapulaire n'est attachée ni au crâne, ni à la colonne vertébrale; elle a son extrémité supérieure complétement
libre; elle est formée de trois pièces : un surscapulaire excessivement peu développé et plus ou moins uni au scapulaire dont
il est parfois très-peu distinct; un scapulaire d'assez grande dimension; enfin un coracoïdien qui se soude à celui du côté
opposé et constitue avec lui une pièce quadrilatérale à bord
postérieur échancré; à cette pièce s'articule les deux métacarpiens qui portent la pectorale ou plutôt les rayons qui composent
la base de cette nageoire. Les pectorales ont une base très-large,
épaisse, en forme de pédoncule ovale, occupant le tiers inférieur
de la face latérale du corps et une petite portion de la face
inférieure. Elles sont longues, elles mesurent près du cinquième
de la longueur totale, elles sont très-larges près de leur insertion, elles sont triangulaires ou falciformes. A l'état de repos,
quand elles sont dans l'adduction, elles se joignent ou même se
recouvrent plus ou moins sous le ventre par leur région interne.
Les ventrales sont beaucoup moins développées que les pecto-

rales, elles font à peine le dixième de la longueur totale; elles
sont placées de chaque côté de l'ouverture de l'anus; elles se
touchent par leur bord interne, elles occupent toute la largeur
de la partie inférieure du tronc ; elles sont triangulaires, à bord
interne arrondi. Il est inutile de rappeler que la ceinture pelvienne est formée à la région abdominale de deux pièces réunies
par un ligament plus ou moins lâche; chez le mâle, ces pièces,
nous le verrons, portent l'appendice antérieur.

L'appareil reproducteur a bien évidemment une assez grande
analogie avec celui des Sélaciens, mais il présente certaines particularités que nous allons indiquer très-succinctement; nous
l'étudierons d'abord chez le mâle.

Le testicule, chez les adultes, bien entendu, montre des différences marquées dans ses formes, dans ses dimensions, suivant
qu'il est dans la période de repos ou d'activité. Chez un animal
mesurant $0^m,75$ de longueur, il ressemble à une olive un peu
aplatie à la face dorsale, il a : longueur $0^m,021$, largeur $0^m,011$,
épaisseur $0^m,010$; sur un autre animal ayant une taille
de $0^m,725$, il a les proportions suivantes : longueur $0^m,030$,
largeur $0^m,015$, épaisseur $0^m,008$, il a la figure d'un rein; au
côté interne du testicule est un renflement prononcé qui paraît
former la tête de l'épididyme. Le conduit excréteur dans la
plus grande partie de son parcours montre à peu près la même
disposition que chez les Sélaciens, mais il a un mode de
terminaison tout à fait particulier. Après être sorti de l'épididyme le canal déférent suit un trajet rectiligne; au moment du
rut il est très-renflé en arrière, puis il se rétrécit subitement et
paraît étranglé au point où il débouche dans une cavité qui lui
est commune à lui et à son congénère. Cette cavité ou plutôt
cette poche mesurée sur plusieurs animaux a une longueur
moyenne de $0^m,012$, elle est oblongue ; sur les animaux conservés dans l'alcool, elle a une teinte lilas ; la muqueuse surtout est
d'une teinte plus foncée, elle porte des plis longitudinaux assez
prononcés et des plis transversaux plus nombreux, plus petits
que les autres. La poche de la Chimère est, il nous semble,

comparable au réservoir séminal des Sélaciens (V. p. 242, fig. 25); elle est en arrière terminée par un canal qui se rend dans un un petit bulbe. Après l'anus et non dans un cloaque, entre les appendices copulateurs, se trouve une espèce de tubercule ou plutôt de bulbe, qui est en rapport avec la paroi postérieure du tube intestinal; ce tubercule est comprimé latéralement, il présente à sa partie antérieure et inférieure, très-près de l'anus, une ouverture qui donne passage à la matière fécondante.

Les appendices préhensiles des mâles sont plus nombreux chez les Chimères que chez les autres Plagiostomes; nous décrirons d'abord les organes qui sont attachés aux ventrales et qui sont analogues à ceux des Sélaciens. Chaque appendice copulateur est composé de trois cartilages: le cartilage médian et le cartilage interne sont étroitement unis et semblent au premier abord ne former qu'une seule pièce allongée avec un sillon longitudinal; la tige médiane paraît destinée à donner plus de force à l'autre pièce; la tige interne est creusée d'une gouttière pour recevoir la tige médiane, elle est légèrement arrondie en dehors, renflée à son extrémité; elle porte une grande quantité de petites épines, minces, fines, à pointe tournée en avant. La tige externe est un peu plus développée que les autres, elle se termine par un renflement olivaire; sa partie interne et sa partie postérieure sont couvertes de petites épines. Sur des animaux ayant $0^m,68$ à $0^m,72$ de longueur, les appendices mesurent $0^m,068$, ils font la dixième partie de la longueur totale.

En avant de la base de la ventrale, se remarque de chaque côté, une petite ouverture, oblique de dedans en dehors et d'avant en arrière. Cette ouverture donne accès dans une poche qui cache un singulier appendice; c'est une espèce de lame cartilagineuse aplatie, à bord convexe portant des épines; elle est articulée à l'angle antérieur du cartilage pelvien assez près de la symphyse; elle a $0^m,015$ de longueur chez les animaux dont nous avons indiqué la taille.

A la partie antérieure de l'espace interorbitaire se trouve encore chez les mâles un organe spécial, le cartilage sus-céphalique;

il mesure à peu près la moitié de la longueur du diamètre de l'œil; il est courbe et sa partie inférieure ou concave se loge dans une dépression; cet appendice est mobile, il est renflé en bouton à son extrémité libre qui est armée d'épines à pointe recourbée en arrière.

Il nous reste à examiner rapidement les organes reproducteurs de la femelle. L'ovaire paraît en général moins développé que chez les Sélaciens; l'oviducte semble avoir un calibre régulier, il est renflé seulement en arrière. Les oviductes sont complétement distincts; à leur extrémité postérieure ils s'unissent par leur côté interne, mais sans se confondre, ils s'ouvrent séparément dans le petit cloaque génito-urinaire.

Entre l'extrémité renflée des oviductes et le rectum se trouve un organe singulier; c'est un appendice cœcal plus ou moins développé; suivant Leydig, il aurait un pouce de largeur, j'en ai examiné plusieurs qui n'avaient guère que 5 millimètres de longueur. L'organe est blanchâtre, et par conséquent facile à distinguer de l'intestin, comme le fait observer Leydig; il s'ouvre dans le cloaque génito-urinaire. Quelle fonction est-il destiné à remplir? Hyrtl considère cet appendice comme un *réservoir de sperme*; mais, d'après la remarque de Leydig, « cette opinion ne sera qu'hypothétique tant qu'on n'aura pas trouvé de zoospermes dans cet organe. » (LEYDIG, *Trait. Histol.*, trad. franç., p. 584.)

Dans le cloaque génito-urinaire il y a quatre orifices distincts, qui sont ainsi disposés : sur la ligne médiane et en avant l'orifice de l'appendice cœcal, en arrière l'orifice de la vessie urinaire, de chaque côté l'ouverture d'un oviducte; les orifices des oviductes sont plus éloignés de celui de l'appendice que de l'urèthre qui est parfois assez difficile à trouver. Le cloaque débouche au dehors par une fente placée immédiatement après l'anus.

Le corps de la Chimère est d'un gris argenté nuancé de brun; les nageoires impaires sont d'un gris jaunâtre, elles sont bordées de noir.

Habitat. — Ce poisson est toujours plus ou moins rare sur nos côtes; Méditerranée, assez rare, Nice; très-rare, Cette; très-rare, Pyrénées-Orientales. Océan ?

Proportions : Chimère mâle, longueur totale 0,68 ; tronc, hauteur 0,072, épaisseur 0,015.

Tête, longueur 0,086, hauteur 0,062, largeur 0,044 ; bouche, largeur 0,020. — Œil, diamètre 0,030, esp. préorbit. 0,040, esp. interorbit. 0,021.

D'après Canestrini le mâle est beaucoup plus rare que la femelle. Les Norwégiens « se nourrissent de ses œufs et de son foie, qu'ils préparent avec plus ou moins de soin. » (LACÉP., t. VI, p. 147.) « La chair des Chimères est blanche, gluante, d'un goût désagréable; leur foie est très-volumineux : on en extrait une huile limpide qui brûle en donnant beaucoup de lumière, mais en répandant une odeur fétide. » (RISS., *Hist. nat.*, p. 169.)

SECTION DES GANOÏDES, GANOIDEI.

Les Ganoïdes, sous le rapport de la perfection organique, tiennent le milieu entre les Plagiostomes et les Poissons osseux; ils possèdent des caractères qui les rapprochent tantôt des premiers, tantôt des derniers.

CORPS. — Il présente, dans l'ensemble de ses formes, de nombreuses différences qu'il est impossible de faire connaître d'une manière générale. Le squelette est de structure variable, il est cartilagineux dans certains poissons, osseux chez d'autres; il peut encore se montrer tout à la fois osseux et cartilagineux dans un même animal. La peau est rarement nue, elle est revêtue le plus souvent d'écailles ou de scutelles, de plaques osseuses recouvertes d'une couche d'émail.

YEUX. — Les nerfs optiques forment un chiasma.

OREILLES. — Elles ne communiquent pas avec l'extérieur.

APPAREIL RESPIRATOIRE. — La corne de l'hyoïde ne porte pas de lames respiratoires; les branchies sont libres, elles sont logées, de chaque côté, dans une chambre qui n'a en dehors qu'une seule ouverture et dont la paroi externe est formée par des pièces operculaires.

Vessie natatoire. — Elle est pourvue d'un conduit pneumatophore.

Appareil circulatoire. — Le bulbe artériel du cœur est musculeux et muni de valvules disposées sur plusieurs rangées ; le nombre des valvules n'est pas constant, il varie suivant les familles, les genres et même suivant les espèces.

Appareil digestif. — L'intestin porte une valvule en spirale.

Conservation de l'espèce. — Les organes génitaux n'ont pas de conduits qui s'ouvrent directement au dehors, ils communiquent avec les organes urinaires, l'uretère ou la vessie.

La section des Ganoïdes comprend un seul ordre.

Ordre des Sturioniens, Sturiones.

Syn. : Chondrostés ou Chondrichthes. *Chondrostei*, J. Müll. ; A. Dumér.

Cet ordre forme une seule famille.

Famille des Acipenséridés, Acipenseridæ.

Corps allongé, en forme de pyramide, portant sur chacun de ses angles une série d'écussons ou pièces osseuses plus ou moins développées, couvert en outre de scutelles dures et rudes. Queue hétérocerque. Squelette interne en grande partie cartilagineux ; mais les côtes, la longue tige qui se trouve à la base du crâne, la plupart des pièces de l'appareil hyoïdien, etc., sont ossifiées et présentent de véritables corpuscules osseux. Le rachis n'est pas composé de vertèbres distinctes et séparées ; le corps des vertèbres manque complétement ; au-dessus comme au-dessous de la corde dorsale se développent des lames, des pièces constituant l'arc neural et l'arc hémal. Les neurapophyses forment d'abord le canal rachidien, puis au-dessus, un second canal qui est complété par l'apophyse épineuse ou neurépine. Ce dernier canal, analogue à celui qui se trouve chez divers poissons, Amphioxus, Lamproie, Congre, etc., contient un ligament longitudinal, plus ou moins élastique. En arrière les lames vertébrales ne se rapprochent plus assez pour former à la moelle un canal complet. La corde dorsale est un long cylindre terminé en pointe à chacune de ses extrémités ; en avant elle pénètre dans le crâne et se porte au delà du niveau des trous carotidiens. Elle ne présente aucune trace de segmentation, elle est enveloppée d'une membrane propre de substance fibreuse élastique, qui est doublée d'une autre membrane plus mince sur laquelle viennent se fixer des espèces de cloisons à fibres radiées. Ces fibres partent, en divergeant, d'un cordon ou des parois d'un petit canal occupant le centre de la notocorde. Ce canal existe-t-il réellement pendant la vie? Je ne saurais l'affirmer, je l'ai toujours vu sur des animaux morts depuis un certain laps de temps. Il est facile de le constater, la lumière du canal varie suivant que les pièces sont plus ou moins fraîches, suivant qu'elles restent humides ou commencent à se dessécher. L'examen microscopique de la corde dorsale montre nettement des noyaux isolés et de grandes cellules claires à plusieurs noyaux le plus ordinairement.

Il n'y a pas, on le comprend, d'articulation entre la tête et la colonne vertébrale, et même on peut dire que du bout du museau à l'extrémité de la queue, le squelette ne forme qu'une longue tige rigide en avant, plus ou moins élastique ou flexible dans le reste de son étendue.

Tête allongée, couverte de pièces osseuses marquées de stries ou de rugosités. Ces plaques sont toujours disposées d'une façon régulière dans une même espèce; elles portent différents noms, suivant la position qu'elles occupent (V. fig. 82). Le crâne, excepté dans sa partie basilaire, est complétement cartilagineux; sa base est formée par une plaque osseuse longue, mince, profondément bifurquée en arrière. Cette pièce, appelée *plaque buccale* par Agassiz, *os basilaire* par J. Müller, est évidemment un sphénoïde, au moins dans une partie de son étendue; entre son échancrure et ses ailes postérieures ou latérales, elle est percée de deux orifices pour le passage des artères carotides; elle se termine en avant par trois pointes, une médiane et deux latérales ou externes. La pointe externe ou l'extrémité de l'aile antérieure est séparée par une échancrure de la pointe médiane; cette dernière est beaucoup plus longue que les autres, elle est creusée en dessous d'une gouttière, elle s'articule en avant avec un os allongé qui représente un vomer. Le *vomer* est concave à sa face supérieure, convexe à sa face inférieure qui porte, en avant, les écussons rostraux ou vomériens.

Museau allongé, pourvu à sa région inférieure de quatre barbillons disposés en une série transversale; bouche en dessous, loin du bout du museau, protractile, complétement privée de dents. L'appareil maxillaire est attaché au crâne par un suspenseur commun composé de deux pièces en partie cartilagineuses, en partie ossifiées chez les grands individus. La pièce inférieure du suspensorium est en rapport : par son angle postérieur et supérieur avec l'autre pièce du suspenseur commun, par son angle postérieur et inférieur avec la corne de l'hyoïde, par son extrémité antérieure avec l'appareil maxillaire.

La mâchoire supérieure se compose de onze pièces, une seule de ces pièces est impaire : 1° *Maxillaires supérieurs*, ils forment le bord antérieur ou supérieur de la bouche; ce sont des pièces osseuses, arquées, aplaties, minces, presque triangulaires en avant et dont l'angle supérieur, prolongé en lame, va s'unir en arrière à la mâchoire inférieure; ils sont rapprochés l'un de l'autre sur la ligne médiane. Chacun de ces maxillaires est en rapport :

sur la ligne médiane, comme nous l'avons dit, avec celui du côté opposé ;
en dessous et en avant, dans sa portion triangulaire, avec l'extrémité du
palatin en dedans et l'intermaxillaire en dehors ; en dedans et en arrière
avec le cartilage ptérygoïdien, par son extrémité postérieure avec l'osselet
du coin de la bouche, la mâchoire inférieure et le suspenseur commun.
2° *Intermaxillaires* : chacun d'eux est une petite pièce arquée, appuyée en
avant sous le maxillaire supérieur et en arrière sur le bord externe du palatin. 3° *Palatins* : ce sont les os les plus développés de l'appareil buccal, ils
forment une partie de la voûte et des parois latérales de la bouche ; leur
bord postérieur est convexe, leur bord antérieur est très-fortement échancré,
de sorte que réunis, sur la ligne médiane, ils font un angle très-prononcé.
Les palatins et les maxillaires supérieurs circonscrivent un espace à peu
près cordiforme dans lequel se trouvent les : 4° *Cartilages ptérygoïdiens* ;
ces cartilages sont réunis sur la ligne médiane, ils ne doivent pas, il me
semble, être confondus avec le tissu plus ou moins cartilagineux qui se prolonge sur le suspenseur commun. 5° *Osselets postérieurs* : à l'extrémité postérieure de la branche du maxillaire supérieur se montre un petit osselet,
une espèce de lamelle à base légèrement élargie que le professeur A. Duméril, à l'exemple de J. Müller, appelait pièce du coin de la bouche, ce qui
n'est pas, il faut en convenir, une dénomination d'une grande précision.
6° *Cartilage pharyngien* : il est assez épais, arrondi en arrière et en haut ou
plutôt à son bord libre, il est anguleux en avant, il ferme l'échancrure que
laissent entre eux les bords interne et postérieur des palatins.

La mâchoire inférieure est articulée avec le suspenseur commun ; elle est
formée de deux pièces principales et de deux petits osselets : 1° *Pièces principales* : chacune de ces pièces est revêtue d'une couche osseuse, elle est
assez large, aplatie de dehors en dedans, arquée, terminée en arrière par
une échancrure ayant une certaine ressemblance avec celle de l'os articulaire des Poissons osseux, elle s'unit sur la ligne médiane à celle du côté
opposé au moyen d'un tissu fibro-cartilagineux. 2° *Pièces supplémentaires* ;
en arrière, sur le bord interne du maxillaire inférieur se trouve un osselet
qui n'est pas indiqué ni figuré dans les ouvrages d'ichthyologie, et qui n'a
évidemment d'intérêt qu'au point de vue de l'anatomie comparée, c'est une
petite lamelle osseuse qui doit, il me semble, être considérée comme un
vestige d'*os operculaire*.

Côtes ; les cinq ou six premières côtes sont insérées sur les petites apophyses cartilagineuses de la plaque buccale ; les autres sont en rapport avec
la colonne vertébrale.

Nageoires ; nageoires paires ne manquant jamais. La ceinture scapulaire
est attachée au crâne ou plutôt à la plaque mastoïdienne. Les pectorales ont
un rayon externe ou antérieur robuste, strié, formé de plusieurs rayons
soudés ; les autres rayons sont beaucoup plus grêles, articulés et branchus.
Les ventrales sont abdominales, peu développées.

La dorsale et l'anale sont très-reculées, peu développées ; leurs rayons sont
portés sur des espèces de tiges osseuses que l'on peut comparer à des interépineux. La caudale, non symétrique, est relevée : son bord supérieur est

couvert de futcres et son bord inférieur ou plutôt son lobe est échancré, à rayons nombreux, serrés les uns contre les autres, articulés et ramifiés.

Système nerveux. — Une proéminence du cervelet pénètre dans le ventricule optique (V. p. 48-49).

Yeux latéraux, dépourvus de procès ciliaires.

Narines placées en avant de l'œil, ayant chacune deux orifices distincts.

Oreilles ne communiquant pas avec l'extérieur, placées en partie dans la même cavité que l'encéphale (V. p. 100).

Appareil respiratoire présentant certaines différences suivant qu'on l'examine dans le genre Esturgeon, ou dans le genre Scaphirhynque. Dans le Scaphirhynque il n'y a pas d'évent; au reste la description suivante se rapporte uniquement à l'Esturgeon.

Les *segments hyoïdiens* sont au nombre de six; le segment antérieur ou l'hyoïde est attaché à l'angle postérieur et inférieur de la seconde pièce du suspenseur commun; les quatre segments suivants portent une double série de branchies sur leur bord externe et une double rangée d'appendices assez courts sur leur côté interne; le dernier segment, qui représente les os pharyngiens, est aussi pourvu d'appendices.

Outre les branchies hyoïdiennes les Esturgeons ont encore des branchies accessoires, une branchie de l'opercule et une branchie de l'évent.

La *branchie operculaire* se compose d'une rangée de lamelles respiratoires, elle tapisse presque toute la face interne de l'opercule.

La *branchiole* ou la *branchie de l'évent* (*branchie palatine*, Duvernoy) n'est pas visible au dehors; elle est logée au fond d'une espèce d'entonnoir, dans lequel vient déboucher l'évent.

Évent placé sous le bord externe de la pièce temporale, au niveau, dans l'Esturgeon ordinaire, ou plutôt à peine en avant de la pièce du suspenseur commun; il est muni en avant d'une petite valvule. Il manque chez le Scaphirhynque.

Opercule, ne s'articulant pas comme dans les Poissons osseux avec le suspenseur commun; il s'attache en haut sous le bord externe de la plaque temporale et en avant il est maintenu par la peau de la région postorbitaire; il est composé de trois centres d'ossification, qui peuvent être considérés comme représentant l'opercule, l'interopercule, le sous-opercule ou plutôt le préopercule.

La membrane branchiostége manque sur le bord postérieur de l'opercule, elle est peu développée en bas et en avant. Il n'y a pas de rayons branchiostéges, et en dehors la chambre branchiale est incomplétement fermée.

Vessie natatoire très-développée; elle communique avec l'œsophage ou plutôt avec l'estomac, par un canal large et court, entouré de fibres musculaires qui constituent un véritable sphincter. La membrane interne, contrairement à ce qui se passe chez les Poissons osseux, sécrète une mucosité très-abondante, j'ai du moins constaté le fait plusieurs fois chez l'Esturgeon ordinaire; « elle est revêtue, chez les *Acip. Naccarii* et *Nardoi*, par un épithélium à cils vibratiles, suivant la remarque de M. Leydig. » (A. Duméril, t. II, p. 34.) Cette observation serait des plus intéressantes si elle était confirmée ; je suis étonné que, dans son *Traité d'histologie*, Leydig ne parle plus de cette curieuse disposition. La vessie natatoire est formée de trois membranes, une membrane externe ou péritonéale, une membrane moyenne ou musculeuse, et une membrane interne ou fibro-muqueuse ; c'est avec la dernière qu'est préparée l'*ichthyocolle*.

Appareil circulatoire ; péricarde communiquant avec la cavité abdominale au moyen d'un canal unique placé sur l'œsophage. Dans ce canal est une substance plus ou moins aréolaire qui a été considérée comme une glande lymphatique. Bulbe artériel développé, contractile, formé de fibres striées ; pourvu, suivant les espèces, de douze à quinze valvules disposées en trois ou quatre séries. Cœur offrant une forme assez bizarre, le bulbe artériel et surtout le ventricule sont plus ou moins couverts d'une substance mamelonnée, blanchâtre, parfois marbrée de noir, composée d'éléments lymphatiques. La cavité du cœur est relativement très-étroite. (V. Appareil circulatoire, p. 129...)

Appareil digestif. — *Bouche* complétement dépourvue soit de dents, soit de plaques dentaires. L'*œsophage* est hérissé de papilles plus ou moins coniques à pointe dirigée en arrière. L'*estomac* n'est guère plus large que l'œsophage ; il serait assez difficile d'établir la ligne de séparation si la muqueuse gastrique ne présentait un aspect différent : elle est complétement lisse. C'est au commencement de l'estomac, un peu en arrière de l'espèce de petit bourrelet formé par la terminaison de l'œsophage, que vient s'ouvrir le canal de la vessie natatoire. L'estomac offre une disposition assez curieuse : après s'être dirigé en arrière il se porte en avant et revient ensuite en arrière, de sorte qu'il forme un tour complet, une espèce d'ovale assez régulier. L'*orifice pylorique* est étroit ; au-dessous ou plutôt en arrière se voient les ouvertures des appendices pyloriques et le commencement du duodénum. Le *duodénum* est très-épais, tout gaufré à l'intérieur ; il fait deux replis avant de s'unir à l'*intestin à valvule en spirale*, qui est arrondi, épais, marqué de rétrécissements à la surface externe. La *valvule en spirale* finit au *rectum* ; l'*anus* s'ouvre en avant du pore génito-urinaire. J'ai trouvé dans la paroi du tube intestinal quelques muscles à fibres striées mêlés aux muscles à fibres lisses. Les *appendices pyloriques* sont réunis par du tissu conjonctif et forment une masse bosselée à l'extérieur qui a été regardée comme un véritable pancréas. La cavité péritonéale est en rapport avec l'extérieur au moyen des *pores abdominaux*, qui sont ouverts de chaque côté de l'anus.

Conservation de l'espèce. — Les testicules et les ovaires sont séparés des conduits vecteurs ; les canaux déférents et les oviductes commencent par un orifice infundibuliforme et se terminent dans les uretères. Les œufs sont relativement petits, ils sont très-abondants. Les Esturgeons sont des poissons *anadromes*. Au moment du frai ils quittent les eaux salées pour remonter dans les fleuves.

La chair des Esturgeons est estimée ; les œufs sont très-recherchés en Russie pour la préparation du *caviar* : la corde dorsale desséchée est connue sous le nom de *vésiga* ou *vésigha*, bouillie dans l'eau elle sert à la confection de certains potages ; la vessie natatoire donne l'*ichthyocolle*.

GENRE ESTURGEON — *ACIPENSER*, Arted.

Corps ayant la forme d'une pyramide à cinq faces dont les angles sont couverts de boucliers osseux; tronçon de la queue aussi haut que large, non complétement enveloppé par les écussons. Anus très-reculé, s'ouvrant au niveau du bord interne des ventrales.

Tête couverte de plaques osseuses; museau plus ou moins allongé; bouche transversale, très-protractile, jamais dentée; lèvre inférieure ordinairement divisée sur la partie médiane; quatre barbillons placés sur une rangée transversale, en dessous, entre le bout du museau et la bouche.

Évent plus ou moins arrondi, ouvert sous le bord externe de la pièce temporale.

Appareil branchial; quatre branchies hyoïdiennes, une branchie operculaire, une branchie de l'évent; pas de rayons branchiostéges.

Nageoires; dorsale unique, reculée, opposée à l'anale; caudale hétérocerque, à lobe supérieur relevé, à rayons fixés sur la colonne vertébrale; ventrales placées très en arrière.

Pores abdominaux externes mettant la cavité abdominale en communication avec l'extérieur.

Le genre Esturgeon se compose seulement d'une espèce.

L'ESTURGEON ORDINAIRE ou COMMUN
ACIPENSER STURIO, Linn.

Fig. 81.

Syn. : STURIO. Bell., p. 98-101.

DE L'ESTOURGEON. Rondel., liv. XIV, c. VIII. p. 318.

ACIPENSER STURIO, Linn., p. 403, sp. 1 : Bloch. pl. 88 : CCp., *Cat.*, n° 89. *Fn. ital.*, fig.; A. Dumér., t. II. p. 184 : Günth., t. VIII. p. 312 : Canestr., *Fn. Ital.*, p. 7 : Heckel und Kner. *Süsswasserfische der östreichischen Monarchie*, p. 362. fig. 194 : Siebold, *Süsswasserfische von Mitteleuropa*, p. 363.

ESTURGEON, Duham., *Pêch.*, part. 2°, sect. 8. p. 221. pl. 1, fig. 1 ; Bonnat., *Encyclop.*, fig. 29.

L'ACIPENSÈRE ESTURGEON. Acipenser sturio. Lacép., t. VI. p. 157 : Riss., *Ichth.*, p. 56.

L'ESTURGEON ORDINAIRE. Acipenser sturio, Cuv., *Rég. an.*, p. 142 ; Riss., *Hist. nat.*, p. 166.

L'ESTURGEON COMMUN, Acipenser sturio, Blanchard. *Poissons des eaux douces de la France*, p. 505.

THE COMMON BRITISH STURGEON. Yarr., t. II. p. 142.

COMMON STURGEON, Couch. t. I. p. 157.

N. Vulg. : Créac, côtes du Poitou, de la Gascogne; Estorjeon, Roussillon; Esturtjoun, Languedoc, Cette; Esturjhoûn, Estyoûn, Provence; Sturioun, Nice.

Long. : 1,50 à 2,00, et plus, 4.00 à 6,00 suivant quelques auteurs.

Le corps de l'Esturgeon est allongé, sa hauteur est comprise huit à dix fois dans la longueur totale; il a la forme d'une pyramide à cinq pans. La crête dorsale est prononcée; le ventre est aplati en dessous. La peau est rude, excepté sur une partie de la face inférieure du museau, elle est couverte de scutelles ou de tubercules, elle est en outre garnie d'une rangée d'écussons sur chacun des angles du corps. Les écussons de la série dorsale sont les plus développés, ils sont réguliers, symétriques, plus longs que larges, relevés dans leur partie centrale; ils sont en comptant la plaque nuchale, mais non la plaque de la dorsale, au nombre de dix à quatorze; il y a deux petits écussons avant celui de la dorsale; sur le tronçon de la queue, et même avant la fin de la dorsale, il existe une double série de trois ou quatre petits écussons, les deux dernières pièces bordent l'extrémité antérieure ou la pointe du premier fulcre de la caudale. Les écussons latéraux sont irréguliers, non symétriques; ils sont obliques, plus hauts ou plus larges que longs. à bord supérieur plus étendu que le bord inférieur; ils sont traversés par le canal latéral; l'épine antérieure ou articulaire est beaucoup plus rapprochée de l'angle supérieur de l'écusson que de son angle inférieur; elle est au-dessus du niveau de l'épine externe. Le nombre des écussons latéraux varie de vingt-huit à trente-six, il est souvent même différent d'un côté à l'autre. Les écussons ventraux sont beaucoup moins nombreux, il s'en trouve de dix à treize; ils sont légèrement obliques, ils ont en avant une longue épine articulaire qui est continuée en arrière par la carène épineuse, ils sont plus ou moins échancrés sur leur bord postérieur. Les écussons ne conservent pas toujours leurs aspérités, ils deviennent moins rudes chez les vieux individus.

Le tronçon de la queue présente la forme d'une courte pyramide à six faces, une face supérieure légèrement déprimée sur le milieu, une face inférieure presque plane, et de chaque côté deux faces un peu obliques.

Au milieu du mucus, qui enduit la peau, se rencontrent deux espèces de cellules parfaitement distinctes ; les unes ou cellules épidermiques proprement dites, sont polyédriques, elles mesurent de $0^{mm},015$ à $0^{mm},020$, elles sont beaucoup plus petites que les autres ou les cellules muqueuses. Ces dernières sont arrondies, elles mesurent $0^{mm},035$ à $0^{mm},040$; elles ont un noyau clair avec un nucléole ; elles forment des amas très-remarquables.

La tête est longue, sa longueur prise du bout du museau à la plaque nuchale, est contenue quatre fois et demie à cinq fois dans la longueur totale, chez les animaux de moyenne taille ; elle est couverte de pièces osseuses marquées de stries ou de rugosités. Ces plaques sont toujours disposées d'une façon régulière, elles portent différents noms suivant la position qu'elles occupent. A la région supérieure se trouvent trois pièces impaires : plaques *nuchale, occipitale, frontale moyenne* ou *ethmoïdale*, et les pièces paires suivantes : *mastoïdiennes, pariétales, temporales, frontales principales, frontales postérieures, frontales antérieures, nasales, rostrales supérieures;* a la région inférieure sont des plaques impaires appelées les *rostraux inférieurs* ou *vomériens.* Il y a encore latéralement, près de l'œil, des pièces que l'on pourrait nommer plaques *orbitaires.*

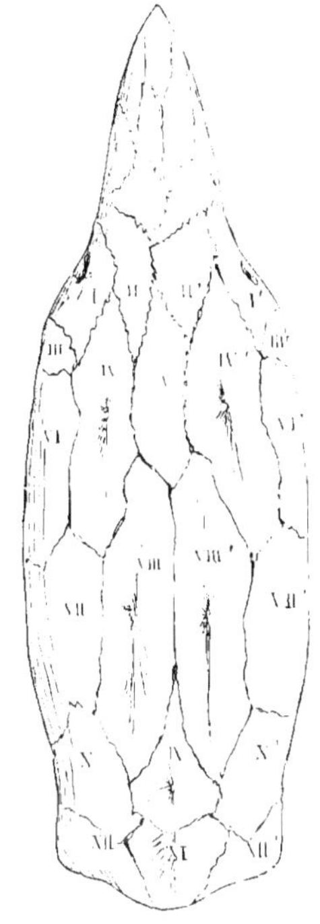

Fig. 82. — *Plaques de la région supérieure de la tête.*

I, nasale ; II, rostrale supérieure ; III, frontale antérieure ; IV, frontale principale ; V, frontale moyenne ou ethmoïdale ; VI, frontale postérieure ; VII, temporale ; VIII, pariétale ; IX, occipitale ; X, mastoïdienne ; XI, nuchale ; XII, scutelles non limitées et partie supérieure de la plaque surscapulaire.

Le dessus de la tête est peu enfoncé; les crêtes latérales sont mousses bien que très-apparentes. Le museau est effilé, pointu, un peu relevé surtout dans les jeunes individus. La bouche est assez large, très-protractile; les lèvres sont garnies de longues papilles, elles sont minces dans leur partie médiane; vers le tiers interne de la mâchoire inférieure commence un repli labial, il gagne le bord externe de la mandibule, contourne l'angle de la bouche et va se terminer sur la mâchoire supérieure, au point de réunion du bord antérieur et du bord externe du maxillaire.

Quant à la position des barbillons, elle n'est pas toujours aussi fixe qu'on l'indique; en général, chez les grands individus, les barbillons sont un peu plus éloignés de la bouche que du bout du museau, parfois dans les jeunes c'est le contraire. Les barbillons externes sont, il me semble, ordinairement plus développés que les autres, cependant d'après certains naturalistes, Canestrini, etc., tous ces appendices sont égaux.

A la face inférieure du museau principalement se trouvent des organes du toucher que nous avons étudiés précédemment (V. p. 75); ce sont les *sacs muqueux* de Leydig.

Les yeux sont petits; l'iris est d'un gris bleuâtre. Le diamètre de l'œil varie suivant la taille des sujets: chez un jeune, mesurant $0^m,50$, il fait le onzième de la longueur de la tête, le sixième de l'espace préorbitaire et le tiers de l'espace interorbitaire; chez un individu de taille plus grande, il ne fait que le huitième de l'espace préorbitaire. La peau forme une espèce de paupière circulaire bien séparée du globe de l'œil, qui est une sorte de sphère un peu irrégulière, ovale, arrondie en dedans, légèrement aplatie en dehors. La sclérotique est complétement cartilagineuse, elle est ouverte en dehors pour recevoir la cornée, elle est excessivement épaisse, en dedans surtout; cette épaisseur diminue considérablement la capacité du globe oculaire. La cornée est plus large que haute, elle a le bord supérieur à peu près horizontal, elle est couverte d'un épithélium pavimenteux. La choroïde est peu développée, elle est très-mince. La rétine est assez difficile à étudier, et ce n'est qu'après plusieurs essais, plusieurs recherches que je suis parvenu à voir certains éléments d'une façon bien nette, je veux parler des cônes et des bâtonnets. Suivant Leydig, les Raies et les Squales, peut-être aussi l'Esturgeon n'ont que des bâtonnets. (V. Leyd., *Trait. hist.*, trad. franç., p. 273.) Dans la membrane de Jacob il n'y a pas seulement des bâtonnets, il y a encore des cônes qui sont, il est vrai, beaucoup moins nombreux que les bâtonnets. Les cônes sont courts, ils mesurent en moyenne $0^{mm},018$ à $0^{mm},021$; les bâtonnets ont $0^{mm},021$ de longueur. Les procès ciliaires manquent complètement; le procès falciforme n'est pas très-développé, mais il est facile à distinguer en raison de sa coloration noirâtre, qui tranche sur la transparence de l'humeur vitrée.

Les narines sont placées en avant de l'œil sur le côté du museau, elles ont deux orifices, comme dans la plupart des Poissons osseux; l'orifice postérieur est très-grand, ovale, à long diamètre vertical, l'orifice antérieur est au-dessus et en dedans de l'autre, il est plus étroit. Les deux orifices sont séparés par une bande de peau renfermant un de ces osselets nommés os à canaux muqueux ou plutôt os du système caniculé latéral.

Quant à l'oreille, elle ne communique pas avec l'extérieur, elle est renfermée en partie dans la même cavité que l'encéphale, dont elle séparée seulement par une membrane ligamenteuse assez mince; elle contient plusieurs otolithes.

L'évent est étroit, il est ouvert sous le bord externe de la plaque temporale.

La fente des branchies est très-longue, elle s'étend à peu près jusqu'au niveau de l'angle antérieur de la pièce coracoïdienne; elle est séparée de celle du côté opposé par un isthme assez étroit.

Il est inutile de rappeler que la ligne latérale traverse la série des écussons placés sur les flancs.

Les nageoires impaires sont précédées de scutelles, d'écussons ou de fulcres. La dorsale est basse, reculée, elle compte une quarantaine de rayons; l'anale qui est opposée à la dorsale est composée de vingt-quatre rayons; le tronçon de la queue est très-court; la caudale est longue, elle fait à peu près le cinquième de la longueur totale, son lobe supérieur est relevé et se termine en pointe allongée, son bord supérieur est couvert de fulcres. Les pectorales vont à peu près jusqu'à l'aplomb du sixième écusson latéral, elles ont trentre-quatre rayons, le premier est très-développé; elles sont portées sur une ceinture scapulaire attachée au crâne. Les plaques de la ceinture scapulaire ont reçu différentes dénominations : la plaque supérieure qui s'articule avec la mastoïdienne, est appelée *surscapulaire* ou *susscapulaire*, la plaque moyenne est la *scapulaire*, la plaque inférieure est la *coracoïdienne* ou *claviculaire*; à l'angle antérieur et interne de la coracoïdienne se trouve une très-petite pièce qui, chez les vieux individus, se soude à celle du côté opposé et paraît alors former une plaque impaire. Les ventrales sont assez petites, elles ont vingt-cinq rayons; l'anus est placé vers la fin de leur insertion, assez loin par conséquent de l'anale, comme dans la plupart des Squales.

D. 38 à 43; A. 24; P. 34; V. 25.

Le bulbe artériel est pourvu de douze valvules disposées sur trois rangées. Le foie est gros, partagé en deux lobes; le lobe droit est le plus long, il est en rapport avec la vésicule du fiel. Le pancréas est ramassé comme dans les Plagiostomes. La rate est divisée en plusieurs parties, ou, si l'on veut, il y a une rate principale et des rates accessoires. Les reins sont très-allongés, ils s'étendent depuis la tête jusqu'à l'extrémité de l'abdomen; les uretères sont larges et contractiles.

La coloration est variable, d'un gris cendré ou jaunâtre, quelquefois rougeâtre avec des taches grisâtres ou brunes; les flancs ont souvent des reflets argentés.

Habitat. L'Esturgeon est anadrome, au moment du frai il quitte les mers pour remonter plus ou moins haut dans les fleuves; il se trouve sur toutes nos côtes. Il s'engage dans la Seine, mais il s'avance rarement bien loin ; il a été pris à Neuilly, à Montereau ; accidentellement quelques individus pénètrent dans l'Yonne, il en a été pêché au delà de Sens, entre Laroche et Auxerre. Quelques-uns de ces animaux ont remonté, mais très-rarement, la Loire jusqu'aux Ponts-de-Cé et même jusqu'à Saumur ; dans le département de Maine-et-Loire, on n'a pas pris d'Esturgeon de 1860 à 1869 (de Soland). Ces poissons pénètrent dans la Gironde, ils ne s'engagent dans la Dordogne qu'en très-petit nombre et accidentellement, ils gagnent plutôt la Garonne ; d'après les renseignements qui m'ont été fournis, on en pêche une cinquantaine par année, dans la Garonne, aux environs de Cadillac. Suivant Duhamel, l'Esturgeon remonte l'Adour pendant l'été jusqu'à l'endroit où le Gave se décharge dans cette rivière, il ne remonte pas au delà dans l'Adour, mais il entre dans le Gave dont les eaux sont claires et rapides. (Duham., *Pêch.*, part. II, sect. vii, p. 220.) Il est assez commun à Cette (Doûmet). Au printemps, les Esturgeons remontent le Rhône pour frayer. Avant l'établissement des bateaux à vapeur, il s'en prenait beaucoup, même de fort gros ; maintenant ils sont plus rares. (Crespon, *Faune méridionale*, p. 308.) L'Esturgeon s'engage parfois dans la Saône et même dans le Doubs. (Vallot, *Ichthyol. franç.*) Il est assez rare à Nice.

Suivant de Lacépède, Valenciennes, l'Esturgeon, quand il est à la mer, se nourrit de Clupes, de Scombres, de Gades ; dans les eaux douces, il attaque les Anguilles, etc., il fait sa proie de Saumons auxquels il donne la chasse, il a même, pour cette raison, été appelé le *Conducteur des Saumons*. Il ne vit pas seulement de poissons ; la forme et la force de son museau, la position de sa bouche lui permettent de labourer les fonds limoneux, de fouiller les herbes servant de refuge à de nombreuses espèces animées, il trouve ainsi une ample provision de vers, de mollusques, et dans la vase il rencontre encore des débris animaux et végétaux. Sa bouche, placée en dessous et très-protractile, ramasse tout ce que le museau a mis à découvert ; elle n'est pas armée de dents, elle ne peut ni déchirer, ni couper, mais elle est pourvue de muscles puissants qui lui donnent la facilité de saisir et de retenir une proie résistante. Quant aux barbillons qui sont placés en avant de la bouche, on a voulu les regarder comme des appâts dont l'Esturgeon se sert pour allécher les petits animaux ; il nous semble plus naturel de les considérer comme de simples organes du toucher ; le museau, il ne faut pas l'oublier, est garni en dessous de nombreuses papilles.

L'Esturgeon s'engraisse dans les eaux douces, il y devient plus grand et plus gros que lorsqu'il reste dans l'eau salée (Duhamel) ; et sa chair, dans ces conditions, acquiert plus de qualité. Bélon avait émis autrefois une opinion semblable ; il affirme en effet que l'Esturgeon de la Loire est plus développé et plus délicat que celui qui est pêché dans l'Océan ou dans la Méditerranée ; il ajoute qu'à Montargis on présenta au roi François Ier un de ces poissons, qui avait dix-huit pieds de long. Il est rare d'en trouver d'une taille aussi gigantesque ; l'Esturgeon pêché à Neuilly, en 1800, pesait deux cents livres et mesurait sept pieds et demi de longueur ; celui qui fut pris dans le Doubs, en 1806, avait une taille d'environ huit pieds ; il y a une dizaine d'années j'ai vu au Tréport un de ces animaux qui avait plus de deux mètres de long.

Les œufs de l'Esturgeon ne sont pas développés comme ceux des Plagiostomes, ils ressemblent à ceux de la plupart des Ichthyostés ; ils sont petits ; ils sont excessivement nombreux, ainsi qu'on l'a constaté dans plusieurs expériences. Sur un animal ayant un poids de quatre-vingts kilogrammes, dont l'ovaire pesait neuf kilogrammes cent vingt-cinq grammes, Rousseau a compté un million quatre cent soixante-sept mille huit cent cinquante-six œufs. (H. CLOQUET, *Faune des Médecins.*) Malgré la quantité considérable d'œufs que porte une femelle de moyenne taille, quantité qui devrait assurer la grande multiplication de l'espèce, l'Esturgeon semble devenir de plus en plus rare. Au siècle dernier il se prenait souvent dans la Gironde. Il est si commun à Bordeaux que tout le monde en mange, écrivait Valmont de Bomare. Il faisait même l'objet d'une pêche spéciale. Dans la rivière de Bordeaux, rapporte Duhamel, on commence la pêche dès le mois de février et on la continue jusqu'en juin. Elle y est quelquefois fort avantageuse. Cette pêche dans la Garonne (Gironde) se fait depuis Talmont jusque par le travers de l'île de Patira, qui est à la rive opposée du village de Pauillac. (DUHAM., *Pêch.*, part. II, sect. VIII, p. 222.) Quand le poisson est pris, on lui passe par la bouche une corde qu'on fait ressortir par les ouïes et on l'amarre au bateau ; il peut ainsi vivre plusieurs jours.

On ne pêche que très-rarement de petits Esturgeons dans les eaux douces ; dès qu'ils sont nés ils descendent à la mer et ne remontent dans les fleuves qu'à l'époque où ils sont devenus aptes à la reproduction.

L'Esturgeon ordinaire est le seul qui se trouve en France ; le Sterlet (LEMARIÉ), le petit Esturgeon, Sterlet, le grand Esturgeon, Hausen (U. DARRACQ), ne sont que des jeunes ou des variétés de l'espèce commune.

FIN DU PREMIER VOLUME.

TABLE DES MATIÈRES

TABLE ALPHABÉTIQUE

DES NOMS DES ESPÈCES

2591-77. — Corbeil. Typ. et stér. de CRÉTÉ